中国测绘地理信息院士文库

# 乾舆岁月

## 王任享院士文集

测绘出版社
·北京·

**内容简介**

本书是王任享研究员的部分论文选编。王任享,中国工程院院士,现任总参测绘研究所研究员,长期致力于我国卫星摄影测量的理论研究与工程实践。本书以卫星摄影测量所涉及的重要理论和关键技术为主线,首先介绍了无地面控制点条件下光束法平差、相机参数在轨标定及精度估算等内容,然后介绍了"嫦娥一号"摄影测量中的关键技术点,最后介绍了粗差定位、数字摄影测量及摄影测量网平差误差理论等。

本书可供摄影测量与遥感、航天卫星工程等领域的师生和相关研究人员参考。

**图书在版编目(CIP)数据**

乾舆岁月 : 王任享院士文集 : 汉、英 / 王任享等著. — 北京 : 测绘出版社, 2013.12
(中国测绘地理信息院士文库)
ISBN 978-7-5030-3221-9

Ⅰ. ①乾… Ⅱ. ①王… Ⅲ. ①卫星测量法—摄影测量法—文集—汉、英 Ⅳ. ①P236-53

中国版本图书馆 CIP 数据核字(2013)第 224949 号

**责任编辑** 吴 芸 **封面设计** 李 伟 **责任校对** 董玉珍 **责任印制** 喻 迅

| | | | |
|---|---|---|---|
| **出版发行** | 测绘出版社 | **电 话** | 010—83543956(发行部) |
| **地 址** | 北京市西城区三里河路 50 号 | | 010—68531609(门市部) |
| **邮政编码** | 100045 | | 010—68531363(编辑部) |
| **电子邮箱** | smp@sinomaps.com | **网 址** | www.chinasmp.com |
| **印 刷** | 三河市世纪兴源印刷有限公司 | **经 销** | 新华书店 |
| **成品规格** | 184mm×260mm | | |
| **印 张** | 18.25 | **字 数** | 450 千字 |
| **版 次** | 2013 年 12 月第 1 版 | **印 次** | 2013 年 12 月第 1 次印刷 |
| **印 数** | 0001—1500 | **定 价** | 108.00 元 |

**书 号** ISBN 978-7-5030-3221-9/P・674
本书如有印装质量问题,请与我社门市部联系调换。

王任享院士

1980 年在德国汉堡参加 ISPRS 国际会议

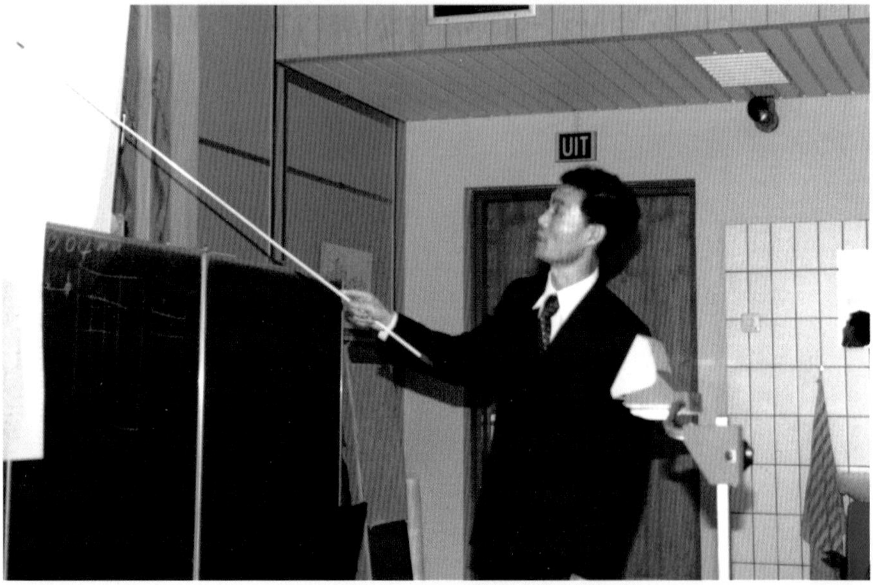


1982 年在 ITC 学习结业时做学术报告

1997 年摄于总参测绘局

薛贵江局长祝贺王任享院士 80 华诞

1980年在德国汉堡参加ISPRS会议，左起：林宗坚、王任享、朱异羽、杨凯、何昌垂、熊允泰、马里荣

1980年王之卓教授访问ITC，左起：胡瑞明、王之卓、楚良才、潘新若、高俊、何昌垂、王任享、林宗坚

1981 年在老师阿克曼教授（左六）的别墅作客

1984 年总参测绘局代表团在英国军事测绘局访问，左起：王任享、英方陪同人员、崔世芳、英军测绘局局长、英军测绘局副局长、朱华统、于兆祥、万文襄

1988 年在日本京都参加 ISPRS 会议，左起：陈佳元、台湾教授、钱曾波、王任亨

1988 在日本京都参加 ISPRS 会议，左起：王任亨、王之卓、钱曾波

2007 年在“嫦娥一号”的首幅月面影像接收的演示大厅，左起：赵斐、欧阳自远、王新义、王任享、姜景山、王建荣、李晶

2007 年与课题组的胡莘（右一）和杨俊峰（左一）一起研究工作

2013 年与尹明（左一）和王建荣（右一）参观白俄罗斯方位公司

2012年接受申慧群所长的聘书

2012年与朱铭（右一）和宣明（左一）在中国科学院长春光学精密机械与物理研究所参加所际学术交流活动

1946 年时的学生照片

1945 年时的学生照片

1948 年初中时的照片

1956 年大学时的照片

1961 年与夫人王庆琳在北京

1985 年与父亲在北京

1994 年与外孙在西安

2000 年全家在北京

2002 年与夫人王庆琳在鼓浪屿

2009 年手术康复后在北京

2010年与夫人王庆琳在酒泉卫星发射基地

2013年与夫人王庆琳和孙女在北京

# 序一

王任享院士是我国著名的摄影测量学家，是我国卫星摄影测量和航天遥感测绘事业的开创者和奠基人，为军事测绘导航事业建设发展做出了杰出贡献。

王任享院士是与新中国测绘事业建设发展同步成长起来的科学家。自1953年考入军委测绘学院起，他已经在军事测绘系统学习、工作了整整60年。60年来，他致力于摄影测量理论研究和工程实践，取得了丰硕成果。他创新了手摇计算机空三平差法，率先在我国开展了雷达摄影测量研究，积极推动计算机在摄影测量领域的工程化应用，有力促进了我国解析摄影测量、数字摄影测量的发展。他长期研究卫星摄影测量技术，是我国第一代、第二代返回式卫星摄影测量技术的总设计师。特别是他主持验证的三线阵CCD摄影测量理论，突破了三线阵CCD影像光束法平差技术难题，研究提出的线面阵组合配置的LMCCD立体测绘相机方案，开创了我国无地面控制点航天遥感测绘的新时代，支撑了“嫦娥一号”月球摄影测量技术，使我国步入了独立自主的航天遥感测绘大国行列。

《乾舆岁月》只是王任享院士学术研究的缩影，我们在回顾他学术成就的同时，更要学习他把个人前途与事业发展、仰望星空与脚踏实地、勇于创新与谦和为人、崇尚成就与淡泊名利高度统一的大家风范。他经历了旧中国积贫积弱、生灵涂炭的苦难，深知国家的命运联系着个人的命运，只有把个人的成长融入事业的发展才能有所作为。几十年来他自觉按照事业的需要，把摄影测量作为自己的志向兴趣，以解决技术问题、破解科研难题为乐趣，既推动了事业的发展，也被国家授予工程科学技术界的最高学术称号——中国工程院院士。他总是站在科学高峰，思考摄影测量学术前沿问题。他也深知，在科学的征途中无坦途可走，只有脚踏实地沿着崎岖的山路才能到达科学的高峰。面对科研难题，他总是勇于担当，持之以恒，一以贯之地钻研探索；面对同事、同行，他却如谦谦君子，谦和做人，虚心相处。他常说：“在科学研究中，我们决不能放过任何一个疑点，这些疑点很可能就是创新的方向。”他也深知科研需要勇敢创新，学术必须严谨细致，共处要靠谦和虚心；他对科研工作中取得的进展总是津津乐道，攻克难关后总会兴奋不已（我特别难忘的是他在301医院住院期间，创造了EFP窄窗口纠正光束法平差后的兴奋情景）。但面对名利他却十分清醒，他说：“创造性劳动的动力不是功名、荣誉和地位，而是对科学的执著与求实。”我认为这是我们今天最需要提倡的科学风范。

信息化时代，空间数据已成为人类生活的基本需要，数据成为科学探索的新边疆。构建空天一体的观测体系成为国家信息化建设的基础工程，航天遥感测绘将发挥越来越重要的作用，迎来新的发展机遇。衷心祝愿王院士健康长寿，继续带领我们在数据边疆新领域争取自主空间。

2013年11月

# 序二*

“摄影测量学”(photogrammetry)有着悠久的历史。1839年法国Daguerre报道了第一张摄影像片的产生，差不多同时就有“摄影测量学”这一学名首次见诸学术刊物。早在15世纪末叶，就有人利用中心投影的透视图像，用手描绘下来进行测量绘图；并且在16世纪末叶出现这样用手素描的立体图像。那时候摄影还没有发明，这种测绘技术还没有叫“摄影测量学”，而称为量影术(iconometry)。名称不同而实质相同，所以可以说摄影测量的历史已经有500年了。

摄影测量学在这500年的发展是比较缓慢的，封闭式的。直到最近30～40年间才有了急剧的变化。这主要是由于其他依托学科的出现和发展，主要是数字电子计算机的技术和空间技术的发展。摄影测量本身的重大变化是走向了数字化的道路，使得摄影测量的应用范围扩大，深入而且能够逐渐走向自动化。摄影测量学作为从事地学信息工程的一门学科，可以概括地说：在1960年以前，称为“摄影测量”学科，而在1960年以后，应该与新兴的遥感(RS)技术和地理信息系统(GIS)技术综合到一起，改称为通过图像获取(广义的获取)地学信息的一门学科，实际上遥感技术就是摄影测量的发展，地理信息系统的基础数据库是数字化摄影测量的必然成果。按照这种意义起一名字叫作“影像信息工程”(iconic informatics)也可以考虑，有的单位已经正式改用类似的名称了。但总的来说，对这种名称方面的问题到现在还缺乏统一的共识。

从事摄影测量学科的科学工作者，一方面要注意前沿发展，也就是所谓“影像信息工程”方面发展的新课题，另一方面也要保存摄影测量学数百年的遗产，加以充分利用和做出有益的补充。欣闻西安测绘研究所将对资深中老年科学家王任享同志的著作选出20余篇准备刊出，这是一件好事。

王任享同志年过六旬，从事摄影测量科研工作35年，致力于摄影测量网平差、粗差定位、数字摄影测量、微分纠正影像、卫星摄影测量以及三线阵CCD影像的利用等方面的研究工作，孜孜不倦，建树甚多。王任享同志才华出众，勤奋治学，为人谦虚谨慎，虽已进入老年仍能坚持科研研讨，令人钦佩。乐于为其专著集作序。

王之卓

1996年11月于武汉

---

* 此序言是王之卓院士为《王任享研究员学术论文选集》作的序，作者将其作为本文集的序言，以示对王先生的怀念和敬仰。

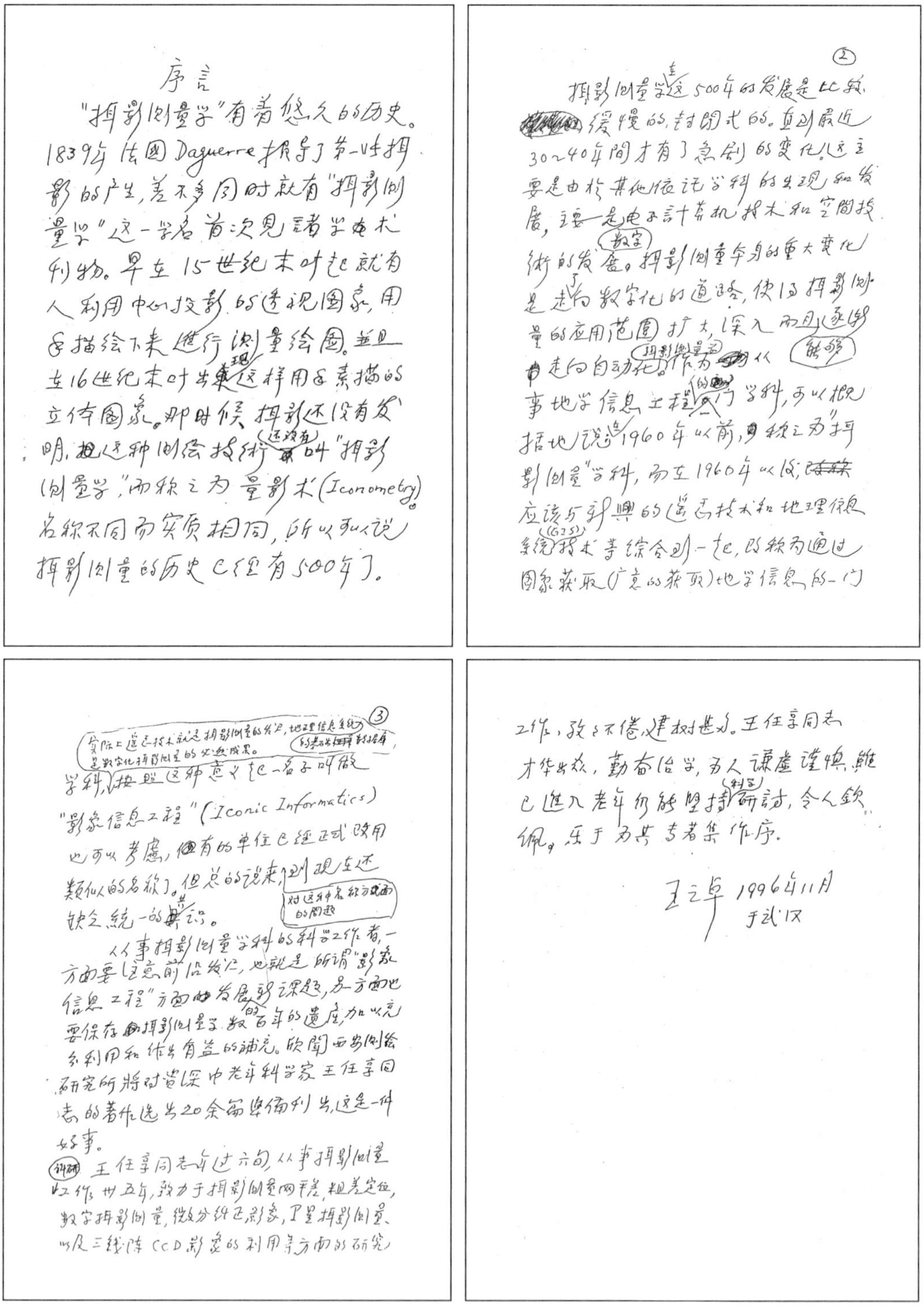

序言

"摄影测量学"有着悠久的历史。1839年法国Daguerre摄得了第一张摄影的产生，差不多同时就有"摄影测量学"这一学名首次见诸学术刊物。早在15世纪末叶起就有人利用中心投影的透视图象，用手描绘下来进行测量绘图。并且在16世纪末叶出现这样用手素描的立体图象。那时候摄影还没有发明，这种测绘技术还没有叫"摄影测量学"，而称之为量影术(Iconometry)。名称不同而实质相同，所以可以说摄影测量的历史已经有500年了。

②

摄影测量学近500年的发展是比较缓慢的、封闭式的。直到最近30～40年间才有了急剧的变化。这主要是由于其他[illegible]学科的出现和发展，主要是电子计算机技术和空间技术的发展。摄影测量本身的重大变化是走向数字化的道路，使得摄影测量的应用范围扩大、深入，而且逐步走向自动化。摄影测量已作为从事地学信息工程的一门学科，可以概括地说：1960年以前，可称之为"摄影测量"学科，而在1960年以后应该与新兴的遥感技术和地理信息系统(GIS)技术等综合到一起，既称为通过图象获取(广义的获取)地学信息的一门

③

（实际上遥感技术就是摄影测量的延伸，地理信息系统是数字化摄影测量的必然成果。）

学科。按照这种意义把它名字叫做"影象信息工程"(Iconic Informatics)也可以考虑，但有的单位已经正式改用类似的名称了。但总的说来，到现在还缺乏统一的共识（对这种名称方面的问题）。

从事摄影测量学科的科研工作者，一方面要注意前沿发展，也就是所谓"影象信息工程"方面的发展新课题，另一方面也要保存摄影测量学数百年的遗产，加以充分利用和作出有益的补充。欣闻西安测绘研究所将对当前中老年科学家王任享同志的著作选出20余篇汇编刊出，这是一件好事。

王任享同志年过六旬，从事摄影测量工作卅五年，致力于摄影测量两平差、粗差定位、数字摄影测量、微分纠正影象、卫星摄影测量以及三线阵CCD影象的利用等方面的研究工作，孜孜不倦，建树甚多。王任享同志才华出众，勤奋治学，为人谦虚谨慎，虽已进入老年仍能坚持科研探讨，令人钦佩。乐于为其专著集作序。

王之卓 1996年11月
于武汉

王之卓院士手稿

# 目　录

# 利用雷达、高差仪记录改正空中三角网及其精度*

王任享

**摘　要:** 利用雷达和高差仪记录数据,对自由网空中三角测量成果作改正,得出航线中央控制点可以省略的结果,在困难地区测绘中有重要应用价值。并强调,在利用高差仪改正空中三角网时,要特别关注利用雷达数据,可以推算基线改正数,实际资料平差证实了这一措施的有效性。

**关键词:** 雷达测量;高差仪;空中三角测量

## 1　引　言

利用外方位元素参与的空中三角测量平差精度估算,多半采用模拟数据,很少利用理论分析的方法。王之卓先生 1963 年发表在《测绘学报》上的《在全能仪上进行空中三角测量的精度估算》一文对空中三角测量误差累计规律做了透彻研究与推算,笔者为此文所吸引,以此文的推算成果,扩伸为利用飞行中记录的线外方位元素对自由网空中三角测量结果进行系统误差改正,并做出平差精度的理论分析与估算。1965 年总参测绘局研究所利用"雷姆"雷达和高差仪记录进行空中三角测量实验研究,研究小组给笔者提供了雷达、高差仪记录结果和长航线自由网空中三角测量资料。笔者利用《在全能仪上进行空中三角测量的精度估算》一文的成果,拟定了长航线自由网空中三角测量方案,利用航线两端四个控制点绝对定向,长航线内部的系统误差由雷达和高差仪记录成果加以改正,取得良好的结果。

## 2　自由网空中三角测量误差

自由网空中三角测量航线有四个控制点便可消除航线外部定向误差,在利用雷达测定的底点坐标、高差仪记录时,可以对内部误差的累积加以改正,内部误差累积规律按王之卓先生的《在全能仪上进行空中三角测量的精度估算》一文得出。

第 $i$ 个摄影站外方位元素误差为

* 本文原定在 1965 年测绘学会年会上报告,由于文中涉及的雷达是从国外引进的,有一定敏感性,因此,此文未参加学会报告,也从未发表。

$$\left.\begin{aligned}
&D\varphi_i=\sum_{k=1}^{k=i}\mathrm{d}\varphi_k\\
&D\omega_i=\sum_{k=1}^{k=i}\mathrm{d}\omega_k\\
&D\kappa_i=\sum_{k=1}^{k=i}\mathrm{d}\kappa_k\\
&DZ_{S_i}=\sum_{k=1}^{k=i}\mathrm{d}B_{Z_k}+B\sum_{k=1}^{k=i-1}D\varphi_k\\
&DX_{S_i}=\frac{B}{H}\sum_{k=1}^{k=i}(i-k+1)\mathrm{d}B_{Z_k}+\frac{B}{H}\sum_{k=1}^{k=i-1}(i-k)\mathrm{d}B_{Z_k}-H\sum_{k=1}^{k=i}\mathrm{d}\varphi_k-\\
&\qquad\frac{B}{H}\sum_{k=1}^{k=i}(i-k+1)\mathrm{d}\varphi_k+\frac{B}{H}\sum_{k=1}^{k=i}(i-k+1)\mathrm{d}H''_{k-1,k}\\
&\text{其中，}\mathrm{d}H''_{k-1,k}=\mathrm{d}H'_{k-1,k-1}-\mathrm{d}H'_{k-1,k}\\
&DY_{S_i}=\sum_{k=1}^{k=i}\mathrm{d}B_{y_k}+B\sum_{k=1}^{k=i-1}DK_k
\end{aligned}\right\}\tag{1}$$

第 $i$ 个模型中 $A_i$ 点的坐标误差为

$$\left.\begin{aligned}
Dh_{A_i}&=\frac{H}{B}\Big[(DX_{S_{i-1}}-DX_{S_i})+\frac{B}{H}DZ_{S_{i-1}}+\left(H+\frac{B^2}{H}\right)D\varphi_{i-1}-HD\varphi'_i+\\
&\qquad\frac{B_Y}{H}D\omega_{i-1}-Y(D\kappa_{i-1}-D\kappa_i)\Big]-\sum_{k=1}^{k=i}\mathrm{d}H''_{k-1,k}\\
&=-\sum_{k=1}^{k=i}\mathrm{d}B_{Z_k}+B\sum_{k=1}^{k=i}\mathrm{d}\varphi_k+Y\sum_{k=1}^{k=i-1}\mathrm{d}\omega_k+\frac{HY}{B}\mathrm{d}\kappa_i-\sum_{k=1}^{k=i}\mathrm{d}H''_{k-1,k}\\
DX_{A_i}&=DX_{S_{i-1}}+HD\varphi_i-YD\kappa_i\\
DY_{A_i}&=\frac{1}{2}(DY_{S_i}-DY_{S_{i-1}})+\frac{Y}{2H}(DZ_{S_i}-DZ_{S_{i-1}})+\frac{B_Y}{2H}D\omega_{i-1}+\\
&\qquad\frac{1}{2}\left(H+\frac{Y^2}{H}\right)(\mathrm{d}\omega_i-\mathrm{d}\omega_{i-1})+\frac{B}{2}D\kappa_{i-1}+\frac{Y}{H}Dh_{A_i}
\end{aligned}\right\}\tag{2}$$

第 $i$ 个模型基线误差为

$$DB_i=DX_{S_{i-1}}-DX_{S_i}=-\frac{2B}{H}\sum_{k=1}^{k=i-1}\mathrm{d}B_{Z_k}+\frac{B}{H}\mathrm{d}B_{Z_i}+H\mathrm{d}\varphi_i+\frac{B^2}{H}\sum_{k=1}^{k=i-1}\mathrm{d}\varphi_k+\frac{B}{H}\sum_{k=1}^{k=i-1}\mathrm{d}H''_{k-1,k}$$

## 3 利用雷达底点、高差仪航高差改正模型点坐标的计算式

利用雷达高差仪数据可以求出摄影站坐标的误差 $DZ_{S_i}$、$DX_{S_i}$、$DY_{S_i}$，同时根据该坐标值还可以求出两个角方位元素的误差 $D\varphi_i$、$D\kappa_i$，将式(1)加以转化可得

$$\left.\begin{aligned}
D\varphi_i&=\left(\frac{DZ_{S_{i+1}}-DZ_{S_{i-1}}}{2B}\right)-\frac{1}{2B}(\mathrm{d}BZ_{i+1}+\mathrm{d}BZ_i)+\frac{1}{2}\mathrm{d}\varphi_i\\
D\kappa_i&=\left(\frac{DY_{S_{i+1}}-DY_{S_{i-1}}}{2B}\right)-\frac{1}{2B}(\mathrm{d}By_{i+1}+\mathrm{d}By_i)+\frac{1}{2}\mathrm{d}\kappa_i
\end{aligned}\right\}\tag{3}$$

式(3)中后两项系非累积性误差,可略之。当作平差改正后的误差,所以 $D\varphi_i$、$D\kappa_i$ 累积值可求得,并用于摄站平差。

将式(3)代入式(2),可转化得出网内部误差的改正公式

$$\left.\begin{aligned}\delta h_{A_i}&=\frac{H_i}{B}\delta B_i+\delta Z_{S_i}+y_i\sum_{k=1}^{k=i-1}\delta\omega_k\\\delta X_{A_i}&=\delta X_{S_i}+\frac{H_i}{2B}(\delta Z_{S_{i+1}}-\delta Z_{S_i})-\frac{y_i}{2B}(\delta Y_{S_{i+1}}-\delta Y_{S_i})\\\delta Y_{A_i}&=\delta Y_{S_i}-\frac{y_i}{B}\delta B_i+H_i\sum_{k=1}^{k=i-1}\delta\omega_k\end{aligned}\right\}\tag{4}$$

由上式可知,只有雷达高差仪记录情况下,对累积性误差中只有倾角 $\omega$ 的累积误差无法消除。

航线网的外部误差,即航线模型的倾斜可以利用四个控制点置平,同时改正平面坐标,此处不再做深入分析。

高程改正中 $\frac{H}{B}\delta B$ 项是应当重视的,如果忽视这一影响,即只利用高差仪记录改正地面点的高程,其改正量的误差为

$$Dh'_{A_i}=Dh_{A_i}-DZ_{S_i}=2\sum_{k=1}^{k=i}\mathrm{d}B_{Z_k}+\sum_{k=1}^{k=i}\mathrm{d}H''_{k-1,k}+\cdots$$

可见仅考虑 $DZ_{S_i}$ 的改正时,只能消除按二次和累积的误差,而按一次和累积的相对定向元素 $B_Z$ 偶然误差累积的影响,不但不能消除反而增大一倍,而且也无法消除模型衔接的累积误差。所以长航线空中三角利用高差仪记录还应考虑基线误差的改正。直接利用雷达测定的底点坐标推算的基线误差太大,最好应用无线电测高仪成果。

## 4 摄站改正数误差及平差

摄站改正数是按物理测定值与相应自由网构网值取较差而得,可表达为

$$\left.\begin{aligned}\delta Z_{S_i}&=\Delta H_i-\Delta H_{i内}=\delta\overline{Z_{S_i}}-S_{Z_i}\\\delta X_{S_i}&=X_{S_i}-\Delta X_{S_{i内}}=\delta\overline{X_{S_i}}-S_{X_i}\\\delta Y_{S_i}&=Y_{S_i}-\Delta Y_{S_{i内}}=\delta\overline{Y_{S_i}}-S_{Y_i}\end{aligned}\right\}\tag{5}$$

式中,$\Delta H_i$、$X_{S_i}$、$Y_{S_i}$ 由物理测定值;$\Delta H_{i内}$、$X_{i内}$、$Y_{i内}$ 由空三构网测定值。可象征性地表达为:$\delta\overline{Z_{S_i}}$,$\delta\overline{X_{S_i}}$,$\delta\overline{Y_{S_i}}$ 为摄站改正数的系统量,由空三构网生成,用于改正模型点坐标;$S_{Z_i}$,$S_{X_i}$,$S_{Y_i}$ 为摄站改正数中偶然量,系物理测定的误差,是影响模型点坐标精度的主要量。

系统量主要属于偶然误差二次和以及一次和的系统累积,物理方法测定的雷达底点坐标、高差仪测定的高差系独立偶然误差,且误差值不稳定,并可能有较大的误差。摄站改正数平差就是要从带有系统量与偶然量的改正数列中削弱偶然误差量,可以采用文献[2]、[3]的方法,都能将偶然误差削弱大约 0.4 的因子,本文平差采用文献[3]的方法。摄站改正数平差后,相邻摄站改正数间有强的相关,因而由摄站 $X_{S_i}$ 改正数得出的基线的误差并不大,可用于高程误差改正。

## 5 摄站改正数平差后模型点坐标误差估算

综合摄站非累积误差及摄站改正数中被平差削弱后的偶然误差，得出地面点坐标误差估值为

$$
\left.\begin{aligned}
m_X &= \sqrt{6.9m_q^2 + 0.14m_{Y_S}^2 + 0.14m_{Z_S}^2 + 0.19m_{X_S}^2} \\
m_Y &= \sqrt{\left(\frac{3n}{16} + 8.3\right)m_q^2 + 0.19m_{Y_S}^2 + 0.041m_{X_S}^2} \\
m_h &= \sqrt{\left(\frac{3n}{16} + 6.6\right)m_q^2 + 0.041m_{X_S}^2 + 0.19m_{Z_S}^2} \\
m_B &= 0.2m_{X_S}
\end{aligned}\right\} \tag{6}
$$

当立体量测上下视差 $m_q = 0.02$ mm、雷达底点坐标误差 $m_{X_S} = m_{Y_S} = 15$ m、高差仪误差 $m_{Z_S} = 1.5$ m、基线数 $n = 20$，像比例尺 1∶7 万时，$m_X = 9.4$ m，$m_Y = 8.8$ m，$m_Z = 6.0$ m，$m_B = 3$ m。

## 6 实验研究结果

### 6.1 模拟像片航线

$f = 70$ mm，像片数为 20，像比例尺 1∶7 万，地面高差约 1 000 m，雷达底点误差及高差仪误差由模拟给定，摄站坐标改正数按文献[3]方法平差，模型点坐标改正数按式(4)进行，模拟像片平差结果如表 1 所示。

**表 1 模拟像片平差** 单位：m

| 摄站平差 | $m_{X_S}$ | $m_{Y_S}$ | $m_{Z_S}$ | 基线改正数误差 $m_B$ |
|---|---|---|---|---|
| 模拟数据 | 15.8 | 15.4 | 2.9 | |
| 摄站改正数平差后 | 4.3 | 3.0 | 1.1 | 3.2 |
| 模型点坐标改正后 | 5.2 | 6.8 | 4.0 | |

模拟像片航线平差结果与理论估算相符。尽管雷达测定的底点坐标误差较大，直接由雷达测定的底点坐标推算的基线误差可能更大，但摄站改正数平差后基线误差 $m_B = 3.2$ m，误差量值并不大，完全可用于改正高程误差。

### 6.2 实际空中三角测量航线

摄影条件与模拟像片相同，基线数 20，按南航线和西航线分别计算，航线首末角隅布四个控制点，自由网空中三角测量按本文方法进行，平差后精度统计列于表 2。

**表 2 实际航线平差** 单位：m

| 航线 | $m_{X_S}$ | $m_{Y_S}$ | $m_{Z_S}$ |
|---|---|---|---|
| 南航线 | 10.5 | 17.7 | 5.9 |
| 西航线 | 13.5 | 9.9 | 5.3 |

实际航线结果表明，雷达、高差仪数据应用于空中三角测量，能有效消除长航线的系统

误差，可以减少测区内部控制点布设的要求。尽管雷达误差较大，但平差后基线误差并不大，本文平差中在没有无线电测高仪数据情况下，雷达底点生成的基线改正数对提高高程精度起到了明显的作用。

## 致　谢

感谢李广文教授及其雷达空中三角测量研究小组同仁为本文的实验提供了雷达、高差仪记录结果和长航线自由网空中三角测量资料。

### 参考书目

[1] 王之卓. 在全能仪上进行空中三角测量的精度估算[J]. 测绘学报，1963，6(3).
[2] 罗曼诺夫斯基. 论文名不详[J]. 苏军情报，1959(15).
[3] 王任享. 在利用高差仪记录的情况下，应用"多次权中数"法平差摄影测量网[J]. 测绘学报，1964，7(3).

# 我国无地面控制点卫星摄影测量综述*

王任享

**摘　要**：简要录出我国以无地面控制点为条件的卫星摄影测量的研究历程，包括第一代、第二代返回式摄影测量卫星，传输型摄影测量演示验证工程和理论研究，同时介绍在我国月球探测工程所做的工作，并进行带有月球曲率影像的处理研究。

**关键词**：卫星摄影测量；三线阵 CCD 相机；LMCCD 相机

## 1　引　言

就世界范围而言，1∶2.5 万比例尺地形图覆盖率大约才 30%，1∶5 万地形图覆盖率也不过只有 50%，随着 GIS 的推广，数字地图更是供不应求。因而利用卫星摄影测量满足制图要求得到迅速的发展，作为全球性的制图，自然意味着要求无地面控制点的卫星摄影测量。美国学者 Light[1] 从美国制图标准出发，推出摄影测量基础要求，列于表 1。

**表 1　摄影测量基础要求**

| *MS* | *GSD*/m | *CI*/m | $\sigma h$ /m | $\sigma p$ /m |
|---|---|---|---|---|
| 1∶5 万 | 5 | 20 | 6 | 15 |
| 1∶2.5 万 | 2.5 | 10 | 3 | 7.5 |

表 1 中，*MS* 为地图比例尺，*GSD* 为取样地面尺寸(ground sample distant)，*CI* 为等高线间距(=3.3$\sigma h$ )，$\sigma h$ 为 高程误差，$\sigma p$ 为 平面误差(=0.3×地图比例尺)。*GSD* 是由影像图分辨率为 300 线/英寸得出的[1]。

表 1 有关 *MS*=1∶5 万的数据符合当今美国国家地理空间情报局(NGA)地理空间信息库的要求。现代卫星摄影，具有 GPS 和星敏感器或星相机测定外方位元素(摄站坐标 $X_S$，$Y_S$，$Z_S$，角元素 $\varphi$，$\omega$，$\kappa$)，以下简称 EO(exterior orientation)，实现全球无地面控制点卫星摄影测量，原理上不成问题，但精度上特别是高程精度符合制图要求，其技术难度很大。

## 2　返回式无地面控制点卫星摄影测量

为解决无地面控制点的卫星摄影测量，一些大国在返回式卫星方面投入巨额资金。美国在 20 世纪 60 年代中后期采用 Apollo 测月的卫星摄影测量系统测地，发射回收了 20～30 颗卫星；1984 年发展了大幅面相机(LFC)作为航天飞机的常设设备，每次飞行均进行摄影测量，第一次海湾战争期间，还专门四次升空对伊拉克等中东地区摄影测量。俄罗斯(苏联)采用 KFA200 和大幅面相机(TK350)至今已发射上百颗，现在依然有发射计划。我国第一代和第二代返回式摄影测量卫星也是采用大幅面相机，工程目标也是在无地面控制点条件

* 本文发表于《海洋测绘》2008 年第 5 期。

下，测制 1∶5 万地形图。

## 2.1 国际返回式摄影测量卫星比较

各国返回式摄影测量卫星系统的参数并不完全相同，很难直接给出恰当的比较，为此表 2 中仅将型号卫星的主要参数及主要有效载荷的功能列出以作比较。

表 2 有效载荷功能列表

| 相机<br>所属及型号 | 相机焦距<br>/mm | 像幅<br>/(mm×mm) | 摄影分辨率<br>/(lp/mm) | 摄影重叠率<br>/(%) | 基高比 | 像移<br>补偿 | 星相机 | 激光<br>测距仪 | 年代 |
|---|---|---|---|---|---|---|---|---|---|
| 苏联<br>KFA200 | 200 | 180×180 | 60* | 60 | 0.36 | 不详 | 有 | 不详 | 1998 年<br>发表 |
| 俄罗斯<br>TKA350 | 350 | 300×450 | 80 | 60 | 0.51 | 有 | 有 | 有 | 1996 年<br>发表 |
| 欧空局<br>MC305 | 305 | 230×230 | 60* | 60 | 0.30 | 无 | 无 | 无 | 1983 实<br>验成功 |
| 美国<br>LFC305 | 305 | 230×460 | 80 | 60 | 0.61 | 有 | 不详 | 无 | 1984 实<br>验成功 |
| 美国 Apollo<br>框幅 76 | 76 | 115×115 | 不详 | 60 | 0.60 | 不详 | 有 | 有 | 1968 年 |
| 中国一代<br>CHXJ-1 | 300 | 200×370 | 60 | 60 | 0.49 | 有 | 有 | 无 | 1987 实<br>验成功 |
| 中国二代<br>CHXJ-2 | 300 | 230×460 | 88 | 55 | 0.69 | 有 | 有 | 有 | 2003 实<br>验成功 |

*该型号相机分辨率不详，表内数据系笔者估计值。

从表 2 可以看出，我国返回式第一代功能优于苏联的 KFA200 和欧空局的 MC305，但欧空局 MC 采用的胶片优于我国；第一代相机摄影测量几何功能与俄罗斯 TKA350 相当，但 TKA350 用的胶片优于我国且焦距较长，比例尺大，影像地面分辨率要好一些。美国 LFC 长期以来在国际上居领先地位，但 CHXJ-2 在所有功能方面均优于或相当于 LFC。

表 2 中的相机系静态摄影，影像几何保真度好，采用增大航向像幅的相机，基高比得到改善，无地面控制点条件下可以满足 1∶5 万比例尺地形图精度要求，而且在短期内可以实现大面积摄影覆盖，所以德国康尼斯里教授说："从制图目的而言，框幅像片是最好的。"但返回式卫星飞行时间短，为弥补云影对影像的影响及改善影像的时效性，往往要发射大量的卫星。

## 2.2 我国返回式摄影测量卫星

### 2.2.1 第一代返回式摄影测量卫星

我国于 20 世纪 70 年代中期开始了第一代返回式卫星摄影测量的探讨和研究，当时只从文献上知道美国为了登月与军事应用研究了返回式摄影测量卫星。我们连一张卫星摄影测量立体照片也没有见过，鉴于标准航测 230 mm×230 mm 像幅的像片基高比太小，难以满足测绘 20 m 等高距的地形图要求，拟定了 200 mm×370 mm 像幅的大幅面相机。当时我国航空相机还靠进口，自行研制大幅面相机还要带像移补偿谈何容易。为了减轻由于扩大像幅导致的相机研制难度，提出“相机研制确保影像分辨率，适当放宽畸变差，并精确测定畸变值，立体测绘中对影像作畸变改正的原则”。这一思路被卫星工程研制部门采纳，工程实践效果良好。作为摄影测量目的的星相机首次研制技术难度也很大，艰苦攻关多年终于拿下了这两个传感器，并于 1987 年到 1992 年成功发射并回收了多颗我国第一代返回式摄影测量卫星，实际检测的结果表明，我国第一代返回式摄影测量卫星实际达到的技术指标与当代同一领域卫星的先进水平相当。

图 1 为第一颗返回式卫星摄取泰山地区立体影像。图 2 为互补色立体影像，图 3 是利用影像匹配的方法采集 DEM 并生成的等高线。

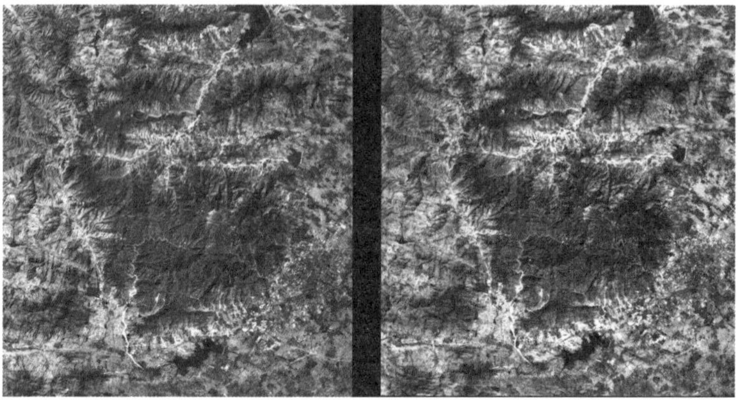

图 1 泰山地区立体影像

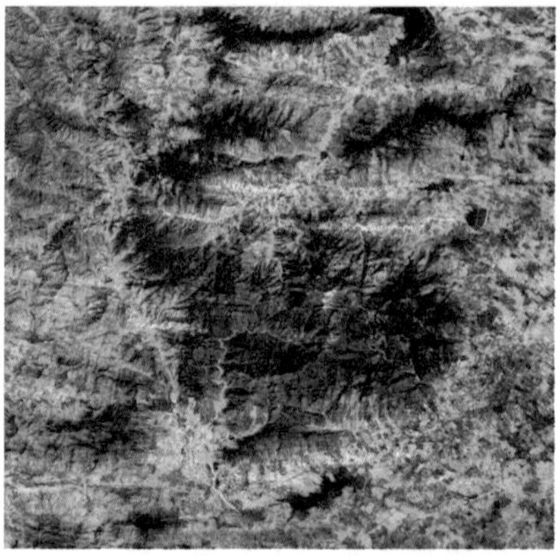

图 2 泰山地区红绿互补色立体影像

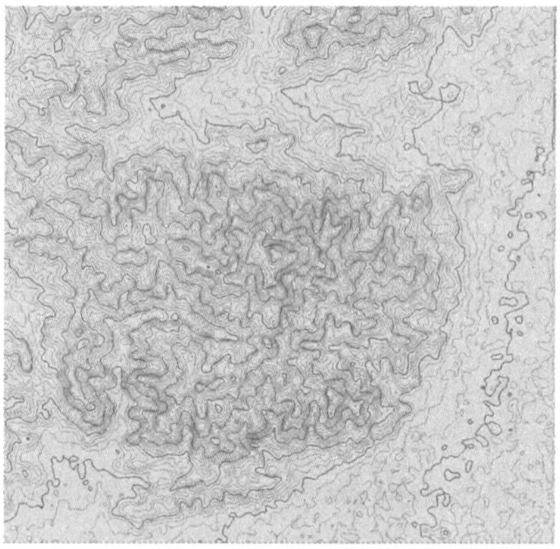

图 3 泰山地区等高线

### 2.2.2 第二代返回式摄影测量卫星

第一代返回式卫星的有效载荷，摄影资料及其立体测绘软硬件均完全由我国专家和工程技术人员自行研制，摄影测量完成的指标优于项目规定要求，但技术上尚有不足之处。一是相机的幅面，分辨率与美国的 LFC 大幅面相机相比还有差距，因而要采用 80%重叠摄影，处理中进行抽片立体测绘，提高基高比，才满足了表 1 对高程精度的要求。二是当时没有 GPS 接收机，目标定位精度受制轨道计算精度。因而紧接着开展了第二代返回式卫星的研制，第二代返回式卫星的主要传感器的研制采取更为开放的政策，与友好国家进行必要的技术合作。相机的像幅改为 230 mm×460 mm，焦距依然是 300 mm，相机重叠精度保持±3%，像片重叠率从 60% 降为 55%。仅此一项，一颗卫星胶片有效利用长度可增加 100 m，基高比也从 0.61 提高到 0.69，胶片压平采用先进的机械压平，光学系统面积权平均分辨率优于 100 lp/mm，采用国内外最好的商用胶片，摄影系统的综合分辨率（AWAR）达到 88 lp/mm，采用像元 7 μm 扫描数字影像像元地面分辨率大约为 5 m。卫星配有 GPS 接收机和激光测距仪，一张像片的摄影覆盖面积为 5.1 万平方千米，并摄影覆盖了国内外大面积地区，摄影测量精度和效益都有很大提高。图 4、图 5 分别为北京市区和八达岭长城红绿互补色立体影像。

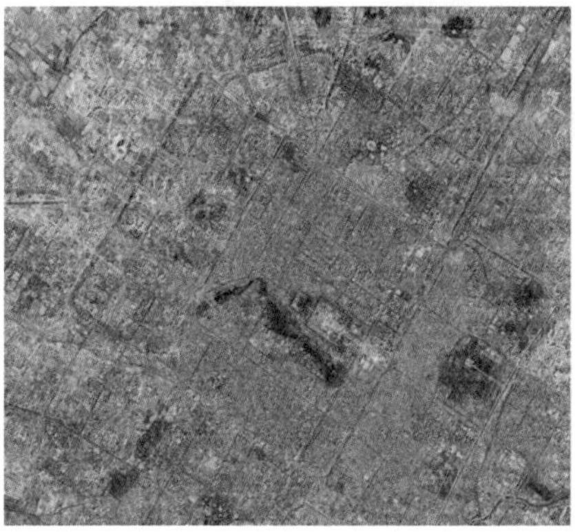

图 4　1988 年北京市区红绿互补色立体影像

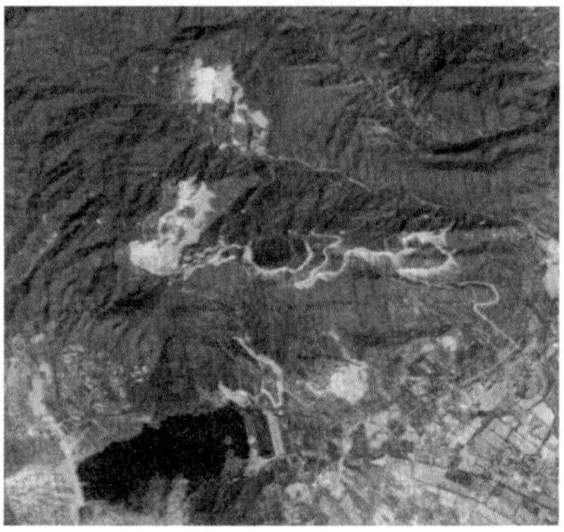

图 5　1988 年八达岭长城红绿互补色立体影像

图 6 是第二颗卫星摄取的闽台地区照片，图中的南日岛正好位于像片的三度重叠区，使得跨海峡空中三角测量比例尺能连续传递，从地理的意义讲，这样摄影测量的成果，可以实现闽台地区地面点的海拔高度出自同一个水准验潮站。

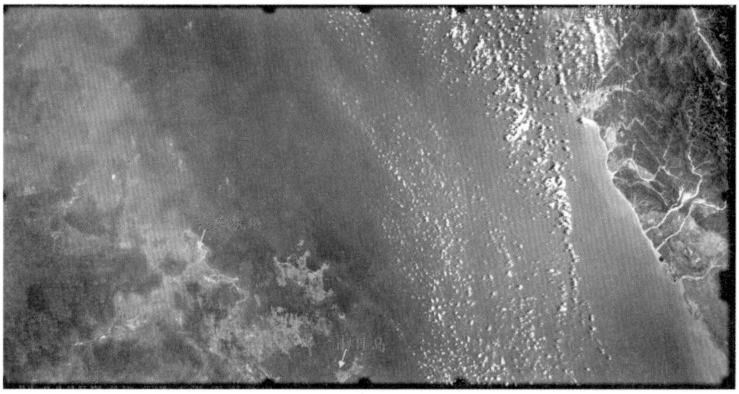

图 6　跨越台海像片

图 7 为日本鹿儿岛地区互补色立体影像，如戴上红绿眼镜，可以观察火山地貌景观。

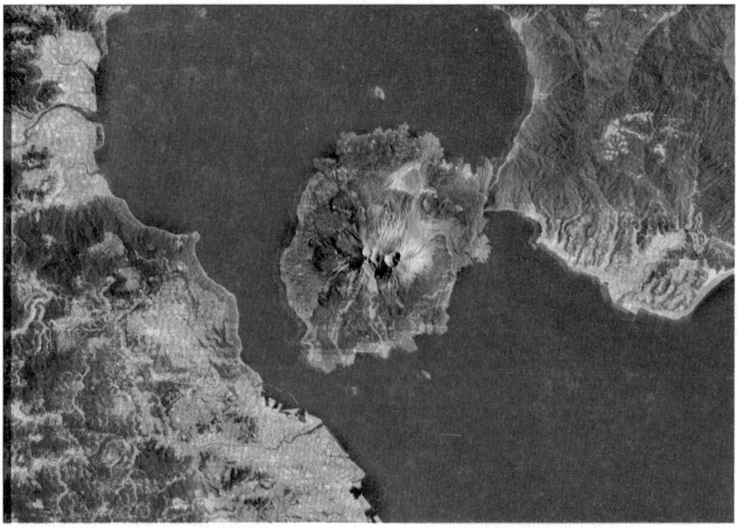

图 7 鹿儿岛地区互补色立体影像

# 3 传输型卫星摄影测量

传输型摄影测量卫星，采用 CCD 线阵作推扫式摄影，系动态摄影测量，对于有地面控制点的卫星摄影测量而言，有适当数量的地面控制点参与处理，达到表 1 的要求不成问题。然而在无地面控制点条件下，即使卫星测定的 EO 精度，线元素 ±2 m，角元素 ±2″，欲达到表 1 的高程精度要求，在理论上和技术上依然存在相当大的困难。

## 3.1 卫星摄影影像立体交会精度问题

### 3.1.1 框幅式影像

框幅式影像立体测绘可以分作相对定向和绝对定向两步骤，因而高程误差可以分作内部误差和外部误差。为了对讨论误差性质有更清晰的概念，我们舍去高程误差中次要项，主要保留与影像匹配误差及角元素 $\varphi$ 误差有关的项，将文献[2]中有关估算公式简化，可得到高程内部误差和外部误差，内部误差主要由影像匹配误差（本文均取匹配误差为 $0.3\times GSD$）及其导致的相对定向误差的综合，外部误差主要指 EO 角元素导致的高程误差，分别为

$$\sigma h_{内} = \frac{H}{B} \times 0.44 \times GSD \quad (框幅-1)$$

$$\sigma h_{外} = L \times \sigma\varphi \quad (框幅-2)$$

式中，$L$ 为立体模型航向宽度，$\sigma\varphi$ 为外方位 $\varphi$ 误差。

当 $H=210$ km，$f=300$ mm，$L=161$km，基高比 $\frac{H}{B}=0.6$，$GSD=5$ m，$\sigma\varphi=2''$时，高程误差如下

$$\sigma h_{内} = 3.7 \text{ m}$$

$$\sigma h_{外} = 1.6 \text{ m}$$

两项综合 $\sigma h=4.0$ m，所以框幅式像片满足 20 m 等高距地形图的要求还有较大空间。

框幅像片高程误差中，式(框幅-2)项倾角 $\varphi$ 只用于绝对定向，对高程误差的影响较小，所以对星相机的要求相对于推扫式摄影测量卫星要低。

### 3.1.2 CCD 线阵推扫影像

CCD 线阵推扫式摄影的影像，仅前、后视影像立体测绘而言，一般不可能仅仅依靠影像本身构建立体模型，必须利用前、后视影像的 EO 观测值按前方交会确定点的坐标，也就是说模型的建立需要外方位元素参与。同样利用文献[2]中有关高程误差估算公式加以简化，并划分为影像匹配误差和 $\varphi$ 角交会误差两项

$$\sigma h_{\text{匹配}} = \frac{H}{B} \times 0.3 \times GSD \qquad \text{(推扫-1)}$$

$$\sigma h_{\text{交会}} = \frac{H}{B} \times \frac{\sqrt{2} \times H}{\cos^2 \alpha} \times \sigma\varphi \qquad \text{(推扫-2)}$$

式中，$\alpha$ 为前视或后视相机对正视相机的夹角。

设 $H = 600$ km，$\alpha = 26.5°$，$\frac{H}{B} = 1$，$GSD = 5$ m，计算高程误差为

$$\sigma h_{\text{匹配}} = 1.5 \text{ m}$$

$$\sigma h_{\text{交会}} = \begin{cases} 3.7 \text{ m} & \sigma\varphi = 0.7'' \\ 5.3 \text{ m} & \sigma\varphi = 1'' \\ 10.6 \text{ m} & \sigma\varphi = 2'' \end{cases}$$

从以上计算值知，$\sigma h_{\text{交会}}$ 受 $\sigma\varphi$ 影响很大，是动态摄影立体交会精度的关键问题，如果满足测制 20 m 等高距对高程的要求，$\sigma\varphi$ 的值大约应小于 0.7″，当今卫星摄影测量中星敏感器测姿精度难达到这一要求。

## 3.2 利用地面控制点解决 CCD 线阵影像立体交会精度的思路

当前实际成功应用传输型卫星的 CCD 推扫影像立体测绘都是选取适当形式的多项式，辅以必要的地面控制点，如果综合应用精确测定的 EO 观测值，可以降低控制点数量。本文目标是无地面控制点立体摄影测量，故此仅一笔带过。

## 3.3 无地面控制点卫星摄影测量方案

### 3.3.1 国外学者思路

美国学者在 Mapsat 和 OIS 卫星方案中都要求卫星平台稳定度为 $10^{-6}$(°)/s，但因工程难度太大而未立项研制。

德国学者在 MOMS 工程中采用三线阵 CCD 影像按"定向片"法作光束法平差，达到了降低卫星平台稳定度和对地面控制点数量的要求，实验结论是：立体测绘不能没有地面控制点。

日本的先进对地观测卫星(Advanced Land Observing Satellite，ALOS)号称为无地面控制点的摄影测量在轨卫星，该系统的特点是：主要传感器是三线阵 CCD 相机，但立体测绘只有前、后视影像，正视影像仅用于作正射影像。姿态稳定度 $1.9 \times 10^{-4}$(°)/5 s，EO 线元素精度 1 m，依靠星敏感器测姿值和高精度角度偏移测量传感器 ADS 的观测值联合计算，EO 角元素精度可达 0.5″。该系统的目标是在无地面控制点条件下测绘 1∶2.5 万比例尺，等高距为 10 m 的地形图，按日本规定满足 10 m 等高距要求，高程误差应不超过 5 m，但现

在实际检测结果为：不管是无地面控制点或辅以地面控制点，高程误差都超过 5 m，不能满足该工程目标要求，实验工作尚在进行中。

### 3.3.2　笔者的研究工作

(1)“试验一号”小卫星工程。

我国在研制第二代返回式卫星的同时，进行了跟踪国际传输型卫星摄影测量的关键技术，同时开展演示验证的小卫星工程。该工程成功地验证了三线阵 CCD 相机推扫摄影及影像处理的摄影测量理论和试验软件。

图 8 为小卫星传回的我国第一幅立体摄影测量数字影像，图 9 为互补色立体影像，图 10 为立体影像生成的等高线，图 11 为三维立体影像。

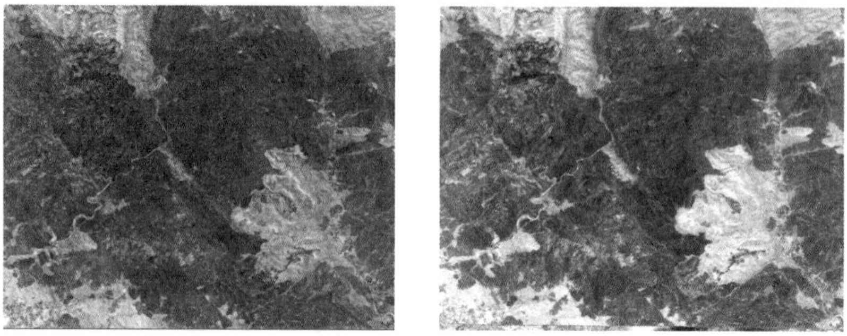

图 8　试验一号获取的我国第一幅立体摄影测量数字影像

图 9　互补色立体影像

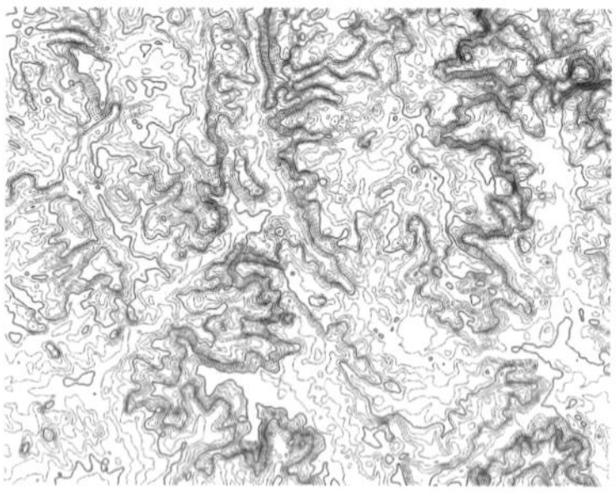

图 10　等高线图

图 11　三维景观图

(2)传输型摄影测量卫星理论研究。

在该项研究中，我们在摄影测量处理方面提出了三线阵 CCD 影像等效框幅像片(equivalent frame photo，EFP)光束法平差，并且创造了三个线阵加四个小面阵混合配置的 LMCCD 相机方案[3]，LMCCD 相机 CCD 探测器配置如图 12 所示。

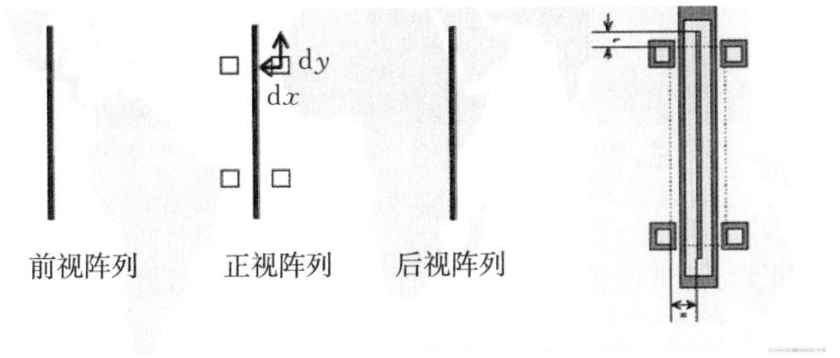


图 12 LMCCD 相机 CCD 配置

LMCCD 推扫影像按 EFP 光束法平差，所得到的航线立体模型概念上颇类似于框幅式像片的平差结果，即可以仅依靠影像本身可以建立“无上下视差”且高程误差很小的立体模型，当 EO 观测值参与平差时，既起到绝对定向，又具有削弱偶然误差影响的作用。在现有 EO 观测值精度条件下，能满足表 1 的高程精度要求，但要求光束法平差航线长度要大于等于 2 条基线，卫星还设置高精度星敏感器、多光谱摄影及 2 m 分辨率全色摄影相机。

(3)亚米分辨率卫星摄影测量研究。

作为进一步发展，摄影测量卫星可进一步提高影像分辨率为 0.6 m，采用两线阵 CCD 相机方案，配有分别测定三个角元素的星相机，星相机焦距比通常的星敏约大一倍，期望测角精度可达到 0.5″，但仅有这项措施，即使 $\varphi$ 角精度达到要求，前方交会的高程也只能满足测绘 10 m 等高距的要求，与分辨率 0.6 m 影像测绘 3 m 等高距的要求不相适配，所以系统拟另设置三个不但包含测量摄影中心至地面点的距离，而且还带有记录地面点影像的激光测距仪。激光测距仪的测距精度 1 m，激光测距数据的作用如图 13 所示。

下面给出误差实例：$H=600$ km；激光测距误差，$\sigma l=1$ m，$\sigma\varphi=0.5''$；则

$$\sigma h_{激光}=\sqrt{\left(H\times\frac{\sigma\varphi^2}{2}\right)^2+\sigma l^2}=1.2\ \mathrm{m}$$

$$\sigma h_{交会}=\frac{H}{B}\times\frac{\sqrt{2}\times H}{\cos^2\alpha}\times\sigma\varphi=2.7\ \mathrm{m}$$

激光测距值改正高程误差机理：

卫星摄影通常姿态变化比较平稳，星敏感器解算的 EO 角元素平滑处理使随机误差被削弱，但尚有一些随时间变化的系统差，在一个区间(如测图范围)可看作大约相等的系统值，导致前方交会的高程含有图 13 所示的 $dh_{交会}$ 误差。利用激光测距点可以求 $dh_{交会}$ 的最或然值。

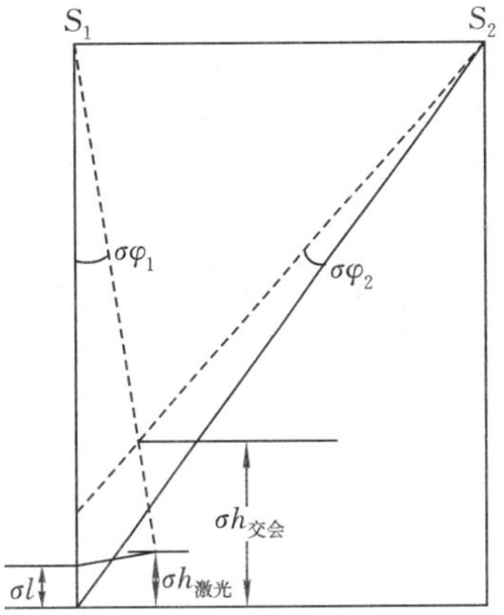


图 13 激光测距误差与测角误差对高程的影响

任意激光点的前方交会高程误差为

$$dh_k=dh_{k匹配}+dh_{k交会},\quad k=1,2,\cdots,m$$

其中，$\mathrm{d}h_{k交会}$值可视为常值。

利用激光测距的高程和前方交会的高程比较可得较差值为

$$\Delta_k = \mathrm{d}h_k - \mathrm{d}h_{k激光} = \mathrm{d}h_{k匹配} - \mathrm{d}h_{k激光} + \mathrm{d}h_{k交会},\ k=1,2,\cdots,m$$

将 $m$ 个激光点数据作适当的平差，现以取简单的平均值可得

$$\bar{\Delta} = \bar{\mathrm{d}}h_{k匹配} - \bar{\mathrm{d}}h_{k激光} + \bar{\mathrm{d}}h_{k交会}$$

式中，

$$\bar{\Delta} = \frac{\sum_1^m \Delta_k}{m},\ \bar{\mathrm{d}}h_{交会} = \frac{\sum_1^m \mathrm{d}h_{k交会}}{m},\ \bar{\mathrm{d}}h_{匹配} = \frac{\sum_1^m \mathrm{d}h_{k匹配}}{m},\ \bar{\mathrm{d}}h_{激光} = \frac{\sum_1^m \mathrm{d}h_{k激光}}{m}$$

当有一定数量激光点参与时，$\bar{\mathrm{d}}h_{匹配}$的误差比 $\mathrm{d}h_{匹配}$小得多，此处讨论中可以略去不计，那么 $\bar{\Delta} \approx \bar{\mathrm{d}}h_{k交会}$。

以 $\bar{\Delta}$ 改正测区内的任意点高程，任意点的高程误差为

$$\mathrm{d}h_i \approx \mathrm{d}h_{i匹配} + \bar{\mathrm{d}}h_{i激光}$$

从上式知：通过多个激光点数据，可以消除测区任意点高程中式(推扫-2)误差，但式(推扫-1)的误差依然存在，当 $\mathrm{d}h_{激光}$小于 $\mathrm{d}h_{交会}$时，能有效提高地面点高程精度。这一方案关系到的传感器很多，技术要求都很高，要吸收国内外多方面技术方能实现。

## 4　无地面控制点卫星摄影测量状况

无地面控制点卫星摄影测量中比较满意达到 $\sigma h = 6$ m 测制 1∶5 万比例尺地形图主要是胶片返回式摄影测量卫星系统(星载框幅式相机如 LFC、TKA-350、CHXJ)和奋进号航天飞机干涉雷达数字回收系统，美国和俄罗斯已完成全球性的 1∶5 万比例尺地形图的测绘，美国向世界公布 90 m 间距的高程网(30 m 间距为军用，不公开)。就此类地形测绘而言，一般只要一次测绘就可长期应用。日本的 ALOS 卫星为测制亚洲地区 1∶2.5 万等高距 10 m 地形图为目标正在实验中。笔者估计，印度以其国力，下一步将会发展无地面控制点的制图卫星。

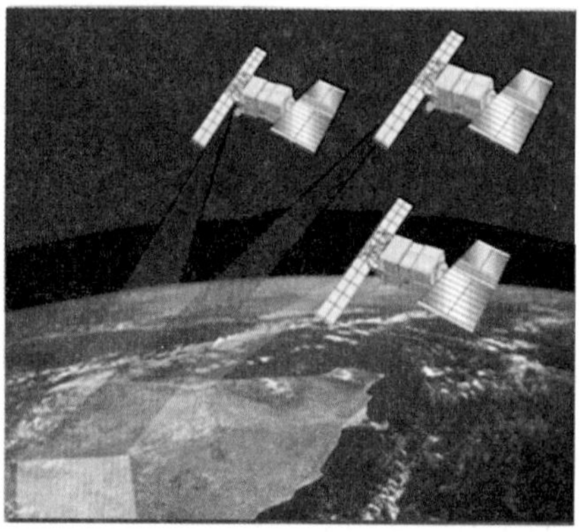

图 14　分布式合成孔径雷达卫星

大量的测绘工作者从事于有地面控制点参与的卫星影像立体测绘，在此条件下，许多卫星影像均可应用，如法国的 SPOT，美国的 IKONOS、QuickBird，印度的二线阵交会影像，日本的 ALOS 三线阵影像等，都在我国销售应用。但这些影像如要在其母国测绘中国地图，或多或少需要中国的地面控制点参与，否则达不到地图规范要求。

相比较而言，从事无地面控制点卫星影像立体测绘研究的为数不多，多半局限于一些大国，出于测绘全球地形图的目的而进行。

此外，为了实现无地面控制条件下全天候、全天时的立体测绘与对地球环境的监测，我国还开展了分布式合成孔径雷达立体测量的探讨(图 14)。

# 5 月球卫星摄影测量

我国“嫦娥一号”工程的首要科学目标是：对月球表面进行三维立体成像，获取月球三维影像图。这使我国摄影测量继卫星对地球摄影测量之后又迈上了卫星对月球摄影测量的新台阶。笔者曾建议“嫦娥一号”卫星采用单镜头相机三线推扫摄影方案，被工程总体采纳，还为其作了月球摄影测量能力评估[4]，并在月球影像传回时，制作了三维演示成果(包含DEM、正射影像及三维立体影像)。在本文中利用月球背面影像新制作了月球背面正射影像、等高线和三维景观图，如图15、图16和图17所示。

图15　月球背面正射影像

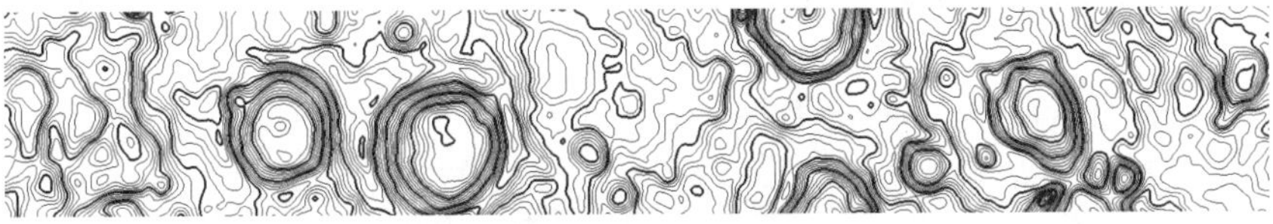

图16　月球背面等高线

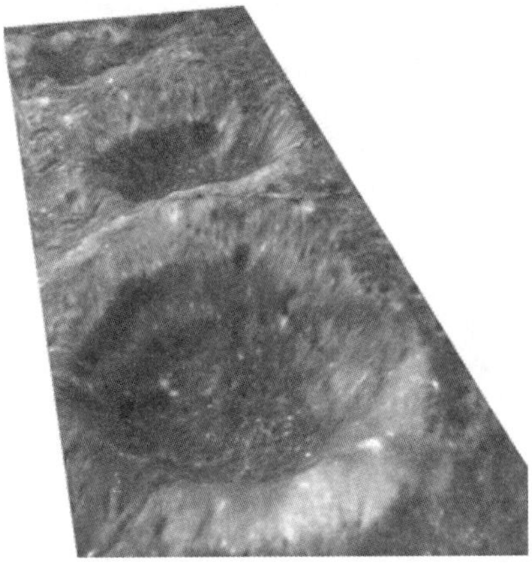

图17　背面月坑三维景观图

## 5.1 切面坐标系的EFP光束法空中三角测量

在完成演示成果的制作外，还进行了在切面坐标系的EFP光束法空中三角测量。实验时采用卫星摄影参数按推扫式原理加以推算的EO初值。

按探月工程额定参数：

相机：焦距 $f=23.33$ mm，其焦面面阵CCD为1024×1024像元，取左、中、右三线构成前视、正视和后视三个线阵，前、后视线阵对正视线阵夹角为17.5°，截取的线阵数为512像元，像元尺寸为14 μm。

轨道：圆形近极轨道，额定对地高度200 km±25 km，标准摄影基线长60.3 km。

月球大地参数:平均半径为 1 738 km。

按以上参数推算的 EO 初值加以平差,并自动采集航线长约 500 km 的 DEM(含月球曲率高差约为 17 km)及其生成的等高线如图 18 所示。图 18 的等高线中可以感觉到月球曲率高差的存在。利用 EO 值对正视和后视影像作变形[5]纠正如图 19 和图 20 所示,目视立体能看得出立体模型带有月球曲率的弯曲。研究并制作变形前后的红绿立体互补色影像,如图 21 和图 22 所示。

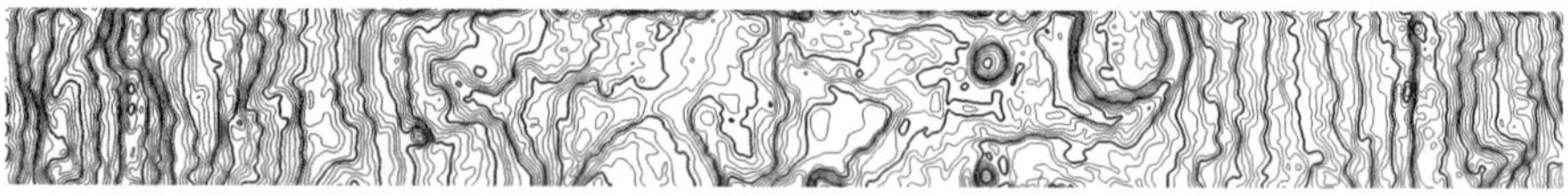

图 18 等高线

图 19 变形纠正正视影像

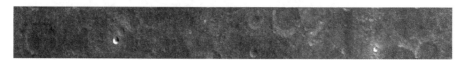

图 20 变形纠正后视影像

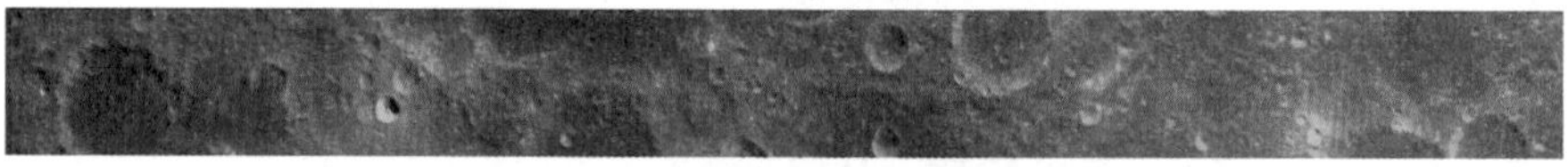

图 21 直接获取影像生成的互补色立体影像

图 22 经过变形纠正后的互补色立体影像图

## 5.2 摄影测量坐标系长航线自由网 EFP 光束法平差[6]

笔者采用带有对前、后视相机焦距自动调整 $\Delta f_{FA}$ 的 EFP 程序进行超长航线的自由网空中三角测量,基线数 47,航线长约 2 840 km,约占月球平均周长的 1/4。

平差设置:基线长=60.3 km,地面像元分辨率 120 m,卫星对月面高 200 km,EO 角元素取值为零,三线 CCD 影像主距 23.33 mm。

按照附加 $\Delta f_{FA}$ 项的 EFP 程序计算,平差结果统计表明:上下视差余差的均方根值均在 0.25 像元之内。利用长航线平差的 EO 值估算卫星飞行的姿态变化率,如表 3 所示。

表 3 姿态变化值 单位:$10^3$(°)/s

| 基线数(47) | $\varphi$ | $\omega$ | $\kappa$ | 三轴总和 |
|---|---|---|---|---|
| 第 1 圈 | 1.2 | 1.9 | 1.8 | 2.9 |
| 第 468 圈 | 0.4 | 0.3 | 0.6 | 0.8 |

如果姿态平均变化率取为 $2.5\times10^{-3}$(°)/s,则由此引起的相邻像元的混叠约 0.005 像元,影像质量对影像匹配精度影响不大。但对一般卫星而言,这样的变化率不甚理想,也可能这是第一条摄影航线,采用新近月球背面影像数据计算,姿态变化率显著改善,三轴均在 $0.6\times10^{-3}$(°)/s。本文计算的结果只是对一条航线摄影测量进行处理,卫星姿态变化的估算,只作参考。此外,利用长航线自由网 EO 平差值进行 DEM 的自动采集也很成功,这些数据对月面几何反演的应用尤为方便。

我国卫星摄影测量工程与研究,至今已近 30 年,参加研制人员、团队很多,笔者作为我国摄影测量卫星诞生与发展的见证人和参与者,撰写内容仅代表个人观点,本文中所列的部分卫星影像均系自由坐标系自由比例尺成果,无地理精度可言,仅供参阅。

## 参考文献

[1] LIGHT D L. Characteristics of remote sensors for mapping and earth science applications [J]. Photogrammetric Engineering and Remote Sensing, 1990, 56(12):1613-1623.

[2] 王任享.三线阵 CCD 影像卫星摄影测量原理[M].北京:测绘出版社,2006.

[3] 王任享,胡莘,杨俊峰,等.卫星摄影测量 LMCCD 摄影机的建议[J].测绘学报,2004,33(2):116-120.

[4] 王任享,王新义,王建荣,等."嫦娥一号"立体影像的摄影测量内部精度估算[J].测绘科学,2008,33(2):5-6,14.

[5] 王任享,王建荣. 利用摄影测量方法几何反演具有曲率的"嫦娥一号"三线阵 CCD 影像[EB/OL].[2008-07-15]. http://www.sbsm.gov.cn/article/zszygx/zjlt/200812/20081200045776.shtml.

[6] 王任享.月球卫星三线阵 CCD 影像 EFP 光束法空中三角测量算[J].测绘科学,2008,33(4):5-7.

# “天绘一号”无地面控制点摄影测量*

王任享，胡　莘，王建荣

**摘　要：**介绍“天绘一号”卫星无地面控制点条件下摄影测量过程中关键技术，包括相机在轨标定、等效框幅像片(EFP)多功能光束法平差、角元素低频误差补偿以及偏流角效应的处理等，并给出由生产单位提供的利用EFP多功能光束法平差软件的处理成果。大量处理结果表明，无地面控制点目标定位精度达到工程技术指标，精度达到美国SRTM水平。此外，文中还列出了有控制点目标定位的若干成果。

**关键词：**卫星摄影测量；相机标定；EFP光束法平差；无地面控制点定位；“天绘一号”卫星

## 1　引　言

当今世界上不发达地区大约90%属于无图区，全球陆地有1∶5万地形图的地区也只占约50%[1]。无地面控制点摄影测量是无图区测制1∶5万地形图最重要的选择。从原理上说，在有GPS接收机及高精度星敏测姿条件下，无地面控制点卫星摄影测量是完全可行的，但在工程实现方面，要达到1∶5万制图，高程中误差6 m($1\sigma$)的要求[2]并不容易，即使是技术很发达的国家也经历了相当艰难的研发过程[3-5]。

中国地域广阔，境内有大量的高原、沙漠等无人区，因此，进行无地面控制点条件下的摄影测量是我们的优先选择。为此，笔者从20世纪80年代就开展这方面技术研究。2010年8月24日成功发射的我国第一颗传输型立体测绘遥感卫星——“天绘一号”卫星，旨在向境内、外用户提供幅宽60 km的2 m分辨率全色影像、5 m分辨率三线阵CCD立体影像以及10 m分辨率4个谱段的影像资料，其摄影测量目标是实现无地面控制点条件下测制1∶5万地形图(平面坐标误差15 m，高程误差6 m($1\sigma$))的精度要求。

## 2　“天绘一号”卫星有效载荷及参数

“天绘一号”卫星搭载的光学成像传感器包括2 m高分辨率相机、三线阵和4个小面阵混合配置的LMCCD(line-matrix CCD)相机[6]以及4个谱段的多光谱相机，还搭载了GPS、星敏感器等设备。光学传感器的基本参数如表1所示。

* 本文发表于《测绘学报》2013年第1期。

表 1 相机主要性能

| 相机 | 项目 | 性能指标 | 备注 |
| --- | --- | --- | --- |
| LMCCD相机 | 地面像元分辨率/m | 5 | 轨道高 500 km |
| | 地面覆盖宽度/km | 60 | |
| | 光谱范围/μm | 0.51～0.73 | |
| | 前(后)视相机与正视相机夹角/(°) | 25 | |
| | 基高比 | 1 | |
| | 影像灰度量化位数/bit | 10 | |
| | 小面阵数量 | 4 | |
| | 小面阵大小/像元 | 480×640 | |
| 高分辨率相机 | 地面像元分辨率/m | 2 | |
| | 地面覆盖宽度/km | 60 | |
| | 光谱范围/μm | 0.51～0.73 | |
| | 影像灰度量化位数/bit | 8 | |
| 多光谱相机 | 地面像元分辨率/m | 10 | |
| | 地面覆盖宽度/km | 60 | |
| | 光谱范围/μm | B1:0.43～0.52<br>B2:0.52～0.61<br>B3:0.61～0.69<br>B4:0.73～0.90 | |
| | 影像灰度量化位数/bit | 8 | |

# 3 “天绘一号”卫星无地面控制点摄影测量实现的关键技术

## 3.1 相机参数在轨标定技术

在卫星摄影测量中，由于航天相机在发射和在轨运行过程中，受卫星发射的振动、长时间飞行中温度的变化等因素的影响，航天相机的几何参数会不断发生变化。在有地面控制点的卫星摄影测量中，相机几何参数影响的摄影测量误差大部分可以利用地面控制点得到控制。但无地面控制点的卫星摄影测量中，几何参数变化须采用地面标定加以改正。

实验室相机标定是将 3 个线阵相机的参数归算为以正视相机为基准的等效框幅相机。卫星在轨后，3 个相机参数均有变化，需要作地面标定。地面标定的目标是将变化了的三个相机重组为等效框幅相机，采用框幅像片的数学模型，按反解空中三角测量原理进行，即通常的空中三角测量是已知外方位元素和内方位元素解算地面点坐标[7]，而地面标定是利用外方位元素观测值和地面点坐标解算内方位元素值。标定参数包括 3 个主点坐标、3 个相机主距以及星地相机 3 个角元素转换参数的附加改正值(本文简称星地相机夹角改正数)，共 12 个参数，其中有 11 个独立待解参数。利用 LMCCD 影像作反解空中三角测量中，航线模型没有系统变形，绝对定向只有 7 个未知数，所以地面标定的空中三角测量共有 18 个待解参数，有 6 个分布合理的地面控制点便可解答。LMCCD 影像 EFP 光束法平差提供了没有航线系统变形的条件，又有比较严格的框幅式像片性能，因而在对控制点的要求上和解的精度上都具有优势。“天绘一号”卫星已有比较成熟的地面标定软件，已在实际工程中发挥了重要作用。

### 3.2 EFP 光束法平差技术[7]

将缝隙框幅式相机上开设的 3 个用于胶片曝光的缝隙代之以 CCD 线阵，就构成了三线阵 CCD 相机，三线阵 CCD 相机推广到卫星摄影，出于光学机械设计上的考虑，演变成前视、正视和后视 3 个相机的组合，又由于光学机械工艺上的原因，3 个 CCD 线阵不可能等同于框幅相机的同一焦平面上的 3 个缝隙影像，因此必须要将前、正、后 3 个相机摄取的影像归算成 1 个框幅相机摄取的影像，即“等效框幅像片”(EFP)。目前我国卫星只能装备国外对我限售且在轨测姿技术档次不甚高的星敏感器(大约 2″级 1$\sigma$)，无地面控制点条件下不经过平差，直接前方交会的目标点高程精度达不到 6 m(1$\sigma$)的要求。

笔者采用 EFP 概念研发了二、三线阵 CCD，小面阵 CCD 影像组合的多功能光束法平差软件，应用该件软最大的特点是均能实现平差的航线模型上下视差很小，并能有效将外方位角元素高频误差对平差结果的影响削弱约 0.6 因子，该算法和软件已成功用于“天绘一号”数据处理中。

### 3.3 角外方位元素低频补偿技术[8]

星敏测定的姿态角(转换后成为摄影测量用的角方位元素 $\varphi$、$\omega$、$\kappa$)的随机误差含低频和高频两类，我们通常只注意高频误差对高程精度的影响，而忽视低频误差的影响。“天绘一号”01 星上天后，实际数据显示有不可忽视的低频误差(厂方后来也承认有 7″左右的低频误差)。实际检测星敏间夹角存在 15″～30″的变化，所以低频误差远大于此值。低频误差的符号和数量呈低频变化，在具体平差的航线，可看作系统误差，一般无法用平差予以消除，导致成果带有额外的误差(按 7″计可影响定位精度达 10～20 m)。如有地面控制点可以消除，但无地面控制点测量中，是个不可小觑的误差源。

实际计算中大于 5″～7″的低频误差在上下视差中有规律可循，根据这一特点，研究了低频补偿技术，能有效抵消 $\varphi$、$\kappa$ 方向上量级较大的低频误差对目标定位精度的影响。此外，由于偏流角改正措施的原理不严格，造成同一地面点的前视、正视及后视影像并不相交于一点的现象，在光束法平差中也有相应的处理软件，并集成到 EFP 多功能光束法平差软件中。

## 4 实验分析

### 4.1 相机参数在轨标定

“天绘一号”地面标定试验场选定在我国东北地区，试验场长度选定 600 km，宽度 100 km。利用航空摄影数字化影像，GPS 实地测量控制点坐标，并对整个试验场影像进行联合平差处理，保持实验场控制点精度的一致性。

截至 2011 年底，“天绘一号”01 星共成功进行 4 次地面标定，标定值与出厂检测值的较差如表 2 所示。

**表 2 在轨标定与出厂标定较差值**

| 摄影日期 | 主距/$\mu$m | | | 相机交会角/(″) | 星地相机夹角改正数/(″) | | |
|---|---|---|---|---|---|---|---|
| | d$f_l$ | d$f_v$ | d$f_r$ | d$\beta$ | $\delta\varphi$ | $\delta\omega$ | $\delta\kappa$ |
| 2010-10-12 | 2 | −1 | 1 | 12.9 | −19.8 | −66.1 | −22.5 |

续表

| 摄影日期 | 主距/μm | | | 相机交会角/(″) | 星地相机夹角改正数/(″) | | |
|---|---|---|---|---|---|---|---|
| | $df_l$ | $df_v$ | $df_r$ | $d\beta$ | $\delta\varphi$ | $\delta\omega$ | $\delta\kappa$ |
| 2011-03-03 | 2 | −2 | 0 | 9.4 | −23.2 | −67.3 | −20.7 |
| 2011-04-03 | 2 | −1 | 0 | 9.5 | −25.7 | −69.3 | −29.8 |
| 2011-10-07 | 1 | −1 | 1 | 8.3 | −21.6 | −66.5 | −30.2 |
| 平均 | 2 | −2 | 1 | 10.5 | −22.3 | −67.3 | −25.8 |

注：表中 $df_l$ 为前视相机主距变化值；$df_v$ 为正视相机主距变化值；$df_r$ 为后视相机主距变化值；$d\beta$ 为前、后视相机夹角变化值；$\delta\varphi$、$\delta\omega$、$\delta\kappa$ 为俯仰、横滚及偏航方向变化值。

从表 2 列出的均值可看出：相机主距与出厂标定值变化较小，都在微米级，前、后视相机夹角变化约在 3″之内；星地相机夹角改正数与均值之差达到 4″～5″。将 4 次标定值的均值用于后续多个检测场的精度检测，检查点均无明显的系统误差，表明标定方法正确，适用性和普遍性强。

## 4.2 定位精度分析

为了全面检测"天绘一号"卫星的几何精度，根据摄影覆盖情况，在国内按不同纬度、分布均匀等条件选定黑龙江、新疆及重庆等 7 个地面检测场。7 个检测场中，3 个区为丘陵地形，2 个区为平地地形，1 个区为山地地形，1 个区为高山地形，最大高差达 2 500 m。每个检测场长度在 240～480 km，宽 60 km，并对检查点进行实地全野外 GPS 测量，并对各区无地面控制点和有地面控制点条件下的定位精度进行统计。

### 4.2.1 无地面控制点条件下定位精度分析

利用星上获取的姿态和轨道数据，对三线阵影像进行无地面控制点 EFP 多功能光束法平差，精确解算摄影时刻的外方位元素。在此基础上，进行有理多项式系数(RPC)参数求解，形成标准格式的 1B 级卫星影像产品，对 1B 影像在立体环境下进行检查点的像点量测，分别利用基于 RPC 直接前方交会和基于 RPC 区域网平差软件计算其地面点坐标。其流程如图 1 所示。通过与野外实测结果进行比较，分析其无地面控制点条件下定位精度。

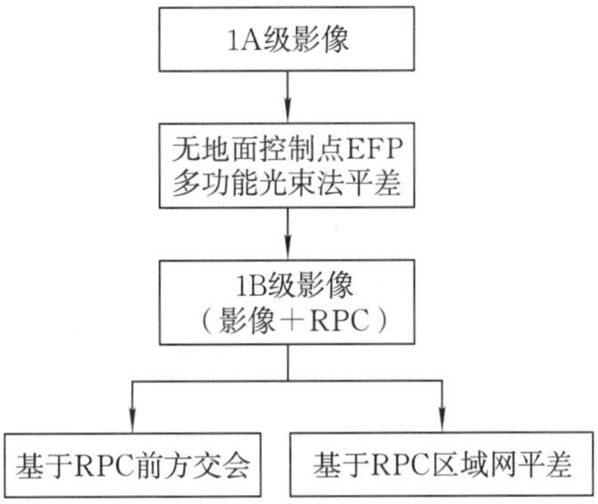

图 1 无地面控制点精度检测流程

经过检测试验验证，对于单航带影像，基于 RPC 前方交会与基于 RPC 区域网平差软件统计的定位精度基本相当。为客观反映实际精度，采用外部误差检核法进行精度评估。本文只列出基于 RPC 直接前方交会的检查点坐标与地面 GPS 实测坐标较差的均方根(RMS)[9]，统计结果列于表 3。

**表 3 无地面控制点定位检测误差统计**

| 检测场名 | $\mu_X$ /m | $\mu_Y$ /m | $\mu_Z$ /m | $\mu_P$ /m | $\mu_{XYZ}$ /m | 检查点数量 |
|---|---|---|---|---|---|---|
| 黑龙江检测场 | 7.7 | 7.4 | 4.5 | 10.7 | 11.6 | 30 |
| 新疆检测场 | 6.7 | 8.9 | 4.0 | 11.1 | 11.8 | 30 |
| 北京山东检测场 | 5.9 | 6.9 | 7.2 | 8.9 | 11.4 | 30 |
| 安徽检测场 | 7.2 | 8.8 | 5.4 | 11.4 | 12.6 | 12 |
| 黑龙江吉林检测场 | 5.9 | 7.2 | 7.4 | 9.3 | 11.9 | 12 |
| 5 个区所有检查点统计 | 6.8 | 7.8 | 5.7 | 10.3 | 11.8 | 114 |

注：表中 $\mu_X$ 为高斯 6°分带平面 $X$ 坐标均方根误差；$\mu_Y$ 为高斯 6°分带平面 $Y$ 坐标均方根误差；$\mu_p$ 为高斯 6°分带平面坐标均方根误差；$\mu_Z$ 为大地高误差；$\mu_{XYZ}$ 为三轴坐标综合均方根误差。

“天绘一号”01 星装备的星敏在轨姿态角测量的高频误差大部分超出了厂家额定的指标 5″(3$\sigma$)，部分超出额定的指标高达 2～3 倍。其中一个区 $\omega$ 中误差为 5″，另一区 $\kappa$ 中误差为 6″，导致高程误差超过 10 m(考虑这两个区摄影时间是在卫星刚发射后不久，可能与卫星入轨初期的状态有关)，所以实测点检查的 7 个地区中只采用 5 个区进行精度统计。5 个检测场的综合 RMS 为 10.3 m/5.7 m（平面/高程），满足工程目标，与美国的 SRTM[10] 无地面控制点目标定位的相对精度(point to point)比较如下

$$\text{无地面控制点定位误差}=\begin{cases}12\ \text{m}/6\ \text{m} & (\text{平面 / 高程 }1\sigma) \quad \text{SRTM}\\ 10.3\ \text{m}/5.7\ \text{m} & (\text{平面 / 高程 }1\sigma) \quad \text{“天绘一号”01 星初步检测}\end{cases} \tag{1}$$

式中，将 SRTM 公布的 90%(1.64$\sigma$)水平指标换算为 68%(1$\sigma$)水平指标，即 12 m/6 m(平面/高程 1$\sigma$)，括号中，平面＝平面位置误差，高程＝相对高程误差。

可见“天绘一号”01 星无地面控制点目标定位精度与美国 SRTM 相对精度 12 m/6 m（平面/高程 1$\sigma$）相当。RMS 为 10.3 m/5.7 m(平面/高程)是笔者多年以来从事无地面控制点卫星摄影测量最好的纪录。如果星敏品质能进一步改善，无地面控制点目标定位精度可望得到进一步提高。

模拟计算表明，如果星敏测姿精度真正达到 1.7″，且有效控制低频误差，“天绘一号”卫星无地面控制点条件下目标定位精度可达到 6 m/4.5 m(平面/高程)水平。这一愿望的实现，不能完全依靠进口的星敏，应立足于自主研发高精度的星敏。

#### 4.2.2 有地面控制点条件下定位精度分析

为了分析“天绘一号”卫星有控制点条件下的定位精度，在检测场资料 1B 影像的基础上，进行带控制点的区域网平差，统计结果列于表 4。

**表 4 有地面控制点定位检测误差统计**

| 检测场名 | $\mu_X$ /m | $\mu_Y$ /m | $\mu_Z$ /m | $\mu_P$ /m | 检查点数量 | 控制点数量 |
|---|---|---|---|---|---|---|
| 黑龙江检测场 | 7.7 | 4.0 | 2.6 | 8.7 | 22 | 8 |
| 新疆检测场 | 7.5 | 5.1 | 2.7 | 9.0 | 22 | 8 |
| 北京山东检测场 | 4.2 | 3.1 | 2.9 | 5.2 | 22 | 8 |
| 3 个区所有检查点统计 | 6.7 | 4.1 | 2.7 | 7.8 | 66 | |

## 5 结 论

中国以自身的空间技术研发了第一颗传输型立体测量与遥感卫星——"天绘一号",并成功地进行光学卫星影像摄影测量实验研究,无地面控制点目标定位精度与美国 SRTM 相对精度相当,实现了美国 Stereosat、Mapsat、OIS 和德国 MOMS 等光学卫星摄影测量系统(学术思想或工程)期望实现而没有实现的工程目标——无地面控制点测制 1∶5 万比例尺(等高线间距 20 m)地形图。


## 致 谢

"天绘一号"卫星定位精度检测是在卫星测绘职能部门统一领导下,主要由航天测绘遥感信息处理中心和广州测绘大队进行,参与工程建设的科研人员为试验提供了重要支持,地面控制点由各地区测绘部门实测提供,广州测绘大队为本文提供精度统计数据,在此向有关单位、同仁致以谢意。

特别感谢张祖勋院士、张剑清教授及其团队在像点坐标量测等技术方面给予的大力支持。


### 参考书目


[1] OSAWA Yuji, TODA Kenichi, WAKABAYASHI Hiroyuki, et al. High resolution remote sensing technology and the advanced land observing satellite(ALOS)[C]//Proceedings of 47th International Astronautical Congress. Beijing:[s. n. ],1996.

[2] LIGHT D L. Characteristics of remote sensors for mapping and earth science applications [J]. Photogrammetric Engineering and Remote Sensing, 1990,56(12):1613-1623.

[3] National Aronauticsand Space Adiministration. Preliminary stereosat mission description [R]. Washington:NASA,1979.

[4] ITEK Corp. Conceptual design of an automated mapping satellite system(Mapsat )[R]. Lexington: ITEK,1981.

[5] EBNER H, KORNUS W, KORNUS T, et al. Orientation of MOMS-02/D2 and MOMS- 2P/Priroda Imagery[J]. ISPRS Journal of Photogrammetry and Remote Sensing, 1999 (54):332-341.

[6] 王任享,胡莘,杨俊峰,等. 卫星摄影测量 LMCCD 摄影机的建议[J]. 测绘学报,2004,33(2):116-120.

[7] 王任享. 三线阵 CCD 影像卫星摄影测量原理[M]. 北京:测绘出版社,2006.

[8] 王任享,王建荣,胡莘. 在轨卫星无地面控制点摄影测量探讨[J]. 武汉大学学报:信息科学版,2011,36(11):1261-1264.

[9] 杨元喜. 卫星导航的不确定性、不确定度与精度若干注记[J]. 测绘学报,2012,41(5):646-650.

[10] USGS. Shuttle radar topography misson[EB/OL]. [2011-10-28]. http://www.jpl.nasa.gov/srtm.

# “天绘一号”卫星工程建设与应用*

王任享，胡　莘，王新义，杨俊峰

**摘　要**：概要介绍“天绘一号”卫星工程的建设历程和卫星系统的使命任务；较详细地介绍卫星系统和相机载荷的能力与技术参数；重点阐述“天绘一号”卫星无地面控制条件下的摄影测量关键技术，包括LMCCD相机体制、航天摄影测量相机参数在轨标定技术、无地面控制点条件的三线阵EFP影像平差技术等的运用，通过工程实践，达到工程技术指标要求；最后介绍数据应用情况，提出“天绘一号”卫星的发展设想。为了解“天绘一号”卫星工程，提供基本参考。

**关键词**：卫星工程；卫星系统；影像产品；LMCCD相机；相机在轨标定；无地面控制点定位

## 1　引　言

“天绘一号”卫星是中国首颗传输型立体测绘卫星，采用了CAST2000小卫星平台，一体化集成了三线阵、高分辨率、多光谱等3类5个相机载荷，以及辅助摄影测量设备，目标是获取全球范围立体影像和彩色影像。影像数据经过地面系统处理，无地面控制点条件下，在中国首次实现了与美国SRTM相对精度12 m/6 m（平面/高程 $1\sigma$）同等的技术水平。为完成我国基础测绘任务，提供了可靠的数据源，尤其对中国的高原、沙漠等无人区，利用“天绘一号”卫星影像数据，实施无地面控制条件下的1∶5万比例尺的定位与测图，优势突出。“天绘一号”卫星的成功发射，使中国拥有了实时获取全球地理影像的自主手段，摆脱了遥感测绘数据长期依赖国外商业卫星的被动局面，标志着我国航天测绘事业迈入新的发展阶段，目前，“天绘一号”卫星影像成果在国防建设和国民经济中正在发挥着重大作用。

## 2　建设历程

20世纪80年代初，笔者开始跟踪三线阵影像立体摄影测量技术的发展，并在其构像理论和影像处理等方面进行了相应的研究，提出了等效框幅像片（EFP）光束法平差方案。

1996年由国家高技术研究发展计划（以下简称“863计划”）航天领域立项开展传输型三线阵CCD航天摄影测量相机的关键技术攻关，开启了我国传输型摄影测量卫星的研究。通过项目研究，成功建立了三线阵CCD相机摄影影像的数字摄影测量基本理论，解决了在空间实验室条件下的三线阵相机光学、结构、标校、存储设计等关键技术，解决了利用三线阵CCD影像重建外方位元素、自动采集DEM、自动生成正射影像产品等三线阵影像定位与立

* 本文发表于《遥感学报》2012年增刊。

体测图关键技术,成功进行了航空校飞试验,处理了大量的影像资料,验证了相机标定数值的可靠性、三线阵 CCD 影像摄影测量理论和处理软件的正确性和三线阵 CCD 相机在空间应用中的可行性。

2000 年开展了"实验一号"演示验证微小卫星航天工程研制,2004 年 4 月卫星成功发射,这是我国首颗传输型摄影测量卫星。通过"实验一号"卫星的实际在轨飞行,从技术体制上全面地验证了传输型三线阵摄影测量卫星用于测绘的正确性和可行性,为中国后续传输型三线阵摄影测量卫星的发展奠定了坚实的技术基础。

2005 年开展了传输型三线阵摄影测量卫星型号星的论证工作。经过需求分析、指标论证以及初步方案设计和可行性论证等方面的工作,完成了《传输型三线阵摄影测量卫星使用要求和主要战术技术指标》的论证,以及有效载荷、卫星系统和地面应用系统的初步方案设计与可行性论证。

2006 年经国家批准,开始"天绘一号"传输型立体测绘卫星工程研制,简称"天绘一号"卫星。经过 4 年研制建设,先后于 2010 年 8 月 24 日和 2012 年 5 月 6 号成功发射 01 星、02 星。目前,卫星运行良好,图像清晰,各项技术指标达到设计要求。

## 3 工程设计

### 3.1 系统任务

"天绘一号"卫星工程主要任务是快速获取三维立体影像、多光谱影像和高分辨率影像,通过地面处理,实现目标的快速精确三维定位,测制 1∶5 万地形图,修测和更新 1∶2.5 万地形图,向全球用户提供基础地理信息产品服务。

### 3.2 系统组成

"天绘一号"卫星工程由卫星、地面应用、运载火箭、发射场、测控等 5 大系统组成,其中卫星系统和地面应用系统是完成工程任务的关键。卫星系统采用多载荷一体化对地观测技术,由 3 类相机载荷和平台组成,3 类相机载荷包括 2 m 高分辨率相机、5 m 分辨率线面阵混合配置三线阵立体测绘相机(LMCCD)和 10 m 分辨率 4 谱段(红、绿、蓝和近红外)多光谱相机,同步获取地球表面不同分辨率的黑白和彩色影像;卫星平台搭载高精度的 GPS 接收机和 3 台中等精度星敏感器设备,为实现无地面控制条件下的精确定位提供数据支撑。地面应用系统由任务规划、数据接收、数据预处理、数据管理服务、摄影参数与影像特性检测、控制定位与测图以及应急测绘保障等 7 个技术系统组成,主要承担卫星摄影计划的制订,卫星数据的接收、处理、管理和分发,以及卫星摄影参数与影像特性检测等任务,是卫星数据应用服务的主体系统。卫星载荷配置如图 1 所示。

### 3.3 系统能力

卫星的摄影覆盖宽度 60 km,可以无缝摄取全球南北纬 80°之间区域的影像;可以获取 2 m 高分辨影像、5 m 分辨率立体影像及 10 m 分辨率多光谱等 3 类影像数据,可生产 0～3 级卫星影像产品,生产 1∶5 万地形图、数字影像地图、数字高程图等测绘等产品。卫星、载荷以及影像产品的主要技术参数和定义分别如表 1、表 2 和表 3 所示。

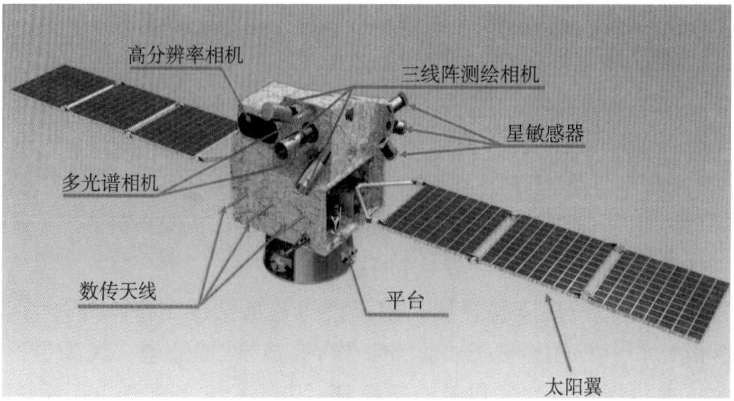


图 1 卫星系统有效载荷配置

**表 1 卫星主要技术参数**

| | | | |
|---|---|---|---|
| 发射 | 时间 | 01 星 | 2010-08-24 |
| | | 02 星 | 2012-05-06 |
| | 地点 | | 中国酒泉卫星发射中心 |
| 寿命 | 设计寿命 | | 3a |
| 轨道 | 类型 | | 太阳同步回归轨道 |
| | 回归周期 | | 58d |
| | 高度 | | 500 km |
| | 倾角 | | 97.4° |
| | 降交点(地方时) | | 13:30 PM |
| 数据存储与传输 | 固态存储器容量 | | 128 Gbit×2 |
| | 传输速率 | | 190 Mbit/s×2 |

**表 2 有效载荷主要技术参数**

| | | |
|---|---|---|
| LMCCD | 相机类型 | 三线阵 CCD 推扫式,交会角 25° |
| | 光谱范围 | 0.51～0.69 μm |
| | 影像地面覆盖宽度 | 60 km |
| | 影像地面像元分辨率 | 5 m |
| | 系统调制传递函数 | ≥0.2(Nyquist 频率) |
| | 信噪比 | ≥70(太阳高度角 30°,地面反射率 0.3) |
| | 影像灰度量化位数 | 10 bit |
| | 小面阵 CCD 数量 | 4 |
| | 小面阵 CCD 有效像元 | 256×256 |
| | 小面阵 CCD 地面像元分辨率 | 6 m |
| 高分辨率相机 | 相机类型 | TDI CCD 推扫式 |
| | 光谱范围 | 0.51～0.69 μm |
| | 影像地面覆盖宽度 | 60 km |
| | 影像地面像元分辨率 | 2 m |
| | 系统调制传递函数 | ≥0.2(Nyquist 频率) |
| | 信噪比 | ≥70(太阳高度角 30°,地面反射率 0.3) |
| | 影像灰度量化位数 | 8 bit |

续表

| | | |
|---|---|---|
| 多光谱相机 | 相机类型 | CCD 推扫式 |
| | 波段数 | 4 |
| | 光谱范围 | B1：0.43～0.52 μm<br>B2：0.52～0.61 μm<br>B3：0.61～0.69 μm<br>B4：0.76～0.90 μm |
| | 影像地面覆盖宽度 | 60 km |
| | 影像地面像元分辨率 | 10 m |
| | 系统调制传递函数 | ≥0.2(Nyquist 频率) |
| | 信噪比 | ≥70(太阳高度角 30°，地面反射率 0.3) |
| | 影像灰度量化位数 | 8 bit |

**表 3 卫星影像数据产品**

| 级别 | | 定义 |
|---|---|---|
| 0 | | 经成像处理后形成的原始影像数据、元数据、辅助测量数据 |
| 1 | 1A | 进行了辐射校正，并提供辅助测量数据的影像产品 |
| | 1B | 进行了辐射校正，并提供立体测图定向数据的影像产品；立体测图定向数据支持外方位元素和 RPC 两种格式 |
| 2 | | 经辐射校正，并沿地图正北方向按规定的地图投影做系统几何校正的影像产品，定位精度优于 500 m |
| 3 | 3A | 经辐射校正，并沿地图正北方向按规定的地图投影，使用地面控制点做几何精校正的影像产品，定位精度优于 50 m |
| | 3B | 由三线阵 1B 级卫星影像产品经过摄影测量处理形成的正射影像产品和参考 DEM 产品，包括 3B 级影像数据、浏览图、拇指图、元数据；参考 DEM 数据、元数据 |

## 4 技术内涵

1996 年"863 计划"三线阵 CCD 相机关键技术启动后，当时正面临国际上以光束法平差解决光学卫星无地面控制点摄影测量遭到严重挫折的局面，德国学者在 MOMS_02/D2、MOMS-2P 工程中[1-2]得出"……光束法平差必须有数排控制点或精度不高的 DEM 参与，才能达到工程指标，不提倡无地面控制点"的结论，加上国外对中国高技术限制销售，市场上只能购到等级不高的星敏感器，我国传输型卫星无地面控制点摄影测量面临着极大的困难。天绘团队力争在光束法平差途径上开拓自己的道路，解决无地面控制点目标定位问题，先后提出了 LMCCD 设计思路及多功能的光束法平差方法。

### 4.1 LMCCD[3]

在卫星摄影条件下，三线阵 CCD 相机提供了利用影像本身构建空中三角网的可能性，可以进行光束法空中三角测量，因而可以降低对卫星姿态稳定度的要求。但德国学者研究得出，三线阵 CCD 影像光束法平差不能解决无地面控制点摄影测量问题。我们经多方面的模拟实验和研究，创造了 LMCCD，其影像进行 EFP 光束法平差，可获得无系统变形的航线立体模型，与星敏感器测定的角方位元素共同平差，可以实现无地面控制点摄影测量。

### 4.2 航天摄影测量相机参数在轨标定

在卫星摄影测量中，航天摄影相机由于卫星发射和在轨运行过程中，受卫星发射的振动、长时间飞行中温度变化的影响，几何参数会发生变化。在有地面控制点的卫星摄影测量中，相机几何参数影响的摄影测量误差大部分可以利用地面控制点处理时消除。但在无地面控制点的卫星摄影测量中，几何参数变化须采用在轨几何标定加以改正[4]。相机几何参数在轨标定是实现无地面控制条件下提高影像空间定位精度的关键环节。

“天绘一号”卫星在轨标定特点是将变化了 3 个相机参数重组为等效框幅相机，采用框幅像片的数学模型，按照空中三角测量后方交会原理进行参数解算。通常的空中三角测量是已知外方位元素和内方位元素解算地面点坐标，而在轨标定是利用外方位元素观测值和地面点坐标解算内方位元素。

标定参数包括 3 个相机像主点坐标、3 个相机主距以及星地相机 3 个角元素转换参数的附加改正数，共 12 个，其中 11 个为独立待解参数。利用 LMCCD 影像实施后方交会光束法平差，航线模型没有系统变形，绝对定向参数只有 7 个未知数，所以在轨标定的空中三角测量共有 18 个待解参数，理论上利用 6 个分布合理的地面控制点便可答解，但实际应用了 60 个地面控制点以提高解的精度。

### 4.3 EFP 多功能光束法平差软件

“天绘一号”卫星科研团队进行了 EFP 多功能光束法平差软件的研发与集成，其功能如下。

#### 4.3.1 EFP＋LMCCD 影像光束法平差[5]

能获得模型点上下视差很小并且构建的空中三角航线模型无波浪形状的系统误差，具有显著的削弱角元素高频误差对平差结果的影响的功能。

#### 4.3.2 全三线交会 EFP 光束法平差

全航线地面点基高比均为 1，通过特殊功能的反复迭代解算的光束法平差，能对角元素高频误差对平差结果的影响削弱约 0.6 的因子，并且模型点上下视差很小。

#### 4.3.3 角元素低频误差补偿技术

能抗拒卫星在其轨道上全球飞行摄影测量中，可能遇到测姿系统大的低频误差对目标定位精度的影响。

#### 4.3.4 偏流角效应改正

偏流角改正措施理论上的不严格性，造成同一地面点的前、正、后三线阵 CCD 影像不相交于一点，光束法平差中为消除其影响，造成了正视与前、后视前方交会的高程值不等，将影响后续工序摄影测量处理，多功能光束法平差软件具有消除该高程值不等的功能。

## 5 应用与发展

“天绘一号”在小卫星平台上搭载了多种传感器，总重量约 1 000 kg，性价比较高，实现了无地面控制点摄影测量，其成果可向全球用户提供服务。

### 5.1 “天绘一号”卫星数据应用

“天绘一号”卫星已具备了规模化生产的能力。目前，已获取全球约 4 亿 $km^2$ 影像数据,有效覆盖全球陆地面积约 40%以上,我国陆地面积 90%以上。生产了多类卫星影像产品、融合产品和地理信息产品,已先后为各类用户单位提供了约 5 000 万 $km^2$ 影像产品服务保障。

## 5.2 "天绘一号"卫星发展与规划

"天绘一号"卫星将根据任务需求,长期在轨运行,其 01 星和 02 星按照两星组网模式运行,即隔天依次通过摄影区域上空,彼此摄影带可拼接,总覆盖宽度不小于 100 km,拓展了影像覆盖宽度,加快了成图区域影像获取速度,对于提高摄影效率和测绘能力意义重大。在"天绘一号"卫星后续型号研制中,将考虑进一步提高星敏感器的定姿精度和 GPS 的定轨精度,提高影像数据量化位数,以及考虑降低数据的压缩倍率等,从而进一步提高卫星影像的定位能力和影像质量。

### 参考文献

[1] EBNER H,KORNUS W,STRUNZ G,et al. Simulation study on point determination using MOMS_02/D2 imagery[J]. PRES, 1991,57(10): 1315-1320.

[2] KORNUS W,LEHNER M,BLECHINGER F,et al. Geometric calibration of the stereoscopic CCD-linescanner MOMS-2P [C]//KRAUS K, WALDHAUSL P. Proceedings of the XVIIIth ISPRS Congress:Technical Commission I on Sensors,Platforms and Imagery,July 9-19,1996,Vienna,Austria. Vienna:ISPRS:90-96.

[3] 王任享,胡莘,杨俊峰,等. 卫星摄影测量 LMCCD 相机的建议[J]. 测绘学报,2004(4):15-17,2.

[4] 王任享. 三线阵 CCD 影像卫星摄影测量原理[M]. 北京:测绘出版社,2006.

[5] 王任享. 卫星三线阵 CCD 影像光束法平差研究[J]. 武汉大学学报:信息科学版,2003,28(4):379-385.

# 在轨卫星无地面控制点摄影测量探讨*

王任享，王建荣，胡　莘

**摘　要**：摄影测量卫星采用商用级星敏构成的测姿系统，测角存在不可忽视的低频和“慢漂”系统性误差，使得经过在轨标定后的星相机和三线阵CCD相机安装角转换参数产生额外的增量 $d\varphi_C$、$d\omega_C$、$d\kappa_C$。在一条航线内，这些增量可视为常量，依靠其在立体模型上表现的上下视差规律，在无地面控制点条件下，通过在光束法平差中增加对 $d\varphi_C$、$d\omega_C$ 及 $d\kappa_C$ 的补偿，可使无地面控制点目标定位误差从1 000 m改善到11～22 m。

**关键词**：星敏感器；光束法平差；卫星摄影测量；“慢漂”误差

## 1　引　言

如果卫星在轨测定的外方位元素（EO）可靠且精度很高，那么无地面控制点摄影测量问题就变得非常简单，现代卫星均配有GPS接收机，EO线元素精度不成问题，只是角元素尚不尽如人意。技术先进的国家可以采用测量性能良好的星敏感器构成测姿系统，至少星敏感器的高频误差优于 $1''(1\sigma)$，低频误差至多 $7''\sim8''$，而且经过长时间飞行也不会产生“慢漂”误差，那样在完成星地相机在轨标定后，可得到良好的无地面控制点摄影测量成果。发展中国家的工业部门，由于星敏感器被限制销售，只能采用等级较低的星敏感器，高频误差大约只能保持在 $2''(1\sigma)$，同时可能存在较大的低频误差，甚至还存在由于长期飞行出现量值更大的“慢漂”误差，其误差性质与低频误差相似，但误差量级大得多，有时可达数角分，给无地面控制点定位造成很大的困难。

笔者在假定卫星在轨后地面处理系统已具备两项先行技术的条件下，进一步探讨由测姿系统造成无地面控制点卫星摄影测量的问题。两项先行技术条件：一是星地相机系统已圆满实现在轨标定；二是光束法平差系统能力具备在无地面控制点参与下，能够有效削弱星敏高频误差对摄影测量的影响，并且平差结果不含大的系统误差。本文将分析假定星敏感器存在不可忽视的低频误差以及长期飞行中出现的“慢漂”误差的情况下，在光束法平差系统增加消除其影响的数学模型，达到依靠卫星地面站的努力，实现全卫星轨道摄影区的无地面控制点卫星摄影测量的目标。

## 2　星敏感器测姿误差分析

卫星入轨后，要进行摄影参数的在轨标定，标定后星地相机夹角检测误差及在轨变化的其他系统误差都可以消除。标定中对实验室检定的星地相机姿态角旋转矩阵，增加一个象

*　本文发表于《武汉大学学报（信息科学版）》2011年第11期。

征星地相机夹角变化的微小增量 $\delta\varphi_C$、$\delta\omega_C$ 和 $\delta\kappa_C$，将这 3 个微小量组成旋转矩阵[1]，在摄影测量中左乘 9 个方向余弦组成的该旋转矩阵，达到消除入轨变化的影响。技术性能好的测姿系统以上 3 个量是基本不变的，但是商用星敏感器构成的测姿系统，其测定的姿态角会有高频误差。在完善的光束法平差系统中，平差后的高频误差（随机误差）对摄影测量成果的影响可被削弱约 40%。对无地面控制测量而言，星敏感器高频误差要限定在平差后高频误差满足精度要求为度[2]；低频误差在一个轨道周期内呈周期变化，有时可大至 0.5′～0.7′。另外，测姿系统还可能存在随卫星飞行时间变化频率很低、量级变化很慢的“慢漂”，其误差性质与低频误差相似，但误差量值要大得多，有时可达数角分。这些误差会以 $d\varphi_C$、$d\omega_C$、$d\kappa_C$ 添加到 $\delta\varphi_C$、$\delta\omega_C$、$\delta\kappa_C$ 上，使得用于摄影测量的 EO 各角元素分别带有 $d\varphi_C$、$d\omega_C$、$d\kappa_C$ 误差，给无地面控制点测量带来严重影响[3]。一般只能靠地面控制点加以消除，这也是使用商用星敏感器的卫星不能进行无地面控制点测量的重要原因。

## 3 光束法平差中对 $d\varphi_C$、$d\omega_C$、$d\kappa_C$ 的改正

由于 $d\varphi_C$、$d\omega_C$、$d\kappa_C$ 来自于低频或“慢漂”，所以量值变化非常小，在一条摄影测量航线段内，卫星飞行不过 2～3 min，故可将其视作常量。平差中的改正数大约是航线段内的平均值。

### 3.1 $d\varphi_C$、$d\kappa_C$ 改正原理及模型

图 1 为前视影像投影示意图，左边表示为主垂面 $Y$ 方向，右边表示为 $X$ 方向垂面，$\alpha$ 为前、后视相机与正视相机的夹角。

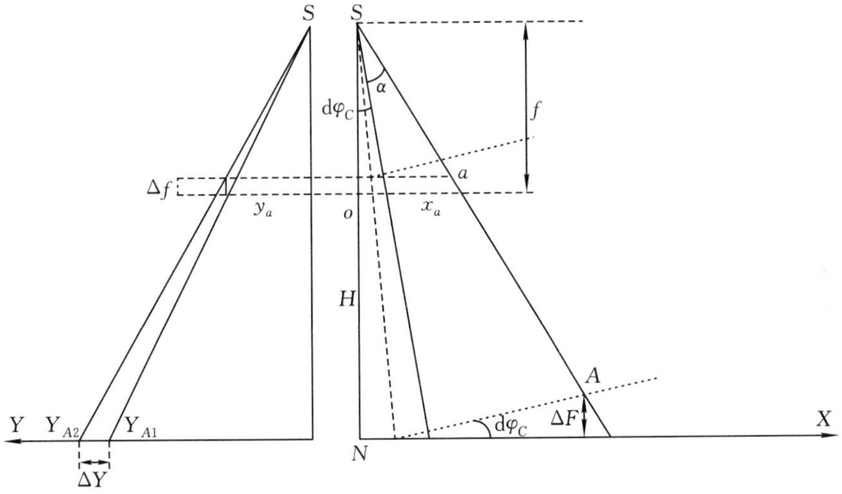


图 1 $d\varphi_C$ 引起前视影像视差变化

从图中可看出，在物方点 $A$ 瞬时主距 $\Delta F$ 为

$$\Delta F = \overline{X}\, d\varphi_C \tag{1}$$

式中，

$$\overline{X} = H\frac{d\varphi_C}{2} + H\tan\alpha \approx H\tan\alpha$$

从物方化为像方，即

$$\Delta f=\frac{f}{H}\overline{X}\,\mathrm{d}\varphi_C=\overline{x}\,\mathrm{d}\varphi_C \tag{2}$$

式中，

$$\overline{x}=f\tan\alpha$$

则对 $Y$ 坐标误差有

$$Y_{A1}=\frac{H}{f}y_a \tag{3}$$

$$Y_{A2}=\frac{Hy_a}{f-\Delta f}\approx\frac{Hy_a}{f}\left(1+\frac{\Delta f}{f}\right) \tag{4}$$

$$Y_A=Y_{A2}-Y_{A1}=\frac{Hy_a}{f}\,\frac{\overline{x}\,\mathrm{d}\varphi_C}{f} \tag{5}$$

将式(5)化为像方误差为

$$\Delta y_{左}=y_a\,\frac{\overline{x}\,\mathrm{d}\varphi_C}{f}=y_a f\tan\alpha\,\frac{\mathrm{d}\varphi_C}{f} \tag{6}$$

对后视影像，$A$ 同名点的 $Y$ 误差推导与上相似，但 $\alpha$ 为负值，可得

$$\Delta y_{右}=-y_a f\tan\alpha\,\frac{\mathrm{d}\varphi_C}{f} \tag{7}$$

计算出上排点上下视差

$$q_{上}=\Delta y_{左}-\Delta y_{右}=\left(\frac{2y_a f\tan\alpha\,\mathrm{d}\varphi_C}{f}\right) \tag{8}$$

实际运算中应用上、下排点上下视差的差值取中数，即

$$q=\frac{1}{2}(q_{上}-q_{下})=\frac{2yf\tan\alpha\,\mathrm{d}\varphi_C}{f} \tag{9}$$

则 $\mathrm{d}\varphi_C$ 估值为

$$\overline{\mathrm{d}\varphi_C}=\frac{fq}{2fy\tan\alpha} \tag{10}$$

### 3.2 $\mathrm{d}\kappa_C$ 产生的地面点坐标误差

图 2 为光线投影在 $XN_1Y$ 平面上，$\mathrm{d}\kappa_C$ 引起的坐标变化。

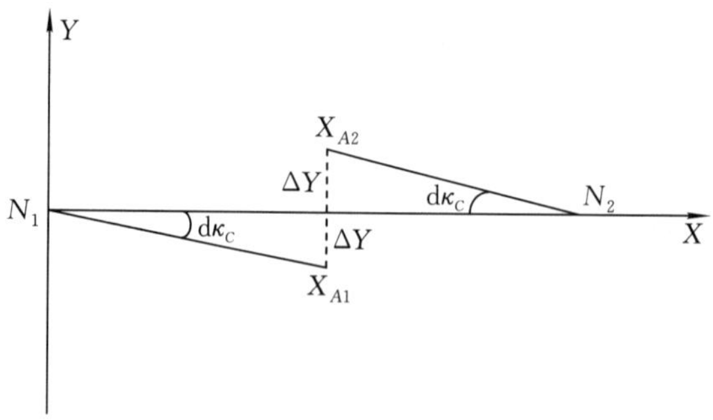


图 2　$\mathrm{d}\kappa_C$ 引起坐标误差

由图 2 可得出

$$\Delta Y = -X_{A1}\mathrm{d}\kappa_C \tag{11}$$

$$\Delta Y' = X_{A2}\mathrm{d}\kappa_C \tag{12}$$

$$Q = \Delta Y - \Delta Y' = -2X_A\mathrm{d}\kappa_C \tag{13}$$

以像方比例尺计算得

$$q = -2f\tan\alpha\,\mathrm{d}\kappa_C \tag{14}$$

则 $\mathrm{d}\kappa_C$ 的估值为

$$\overline{\mathrm{d}\kappa_C} = \frac{-q}{2f\tan\alpha} \tag{15}$$

在光束法平差中，上下视差既含有 $\mathrm{d}\varphi_C$、$\mathrm{d}\kappa_C$ 所产生的系统性值，又带有EO所含的随机误差产生的偶然值。对航线上所有点的上下视差取平均值，可以削弱偶然误差的影响，使得 $\overline{\mathrm{d}\varphi_C}$、$\overline{\mathrm{d}\kappa_C}$ 主要属于系统性上下视差计算的结果，然后通过平差的迭代计算，直至上下视差达到规定阈值为止。

### 3.3 $\mathrm{d}\omega_C$ 改正原理

$\mathrm{d}\varphi_C$、$\mathrm{d}\kappa_C$ 能反映在上下视差上，无需地面控制点就可以按3.1节和3.2节内容平差迭代给予改正。但 $\mathrm{d}\omega_C$ 无此幸运，因为含有相同数值与符号的 $\mathrm{d}\omega_C$ 在前、后视影像立体交会中不存在上下视差。笔者在平差方案中还是构筑了 $\mathrm{d}\omega_C$ 的改正估值，但无法像 $\mathrm{d}\varphi_C$、$\mathrm{d}\kappa_C$ 那样依靠上下视差消除情况来判断迭代终止。在低频误差中，$\mathrm{d}\varphi_C$、$\mathrm{d}\omega_C$、$\mathrm{d}\kappa_C$ 量值都不算太大，光束法平差中迭代次数较少，$\mathrm{d}\omega_C$ 的迭代终止随 $\mathrm{d}\varphi_C$ 和 $\mathrm{d}\kappa_C$ 进行，不精确的终止造成的误差影响不大。但“慢漂”产生的 $\mathrm{d}\omega_C$ 量值很大，随 $\mathrm{d}\varphi_C$ 和 $\mathrm{d}\kappa_C$ 终止迭代会出现不允许的误差。根据 $\mathrm{d}\omega_C$ 迭代改正的特点是 $Y$ 坐标不断变化，如果有一个控制点，利用其 $Y$ 坐标误差改善的情况，就可判断迭代终止；另一途径是平差前先给出 $\mathrm{d}\omega_C$ 估值，以此估值判断迭代终止。为实现卫星全轨摄影区无需地面控制点参与，这里给出一种思路：即通过卫星地面站，利用其可控制地区的摄影航线中测量一个控制点，以其 $Y$ 坐标判断 $\mathrm{d}\omega_C$ 迭代终止，从而求出该航线摄影日期的 $\mathrm{d}\omega_C$ 值，定期计算，形成按一定时间序列的 $\mathrm{d}\omega_C$ 序列数据。全轨道上任意摄影区计算目标点坐标则不用地面控制点，只要在光束法平差中按影像摄影日期从 $\mathrm{d}\omega_C$ 序列数据中内插得到 $\mathrm{d}\omega_C$ 估值参与计算即可。因此，在轨卫星地面站要在一定时间间隔（约20天），对该时间的 $\mathrm{d}\omega_C$ 进行计算，建立形成 $\mathrm{d}\omega_C$ 的序列数据，达到应用于全卫星轨道任意摄影区的目标定位。

## 4 实验和分析

### 4.1 模拟数据设定

参照在轨卫星测姿系统给出的姿态误差特点，设定了“慢漂”低频误差如表1所示。表1为一年内每隔20天模拟一次；时间“01.01”表示1月1日；$\mathrm{d}\varphi_C$ 从 $1'$ 变化至 $-5.3'$，$\mathrm{d}\omega_C$ 从 $3.1'$ 变化至 $6.0'$，$\mathrm{d}\kappa_C$ 从 $-7.9'$ 变化至 $-4.4'$；EO随机误差（$1\sigma$）分别按 $2''$、$2.7''$ 及 $3.5''$ 分布在不同航线的相应参数上，用于比较立体交会高程精度；像点坐标量测误差（或匹配误差）为0.3像元，地面点误差各轴为3 m（$1\sigma$），EO线元素误差为3 m（$1\sigma$）。按照以上设定的数据，模拟了卫星影像的像点坐标和地面点坐标，用于光束法平差和精度统计。在轨标定按试验室给定的值为初始值，并利用2月10日的数据按专门的EFP光束法平差地面标定程序计算[4]，标定后星地相机转换参数列于表1中“02.10”相应栏中。其他日期平差都以“02.10”标定参数为初始值进行计算。

**表1　低频误差分布情况**

| 时间 | 01.01 | 01.20 | 02.10 | 03.01 | 03.20 | 04.10 | 04.30 | 05.20 | 06.10 |
|---|---|---|---|---|---|---|---|---|---|
| $d\varphi_C$ /(′) | 1.7 | 1.5 | 1.0 | 0.9 | 0.8 | 0.3 | −0.8 | −1.8 | −3.1 |
| $d\omega_C$ /(′) | 3.5 | 3.2 | 3.1 | 3.2 | 3.3 | 3.6 | 3.8 | 4.0 | 4.1 |
| $d\kappa_C$ /(′) | −7.1 | −7.3 | −7.9 | −7.8 | −7.9 | −7.3 | −6.8 | −6.5 | −6.3 |
| 时间 | 06.30 | 07.20 | 08.10 | 08.30 | 09.20 | 10.10 | 10.30 | 11.20 | 12.10 |
| $d\varphi_C$ /(′) | −4.3 | −5.3 | −5.2 | −5.1 | −5.0 | −4.9 | −4.7 | −4.6 | −4.4 |
| $d\omega_C$ /(′) | 4.3 | 4.4 | 4.6 | 4.8 | 5.1 | 5.4 | 5.6 | 5.8 | 6.0 |
| $d\kappa_C$ /(′) | −6.0 | −5.8 | −5.7 | −5.7 | −5.6 | −5.3 | −5.0 | −4.8 | −4.4 |

## 4.2　时间序列 $d\omega_C$ 的建立

### 4.2.1　利用地面控制点参与光束法平差计算 $d\omega_C$ 示例

实验中采用不同数量控制点参与4次摄影区 $d\omega_C$ 计算，其结果统计如表2所示。

**表2　控制点参与 $d\omega_C$ 计算**

| 时间 | 03.20 | | 07.20 | | 09.20 | | 11.20 | |
|---|---|---|---|---|---|---|---|---|
| 控制点数量 | 1 | 12 | 1 | 30 | 1 | 18 | 1 | 60 |
| $d\omega_C$ /(′) | 3.32 | 3.28 | 4.45 | 4.45 | 5.20 | 5.14 | 5.83 | 5.86 |

实验结果表明：采用一个地面控制点或多个控制点解算的 $d\omega_C$ 差别不大，实际工程中可以酌情选用。

### 4.2.2　$d\omega_C$ 时间序列表的建立

利用一个控制点方法，对一年摄影中12个区域的 $d\omega_C$ 进行计算，形成了与时间相对应的 $d\omega_C$ 时间序列表，如表3所示。

**表3　利用一个控制点参与计算的 $d\omega_C$ 时间序列**

| 时间 | 01.20 | 03.01 | 04.10 | 04.30 | 05.20 | 06.10 | 06.30 | 08.10 | 08.30 | 10.10 | 10.30 | 12.10 |
|---|---|---|---|---|---|---|---|---|---|---|---|---|
| $d\omega_C$ /(′) | 3.17 | 3.21 | 3.58 | 3.81 | 4.03 | 4.12 | 4.29 | 4.61 | 4.78 | 5.41 | 5.59 | 6.02 |

## 4.3　光束法平差中采用 $d\varphi_C$、$d\omega_C$、$d\kappa_C$ 补偿技术计算地面点坐标

必须指出，“慢漂”误差量值虽大，但频率极低，即变化非常慢，这就使在卫星地面站靠一个控制点求出的 $d\omega_C$ 值用于数天内卫星轨道任意摄区内光束法平差成为可能。示例计算中“01.20”、“03.20”由于时间与标定时间接近，$d\omega_C$ 值变化不大，无需通过内插 $d\omega_C$ 的估值，其他“07.20”、“09.20”及“11.20”摄影区的 $d\omega_C$ 通过内插求得估值，作为阈值参与光束法平差计算。平差计算中控制点不参与计算，只用于误差统计。低频误差光束法平差补偿前后，其定位精度如表4所示。

**表 4 定位误差统计**

| 时间 | 直接前方交会/m | | | | 低频误差平差补偿后/m | | | | 姿态角随机误差(1σ)/(″) | 航线长/km | 检查点数 |
|---|---|---|---|---|---|---|---|---|---|---|---|
| | $m_x$ | $m_y$ | $m_z$ | $m_{xyz}$ | $m_x$ | $m_y$ | $m_z$ | $m_{xyz}$ | | | |
| 01.20 | 138.3 | 66.4 | 8.5 | 153.7 | 10.0 | 14.3 | 7.6 | 19.1 | 3.5 | 233 | 11 |
| 03.20 | 63.4 | 31.0 | 5.7 | 70.9 | 13.2 | 8.0 | 3.4 | 15.8 | 2.0 | 233 | 12 |
| 07.20 | 787.9 | 234.8 | 26.1 | 1 015.7 | 12.7 | 17.7 | 5.3 | 22.4 | 2.0 | 233 | 30 |
| 09.20 | 944.8 | 330.6 | 15.4 | 1 001.1 | 6.7 | 7.0 | 5.4 | 11.1 | 2.0 | 140 | 18 |
| 11.20 | 909.3 | 422.8 | 25.7 | 1 003.1 | 10.3 | 13.4 | 6.4 | 18.1 | 2.7 | 466 | 60 |

从表 4 可得出下结论。

(1)姿态角随机误差影响高程精度。

(2)测姿低频误差补偿后，目标定位精度从 1 000 m 量级改善到 11～22 m 量级。

## 5 结 论

笔者对本文命题的多年研究可以归纳以下几点。

(1)EO 角元素精度较好情况下，经过地面标定，可以不必作光束法平差，直接按前方交会即可得到正确的地面点坐标。

(2)如果 EO 角元素高频误差不尽如人如意，经过光束法平差，其对摄影测量成果的影响可削弱约 40%，相当于高频误差约缩小 0.6 因子，有利于提高立体交会的相对高程精度。

(3)如果 EO 含有低频误差，利用本文的低频补偿技术，通过光束法平差，可以取得较好的结果。

(4)如果 EO 带有“慢漂”误差，那么地面站要定期测定 $d\omega_C$ 值，利用 $d\omega_C$ 的估值参与低频误差补偿技术平差，同样可得到较好结果。

光束法平差中采用 $d\varphi_C$、$d\omega_C$、$d\kappa_C$ 的补偿技术，是在轨卫星实现全轨道摄影区无地面控制点摄影测量的有效途径。随着商用星敏技术性能不断地完善，在轨卫星无地面控制点摄影测量问题必将更趋于简化。本文的研究成果已在我国第一颗传输型摄影测量遥感卫星——“天绘一号”的地面处理中得到实际应用和验证。

### 参考文献

[1] 王之卓. 摄影测量原理[M]. 北京：测绘出版社，1979.

[2] 王任享. 三线阵 CCD 影像卫星摄影测量的技术原理[M]. 北京：测绘出版社，2006.

[3] 王任享，胡莘. 无地面控制点卫星摄影测量的技术难点[J]. 测绘科学，2004，29(3)：3-5.

[4] 王任享，王建荣，赵斐，等. 利用地面控制点进行卫星摄影三线阵 CCD 相机的动态检测[J]. 地球科学与环境学报，2006，28(2)：1-5.

# LMCCD 相机影像摄影测量首次实践*

王任享,王建荣,胡 莘

**摘 要:** LMCCD 相机作为“天绘一号”卫星的有效载荷,是保证其实现无地面控制点摄影测量精度的关键。分别利用 LMCCD 影像和三线阵 CCD 影像对“天绘一号”卫星的相机参数进行了在轨标定计算,并利用各组在轨标定结果对定位精度(重点对高程误差)进行了统计分析。实验结果表明:与单纯的三线阵 CCD 影像相比,LMCCD 影像在相机参数在轨标定中能有效抵御因卫星姿态变化率导致的光束法平差航线系统变形问题。在“天绘一号”现有姿态变化率水平条件下,利用 LMCCD 影像进行相机参数在轨标定可保证“天绘一号”01 星实现无地面控制点摄影测量精度要求。

**关键词:** 卫星摄影测量;三线阵 CCD 影像;LMCCD 相机;空中三角测量

## 1 引 言

三线阵 CCD 相机推扫式摄影影像受卫星姿态变化率的影响,其影像的光束法平差航线模型存在系统变形,主要在高程方向呈波浪变化[1-2],导致以光束法平差途径实现无地面控制点卫星摄影测量存在困难。2003 年笔者在等效框幅像片(EFP)光束法平差基础上曾提出了线阵-面阵组合 CCD 相机(line-matrix CCD camera),即 LMCCD 相机的设计思想[3],可以解决因卫星姿态变化率导致的光束法平差航线系统变形问题。之后有学者对 LMCCD 相机从设计思想到工程可行性进行了分析,并付诸实践[4]。LMCCD 相机的提出,有力地支持了“天绘一号”卫星工程的立项[5]。“天绘一号”01 星 2010 年 8 月入轨,至今已运行将近 3 年,运行状态良好,实现了其无地面控制点摄影测量的精度目标[6],其中 LMCCD 相机为该工程目标的实现作出了重要贡献。两年多来,笔者持续利用 LMCCD 影像和三线阵 CCD 影像进行相机参数在轨标定的实验研究,分析了两者在高程方面的误差特性。经分析认为,作为无地面控制点卫星摄影测量,卫星姿态变化率对相机参数在轨标定的影响不可忽视,LMCCD 影像在相机参数在轨标定抵御卫星姿态变化率方面,优于传统的三线阵 CCD 影像。

## 2 LMCCD 相机配置及其影像

LMCCD 相机是在三线阵 CCD 相机基础上增加 4 个小面阵相机,如图 1 所示,即线阵与面阵 CCD 混合配置的相机,4 个小面阵影像坐标属于该定向时刻的真框幅坐标,是 LMCCD 影像的最重要特征之一。

为了进行 LMCCD 影像平差实验,2003 年笔者曾进行 LMCCD 相机推扫式摄影模

* 本文已被《测绘学报》录用,将于 2014 年发表。

拟[7]，模拟生成前视、正视、后视影像及对应时刻的小面阵影像，如图 2 所示。

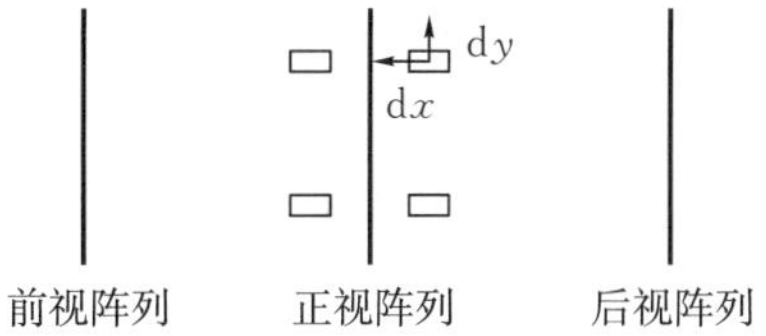


图 1 LMCCD 相机探测器配置

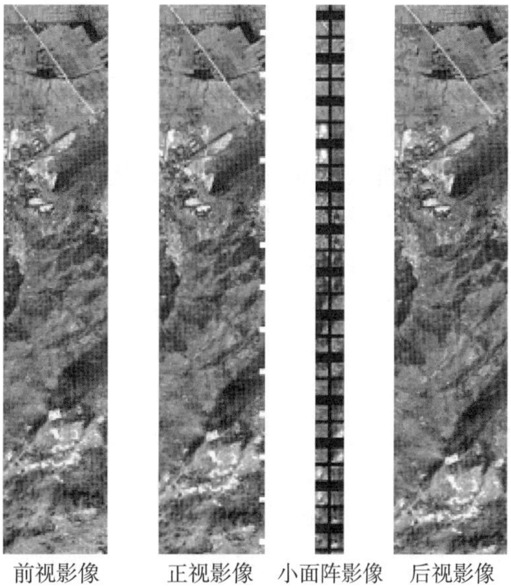


图 2 模拟生成的 LMCCD 影像

2010 年成功发射的“天绘一号”卫星，首次进行了 LMCCD 相机的卫星影像摄取，如图 3 所示。由于幅面有限，本文只显示正视影像及小面阵影像，其中正视影像两侧的小面阵影像是以连接点的 CCD 同名点影像为中心，从 640 像素×480 像素大小的小面阵影像中截取的窗口影像。“天绘一号”卫星工程中，LMCCD 相机在摄影时，小面阵相机只是在 EFP 时刻才获取影像，与三线阵 CCD 影像分开记录，便于后期处理。

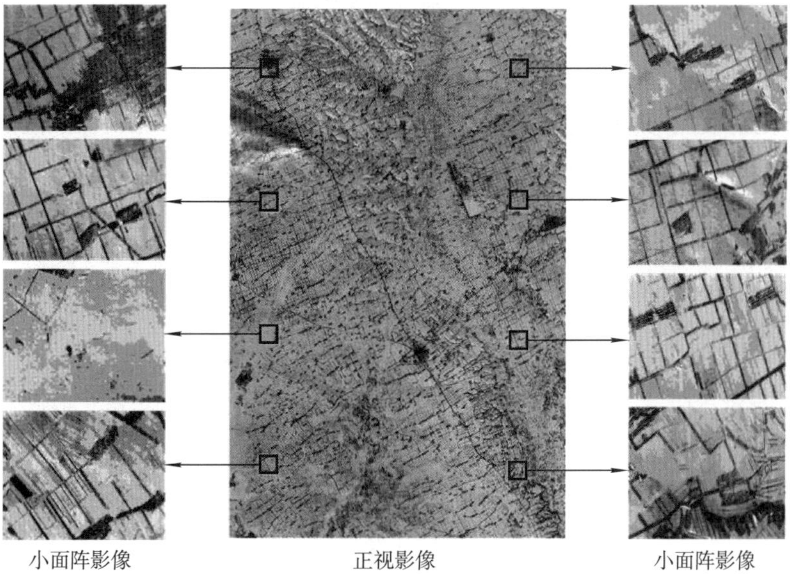


图 3 “天绘一号”卫星 LMCCD 影像

## 3 LMCCD 影像用于相机参数在轨标定

笔者曾指出，相机参数在轨标定的数学模型要具有框幅相机性质的严格数学模型，反解空中三角测量的光束法平差航线模型没有因卫星姿态变化率造成的系统变形，方能达到相机参数精确的在轨标定；否则，相机标定结果将有损高程 6 m 精度的实现[8]。

框幅式相机采取 60%的重叠摄影[9]，相邻像片间有固定的连接，进行空中三角测量平差的航线模型不带有卫星姿态变化率造成的系统变形。线阵 CCD 推扫摄影，相邻线阵影像间缺乏固定的连接，因而不可能进行经典的光束区域平差[10]。笔者曾提出 EFP 光束法平差处理三线阵 CCD 影像[11]，期望能像框幅像片那样，航线模型没有卫星姿态变化率造成的系统误差，但未能达到预期效果，究其原因还是相邻定向时刻(或 EFP 时刻)间缺乏固定的连接。基于此提出的 LMCCD 相机设计思想，从卫星三线阵 CCD 影像数据获取的源头入手，在相邻定向时刻(或 EFP 时刻)影像间增加以真框幅像片特征的连接点像坐标(由小面阵影像量测)，如图 4 中在点 110 和点 111 之间增加连接点，使得相邻定向时刻有固定连接，解决了平差航行的系统变形。从 EFP 空中三角测量角度讲，4 个小面阵真框幅坐标的连接点从本质上改变了推扫式摄影相邻定向时刻影像间缺乏固定连接的状态。

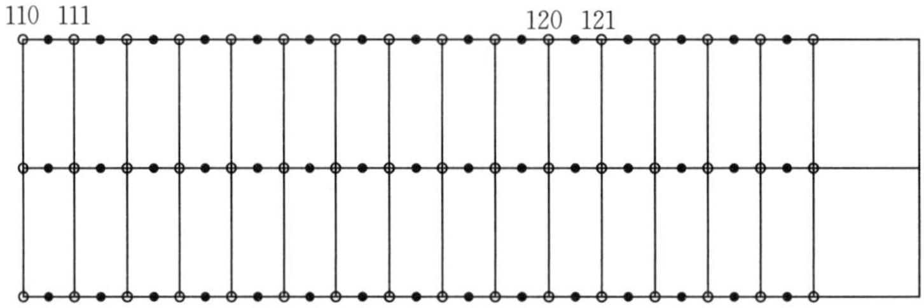


图 4 正视影像上选取的定向点及连接点

平差采用的 EFP 像点分布如图 5 所示。图中白圆点是 EFP 时刻摄影的三线阵 CCD 影像，黑圆点是连接点，其中 $T_{120}$、$T_{121}$、$T_{320}$、$T_{321}$ 是由小面阵 CCD 相机摄取的真框幅坐标，其余点属于推算而得的等效框幅坐标，按经典空中三角测量数学模型进行严格光束法平差。经模拟仿真计算，其效果与框幅像片空中三角测量相同，使航线模型不带有因卫星姿态变化率造成的系统变形。因此，LMCCD 影像光束法平差就成为“天绘一号”卫星相机参数在轨标定的数学模型和理论基础。

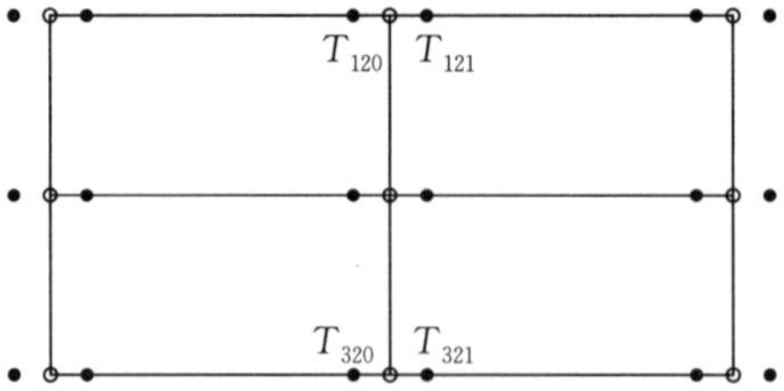


图 5 EFP 像片上生成的定向点及连接点

## 4 相机参数在轨标定中地面点高程误差

LMCCD 影像作反解空中三角测量中，由于航线模型不带有卫星姿态变化率造成的系统变形，原则上绝对定向只要 7 个未知数，所以在轨标定的光束法平差共有 18 个独立待解参数。按数学原理，有 6 个适当分布的地面控制点便获得可行解，但从标定结果可靠性考虑，控制点增加为 60 个。下面利用不同数量控制点、LMCCD 影像与三线阵 CCD 影像分别进行不同组合标定，并分析标定结果对高程误差的影响。

### 4.1 不同数量控制点在轨标定后定位误差实验

采用“天绘一号”01 星 2011 年 10 月 7 日获取的 LMCCD 影像、精密定轨定姿及地面控制点数据，利用 60 个和 6 个地面控制点分别进行 LMCCD 影像和三线阵 CCD 影像的相机参数在轨标定，并对在轨标定结果和实验室标定结果进行定位精度统计，其结果如表 1 所示。表中，$\mu_X$ 为高斯 6° 分带平面 $X$ 坐标均方根误差[12]；$\mu_Y$ 为高斯 6°分带平面 $Y$ 坐标均方根误差；$\mu_Z$ 为大地高误差。60 个控制点参与在轨标定后高程误差分布如图 6 至图 8 所示，6 个控制点参与在轨标定后高程误差分布如图 9 至图 10 所示。

表 1 高程误差统计

| 类 型 | 定位精度 | | | 控制点数量 | 统计点数量 |
|---|---|---|---|---|---|
| | $\mu_X$/m | $\mu_Y$/m | $\mu_Z$/m | | |
| 相机实验室标定（初值）前方交会 | 53.8 | 158.4 | 64.1 | - | 60 |
| LMCCD 影像在轨标定 | 7.5 | 9.3 | 6.2 | 60 | 60 |
| 三线阵 CCD 影像在轨标定 | 8.3 | 11.2 | 16.3 | 60 | 60 |
| LMCCD 影像在轨标定 | 15.7 | 12.7 | 18.8 | 6 | 60 |
| 三线阵 CCD 影像在轨标定 | 13.2 | 27.1 | 34.8 | 6 | 60 |

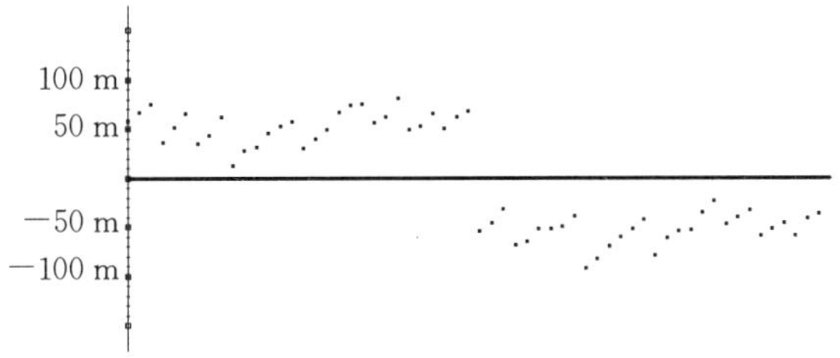


图 6 实验室标定参数前方交会高程误差分布

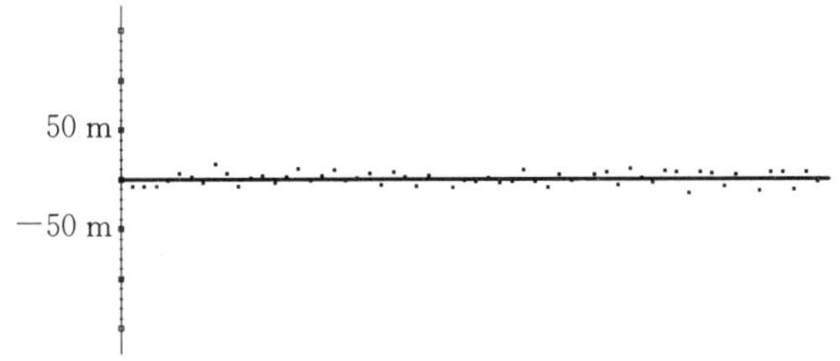


图 7 60 个控制点参与 LMCCD 影像标定平差后高程误差分布

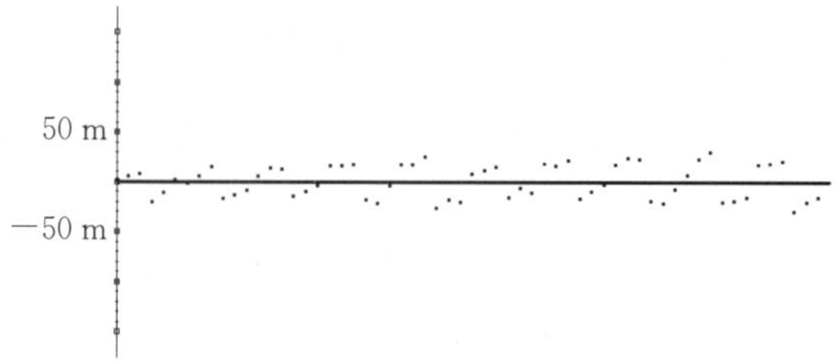


图 8 60 个控制点参与三线阵 CCD 影像标定平差后高程误差分布

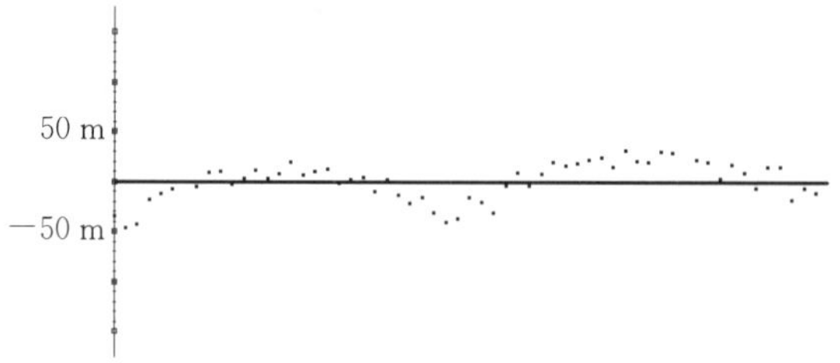


图 9 6 个控制点参与 LMCCD 影像标定平差后高程误差分布

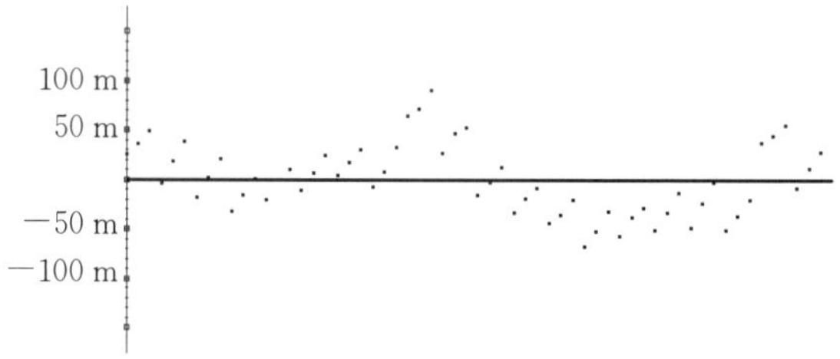


图 10 6 个控制点参与三线阵 CCD 影像标定平差后高程误差分布

从表 1 和图 6 至图 10 可以得出以下结论。

(1)与三线阵 CCD 影像相比，利用 LMCCD 影像进行标定能更有效改善高程分量精度。

(2)6 个控制点参与标定情况下，利用 LMCCD 和三线阵 CCD 影像进行标定都是可行的，但高程方向仍有较大误差，三线阵 CCD 影像标定后误差尤为明显。

## 4.2 相机参数多次在轨标定误差统计

自“天绘一号”01 星 2010 年 8 月入轨至 2013 年 3 月，利用东北地面实验场共进行 8 次相机参数标定，利用实验场影像数据分别进行 LMCCD 影像和三线阵 CCD 影像相机参数标定计算，分别统计其高程误差(相机参数标定光束法平差计算的高程与控制点实验场采集高程的较差)如表 2 所示。

**表 2 标定结果对高程误差的统计**

| 摄影日期 | 60 个控制点参与相机参数在轨标定 | | 6 个控制点参与相机参数在轨标定 | | 实验室标定参数交会 $\mu_Z$ /m | 统计点数量 |
|---|---|---|---|---|---|---|
| | LMCCD 影像 $\mu_Z$ /m | 三线阵 CCD 影像 $\mu_Z$/m | LMCCD 影像 $\mu_Z$ /m | 三线阵 CCD 影像 $\mu_Z$/m | | |
| 2010.10.12 | 5.5 | 20.8 | 12.1 | 38.8 | 65.0 | 60 |
| 2011.03.03 | 5.1 | 8.5 | 13.9 | 39.4 | 64.1 | 60 |

续表

| 摄影日期 | 60 个控制点参与相机参数在轨标定 | | 6 个控制点参与相机参数在轨标定 | | 实验室标定参数交会 $\mu_Z$ /m | 统计点数量 |
|---|---|---|---|---|---|---|
| | LMCCD 影像 $\mu_Z$ /m | 三线阵 CCD 影像 $\mu_Z$ /m | LMCCD 影像 $\mu_Z$ /m | 三线阵 CCD 影像 $\mu_Z$ /m | | |
| 2011.04.03 | 5.3 | 15.7 | 15.3 | 37.4 | 70.0 | 60 |
| 2011.10.07 | 6.2 | 16.3 | 18.8 | 34.8 | 64.1 | 60 |
| 2012.01.31 | 5.3 | 13.2 | 12.1 | 44.4 | 70.5 | 60 |
| 2012.03.20 | 4.9 | 7.8 | 15.0 | 37.4 | 70.0 | 60 |
| 2012.05.17 | 5.4 | 17.1 | 31.8 | 40.1 | 76.3 | 60 |
| 2013.03.03 | 5.5 | 18.6 | 15.3 | 53.8 | 79.6 | 60 |
| 均方根误差 | 5.4 | 15.4 | 17.8 | 41.1 | 70.2 | - |

从表 2 可以得到以下结论：

(1)60 个控制点参与标定情况下，LMCCD 影像高程误差大多数优于 6 m，而三线阵 CCD 影像高程误差要比 LMCCD 影像高程误差大 2.5～3 倍。

(2)6 个控制点参与标定情况下，LMCCD 影像标定尚可满足可行解，而三线阵 CCD 影像标定误差过大，不满足可行解。

(3)LMCCD 影像和三线阵 CCD 影像光束法平差应用的原理及数学模型完全相同，LMCCD 影像平差时仅仅将每排的上下连接点 CCD 影像推算的等效框幅坐标代之以小面阵影像推算的真框幅像片坐标。按相关文献[10]的分析，可以得出三线阵 CCD 影像平差比 LMCCD 影像平差高程误差大的原因是“天绘一号”01 星姿态变化率存在不可忽视的量值。利用 LMCCD 影像进行相机地面标定，是“天绘一号”01 星实现无地面控制点目标定位高程精度达到 6 m 的重要环节。

# 5　结　论

LMCCD 小面阵影像为 EFP 平差连接点提供了其真框幅像片坐标，使得 EFP 平差成为具有框幅像片性能的空中三角测量，有效抵御了卫星姿态变化率对平差结果的影响，依此反解空中三角测量进行相机在轨标定，其结果明显优于单纯只有三线阵 CCD 影像的结果。“天绘一号”01 星工程中利用 LMCCD 影像进行相机参数在轨标定后，经多功能 EFP 光束法平差，无地面控制点条件下定位精度中误差达到平面 10.3 m、高程 5.7 m ，实现工程指标[13-14]。

实际工程实践中，卫星姿态变化率对平差的影响难以把握，无地面控制点卫星摄影测量工程的相机参数在轨标定采用 LMCCD 相机影像是一个重要选项。

## 参考文献

[1] EBNER H, KORNUS W, KORNUST, et al. Orientation of MOMS-02/D2 and MOMS-2P/Priroda imagery[J]. ISPRS Journal of Photogrammetry and Remote Sensing, 1999, 54: 332-341.

[2] JACOBEN K. Geometric modeling of linear CCDs and panoramic images[M]//LI Zhilin, CHEN Jun, BALTSAVIAS E. Advances in photogrammetry, remote sensing and spatial information sciences.

London：Taylor and Francis，2008：145-155.

[3] 王任享，胡莘，杨俊峰，等. 卫星摄影测量 LMCCD 摄影机的建议[J]. 测绘学报，2004，33(2)：116-120.

[4] 王智，乔克，张立平. 三线阵立体测绘卫星 LMCCD 相机的实现[J]. 光机电信息，2010，27(11)：110-114.

[5] 王任享."天绘一号"卫星无地面控制点摄影测量关键技术及其发展历程[J]. 测绘科学，2013，38(1)：5-7.43.

[6] 王任享，胡莘，王建荣. "天绘一号"无地面控制点摄影测量[J]. 测绘学报，2013，42(1)：1-5.

[7] 王任享，王建荣，王新义，等. LMCCD 相机卫星摄影测量的特性[J]. 测绘科学，2004，29(4)：10-12.

[8] 王任享，王建荣，赵斐，等. 利用地面控制点进行卫星摄影三线阵 CCD 相机的动态检测[J]. 地球科学与环境学报，2006，28(2)：1-5.

[9] 王之卓. 摄影测量原理[M]. 北京：测绘出版社，1979.

[10] 王任享. 三线阵 CCD 影像卫星摄影测量原理[M]. 北京：测绘出版社，2006.

[11] 王任享. 卫星三线阵 CCD 影像光束法平差研究[J]. 武汉大学学报：信息科学版，2003，28(4)：379-385.

[12] 杨元喜. 卫星导航的不确定性、不确定度与精度若干注记[J]. 测绘学报，2012，41(5)：646-650.

[13] 王任享，王建荣，胡莘. 在轨卫星无地面控制点摄影测量探讨[J]. 武汉大学学报：信息科学版，2011，36(11)：1261-1264.

[14] 王建荣，王任享."天绘一号"卫星无地面控制点 EFP 多功能光束法平差[J]. 遥感学报，2013，16：112-115.

# "天绘一号"卫星无地面控制点摄影测量关键技术及其发展历程*

王任享

**摘　要**：介绍"天绘一号"卫星立项前的预先研究和实验工作、摄影测量研究历程框架以及关键的学术思想。EFP 多功能光束法平差结果表明：无地面控制点目标定位精度达到工程技术指标，并与美国 SRTM 相对精度相当。此外，还简要地介绍了国外主要传输型卫星无地面控制点摄影测量历程。

**关键词**：卫星摄影测量；三线阵 CCD 相机；光束法平差；无地面控制点定位

## 1　引　言

当今世界上不发达地区中大约 90%属于无图区，全球有 1∶5 万比例尺地形图的地区也只占约 50%。因此，无地面控制点摄影测量便是"天绘一号"卫星头等重要的选择，美国的 SRTM、GeoEye 以及日本的 ALOS 均以拥有此项技术而著称。在有 GPS 接收机及星敏测姿条件下，无地面控制点卫星摄影测量原理上没有大的问题，但要达到制图目的，特别是高程中误差 6 m 的要求，工程实现可不容易，即使是技术很发达的国家也经历了相当艰难的研发历程。

中国以自身的空间技术研发"天绘一号"摄影测量与遥感卫星，旨在向境内外用户提供幅宽 60 km 的 2 m×2 m 分辨率全色影像、5 m×5 m 分辨率三线阵 CCD 立体影像以及 10 m×10 m 分辨率 4 个谱段的影像资料。卫星地面应用系统在无地面控制点条件下，生成平面中误差 12 m、高程中误差 6 m 的星测 GPS 点（本文中定义为在无地面控制点条件下，仅利用星载 GPS 接收机和星敏测姿数据，经过平差处理后得到的地面点坐标），可用于制图及地球科学研究与遥感应用。

## 2　"天绘一号"卫星摄影测量与遥感基本参数选择与工程目标

### 2.1　高分辨率影像、多光谱影像指标

测制 1∶5 万比例尺地形图，地物判读需要的高分辨率影像的像元分辨率至少应在 2 m×2 m，结合俄罗斯 TK-350 测绘相机搭配 KVR-1000 的 2 m×2 m 分辨率长焦距相机系统，因此选择 2 m×2 m 分辨率用于判读及生成正射影像，还配置了 4 个谱段的多光谱相机，用于遥感应用目的地面植被等分类覆盖以及判读效果增强。

### 2.2　三线阵 CCD 影像指标

三线阵 CCD 影像主要用于生成 DEM，对于生成 5～6 m 高程精度的 DEM，三线阵

* 本文发表于《测绘科学》2013 年第 1 期。

CCD影像的分辨率无需特别苛求，可选的范围比较大，需要在分辨率与卫星覆盖宽度上权衡。在标准12 000像元CCD线阵条件下，一些卫星的选择如表1所示。

**表1 卫星影像分辨率与摄影覆宽**

| 卫星 | 影像分辨率/m | 覆盖宽度/km |
|---|---|---|
| OIS(美国) | 5 | 64 |
| MOMS-2P(德国) | 18 | 100 |
| SPOT 5(法国) | 10(垂直于飞行方向),5(飞行方向) | 120 |
| IRS-C(印度) | 5.8 | 70 |
| RapidEye(德国) | 6.6 | 77 |
| "天绘一号"(中国) | 5 | 60 |

就"天绘一号"而言，有2 m×2 m的高分辨率相机为基础，如果有地面控制点的摄影测量，为了采集DEM和测制等高线，三线阵CCD相机分辨率完全可以参照SPOT 5或IRS-C选择6 m×6 m左右的分辨率，以期有70 km或更大的覆盖宽度。但考虑到"天绘一号"是无地面控制点的摄影测量，为保证6m的高程精度，所以立体影像分辨率依然按OIS系统选择为5 m×5 m，因而幅宽只有60 km。

## 2.3 工程目标

"天绘一号"立项时提到无地面控制点条件下，目标定位精度优于50 m，其含义是指90%(1.64$\sigma$)的误差不超过50 m(90%的误差标准是美国测量界用法)，实质上是1.64倍的位置中误差不大于50 m，也就是位置中误差不大于30 m。2006年卫星立项时，由于试验用的GPS测轨误差约±30 m，因而以优于50 m作为"天绘一号"工程目标定位的最低指标。但"天绘一号"01星实践的GPS测轨误差约3～4 m，因而此最低指标已无意义。

表2是美国的成图比例尺标准[1]。采用表2中1∶5万的指标作为"天绘一号"努力实现的目标，即相对误差平面坐标10 m、高程6 m，这里相对误差的含义是指利用卫星数据计算的地面点坐标与地面利用GPS测定的高精度坐标之较差计算的中误差。

**表2 成图比例尺要求**

| 比例尺分母 | 地面像元/m | 等高线间距 $CI$/m | 高程误差(1$\sigma$)/m | 平面误差(1$\sigma$)/m |
|---|---|---|---|---|
| 50 000 | 5 | 20 | 6 | 15 |
| 25 000 | 2.5 | 10 | 3 | 7.5 |

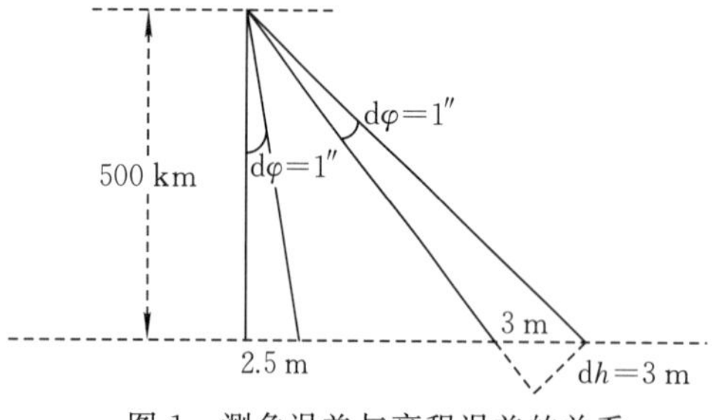

图1 测角误差与高程误差的关系

测制1∶5万地形图高程精度要求6 m，对于有地面控制点卫星摄影测量而言，这个指标不难达到，但对于"天绘一号"而言，在无地面控制点条件下这一目标是最难的核心，由于星敏感器是发达国家的限售物品，因而难点的关键在于星敏测姿的精度。

例如，测角误差为1″，在垂直对地处位移2.5 m，倾斜光线(前、后视)处位移3 m，与正视光线交会的高程误差约 3 m,左、右光线倾角都有相同的中误差,则前、后视光线交会的高程中误差为 $3\sqrt{2}$ m,即 4.2 m。同上计算可得:$d\varphi=1''$ 时,高程中误差为 4.2 m;$d\varphi=1.7''$ 时,高程中误差为 7.1 m;$d\varphi=2''$ 时,高程中误差为 8.4 m;$d\varphi=3''$ 时,高程中误差为 12.6 m。

由此可知,测姿误差大于 2″时,高程精度达到 6 m 的指标就可能被冲破了,兴许这就是 2006 年以来国外对我国销售星敏感器限制精度应低于 2″的原因。

# 3 国外主要数字型卫星无地名控制点摄影测量历程

笔者将其历程划分为 3 个主要阶段。

第一阶段为 1980—2000 年,主要卫星有 Mapsat、OIS、MOMS 工程(02/2D、2P)、ALOS、SRTM 等。第二阶段为 2000—2006 年,主要卫星有 IKONOS、QuickBird、OrbView、SPOT 5、P5、ALOS 等。第三阶段为 2006—2010 年,主要卫星有 GeoEye、WorldView、ALOS、"天绘一号"等。

## 3.1 第一阶段

该阶段是研究无地面控制点摄影测量的旺盛时期,其主要有以下 3 个学术思想。

### 3.1.1 卫星姿态高稳定度途径

该途径利用的是"GPS+星敏"并要求卫星姿态稳定度达 $10^{-6}$(°)/s,以 Mapsat 和 OIS 为代表[2]。但也由于姿态稳定度要求太高,工程未立项。

### 3.1.2 高精度测姿途径

该途径利用的是"GPS+高精度测姿系统",其中高精度测姿系统主要是高精度的星敏并增加辅助设备,如 ALOS 加移动传感器[3],也有的是加高精度陀螺。其研究持续很长时间,直至 2006—2008 年才有成功的结果。

### 3.1.3 光束法平差途径

其以曾在美国航天飞机上做实验的德国 MOMS 工程为代表。1996 年来 MOMS-2P 一直在俄罗斯和平号空间站做实验[4-5],目标是对星敏精度和卫星姿态稳定度要求可适当放宽,工程难度相对低,但实验结论是摄影测量必须要求有地面控制点。以后 MOMS 工程再没有发展,国际上卫星影像无地面控制点光束法平差研究也没有什么进展。

这期间(2000 年)只有美国的 SRTM(干涉雷达测量)利用"GPS+星敏"实现了 1∶5 万比例尺制图要求的无地面控制点目标定位精度,达到平面 12 m、高程 6 m($1\sigma$),其降低精度的成果可供世界各国应用,是当时数字型卫星摄影测量中无地面控制点目标定位唯一达到 1∶5 万比例尺地形图(等高线间距 20 m)的系统。此前,1982 年,美国的胶片式大幅面相机 LFC 无地面控制点目标定位相对精度为平面 14 m、高程 10 m($1\sigma$)[6],高程精度也没有满足 6 m 要求。

## 3.2 第二阶段

SRTM 之后,美国转向研发的数个型号高分辨率(1 m 或优于 1 m)卫星,但测姿系统性能改善不大,地面控制点定位精度多在平面 12 m、高程 8 m,虽然卫星影像分辨率很高,但测姿精度无明显改善,即便以 1∶5 万比例尺制图精度衡量,也只有平面满足,高程不满足,无地面控制点定位研究进展不大。2000 年后,国外只有日本的 ALOS 工程继续探讨无地面控制点定位，直至2006年卫星发射。法国SPOT 5在无地面控制点条件下定位精度50 m，印度P5在无地面控制点条件下定位精度100 m，制图时都需要有地面控制点参与。

### 3.3 第三阶段

利用星敏与激光陀螺联合应用处理，测姿精度有明显提高，达到0.04″。GeoEye-1和WorldView在无地面控制点条件下定位精度达到平面3 m、高程2 m；日本ALOS卫星按工程目标在无地面控制点条件下目标定位平面3 m～6 m、高程3 m～5 m[3]，但工程最终结果并不尽如人意。

这一阶段我国“天绘一号”卫星虽然装备的星敏技术档次不太高，但依靠自主研究的多功能光束法平差软件，还是实现了与SRTM相当的无地面控制点条件下目标定位精度。

## 4 “天绘一号”无地面控制点摄影测量研究历程框架

出于我国技术发展的制约及国外对我国实行高技术出口限制，“天绘一号”卫星的研究工作经历了漫长的岁月(图2)。

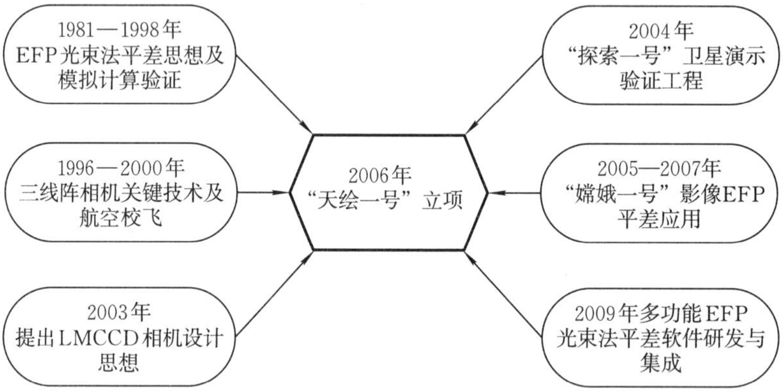


图2 “天绘一号”卫星无地面控制点摄影测量关键历程

由于多方面的预先研究和实验以及我国的空间技术进步，应用性传输型摄影测量卫星“天绘一号”在01星就获得成功。

## 5 “天绘一号”卫星摄影测量中关键的学术思想

### 5.1 EFP光束法平差和LMCCD相机思想的提出

对框幅像片的摄影测量航线，利用光束法平差可以使测轨、测姿误差对平差成果的影响缩小约0.6因子[7]，德国在MOMS工程中创造了“定向片”法，企图使推扫式三线阵CCD影像束法平差也具有这一性能。但在1996年MOMS-2P实践中，发现平差航线模型高程带有多起伏的系统误差，消除这种系统误差要依靠数排地面控制点[5]，从而使利用光束法平差途径进行三线阵CCD影像无地面控制点卫星摄影测量陷入停顿。

笔者在1981年就提出了等效框幅像片(EFP)光束法平差思想，与定向片相同之处是平差只计算定向时刻的外方位元素，但采用的是EFP原理，并且在误差方程中增加外方位元素二阶差分等零的平滑条件，使解更稳定[8]。笔者期望动态的推扫式影像也有框幅像片空中三角测量的性能，以便可以像返回式卫星框幅相机的像片那样比较容易解决无地面控制点目标定位问题，但模拟计算发现也存在类似定向片法那样航线模型带有多起伏系统误差的问题。

2003 年，笔者及团队创立了 LMCCD 相机的设计思想[9]，在三线阵 CCD 相机的正视 CCD 线阵两侧各设置 2 个小面阵构成线阵、面阵混合配置的相机，如图 3 所示。

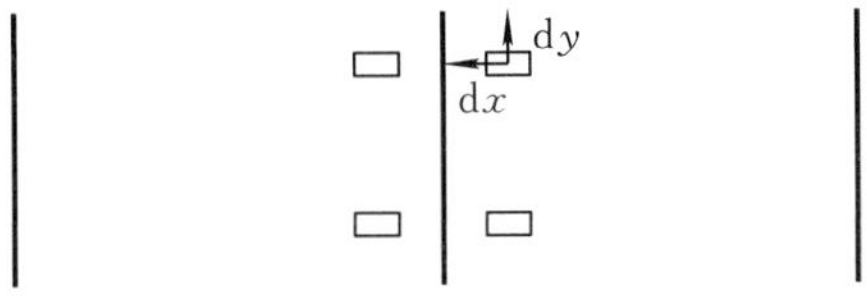


图 3　3 个线阵 CCD 和 4 个小面阵 CCD 配置而成的 LMCCD 相机

应用 LMCCD 相机影像 EFP 光束法平差[10]，航线多起伏的系统误差现象消失了，多方面的模拟数据平差计算得出，其可以解决测轨、测姿误差对平差影响缩小 0.6 因子的问题。因此，可以在国外禁售 2″级星敏作为测姿器的条件下，有望实现无地面控制点条件下目标定位问题，有力地支持了"天绘一号"卫星在 2006 年的立项。

## 5.2　多功能 EFP 光束法平差软件

利用 EFP 概念，研发了二(三)线阵 CCD 与小面阵 CCD 影像组合的多功能光束法平差软件，应用该软件可实现很小的平差航线模型上下视差，并能有效削弱外方位角元素高频误差对平差结果的影响。

## 5.3　相机参数地面标定

实验室相机标定是将 3 个线阵相机的参数归算为以正视相机为基准的等效框幅相机。卫星在轨后，3 个相机参数均有变化，要进行地面标定。地面标定目标是将变化了的 3 个相机重组为等效框幅相机。地面标定的数学模型是按框幅像片原理，选择 3 个主点坐标、3 个相机主距以及星地相机 3 个角元素转换参数的附加改正值（本文简称星地相机夹角改正数），共 12 个参数，其中只有 11 个独立待解参数。

地面标定是利用反解空中三角测量原理，即通常的空中三角测量是已知外方位元素和内方位元素解算地面点坐标，而地面标定是利用外方位元素观测值和地面点坐标解算内方位元素值。反解空中三角测量航线模型绝对定向有 7 个未知数，所以地面标定的空中三角测量有 18 个待解参数，有 6 个分布合理的地面控制点便可答解。LMCCD 影像的 EFP 光束法平差提供了没有航线系统变形的条件，又有比较严格的框幅式像片性能，因而在对控制点的要求上和解的精度上都具有优势，在相机参数地面标定中起到关键的作用。"天绘一号"卫星已有比较成熟的地面标定软件，在实际工程中发挥了重要作用。

## 5.4　偏流角问题

由于地球自转，三线阵相机在不同摄影时刻（图 4 中后面、中央、前面）对同一地面点摄取的影像，恢复立体模型时不相交于一个点，原理上讲，前面相机的后视光线应旋转一个角度，使摄到点 $A$ 的右边点（实际地面点 $A$ 在前面相机时刻应对准的位置），而后面相机前视光线应旋转一个角度，使前视光线对准点 $A$ 左边的点。

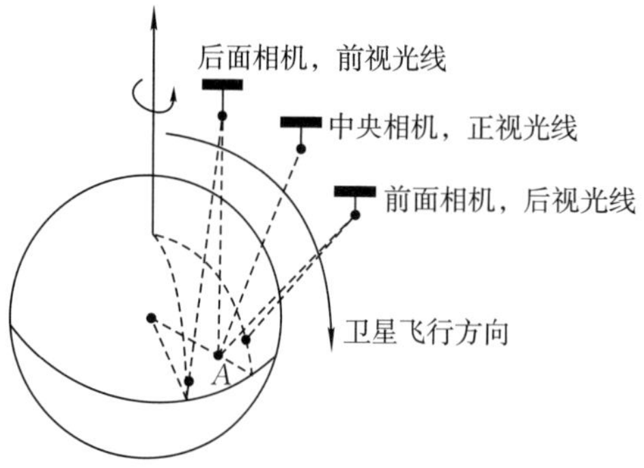


图 4 偏流角问题示意

原理上可行的路子是中央相机绕光轴旋转一个角度，可以近似达到目的。中央相机的旋转角(偏流角)，按其在地球上的纬度来计算，但这个角度与前面、后面相机(纬度不同)光线应旋转角值不严格相等，所以残留的差值在恢复立体模型时将出现不可忽视的上下视差，光束法平差中会将其消除，但会给航线模型带来额外的误差。而多功能 EFP 光束法平差软件中，集成有专门解决此问题的模块。

### 5.5 角外方位元素低频补偿技术[11]

星敏测定的姿态角(转换后成为摄影测量用的角方位元素 $\varphi$、$\omega$、$\kappa$) 的随机误差含低频和高频两类，通常只注意高频误差对高程精度的影响，如“天绘一号” 规定高频误差为 $5''(3\sigma)$，即 $1.7''(1\sigma)$，此处 $1\sigma$ 表示为中误差。厂方在星敏说明中没有说明有低频误差，在卫星上天后，实际数据显示有不可忽视的低频误差，厂方才承认有 $7''$左右的低频误差，实际检测星敏间夹角存在 $15''\sim30''$的变化，所以低频误差可能远大于 $7''$。通常的摄影测量计算中，只能对高频的随机误差加以削弱(约 0.6 因子)，低频误差的符号和数量呈低频变化，在具体平差的航线中可看作“误差符号随机的系统误差”，无法用平差的方法来消除，导致成果带有额外的误差(按 $7''$计可影响定位精度达 10～20 m)。如有地面控制点则可以消除，但无地面控制点测量中，是个不可小觑的问题。

实际计算中大于 $5''\sim7''$ 的低频误差在上下视差中有规律可循。根据这一特点，笔者及团队研究了低频补偿技术，该技术在“天绘一号”01 星在轨初期，纠正星敏测姿系统模式的错误中发挥了重要作用。但 $\omega$ 的低频误差在上下视差中没有特殊表现，而低频补偿技术重要作用仅在于能抵消 $\varphi$、$\kappa$ 量级大的低频误差对目标定位精度的影响。

## 6 小 结

1996 年 MOMS-2P 实验得出光束法平差需要地面控制点之后，世界上似乎再没有人从事以光束法平差途径解决卫星影像无地面控制点目标定位的研究。但笔者及团队坚持了自己的学术思想与软件研究，丰富了光束法平差技术，在在轨测姿技术档次不太高的星敏条件下实现了工程目标。分布全国的 5 个地面检测场区(每区 60 km×240 km，15～30 个检查点，5 区共含 114 个检查点)，综合中误差(星测 GPS 点与地面测 GPS 点较差的中误差)平面为 10.3 m、高程为 5.7 m($1\sigma$)，与美国的 SRTM 相对精度平面 12 m、高程 6 m($1\sigma$) 相当(笔者将 SRTM 公布的 90%($1.64\sigma$)水平指标换算为 68%($1\sigma$)水平指标)。

笔者最近的模拟计算表明，如果星敏性能进一步改善，真正达到 $5''(3\sigma)$，且有效消除低频误差，在此条件下，工程采用双频 GPS 接收机，“天绘一号”无地面控制点目标定位可达到平面 4 m、高程 4 m($1\sigma$)的水平。

# 后 记

笔者在 1981 年阅读了 Mapsat 论证报告后,决心要创造一种能有框幅式像片空中三角测量性能的卫星三线阵 CCD 推扫式影像光束法平差方法,从而可以降低对卫星姿态稳定度和星敏感器精度的要求,实现无地面控制点条件下测制 1∶5 万地形图目标的传输型摄影测量卫星。长期以来致力于 EFP 概念进行光束法平差研究。

参与胡莘研究员团队的"天绘一号"卫星研制工作中,笔者的学术思想得到积极的支持,尤其是王建荣博士、李晶高工对作者的学术思想作了建设性的发挥,并将实验性软件提升到工程应用软件。"天绘一号"卫星摄影测量实现了无地面控制点条件下测制 1∶5 万比例尺地形图的工程目标,使光束法平差途径在光学卫星无地面控制点目标定位命题中有了一席之地,也圆了笔者三十多年前研发中国传输型摄影测量卫星的梦。

## 参考文献


[1] LIGHT D L. Characteristics of remote sensors for mapping and earth science applications [J]. Photogrammetric Engineering and Remote Sensing, 1990,56(12):1613-1623.

[2] COLVOVORESSES A P. An automated mapping satellite system (Mapsat) [J]. Photogrammetric Engineering and Remote Sensing, 1982,48(10) :1585-1591.

[3] HAMAZAKI T. Key technology development for the Advanced Land Observing Satellite [C]// JOSEPH G, VENEMA J C. Proceedings of the XIXth ISPRS Congress: Technical Commission I: Sensors, Platforms and Imagery, July 16-23, 2000, Amsterdam, Netherlands. Amsterdam: ISPRS: 136-140.

[4] EBNER H, KORNUSW, STRUNZ G, et al. Simulation study cameras on point determination using MOMS-02/D2 imagery [J]. Photogrammetric Engineering and Remote Sensing, 1991, 57 (10): 1315-1320.

[5] KORNUS W, LEHNER M, BLECHINGER F, et al. Geometric calibration of the stereoscopic CCD-linescanner MOMS-2P [C]//KRAUS K, WALDHAUSL P. Proceedings of the XVIIIth ISPRS Congress: Technical Commission I on Sensors, Platforms and Imagery, July 9-19, 1996, Vienna, Austria. Vienna: ISPRS: 90-96.

[6] DOYLE J. The large format camera on shuttle mission 41-G[J]. Photogrammetry Engineering and Remote Sensing, 1985, 51: 200-202.

[7] 王之卓. 摄影测量原理[M]. 北京:测绘出版社,1979.

[8] 王任享. 三线阵 CCD 影像卫星摄影测量原理[M]. 北京:测绘出版社,2006.

[9] 王任享,胡莘,杨俊峰,等. 卫星摄影测量 LMCCD 摄影机的建议[J]. 测绘学报,2004,33(2):116-120.

[10] 王任享. 卫星三线阵 CCD 影像 EFP 法空中三角测量[J]. 测绘科学,2002,27(2):1-5.

[11] 王任享,王建荣,胡莘. 在轨卫星无地面控制点摄影测量探讨[J]. 武汉大学学报:信息科学版,2011,36(11):1261-1264.

# 无地面控制点光学卫星摄影测量仿真模拟实验研究*

王任享

**摘　要**：以“天绘一号”卫星为背景，对无地面控制点条件下摄影测量过程中关键过程进行仿真模拟计算，包括摄影参数标定、无地面控制点等效框幅像片（EFP）多功能光束法平差等，不仅列出了模拟计算的结果，还解读了若干工程中遇到的误差问题的性质，对“天绘一号”后续卫星无地面控制点摄影测量精度的提高具有重要借鉴意义。

**关键词**：卫星摄影测量；相机标定；EFP 光束法平差；无地面控制点定位

## 1　引　言

“天绘一号”01 星利用卫星获取的影像、GPS、星敏及后处理生成的外方位元素[1]（EO），进行 EFP 和 EFP 全三线交会光束法平差所得结果与野外 GPS 实测控制点比较表明：在无地面控制点参与平差条件下，摄影测量测定的地面点坐标可以达到平面 10.3 m、高程 5.7 m[2]。但作为实验卫星，仅依据这些结果数据，还无法解读许多工程中遇到的误差问题的性质。例如，在 01 星数次地面标定结果比较中，是什么原因造成星地相机夹角改正数较差值大至 9″；按摄影测量理论前方交会计算，平面坐标误差应比高程误差小，又是什么原因导致 01 星计算结果是目标点平面坐标误差往往大于高程误差。这些问题仅依靠在轨卫星数据难以作出解读。本研究之前的模拟计算[3]与“天绘一号”卫星真实条件有一定距离，而当前已有卫星在轨数据处理经验，因此可以进行非常贴近“天绘一号”01 星的仿真模拟，利用模拟计算研究实际工程数据处理的问题，探索后续卫星改进的方向。

## 2　数据及软件准备

### 2.1　模拟数据生成

（1）按卫星轨道生成一条长约 500 km 的 GPS 轨道坐标和相应的测姿系统输出的俯仰、横滚、偏航三个角元素；将这些数据都转换到一个切平面坐标系，得到摄影测量的 EO 线元素 $X_S$、$Y_S$、$Z_S$ 和 EO 角元素 $\varphi$、$\omega$、$\kappa$。

（2）按生成的外方位元素、卫星摄影参数及地面模拟坐标（含地球曲率），生成 LMCCD[4]像点坐标（三线阵 CCD 及小面阵像点坐标），模拟数据接近“天绘一号”卫星的一段摄影资料（但没有偏流角）。

---

* 本文发表于《测绘科学与工程》2013 年第 3 期。

摄影测量模拟计算采用的像点坐标误差为0.3像元，卫星姿态稳定度为$1\times10^{-2}$(°)/s、$1\times10^{-3}$(°)/s、$5\times10^{-4}$(°)/s(下文主要列出姿态稳定度为$5\times10^{-4}$(°)/s的计算结果)。

### 2.2 主要摄影测量软件

(1)地面标定软件：已在“天绘一号”01星应用。

(2)EFP平差软件：可对三线阵CCD影像或LMCCD影像作光束法平差。

(3)EFP全三线交会平差软件：“天绘一号”01星的主要应用软件。

(4)EO角元素低频误差补偿软件：已在“天绘一号”01星应用。

## 3 摄影参数地面标定

地面标定的模拟数据中，EO线元素低频误差(单频GPS后处理) $D_{X_S}=D_{Y_S}=2$ m，$D_{Z_S}=3$ m；EO角元素高频随机误差 $m_\varphi=m_\omega=m_\kappa=2''$；地面控制点坐标中误差3 m。为了使模拟数据能更真实地反映检测星地相机角元素转换参数，对转换后的切平面坐标系内的EO角元素分别加上常差：俯仰方向加30″，横滚方向减30″，偏航方向加30″。相机系统设立3个主距、3个主点 $(x,y)$ 坐标共9个参数(8个独立参数)，另加星地夹角3个改正数，共11个待解独立参数[5]。标定计算按EFP光束法平差作反解空中三角测量，采用的LMCCD影像空中三角测量航线几乎没有系统变形，因而航线绝对定向只含7个参数，合计有18个独立待求参数，理论上有6个合理分布的地面控制点参与计算可得基本解。

### 3.1 角元素含高频误差的地面标定

随机误差 $m_\varphi=m_\omega=m_\kappa=2''$，按6个控制点参与标定及60个控制点参与标定分别列出标定相机的主要参数误差(模拟的实验室标定值与地面标定模拟计算值之较差)，如表1和表2所示。其中，表1只作为6个控制点参与解的可行性示例。计算进行3个测回，每个测回的EO角元素采用不同的随机误差，但中误差相同。

表1 实验室标定值与地面标定模拟计算值之较差1

| 测回 | $df_l$ /μm | $df_v$ /μm | $df_r$ /μm | dβ /(″) | dφ /(″) | dω /(″) | dκ /(″) |
|---|---|---|---|---|---|---|---|
| 1 | −1 | 0 | −1 | −0.59 | −0.4 | 0.4 | 3.9 |
| 2 | −1 | 0 | −2 | −0.60 | −0.6 | 0.0 | 4.8 |
| 3 | −1 | −1 | −1 | 0.15 | −0.2 | 0.1 | 5.9 |

注：利用6个地面控制点参与标定。

表2 实验室标定值与地面标定模拟计算值之较差2

| 测回 | $df_l$ /μm | $df_v$ /μm | $df_r$ /μm | dβ /(″) | dφ /(″) | dω /(″) | dκ /(″) |
|---|---|---|---|---|---|---|---|
| 1 | 0 | 0 | −2 | −0.59 | 0.1 | 0.4 | 0.8 |
| 2 | −1 | −2 | 0 | −0.65 | −0.1 | 0.4 | 1.1 |
| 3 | 0 | 0 | −3 | −0.17 | −0.1 | 0.0 | 2.0 |

注：利用60个地面控制点参与标定。

在表1和表2中，$df_l$、$df_v$、$df_r$分别为前视、正视及后视相机主距的实验室标定值与地面标定模拟计算值较差，dβ为前、后视相机夹角的实验室标定值与地面标定模拟计算值较差；dφ，dω，dκ为星地相机夹角改正数的实验室标定值与地面标定模拟计算值较差。

由表2各测回间数据比较可知，相机主距较差在微米级，角元素较差也只在1″～2″的量级。

## 3.2 角元素含低频误差的地面标定

在EO角元素中分别加常差3″、5″、7″，EO高频误差取表2中测回1的数据，分析EO角元素低频误差对标定的影响，标定相机的主要参数误差计算结果如表3所示。其中，$\varphi_C$、$\omega_C$、$\kappa_C$为EO角元素常差。

**表3　实验室标定值与地面标定模拟计算值之较差3**

| 测回 | $df_l$ /μm | $df_v$ /μm | $df_r$ /μm | dβ / (″) | dφ / (″) | dω / (″) | dκ / (″) | $\varphi_C$ / (″) | $\omega_C$ / (″) | $\kappa_C$ / (″) |
|---|---|---|---|---|---|---|---|---|---|---|
| 1 | 0 | −2 | −2 | −0.59 | −2.8 | 3.5 | −2.1 | 3 | −3 | 3 |
| 2 | 1 | −1 | −3 | −0.59 | 3.1 | −2.5 | 3.8 | −3 | 3 | −3 |
| 3 | 0 | −1 | 0 | −0.59 | −4.8 | 5.5 | −4.1 | 5 | −5 | 5 |
| 4 | 0 | −1 | −1 | −0.59 | 5.1 | −4.5 | 5.8 | −5 | 5 | −5 |
| 5 | −1 | −1 | −1 | −0.59 | −6.8 | 7.5 | −6.1 | 7 | −7 | 7 |
| 6 | 0 | 0 | −2 | −0.59 | 7.1 | −6.6 | 7.8 | −7 | 7 | −7 |
| 平均 | 0 | 0 | −2 | −0.59 | 0.1 | 0.4 | 0.8 | - | - | - |

注：利用60个地面控制点参与标定。

在EO线元素中分别加常差3 m、5 m、7 m，EO高频误差取表2测回1的数据，分析EO线元素低频误差对标定的影响，标定相机的主要参数误差计算结果如表4所示。其中，$X_{SC}$、$Y_{SC}$、$Z_{SC}$为EO线元素常差。

**表4　实验室标定值与地面标定模拟计算值之较差4**

| 测回 | $df_l$ /μm | $df_v$ /μm | $df_r$ /μm | dβ /(″) | dφ / (″) | dw (″) | dκ /(″) | $X_{SC}$ /m | $Y_{SC}$ /m | $Z_{SC}$ /m |
|---|---|---|---|---|---|---|---|---|---|---|
| 1 | 0 | 0 | −3 | 0.46 | −1.1 | 1.7 | 0.8 | 3 | −3 | 3 |
| 2 | 1 | −1 | −1 | 1.09 | −1.9 | −2.5 | 0.8 | 5 | −5 | 5 |
| 3 | 2 | 0 | −1 | 1.79 | −2.7 | 3.4 | 0.8 | 7 | −7 | 7 |

注：利用60个地面控制点参与标定。

由表3可知，EO角元素低频误差在标定中对相机参数影响不大，但星地相机夹角改正数明显受EO角元素低频误差影响。EO角元素低频误差在各次标定中，数值与符号是随机的，多次标定值取均值后，星地相机夹角改正数的误差可能会削弱一些。表4计算时特意采用EO角元素低频误差对称取值，所以各次标定值取均值后，与表2中测回1基本相同。虽然EO角元素低频误差在标定中可以通过多次标定取均值减少一些其对定位精度的影响，但要进一步削弱各测回航线的EO角元素低频误差影响就必须通过其他途径寻求解决，这是无地面控制点摄影测量的难题之一。

由表4可知，GPS低频误差在标定中的影响与EO角元素低频误差特征不同，主要表现在前、后视相机夹角dβ变化值上。

依上述论点，可以在实际卫星资料地面标定中判断EO角元素低频误差的量级。至2011年底，“天绘一号”01星共进行了4次地面标定(表5)。相机主距与出厂标定值变化较小，都在微米级；前、后视相机夹角dβ变化约在3″之内；星地相机夹角改正数离均值达到4″～5″，较差最大达到9″。根据前文的分析，可以认为EO角元素在地面标定实验场可能存在4″～7″的低频误差。

表 5 “天绘一号”01 星在轨标定与出厂标定较差值

| 摄影日期 | $df_l$ /μm | $df_v$ /μm | $df_r$ /μm | dβ /(″) | dφ /(″) | dω /(″) | dκ /(″) |
|---|---|---|---|---|---|---|---|
| 2010.10.12 | 2 | −1 | 1 | 12.9 | −19.8 | −66.1 | −22.5 |
| 2011.03.03 | 2 | −2 | 0 | 9.4 | −23.2 | −67.3 | −20.7 |
| 2011.04.03 | 2 | −1 | 0 | 9.5 | −25.7 | −69.3 | −29.8 |
| 2011.10.07 | 1 | −1 | 1 | 8.3 | −21.6 | −66.5 | −30.2 |
| 平均 | 2 | −2 | 1 | 10.5 | −22.3 | −67.3 | −25.8 |

# 4 无地面控制点光束法平差

无地面控制点光束法平差是指仅利用相机参数、星载设备测定的 EO 值以及同名像点影像坐标等，按光束法平差计算摄影时刻精确的 EO 值和地面点坐标[6]。EO 观测值中线元素 $X_S$、$Y_S$、$Z_S$ 是由 GPS 接收机给出，按全轨道事后处理，位置精度约为 4 m，计算中经过滤波处理，所以用户得到的 EO 线元素观测值中不含高频误差，存在的误差为低频的系统性误差。仿照 OIS(轨道影像系统)对 GPS 误差的处理，将 GPS 定位误差 4 m 分摊为轨道方向 2 m、向心方向 3 m，并表示为 EO 线元素误差 $D_{X_S}=D_{Y_S}=2$ m 及 $D_{Z_S}=3$ m。一条航线一般长度不超过 500 km，可将 $D_{X_S}$、$D_{Y_S}$、$D_{Z_S}$ 当作常差看待。因此，作为模拟数据实验研究，可以将平差计算分为 2 个步骤：第一步假设 EO 线元素没有误差，航线只含 EO 角元素误差进行平差计算得出结果；第二步对 EO 线元素误差以符号随机的常差与其综合计算中误差加以评定。

## 4.1 EO 角元素含高频误差

平差计算统一采用 10 组模拟角元素随机误差，将中误差 2″赋予每一测回的 EO 角元素上当作观测值，分别进行 EFP 和 EFP 全三线交会平差[7]。10 测回平差综合误差统计分别发表 6 和表 7 所示。其中，$m_X$ 为高斯 6°分带平面 $X$ 坐标均方根误差，$m_Y$ 为高斯 6°分带平面 $Y$ 坐标均方根误差，$m_Z$ 为大地高误差，$m_P$ 为高斯 6° 分带平面坐标均方根误差，$m_{XYZ}$ 为三轴坐标综合均方根误差，$m_Z/m_{Z0}$ 为平差后高程中误差与平差前高程中误差(单位为米)之比，$p_Y/p_{Y0}$ 为平差后上下视差与平差前上下视差(单位为像素)之比。

### 4.1.1 EFP 平差

在表 6 中，$A$ 为 EO 线元素误差为 0、角元素误差为 2″的条件下 EFP、LMCCD 影像平差结果，平差中有小面阵影像，高程误差小于 6 m；$B$ 为 EO 线元素低频误差 $D_{X_S}=D_{Y_S}=2$ m 及 $D_{Z_S}=3$ m 与条件 $A$ 的误差综合结果；$C$ 与 $A$ 条件相同，但平差中没有利用小面阵影像，高程误差超过 6 m。

表 6 EFP 平差无地面控制点光束法平差检查点中误差

| 条件 | $m_X$/m | $m_Y$/m | $m_Z$/m | $m_P$/m | $m_{XYZ}$/m | $m_Z/m_{Z0}$ | $p_Y/p_{Y0}$ | 注记 |
|---|---|---|---|---|---|---|---|---|
| $A$ | 1.4 | 1.8 | 4.6 | 2.2 | 5.2 | 4.6/13.3=0.35 | 0.4/1.9=0.21 | 有小面阵 |
| $B$ | 2.4 | 2.8 | 5.5 | 3.7 | 6.2 | - | - | $A$ 与单频 GPS 综合 |
| $C$ | 3.0 | 2.8 | 9.8 | 4.1 | 10.6 | 9.8/13.3=0.73 | 0.4/1.9=0.21 | 无小面阵 |

注：航线长 500 km，基高比 0.5，检查点 60 个，10 测回。

#### 4.1.2 EFP全三线交会平差

在表7中，$A$ 为EO线元素误差为0、角元素误差为2″的条件下EFP全三线交会平差结果；$B$ 为EO线元素低频误差 $D_{X_S}=D_{Y_S}=2$ m及 $D_{Z_S}=3$ m与条件 $A$ 的误差综合结果；$C$ 为EO线元素低频误差（双频GPS）$D_{X_S}=D_{Y_S}=1$ m，$D_{Z_S}=1$ m与条件 $A$ 的误差综合结果。

表7 EFP全三线交会平差无地面控制点光束法平差检查点中误差

| 条件 | $m_X$/m | $m_Y$/m | $m_Z$/m | $m_P$/m | $m_{XYZ}$/m | $m_Z/m_{Z0}$ | $p_Y/p_{Y0}$ |
|---|---|---|---|---|---|---|---|
| $A$ | 1.4 | 3.3 | 3.7 | 3.5 | 5.2 | 3.7/7.7=0.48 | 0.6/2.9=0.20 |
| $B$ | 2.4 | 3.8 | 5.2 | 4.5 | 6.9 | $A$ 与单频GPS综合 | |
| $C$ | 1.7 | 3.4 | 3.8 | 3.8 | 5.3 | $A$ 与双频GPS综合 | |

注：航线长500 km，基高比1，检查点60个，10测回。

从表6、表7可以得以下结论。

(1)比较表6与表7条件 $B$ 的数据可知，EFP基高比虽然较EFP全三线交会小，但 $m_Z/m_{Z_0}=0.35$ 优于EFP全三线交会 $m_Z/m_{Z_0}=0.48$，所以二者平差结果精度基本相当。

(2)EFP平差三线阵CCD影像(无小面阵)精度低于LMCCD影像，高程误差尤其明显。

(3)条件 $B$ 的数据表明，在EO角元素高频误差为2″，无低频误差，单频GPS情况下，无地面控制点目标定位误差平面约4.5 m、高程约5.2 m($1\sigma$)。

(4)条件 $C$ 的数据表明，在EO角元素高频误差为2″，无低频误差，双频GPS情况下，无地面控制点目标定位误差平面约3.8 m、高程约3.8 m($1\sigma$)。

#### 4.1.3 姿态变化率不同情况下平差

姿态变化率不同，EFP和EFP全三线交会平差结果也不同，如表8所示。

表8 姿态变化率不同情况下平差结果

| 姿态变化率/(°)s$^{-1}$ | 平差方法 | $m_X$/m | $m_Y$/m | $m_Z$/m | $m_{XYZ}$/m | 小面阵 |
|---|---|---|---|---|---|---|
| $10^{-2}$ | EFP | 1.5 | 1.9 | 5.4 | 5.9 | 有 |
| | | 3.2 | 3.2 | 11.0 | 11.9 | 无 |
| | EFP全三线交会 | 2.2 | 2.2 | 5.1 | 6.0 | 无 |
| $10^{-3}$ | EFP | 1.4 | 1.8 | 4.6 | 5.2 | 有 |
| | | 2.9 | 2.9 | 9.8 | 10.6 | 无 |
| | EFP全三线交会 | 1.4 | 3.4 | 3.9 | 5.4 | 无 |

注：EO角元素误差为2″，EO线元素误差为0，60个检查点，10个测回。

由表8可知，姿态变化率大，平差精度略差一些，但姿态变化率优于 $10^{-3}$(°)/s之后，经光束法平差后精度变化不大。因此，“天绘一号”卫星要求姿态稳定度优于 $10^{-3}$(°)/s。

#### 4.1.4 直接观测值与内插值

在“天绘一号”卫星中，星敏测姿的数值是以0.5 s(时刻)输出结果，这样姿态角所含的高频误差属独立的随机误差，经双(或三)星敏联合定姿后，由四元素生成的角元素是多个星敏测姿值的综合，可仍以原始随机误差来看待，利用三次差分的方法计算联合定姿角元素的随机误差，并用于对目标定位精度估算。前文计算中都是按此性质的随机误差来处理的，考虑到实际应用中总是将联合定姿的角元素内插到像元时刻，平差计算用的角元素则是从像元摄影时刻定姿值中抽取，当作观测值看待。这种观测值是从原始观测值中内插生成的，本研究称其为“内插观测值”，在内插过程中相当于对随机误差作滤波。为了更客观估计误差，下面进行一些必要的比较计算（表 9）。

**表 9　直接观测值与内插值平差计算结果**

| 观测值类型 | $m_X$/m | $m_Y$/m | $m_Z$/m | $m_{XYZ}$/m | $\sigma_\varphi$/(″) | $\sigma_\omega$/(″) | $\sigma_\kappa$/(″) |
|---|---|---|---|---|---|---|---|
| 直接观测值 | 2.2 | 3.9 | 5.3 | 7.0 | 3.5 | 4.6 | 2.4 |
| 内插观测值 | 1.7 | 3.5 | 4.6 | 6.0 | 1.6 | 2.1 | 1.1 |
| 与内插观测值随机误差相同的直接观测值 | 1.2 | 3.3 | 3.3 | 4.9 | 1.6 | 2.1 | 1.1 |

从表 9 可看出，内插观测值的随机误差比直接观测值误差小，相当于进行了一次滤波，平差结果精度比内插前的观测值平差略有一些提高，但由于内插滤波的作用，内插观测值中隐含了一些低频误差，因而平差精度不如随机误差值相同的直接观测值。这种状况使研究的各项模拟计算结果更可靠。

## 4.2　EO 含高频及低频误差

采用 EFP 全三线交会平差，设 EO 线元素误差为 0，EO 角元素高频误差 2″，每测回分别另加 EO 角元素低频常差 2″、3″、4″；其中，$\varphi$ 加一常差，$\omega$ 减一常差，$\kappa$ 加一常差，平差结果如表 10 所示。同样设 EO 角元素低频误差为 0，EO 角元素高频误差为 2″，每测回另加 EO 线元素低频常差 4 m、5 m、6 m；其中，$X_S$ 加一常差，$Y_S$ 减一常差，$Z_S$ 加一常差，平差结果如表 11 所示。条件 $A$ 为直接前方交会，条件 $B$ 为 EFP 全三线交会平差。

**表 10　EO 角元素含低频常差平差结果**

| 条件 | $m_X$/m | $m_Y$/m | $m_Z$/m | $m_{XYZ}$/m | EO 角元素高频误差/(″) | EO 角元素常差/(″) | EO 线元素常差/m |
|---|---|---|---|---|---|---|---|
| $A$ | 6.1 | 3.5 | 8.1 | 10.2 | 2 | 2 | 0 |
| $B$ | 6.2 | 3.0 | 4.4 | 8.2 | | | |
| $A$ | 8.5 | 5.3 | 8.1 | 13.0 | 2 | 3 | 0 |
| $B$ | 8.5 | 5.1 | 4.5 | 10.9 | | | |
| $A$ | 11.0 | 7.5 | 8.1 | 15.6 | 2 | 4 | 0 |
| $B$ | 10.8 | 7.4 | 4.5 | 13.9 | | | |
| $A$ | 2.8 | 3.9 | 8.2 | 9.5 | 2 | 0 | 0 |
| $B$ | 2.1 | 3.1 | 4.4 | 5.8 | | | |

注：EO 含低频误差，60 个检查点，1 个测回。

**表 11　EO 线元素含低频常差平差结果**

| 条件 | $m_X$/m | $m_Y$/m | $m_Z$/m | $m_{XYZ}$/m | EO 角元素高频误差/(″) | EO 角元素常差/(″) | EO 线元素常差/m |
|---|---|---|---|---|---|---|---|
| $A$ | 5.1 | 3.0 | 9.9 | 11.6 | 2 | 0 | 4 |
| $B$ | 5.6 | 2.4 | 6.9 | 9.3 | | | |

续表

| 条件 | $m_X$/m | $m_Y$/m | $m_Z$/m | $m_{XYZ}$/m | EO 角元素高频误差/(″) | EO 角元素常差/(″) | EO 线元素常差/m |
|---|---|---|---|---|---|---|---|
| $A$ | 6.8 | 4.3 | 11.2 | 13.0 | 2 | 0 | 5 |
| $B$ | 7.6 | 3.9 | 8.6 | 12.2 | | | |
| $A$ | 7.8 | 5.1 | 11.9 | 15.1 | 2 | 0 | 6 |
| $B$ | 8.5 | 4.8 | 9.5 | 13.7 | | | |

注:EO 含低频误差,60 个检查点,1 个测回。

从表 10、表 11 可知 EO 低频误差在平差中的作用特点如下。

(1)条件 $A$ 的数据显示,直接前方交会的 $m_X$、$m_Y$ 误差随 EO 角元素低频误差增大,$m_Z$ 几乎不受影响,但 $m_X$、$m_Y$、$m_Z$ 都随 EO 线元素低频误差增大而增大。

(2)目标点平面坐标误差都是随 EO 低频误差增大而增大,高程受 EO 角元素低频误差影响不大,但受 EO 线元素低频误差影响比较明显。

(3)条件 $B$ 的数据表明,通过平差可以削弱 EO 角元素误差对高程的影响,但平差对 EO 线元素低频误差产生的高程影响的削弱作用不大,对平面坐标精度改善作用也很小。

(4)比较 EO 角元素低频误差 4″和误差为零的平差结果可以看出,平面坐标受 EO 角元素低频误差影响很明显,但高程影响不大。

(5)EO 角元素低频误差在 3″~4″、GPS 定位无误差时,无地面控制点目标平面坐标误差可大至 10 m,但高程精度影响不大。

## 4.3 EO 角元素低频误差补偿[8]

EFP 全三线交会平差软件具有对 EO 角元素低频误差进行补偿的功能模块。低频误差补偿是基于低频误差产生的上下视差规律导出的,由于 $\omega$ 低频误差在上下视差中无表现,所以软件目前只能对 $\varphi$、$\kappa$ 角补偿有效。另外,低频误差量级小时,难以区分低频与高频误差对上下视差的影响,因而低频误差补偿功能主要是针对量级较大的低频误差。

设 EO 角元素高频误差为 2″,线元素误差为 0,EO 角元素低频误差分别为 10″、25″,计算结果如表 12 所示。其中,条件 $A$ 为直接前方交会,条件 $B$ 为补偿平差。

表 12 EO 角元素低频误差补偿平差结果

| 条件 | $m_X$/m | $m_Y$/m | $m_Z$/m | $m_{XYZ}$/m | $\varphi_C$/(″) | $\omega_C$/(″) | $\kappa_C$/(″) |
|---|---|---|---|---|---|---|---|
| $A$ | 26.4 | 3.9 | 8.1 | 27.9 | 10 | 0 | 10 |
| $B$ | 12.3 | 3.8 | 4.6 | 15.4 | | | |
| $A$ | 25.8 | 3.9 | 8.3 | 27.4 | −10 | 0 | −10 |
| $B$ | 2.1 | 2.2 | 4.3 | 5.2 | | | |
| $A$ | 65.4 | 3.8 | 8.0 | 66.0 | 25 | 0 | 25 |
| $B$ | 11.9 | 7.6 | 4.4 | 14.8 | | | |
| $A$ | 64.8 | 3.9 | 8.4 | 65.5 | −25 | 0 | −25 |
| $B$ | 3.5 | 1.3 | 4.4 | 5.8 | | | |

从表 12 中条件 $A$、$B$ 的数据可以看出,补偿技术对 EO 角元素低频误差有较好的补偿作用。低频补偿功能有助于防止量级大的低频误差对地面点坐标产生影响。

## 4.4 EFP 平差平面坐标问题解读

2011 年 10 月 7 日卫星影像（“天绘一号”01 星实验区）航线长 500 km，实验区检查点 57 个，计算结果列于表 13。其中，条件 $A$ 为直接前方交会，条件 $B$ 为 EFP 全三线交会平差。

根据 4.1.2 的模拟平差计算讨论，在单频 GPS 测轨误差为 4 m、EO 角元素高频误差为 2″时，无地面控制点目标定位误差为平面 4.5 m、高程 5.2 m，若采用双频 GPS 可望达到平面 3.8 m、高程 3.8 m。但表 13 中实际卫星影像平差计算结果的平面误差却达到 9～14 m。

表 13　检查点 EFP 平差坐标与地面 GPS 实测坐标较差的中误差

| 条件 | $m_X$/m | $m_Y$/m | $m_Z$/m | $m_P$/m | $m_{XYZ}$/m | $\sigma_\varphi$/(″) | $\sigma_\omega$/(″) | $\sigma_\kappa$/(″) |
|---|---|---|---|---|---|---|---|---|
| $A$ | 9.3 | 14.2 | 8.7 | 16.9 | 19.1 | 2.6 | 2.9 | 3.3 |
| $B$ | 9.3 | 12.1 | 6.0 | 15.3 | 16.4 | 2.6 | 2.9 | 3.3 |

针对以上问题进一步计算解读：考虑到“天绘一号”01 星 EO 角元素高频误差比出厂额定误差大得多，取上述“天绘一号”01 星实验区的 EO 角元素高频误差并模拟 EO 角元素低频误差 $\varphi_C$、$\omega_C$、$\kappa_C$，按 4.1.2 中 EFP 全三线交会参与平差，计算结果如表 14 所示。其中 $\sigma_\varphi$、$\sigma_\omega$、$\sigma_\kappa$ 是与 GPS 误差综合的中误差。

表 14　EO 角元素高频误差参与计算结果

| $m_X$/m | $m_Y$/m | $m_Z$/m | $m_P$/m | $m_{XYZ}$/m | $\sigma_\varphi$/(″) | $\sigma_\omega$/(″) | $\sigma_\kappa$/(″) | $\varphi_C$/(″) | $\omega_C$/(″) | $\kappa_C$/(″) |
|---|---|---|---|---|---|---|---|---|---|---|
| 1.8 | 3.7 | 4.4 | 4.1 | 6.1 | 2.6 | 2.9 | 3.3 | 0 | 0 | 0 |
| 2.6 | 4.2 | 5.3 | 5.0 | 7.7 | | | | | | |
| 10.1 | 13.0 | 4.4 | 16.4 | 17.0 | 2.6 | 2.9 | 3.3 | 4 | 4 | 4 |
| 10.2 | 13.1 | 5.3 | 16.6 | 17.4 | | | | | | |

比较表 13、表 14 中 EO 角元素低频误差的计算结果，结合表 10、表 11 归纳的 EO 低频误差在平差中的作用特点，可以推出 2011 年 10 月 7 日航线 EO 角元素存在约 4″的低频误差。可见 EO 角元素即使低频误差不大，也明显影响目标点平面精度，足以湮没双频 GPS 带来的提高平面精度的好处。

# 5 小　结

无地面控制点条件下，EO 的高频误差和低频误差是影响摄影测量目标点精度的关键因素，通过模拟计算，可得以下几个要点：

(1)EFP 平差和 EFP 全三线交会平差均能有效削弱 EO 角元素高频误差对高程精度的影响，是“天绘一号”实现高程精度 6 m 的关键技术。EFP 平差原理比较严密，配合 LMCCD 影像最适用于相机参数地面标定，但要求航线 500 km，不适用于测绘生产应用。而 EFP 全三线交会平差软件对航线长度不做严格要求，是生产实用软件。

(2)EO 角元素低频误差严重影响目标点平面坐标精度，但对高程精度影响不大。

(3)EO 角元素低频误差在地面标定中明显影响星地相机夹角改正数，但对相机标定参数影响不大。

(4)EO 线元素低频误差直接影响到目标点 $X$、$Y$、$Z$ 这 3 个坐标上。如果能有效消除

EO角元素低频误差，并保持高频误差在较小水平，则双频GPS将有效提高目标点定位精度。

(5)低频补偿技术能有效防止量级大的$\varphi$、$\kappa$低频误差对目标点定位精度的严重影响。

## 参考文献


[1] 王之卓.摄影测量原理[M].北京:测绘出版社,1979.

[2] 王任享,胡莘,王建荣."天绘一号"卫星无地面控制点条件下摄影测量[J].测绘学报,2013,42(1):1-5.

[3] 王任享.卫星三线阵CCD影像光束法平差研究[J].武汉大学学报:信息科学版,2003,28(4):379-385.

[4] 王任享,胡莘,杨俊峰,等.卫星摄影测量LMCCD相机的建议[J].测绘学报,2004,33(2):116-120.

[5] 王任享.三线阵CCD影像卫星摄影测量原理[M].北京:测绘出版社,2006.

[6] 王任享.卫星三线阵CCD影像EFP法空中三角测量[J].测绘科学,2002,27(2):1-5.

[7] 王建荣,王任享."天绘一号"卫星无地面控制点EFP多功能光束法[J].遥感学报,2012,16(增刊):112-115.

[8] 王任享,王建荣,胡莘.在轨卫星无地面控制点摄影测量探讨[J].武汉大学学报:信息科学版,2011,36(11):1261-1264.

# 卫星摄影测量 LMCCD 相机的建议*

王任享，胡莘，杨俊峰，王新义

**摘　要：**建议在平行排列的三线阵 CCD 相机的正视阵列上下端两侧各附加一个 128 像元×128 像元小面阵 CCD，构成线阵、面阵混合配置的相机，卫星推扫式摄影时，每经历 $\frac{f\tan\alpha}{10\ pixel}$ 的时间(取样周期)附带记录小面阵影像。采用等效框幅像片(EFP)光束法平差，应用三线阵 CCD 影像及小面阵影像，实现单航线 4 控制点(航线首末端四角隅各一个控制点)空中三角测量，可得到与相同参数的框幅像片平差相当的结果，而且平差精度受卫星飞行姿态变化率影响甚微。采用与 MOMS-02/D2 相类似的参数进行数值模拟计算，给出了 $B\geqslant 2$ 条航线的空中三角测量精度统计，说明了 LMCCD 相机影像空中三角测量的效能。

**关键词：** 三线阵 CCD 影像；小面阵 CCD 影像；空中三角测量；卫星摄影测量

## 1　引　言

三线阵 CCD 影像以其特有的摄影测量性能，成为传输型摄影测量卫星的主要传感器，20 世纪 80 和 90 年代，三线阵 CCD 相机曾在 MOMS-02/D2、MOSM-2P/PRIRODA 工程中得到成功的应用，还被火星探测 MARK-94 列为主要传感器，近年来也有工程拟采用此类相机。

长期以来，三线平行排列的三线阵 CCD 相机的设计思想没有根本性的变化，德国学者 Hofmann[1] 曾提出将前、后视线阵相对正视阵列旋转一个角度(约 12°)，能起到空中三角测量稳定解的作用。后来定向片法采取定向片间距与基线之比为非整数的方法，解决了稳定解的问题，且平差精度与非平行排列的相当[2]。因此，非平行排列的设计思想没有得到进一步的发展。德国学者曾对三线阵 CCD 影像的摄影测量做过深入研究，模拟实验得出[2-3]：为保证单航线空中三角测量解算的几何稳定度，要求保持正视影像投影中心与前、后视影像投影中心距离 $B\geqslant 4$ 条航线，控制点应布设在二线交会点处(航线首末端一个基线范围内为二线交会区)，平差结果只取三线交会区的数据，二线交会区的精度太低应去掉等。单航线 4 控制点空中三角测量的性能是空中三角测量联合外方位元素平差、区域网平差等的重要基础。迄今为止，仅仅利用三线阵 CCD 影像数据进行单航线四控制点空中三角测量，还无法像相当的框幅像片空中三角测量那样，航线模型变形很小，且对卫星摄影姿态稳定度不作要求。笔者曾对进一步提高动态摄影利用影像本身进行空中三角测量效能的途径进行了探讨[4]。本文将对此命题作深一步研究，并建议以 LMCCD 相机(line-matrix CCD camera)为

* 本文发表于《测绘学报》2004 年第 2 期。

名用于卫星摄影测量。

## 2 LMCCD 相机的 CCD 探测器配置

LMCCD 相机的 CCD 探测器是在三线阵 CCD 基础上，于正视阵列两侧各设置两个小面阵 CCD，如图 1 所示。

图 1 LMCCD 相机的 CCD 探测器配置

小面阵 CCD 用于摄取空中三角锁之间连接点的像平面坐标，按 EFP[5] 光束法平差规定，每一基线按 10 等分选定 EFP 时刻(图 2)，因此，为了能够摄到连接点，小面阵中心与正视线阵的距离为

$$dx = \frac{f\tan\alpha}{20} \tag{1}$$

式中，$f$ 为正视相机主距，$\alpha$ 为前视光线、后视光线与正视光线的夹角。

小面阵大小要顾及从 EFP 时刻到摄取连接点时刻姿态角的变化、卫星飞行高度等的作用，导致连接点在小面阵上成像与小面阵中心的偏移量，以及影像匹配时取匹配窗口的大小等因素。小面阵采用 128 像元×128 像元已可以满足实际应用。图 1 中，dy 是指空中三角测量选点时定向点与线阵端头的距离，拟取

$$dy = 200\ pixel \tag{2}$$

式中，$pixel$ 为像元大小。

此外，相机鉴定数据中应给出每个小面阵左上角像元在相机像平面坐标系中的坐标，以便归算连接点的像平面坐标。

LMCCD 相机推扫式摄影与现有的三线阵 CCD 相机相似，但在推扫中，每相隔 $\frac{f\tan\alpha}{10\ pixel}$ 周期，要记录 4 个小面阵影像数据，此周期时刻也要记存，用于序后空中三角测量时确定 EFP 时刻。在这一时刻，不但有 3 条 CCD 线阵影像，还含有 4 个小面阵的影像。利用这些小面阵的影像，应用 EFP 光束法平差，单航线 4 控制点空中三角测量可能得到与相同参数的框幅像片空中三角测量基本相同的性能。

## 3 LMCCD 影像空中三角测量

LMCCD 影像的空中三角测量采用 EFP 光束法平差，同时要增加小面阵 CCD 影像的综合应用。

### 3.1 EFP 像点

与 EFP 法空中三角测量一样，CCD 像点的选取在正视影像上完成，如图 2 所示。以推扫时记录面阵 CCD 影像的时刻作为 EFP 时刻，一条航线分成 10 条空中三角锁，在三角锁内，定向点既起到定向作用，又起到连接点作用。连接点设在两相邻定向点中央，起到整合 10 条三角锁的作用，所有选定的点，相应于前视、后视线阵上的同名坐标均由影像匹配获得，连接点中属于上排和下排者，还应用影像匹配方法，求得小面阵 CCD 影像的同名点，并计算其在该 EFP 时刻的真像平面坐标。

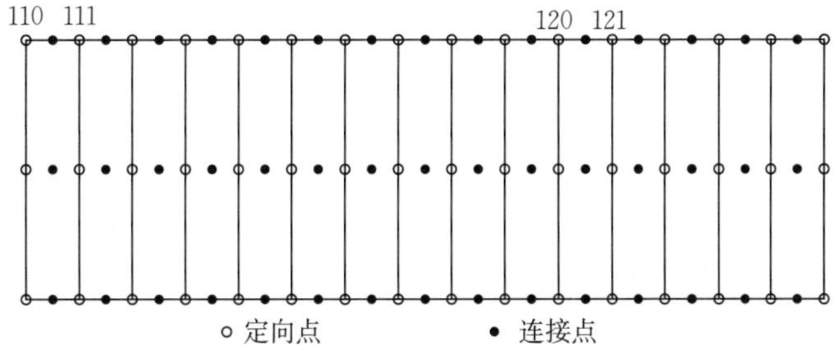


图 2 第 11 张 EFP 像片上的定向点和连接点

按 EFP 像点坐标生成原则[5]，EFP 上像点坐标属于推算所得的像平面坐标，像点分布示意如图 3 所示。其中 $T_{120}$、$T_{121}$、$T_{320}$、$T_{321}$ 由小面阵 CCD 摄取，属于真像平面坐标。

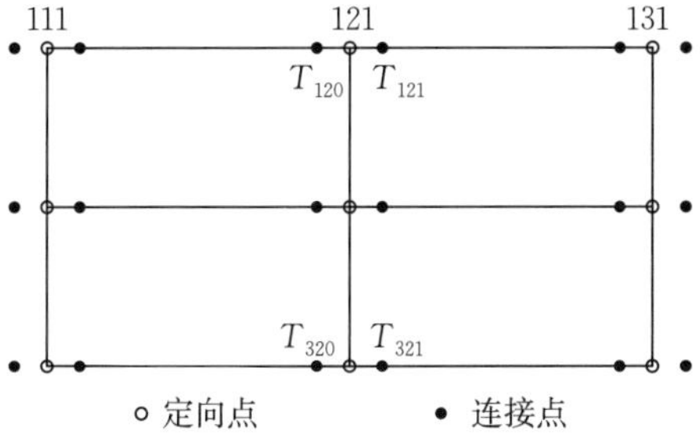


图 3 EFP 像点分布

## 3.2 空中三角测量流程

空中三角测量先以自由网光束法平差按前方交会和后方交会交替迭代，收敛后再以 4 个控制点作绝对定向，空中三角测量框图如图 4 所示。

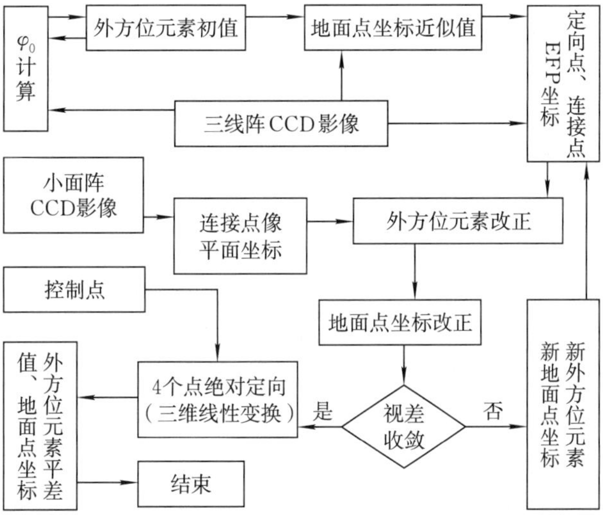


图 4 “自由网+4 控制点”空中三角测量框图

## 3.3 光束法平差

EFP 法空中三角测量有两个要点：一是航线分割成 10 条三角锁，它由迭代中生成的

EFP 像点按框幅式像片光束法平差，平差的数学模型按共线方程分为前方交会（对外方位元素改正）和后方交会（对地面点坐标改正）交替迭代的方案，实验表明三角锁具有较好的结果；二是空间条件下，外方位元素变化平稳，同类外方位元素的二阶差分等零条件对线元素和角元素都成立，因此可作为带权的制约条件与前方交会数学模型共同答解，从外方位元素方面对三角锁作颇有成效的整合。但三角锁地面模型之间，没有有效的整合措施，致使空中三角测量精度受影响。虽然增设了由三线阵 CCD 影像生成的连接点，模拟实验表明未达到预期效果，但发现若在连接点 EFP 像点坐标中采用一些真像平面坐标，则整合效果显著提高。

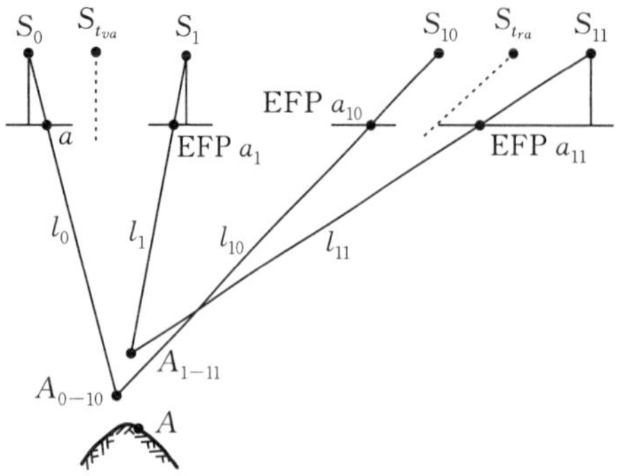

图 5　前方交会连接点 $A$

图 5 中，点 A 为左三角锁（片号 0，10，…）和右三角锁（片号 1，11，…）的一个连接点，其线阵 CCD 像点只有 $t_{va}$ 和 $t_{ra}$ 时刻的观测值，虽然按 EFP 原理能生成 $l_0$、$l_{10}$、$l_1$、$l_{11}$ 共 4 根投影光线，但实际上，上述的两三角锁之间并没有直接的观测值。因此，$l_0$ 与 $l_{10}$ 交会点 $A_{0-10}$ 和 $l_1$ 与 $l_{11}$ 交会点 $A_{1-11}$，实际上只是按 $t_{va}$、$t_{ra}$ 时刻内插外方位元素及其观测值的交会点，与上述两三角锁无直接观测值的联系，对两三角锁的整合作用很小。

如果利用小面阵 CCD 影像求得点 $A$ 在 0 号和 1 号 EFP 上的真像平面坐标，于是 $l_0$、$l_{10}$ 的交会点 $A_{0-10}$ 属于左三角锁，$l_1$ 与 $l_{11}$ 交会点 $A_{1-11}$ 属于右三角锁，此时 4 根投影光线的光束法最小二乘平差得到的点 $A$ 位置，起到了对此两个三角锁整合的作用，只需在航线首末端一个基线内的航线上、下边缘各设 10 个连接点，即可达到对整条航线的整合。

# 4　空中三角测量模拟实验

## 4.1　模拟参数

卫星摄影测量参数类似于 MOMS-02/D2[1-2]：航高为 330 km，$B=154.1$ km，地面分辨率为 5 m×5 m，$f=660$ mm，宽高比为 1∶9，$\sigma_0=5\ \mu$m，$\tan\alpha=0.467$，航线宽为 36.66 km，$pixel=0.010$ mm。

外方位元素采用含有一个正弦、一个余弦的傅里叶级数。地面点高差 100～8 000 m，生成 4 条模拟航线数据，每条航线起始 EFP 时刻角元素设定为 ±0.5°，摄站坐标变化率为 0.1 m/$u$，角元素变化率根据实验分别设为：$C=1\times10^{-3}$(°)/$u$、$D=5\times10^{-3}$(°)/$u$、$E=1\times10^{-2}$(°)/$u$，$u=B/30$（若 $B=230$ km，$u$ 相当于卫星飞行 1 s 的距离）。

## 4.2　平差实验结果

设Ⅰ为同类外方位元素二阶差分等于零的制约条件，Ⅱ为连接点真像平面坐标控制条件。

模拟生成的 4 条航线各按 4 个无误差控制点平差，综合统计中误差如表 1 所示。将相关研究[1-2]的实验结果摘列于表 2，供平差精度比较参考。其中，$m_X$、$m_Y$、$m_Z$ 为模型点坐标中误差，$m_{Z3}$ 为三线交会区高程误差，$m_{Z2}$ 二线交会区高程误差；Y 表示采用条件，N 表示不采用条件。按外方位元素无误差，仅像点坐标含观测误差计算中误差，作为平差精度极限值：$m_X=0.9$ m，$m_Y=1.9$ m，$m_Z=5.1$ m，$m_{Z3}=4.1$ m，$m_{Z2}=5.6$ m。

**表 1　空中三角测量模拟实验结果**　　单位：m

| 航线数 $B$ | Ⅰ(N) | | | Ⅱ(N) | | Ⅰ(Y) | | | Ⅱ(N) | | Ⅰ(Y) | | | Ⅱ(Y) | | 角变化率 |
|---|---|---|---|---|---|---|---|---|---|---|---|---|---|---|---|---|
| | $m_X$ | $m_Y$ | $m_Z$ | $m_{Z3}$ | $m_{Z2}$ | $m_X$ | $m_Y$ | $m_Z$ | $m_{Z3}$ | $m_{Z2}$ | $m_X$ | $m_Y$ | $m_Z$ | $m_{Z3}$ | $m_{Z2}$ | |
| 2 | 52 | 30 | 224 | 36 | 229 | 17 | 11 | 51 | 7 | 53 | 1 | 2 | 8 | 5 | 8 | |
| 3 | 24 | 16 | 107 | 53 | 127 | 9 | 6 | 18 | 17 | 19 | 2 | 2 | 7 | 6 | 8 | $C$ |
| 4 | 14 | 22 | 68 | 48 | 84 | 9 | 10 | 15 | 15 | 15 | 3 | 2 | 10 | 10 | 10 | |
| 2 | 246 | 163 | 1 111 | 70 | 1138 | 35 | 27 | 125 | 15 | 128 | 1 | 2 | 8 | 5 | 8 | |
| 3 | 129 | 81 | 566 | 234 | 683 | 16 | 16 | 26 | 26 | 26 | 2 | 2 | 7 | 6 | 8 | $D$ |
| 4 | 63 | 108 | 331 | 208 | 424 | 21 | 26 | 35 | 36 | 33 | 3 | 2 | 10 | 10 | 10 | |
| 2 | 501 | 334 | 2 276 | 148 | 2 332 | 59 | 48 | 224 | 26 | 229 | 1 | 2 | 8 | 5 | 9 | |
| 3 | 268 | 161 | 1 104 | 409 | 1 340 | 21 | 24 | 31 | 33 | 31 | 2 | 2 | 7 | 6 | 8 | $E$ |
| 4 | 128 | 212 | 678 | 447 | 855 | 31 | 37 | 53 | 55 | 51 | 3 | 2 | 11 | 11 | 11 | |

从表 1，表 2 数据可以得出以下结论。

**表 2　参考实验结果(MOMS-02/D2 模拟实验)**　　单位：m

| 航线数 $B$ | $m_X$ | $m_Y$ | $m_Z$ | 定向片法单航线 4 控制点平差 |
|---|---|---|---|---|
| 3.3 | 17 | 5 | 69 | 全航线统计[2] |
| 3.3 | 18 | 5 | 61 | 三线非平行排列[2] |
| 4 | 22 | 8 | 64 | 三线交会区统计[3] |

(1)条件Ⅰ、Ⅱ不参与情况下，三角锁平差精度很低，角变化率为 $C$ 条件下，4 条基线的航线平差，高程中误差达±68 m，这与表 2 列出的用定向片法计算的结果相当(该方法没有应用同类外方位元素二阶差分等于零的条件，角变化率不详)，也与三线非平行排列的平差精度相当。

(2)条件Ⅱ参与情况下，精度有明显提高，但与精度极限值相差甚远，尤其是 $B=2$ 条航线时误差特别大，这是仅用三线阵影像的空中三角可能达到的精度。

(3)LMCCD 影像可实现条件Ⅰ和Ⅱ均参与平差，此时包括 $B=2$ 条航线在内，平差精度均显著提高，但与精度极限还有一些差距，说明还有提高平差精度的空间。飞行中外方位元素测定值参与联合平差、区域网平差等，都有可能进一步提高精度。

(4)三线阵 CCD 影像空中三角测量受姿态变化率影响比较明显，而 LMCCD 相机影像的空中三角测量精度受姿态变化影响甚微。

## 5　结　论

利用 LMCCD 影像，按 EFP 光束法平差，单航线 4 控制点空中三角测量与相同参数的框幅像片空中三角测量的性能基本相当。

(1)卫星摄影测量可以降低对姿态稳定度的要求。

(2)相同精度的外方位元素量测值参与平差情况下，LMCCD 影像空中三角测量可以更有效地发挥这些观测值在绝对定向、剔除粗差以及改正空中三角测量偶然误差积累中的作用。

(3)空中三角测量的有效范围可以扩大到 $B \geqslant 2$ 条航线,在外方位元素记录(GPS、星相机)失败情况下,只要少量地面控制点,也可以完成摄影测量处理,使得卫星影像得到有效的应用。

本文建议的LMCCD相机更适合于那些不依赖地面控制点或仅有少量控制点的全球性卫星摄影测量,以及月球、火星等外星球的摄影测量与制图应用。

## 参考文献

[1] HOFMANN O, MULLER F. Combined point determination using digital data of three line scanner systems[C]// ISPRS. Proceedings of the XVIth ISPRS Congress: Technical Commission III on Mathematical Analysis of Data, July 1-10, 1988, Kyoto, Japan. Kyoto: ISPRS: 567-577.

[2] 张森林. 三行线阵扫描数据的平差方案及精度分析[J]. 武汉测绘科技大学学报, 1988, 13(4): 60-69.

[3] EBNER H, MULLER F, ZHANG Senlin. Studies on object reconstruction from space using three-line scanner imagery[J]. ISPRS Journal of Photogrammetry and Remote Sensing, 1989, 44(4): 225-233.

[4] 王任享. 卫星三线阵CCD影像光束法平差研究[J]. 武汉大学学报:信息科学版, 2003, 28(4): 379-385.

[5] 王任享. 卫星摄影三线阵CCD影像的EFP法空中三角测量[J]. 测绘科学, 2001, 26(4): 1-5.

# 卫星摄影三线阵 CCD 影像的 EFP 法空中三角测量*

王任享

**摘　要**：系统地介绍 EFP 法空中三角测量的基本思想、EFP 像点坐标计算及平差的数学模型、卫星摄影测量的数字模拟，并以模拟数据进行“自由网＋控制点”平差、外方位元素量测值参与平差、外方位元素量测值常差的分离以及区域平差等实验计算和实验结果分析。通过研究分析得出结论：①3 条基线的航线可以保证三线阵 CCD 影像光束法平差的几何强度；②控制点可以布设在航线首末端，二线交会区的高程精度比三线交会区仅低约 1.4 因子；③外方位元素观测值是三线阵 CCD 影像光束法平差不可缺少的数据，经过平差可以不同程度地提高平差的高程精度，即使外方位元素观测值达到现代的精度，光束法平差的高程精度仍比直接前方交会高，所以三线阵 CCD 相机比单线阵、双线阵相机在全球性无控制卫星摄影测量或外星球摄影测量方面具有更大的优势。

**关键词**：三线阵 CCD 影像；光束法平差；外方位元素；卫星摄影测量；区域平差

## 1　引　言

三线阵影像摄影可追溯到 20 世纪 70 年代，当时摄影测量学者采用在航空相机焦面上开 3 条缝隙进行连续航带的摄影。限于当时外方位元素测定的精度以及飞行中难以避免飞行条件的激烈变化而导致局部摄影的失败，所以该技术没有应用于航空摄影测量，仅限于路线的勘察设计以及侦察摄影等应用。20 世纪 80 年代，美国学者[1]应用 CCD 数字摄影测量技术采用三线阵 CCD 相机，提出 Stereosat 和 Mapsat 卫星建议，当时的出发点是利用在轨飞行卫星平台高稳定度，要求平台姿态稳定度达到 $10^{-6}$ (°)/s，从而利用前方交会便可以计算地面点坐标。可能对平台稳定度要求过高等缘故，该建议没有被采用。差不多与此同时，德国学者提出利用三线阵 CCD 影像进行光束法空中三角测量恢复外方位元素，以降低对卫星平台稳定度的苛求。人们最初期望三线阵 CCD 影像光束法平差会与经典的空中三角测量一样，只要航线两端布设控制点，便可获得精度较高的航线立体模型及外方位元素，但实际研究显示，这不尽符合摄影测量者的初衷。

20 世纪 80 年代初期，汉诺威大学教授等[2]提出以分段处理航线的思想，每段含相同的角方位元素，构建空中三角测量时附加了段与段之间的衔接条件。与此同时，Hofmann 教授和 Ebner 教授提出“定向片法”，它按任意观测值作为三次多项式或线性贡献于一定时间间隔的定向片时刻的外方位元素，并拟定了“广义共线方程”进行光束法平差[3-7]。二者在实

* 本文发表于《测绘科学》2001 年第 1 期。

验研究和应用中都取得了较好的结果，但由于三线阵 CCD 影像光束法空中三角与框幅式像片的空中三角测量区别很大，平差中都存在一些问题有待进一步探讨，其中定向片法有以下明确的结论：

(1)在单航线平差中，为保证解算点的几何强度，要求航线长度应保持 4 条以上基线。

(2)航线首末的一个基线内为二线交会区，其余为三线交会区，控制点要布设在三线交会区两端，即三线交会与二线交会的交界处，而且平差结果只取三线交会区的数据，二线交会区的数据精度太低要舍去[4,6-7]。

(3)单航线平差的三线交会区精度也不太高，改善的途径是采用区域平差或增加在轨测定的外方位元素观测值参与平差[4]。

定向片法在理论上还存在一些不确定因素。例如，平差中采用"一段时间内外方位元素可以按多项式拟合"的假定，究竟多项式次数多少为最佳呢？按卫星运行规律，线方位元素的变化服从于卫星轨道运动规律，所以要发展利用轨道运行规律参与平差[5]，然而角元素的变化没有线元素那样有规律可循，只好以多项式拟合。笔者在 1981 年曾提出利用三线阵 CCD 像点坐标构成等效框幅像片(EFP)进行光束法空中三角的思想。此方法既继承了经典的框幅式像片的光束法平差，又引入了卫星摄影条件下线元素和角元素都能成立的"同类外方位元素的二阶差分等零的约束条件"，使得 EFP 空中三角测量能够得到稳定的解。而且单航线平差的结论也区别于定向片法，如平差航线的最少长度为 3 条基线，控制点可以布设在航线首末端，二线交会区高程精度只比三线交会区低 1.4 因子等。

三线阵 CCD 相机在德国有着成功地研制和实验研究。以"MOMS"为代号的相机曾在航天飞机以及在俄国的空间站上得到成功的应用，并曾经列入"火星计划"中用于测绘火星的地形图，后因发射失败，该计划被撤销。三线阵 CCD 相机构像与单线阵摇摆或两线阵推扫构建立体影像相比，几何强度高，可以建立比较严整的光束法空中三角测量，在全球性无地面控制点的摄影测量或外星球的摄影测量中具有重要价值。但三线阵相机比起单线阵或两线阵相机在技术上要复杂些，当今以商业为目的的高分辨率卫星中，可能由于高分辨率相机焦距太长，构建三线阵相机不太方便，且在民用目的测绘中，需要的少量控制点并不困难，因此多是发展单线阵或两线阵相机，其中美国 IKONOS 公司曾考虑以后要采用三线阵相机。

## 2 EFP 法基本思想及其像点坐标计算

### 2.1 三线阵 CCD 像点坐标

三线阵 CCD 相机的三条线阵影像，即属于框幅式像片的像点坐标，其像、地坐标关系依然是共线方程，即

$$
\begin{aligned}
x &= -f\frac{a_{11}(X-X_S)+a_{21}(Y-Y_S)+a_{31}(Z-Z_S)}{a_{13}(X-X_S)+a_{23}(Y-Y_S)+a_{33}(Z-Z_S)} \\
y &= -f\frac{a_{12}(X-X_S)+a_{22}(Y-Y_S)+a_{32}(Z-Z_S)}{a_{13}(X-X_S)+a_{23}(Y-Y_S)+a_{33}(Z-Z_S)}
\end{aligned}
\tag{1}
$$

式中，$(X_S、Y_S、Z_S)$为摄站坐标；$a_{ij}$ 为由角元素 $\varphi、\omega、\kappa$ 组成的方向余弦[8]，$i=1,2,3$, $j=1,2,3$；$\alpha$ 为正视相机与前、后视相机的夹角；$f$ 为正视相机焦距。

但在 CCD 影像上 $x$ 坐标是固定值，对于前视线阵影像 $x_l = f\tan\alpha$，正视线阵影像 $x_v = 0$，后视线阵影像 $x_r = -f\tan\alpha$。

由于三线阵 CCD 相机在一个取样周期内只有前视、正视和后视 3 条影像，受外方位元素变化及地形起伏影响，满足经典框幅式像片空中三角测量的连接点影像不可能都落在此 3 条影像上，所以仅仅依靠此 3 条影像不可能恢复该取样周期的外方位元素，但空间摄影航高远大于地面起伏的高差，姿态变化不大，使得满足框幅式空中三角测量的连接点影像位置必然与这 3 条影像相距不远。如何利用整航线推扫的 CCD 影像，构成等效于框幅式像片空中三角测量的连接点像坐标，便是本文的重要目标。

## 2.2　EFP 法基本思想

假定将三线阵 CCD 影像按其真实的外方位元素进行投影，便可建立起以像元尺寸为分辨率的航线立体模型。理论上已知，利用 CCD 影像自身不可能解求每一个取样周期的外方位元素。由于空间摄影，卫星平台比较平稳，外方位元素变化率不大，允许采用适当大的间距（如基线的 1/10 为间距）将航线模型进一步离散化，近似地表达航线外方位元素模型，从而可以采用 CCD 影像进一步解算离散取样周期的外方位元素。EFP 法是以离散时刻，又称 EFP 时刻（定向片法称为定向片时刻）对已构建的立体模型进行逆投影，按经典的空中三角测量原理计算 EFP 时刻的像点坐标。任一个 EFP 时刻与其相距成基线整数倍的时刻均可构建一个空中三角锁（图 1）。

例如，摄站编号 110～150 为一条三角锁；111～141 为其相邻的一条三角锁；而由 110～119 共有 10 条三角锁，航线首末基线内为二线交会区，其余为三线交会区。

但是，实际上空中三角测量要求的 EFP 像点坐标只是三线阵 CCD 影像坐标（原始观测值）按近似外方位元素进行投影后，再按 EFP 时刻的近似外方位元素进行逆投影的结果，称作“推导的观测值”（derived observation）。由于逆投影时是利用与该 EFP 时刻尽可能接近的 CCD 影像投影坐标进行计算，此二者在卫星摄影条件下时刻相距很小，所以 EFP 像点坐标误差不大，且在平差迭代中随着外方位元素的改正逼近而逼近，逼近的收敛条件是地面点高差相对于航高不大及姿态变化率不超过 $10^{-3}$(°)/s，这些条件在卫星摄影中均可满足。因而 EFP 法实质上是将三线阵 CCD 像坐标变换到 EFP 像坐标，进而以经典的光束法平差数学模型为主的光束法平差。

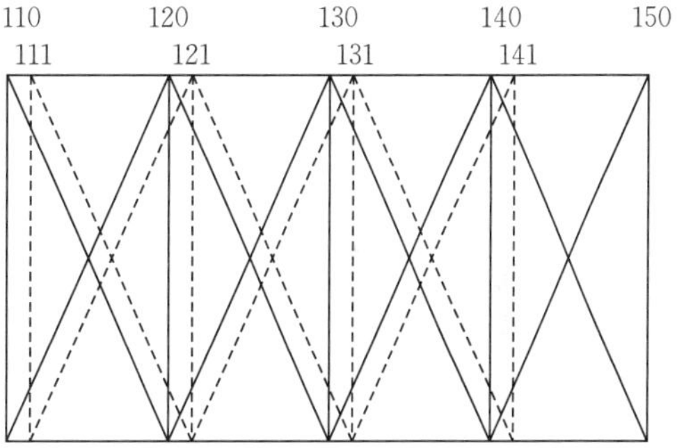

图 1　4 条单基线的空中三角锁

## 2.3　EFP 像点坐标计算

首先，在正视影像上以 1/10 基线相应的影像之像元数为间距，选定一个时刻，每线上确定上、中、下 3 个点作为用于生成 EFP 的连接点。正视影像上选定的连接点情况如图 2 所示。图中点号是 3 位数，在 EFP 法中只适用于航线的基线数少于 10 的情况。若基线数超过 9，应改用 4 位数编号，前、后视连接点的同名坐标，可以采用影像匹配的方法加以实现。

影像坐标记录如表 1 所示。

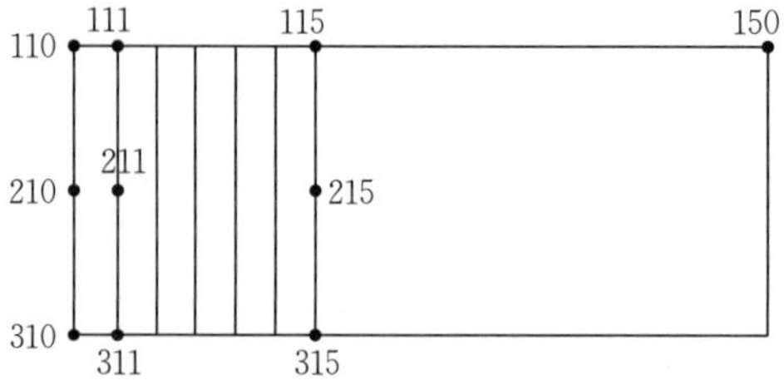


图 2　正视影像上连接点分布

**表 1　CCD 像点坐标**

| 点号 | $t_l$ | $y_l$ | $t_v$ | $y_v$ | $t_r$ | $y_r$ |
|---|---|---|---|---|---|---|
| 110 | | | | | | |
| 210 | | | | | | |
| 310 | | | | | | |
| 111 | | | | | | |
| 211 | | | | | | |
| 311 | | | | | | |
| ⋮ | | | | | | |
| −99 | | | | | | |

### 2.3.1　地面点坐标及常数项 $\dot{x}$、$\dot{y}$ 的计算

首先按外方位元素的近似值内插 $t_l$、$t_v$、$t_r$ 所相应的外方位元素值，再按像点坐标前方交会得到地面点坐标。由于外方位元素系近似值以及量测像点坐标的影像匹配误差，前视($l$)、正视($v$)、后视($r$)3 条光线不会相交于一点，而是呈图 3 所示的情况。

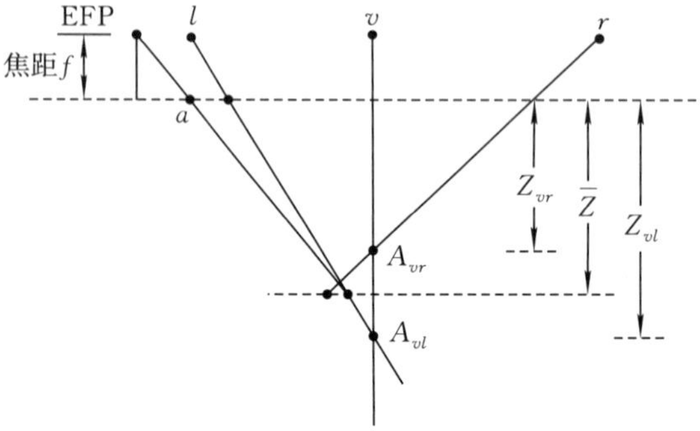


图 3　前视、正视、后视 CCD 像点摄影及逆投影得到 EFP 像点 $a$

由 $v$、$l$ 影像坐标前方交会得 $Z_{vl}$，由 $v$、$r$ 影像坐标前方交会得 $Z_{vr}$，取

$$\overline{Z}=\frac{Z_{vl}+Z_{vr}}{2} \tag{2}$$

以 $\overline{Z}$ 为基准面，重新计算平面坐标，称作“投影坐标”，即 $(X_l, X_v, X_r)$ 和 $(Y_l, Y_v, Y_r)$，再取

$$\left.\begin{aligned}\bar{x}&=\frac{X_l+X_v+X_r}{3}\\ \bar{y}&=\frac{Y_l+Y_v+Y_r}{3}\end{aligned}\right\} \tag{3}$$

$(\bar{X},\bar{Y},\bar{Z})$ 即作为平差中的地面点坐标近似值。

将 $(\bar{X},\bar{Y},\bar{Z})$ 以及 EFP 时刻的外方位元素近似值代入共线方程即式(1),便可计算得平差用的常数项 $\dot{x}$、$\dot{y}$。由投影坐标可以计算 $Y$ 视差为

$$\left.\begin{aligned}P_{Y_l}&=Y_l-Y_v\\ P_{Y_r}&=Y_r-Y_v\end{aligned}\right\} \tag{4}$$

在光束法平差中,$Y$ 视差是控制外方位元素迭代次数的依据,同理有 $X$ 视差,它将在地面点坐标改正中“消除”。

#### 2.3.2 像点坐标计算

EFP 法平差中,不是直接操作三线阵 CCD 影像坐标,而是将以上生成的投影坐标中最靠近 EFP 时刻的逆投影到 EFP 像平面上。例如,EFP 的像点 $a$ 坐标是前视影像在基准面 $\bar{Z}$ 上的坐标逆投影的结果,其坐标被当作观测值。由于是推算出来的,属于推导的观测值,可以通过方差—协方差传播规律求出余因子矩阵参与平差。由于协方差值不大,所以在 EFP 平差中仍采用对角阵为权矩阵。

三线阵 CCD 影像的原点坐标显示的左右视差和上下视差,将随着投影坐标逆投影到 EFP 像坐标中,通过光束法改正外方位元素而不断变小,直到最小二乘意义上的最小为止。这里应该特别注意的是 EFP 平差中,EFP 像点坐标只是过渡性数值,每次迭代都在改变之中,所以 EFP 光束法平差可以引用经典光束法平差方法,但应根据像点坐标这一特点,作适应性修改。

## 3 EFP 光束法空中三角测量的数学模型

光束法平差采用前方、后方交会交替迭代的方案。

### 3.1 前方交会

前方交会第 $i$ 片,地面点 $j$ 的改正数方程为

$$\begin{bmatrix}Vx_{ij}\\ Vy_{ij}\end{bmatrix}=\boldsymbol{B}_{ij}\boldsymbol{\delta}_j-\begin{bmatrix}lx_{ij}\\ ly_{ij}\end{bmatrix} \tag{5}$$

式中,$i=0,\cdots,n$;$n$ 为航线像片数;$Vx_{ij}$、$Vy_{ij}$ 为像点坐标余差;$\boldsymbol{B}_{ij}$ 为系数矩阵[8];$\boldsymbol{\delta}_j=[\delta_{X_j}\quad \delta_{Y_j}\quad \delta_{Z_j}]^{\mathrm{T}}$ 为地面点 $j$ 的坐标改正数;$lx_{ij}=x_{ij}-\mathring{x}_{ij}$,$ly_{ij}=y_{ij}-\mathring{y}_{ij}$;$\mathring{x}_{ij}$、$\mathring{y}_{ij}$ 为 $\mathring{\boldsymbol{P}}_i$ 代入共线方程计算值;$\mathring{\boldsymbol{P}}_i=[\mathring{X}_{S_i}\quad \mathring{Y}_{S_i}\quad \mathring{Z}_{S_i}\quad \mathring{\varphi}_i\quad \mathring{\omega}_i\quad \mathring{\kappa}_i]^{\mathrm{T}}$ 为外方位元素起始近似值或迭代逼近值。

### 3.2 后方交会及附加条件方程

#### 3.2.1 后方交会

后方交会第 $i$ 片,像点 $j$ 的改正数方程为

$$\begin{bmatrix} Vx_{ij} \\ Vy_{ij} \end{bmatrix} = \boldsymbol{A}_{ij}\boldsymbol{\delta}_i - \begin{bmatrix} lx_{ij} \\ ly_{ij} \end{bmatrix} \tag{6}$$

式中，权为 $W_A$；$i=0,\cdots,n$；$n=$基线数$\times 10+1$，为航线像片数；$\boldsymbol{A}_{ij}$ 为系数矩阵[8]；$\boldsymbol{\delta}_j=[\delta X_{S_i} \quad \delta Y_{S_i} \quad \delta Z_{S_i} \quad \delta\varphi_i \quad \delta\omega_i \quad \delta\kappa_i]^{\mathrm{T}}$ 为外方位元素改正数。

### 3.2.2 外方位元素连续(平滑)制约条件

由图 1 可知，一条三线阵 CCD 影像的航线可被分割成 10 条相当于框幅式的空中三角锁，各条三角锁是独立的。如何将离散的三角锁联系为一个整体，是 EFP 法光束法平差中关键的一个环节。各三角锁自身的连接依然按框幅式空中三角测量那样，采用公共连接点构成航线模型，各三角锁之间的连接曾经也采用过公共连接点的方案，但效果不佳。进一步探讨发现在空间条件下，外方位元素变化平稳，同类外方位元素的二阶差分等零条件对线元素和角元素都成立，此条件可以将离散的各条空中三角锁联系为整体，是 EFP 法得以成功的重要条件。按同类外方位元素的二阶差分为零可得

$$\boldsymbol{V}_k = \boldsymbol{\delta}_{k+1} - 2\boldsymbol{\delta}_k + \boldsymbol{\delta}_{k-1} \tag{7}$$

式中，角元素的权为 $W_{S\alpha}$，线元素的权为 $W_{Sp}$；$k=1,\cdots,n-1$；且有

$$\boldsymbol{V}_k = [VX_{S_k} \quad VY_{S_k} \quad VZ_{S_k} \quad V\varphi_k \quad V\omega_k \quad V\kappa_k]^{\mathrm{T}}$$

$$\boldsymbol{l}_k = \mathring{\boldsymbol{P}}_{k+1} - 2\mathring{\boldsymbol{P}}_k + \mathring{\boldsymbol{P}}_{k-1}$$

式(6)、式(7)生成法方程式系数阵为 6×6 子矩阵组成的带宽为 6、维数为 $n\times 6$ 的带状矩阵。

### 3.2.3 外方位元素量测值改正数方程式

$$\boldsymbol{V}_i = \boldsymbol{\delta}_i - \boldsymbol{l}_i \tag{8}$$

式中，角元素的权为 $W_{e\alpha}$，线元素的权为 $W_{ep}$；$i=0,\cdots,1$；$\boldsymbol{l}_i=\boldsymbol{P}_i-\mathring{\boldsymbol{P}}_i$；$\boldsymbol{P}_i=[X_{S_i} \quad Y_{S_i} \quad Z_{S_i} \quad \varphi_i \quad \omega_i \quad \kappa_i]^{\mathrm{T}}$ 为外方位元素量测值。

### 3.2.4 外方位元素常差改正数方程式

$$\boldsymbol{V}_i = \boldsymbol{\delta}_i + \boldsymbol{\delta}_c - \boldsymbol{l}_i \tag{9}$$

式中，$i=0,\cdots,n$；$\boldsymbol{\delta}_c=[X_{S_c}\ Y_{S_c}\ Z_{S_c}\ \varphi_c\ \omega_c\ \kappa_c]^{\mathrm{T}}$ 为外方位元素量测值中含有的常差；$\boldsymbol{l}_i=\boldsymbol{P}_i-\mathring{\boldsymbol{P}}_i$；$\boldsymbol{P}_i=[X_{S_i}+X_{S_c}\,Y_{S_i}+Y_{S_c}\,Z_{S_i}+Z_{S_c}\,\varphi_i+\varphi_c\omega_i+\omega_c\kappa_i+\kappa_c]^{\mathrm{T}}$ 为含有常差的外方位元素量测值。

式(6)、式(7)和式(9)生成的法方程系数为带状加边矩阵，维数为 $n\times 6+6$，带宽和边宽均为 6。

### 3.2.5 各类改正数方程权的确定

各类改正数方程关系到的权较多，合理地确定它们之间的大小比较困难。先分析矩阵 **A** 组成的法方程式主对角元素的特点，即属于角元素者数值比线元素者大得多的情况。根据实验经验给出权的数值为

$$W_A = 0.0001$$

$$W_{s\alpha} = \begin{cases} 0.0001, \text{外方位元素与平差} \\ 0.1, \text{外方位元素与平差} \end{cases}$$

$$W_{sp} = \begin{cases} 1, \text{外方位元素与平差} \\ 10, \text{外方位元素与平差} \end{cases}$$

考虑到外方位元素中线元素误差与角元素误差的共同影响，选定权函数为

$$\left.\begin{aligned}W_{e\alpha} &= \frac{14(\sigma p^2+\sigma\alpha^2)+1}{(\sigma p+\sigma\alpha)^4+0.001}\\ W_{ep} &= 0.001W_{e\alpha}\end{aligned}\right\}\tag{10}$$

式中，$\sigma p$ 为摄站坐标观测误差，m；$\sigma\alpha$ 为角元素观测误差，(″)。式(10)的权函数对当今卫星摄影测量中可预见到的外方位元素误差范围均适用。

# 4 平差数据的数学模型

目前还没有真实卫星摄影的三线阵 CCD 影像可供应用，而且为验证以上的原理及数学模型，也需要数字模拟数据。

## 4.1 外方位元素数学模拟

严格模拟卫星飞行时的外方位元素是很困难的，利用相关已有文献[2]列出的数学模型，即

$$P_i = a\cos\frac{2\pi}{T}+b\sin\frac{2\pi}{u}\tag{11}$$

式中，$i=1,2,\cdots,6$；$P_i$ 为某一个外方位元素($X_S,Y_S,Z_S,\varphi,\omega,\kappa$)；$a$、$T$、$b$、$u$ 为按飞行状况选择的参数。

依卫星飞行平台平稳状态[2]，参数的数值如表 2 所示。

表 2 外方位元素模拟数据参数

| $P_i$ | $a$ | $T$ | $b$ | $u$ |
|---|---|---|---|---|
| $X_s$ | 1.4 | 220 | 14 | 120 |
| $Y_s$ | −1.9 | 230 | 19 | 130 |
| $Z_s$ | −0.9 | 240 | 9 | 140 |
| $\varphi$ | 0.1 | 240 | −1 | 140 |
| $\omega$ | 0 | 320 | 0.5 | 220 |
| $\kappa$ | 0.1 | 220 | −1 | 120 |

## 4.2 卫星摄影测量的基本参数

三线阵 CCD 相机参数如下：

(1)正视相机与前、后视相机夹角 25.6°。

(2)正视相机焦距 $f_v=500$ mm，像比例尺为 1∶100 万。

(3)前视相机焦距 $f_l=\dfrac{f_v}{\cos\alpha}$，后视相机焦距 $f_r=\dfrac{f_v}{\cos\alpha}$。

(4)摄影基线长约 250 km，航线宽 120 km，宽高比 $\dfrac{Y}{H}=\dfrac{1}{8}$。

(5)正视与前、后视光线基高比为 0.5，前、后视光线基高比为 1.0。

(6)卫星飞行高度 500 km。

(7)运行周期约 90 min，地面高差 2 000～8 000 m，生成旁向重叠 10%的 4 条航线，每条

航线的起始 EFP 时刻角元素设定为±0.5°，模拟生成的外方位元素按 0.5 s 为一组，摄站坐标变化率为 0.1 m/s。

(8)角元素变化率分别为 $10^{-3}$(°)/s，$10^{-4}$(°)/s。

# 5　平差方案及模拟数据平差实验

## 5.1　“自由网+控制点”空中三角测量

由前方交会即式(5)，后方交会即式(6)以及外方位元素平滑制约条件即式(7)，可以构成类似经典的光束法空中三角测量，但由于 EFP 像点坐标是推算出来的，所以控制点不宜直接参与平差过程。于是，平差要分成自由网平差及利用控制点作三维线性变换两个步骤。另外，卫星摄影中起始角元素大约在±0.5°左右，对于经典空中三角测量，角元素起始近似值均可按零处理。但 EFP 法平差中，$\varphi$ 角起始值 $\varphi_0$ 对整条航线的几何状态影响很大，必须采用特殊的程序预先加以确定。这里采用不断步进 $\varphi$ 角值，比较由前方交会及式(2)至式(4)计算的 Y 视差的均方根值最小者，即作为 $\varphi$ 的最佳起始值。平差的框图如图 4 所示。

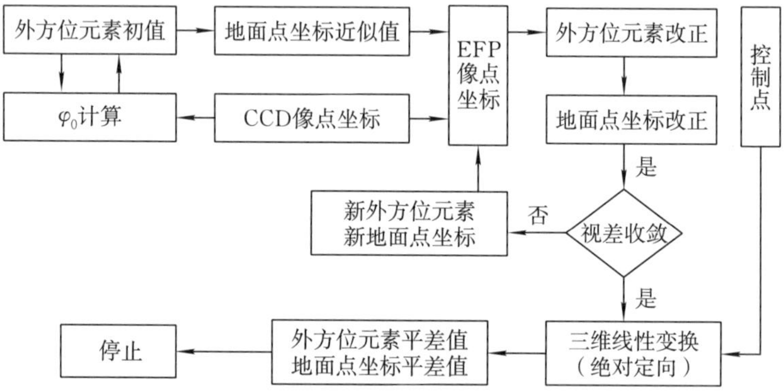


图 4　“自由网+控制点”空中三角测量框图

### 5.1.1　EFP 光束法平差的几何特性实验

利用自由网加上布设在航线首末端的 4 个控制点进行空中三角测量的方案，可以用来讨论 EFP 光束法平差的几何特性，从中找出与经典框幅式像片平差的区别，也便于同“定向片”平差特性作比较。以生成的卫星摄影测量模拟数据进行以下计算：

(1)利用真外方位元素、CCD 像点坐标误差±3 m(物方比例)，计算得地面高程误差如图 5 所示，显示的高程误差是上、中、下 3 点误差的均值(以下同)。图 5 的数值可当作理论精度。

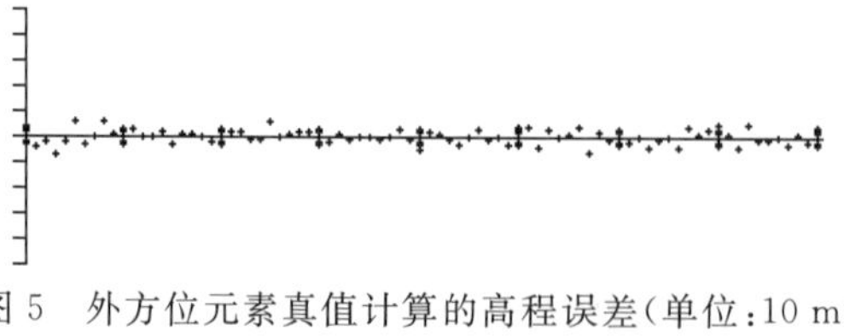

图 5　外方位元素真值计算的高程误差(单位：10 m)

(2)按 CCD 像点坐标误差为零的“自由网+4 控制点”平差，地面点高程误差如图 6 所示。该数据说明由平差模型引出的误差不大,误差值与外方位元素的变化率有关。

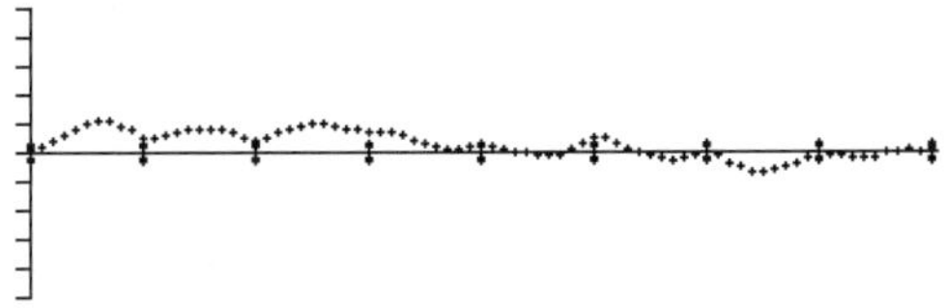

图 6　像点坐标误差为零时平差的高程误差(单位:10 m)

(3)按 CCD 像点坐标误差为±3 m 的“自由网+4 控制点”平差,地面点高程误差如图 7 所示。

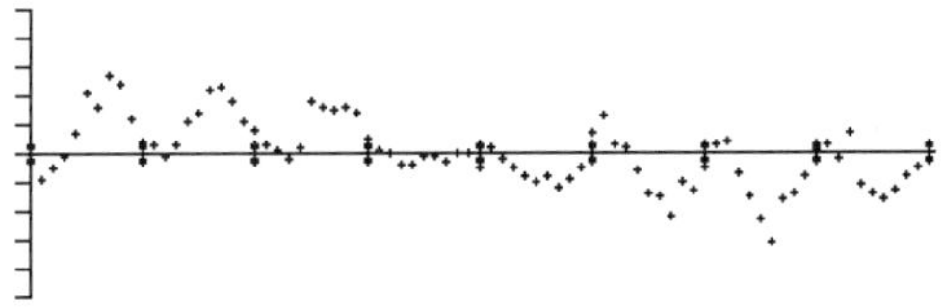

图 7　像点坐标误差为±3 m 时平差的高程误差(单位:10 m)

以上 3 种平差的结果统计如表 3 所示。其中,$m_I$ 为 CCD 像点坐标误差(物方比例尺),$m_p$ 为线外方位元素误差,$m_\alpha$ 为角外方位元素误差,$m_Z$ 为高程综合误差,$m_{Z3}$ 为三线交会区高程误差,$m_{Z2}$ 为二线交会区高程误差,$d\alpha$ 为角外方位元素变化率。

**表 3　3 种计算的高程误差统计**

| $m_I$ /m | $m_p$ /m | $m_\alpha$ /m | $m_Z$ /m | $m_{Z3}$ /m | $m_{Z2}$ /m | 控制点 | $d\alpha$ /(°)$s^{-1}$ | 基线数 |
|---|---|---|---|---|---|---|---|---|
| 3 | 0 | 0 | 5 | 5 | 7 | 无 | | |
| 0 | | | 3 | 5 | 5 | 4 | $10^{-3}$ | 8 |
| 3 | | | 12 | 12 | 14 | 4 | | |

为了便于同定向片法平差的几何特性作比较,现将相关文献中有关地面点高程误差的图解示于图 8。该平差采用的模拟数据为:

飞行高度 1 000 m,相机焦距 52 mm,像比例尺 1∶19 200,地面高差为零,CCD 像点坐标误差 0.1 m(物方比例尺),基线数 4。

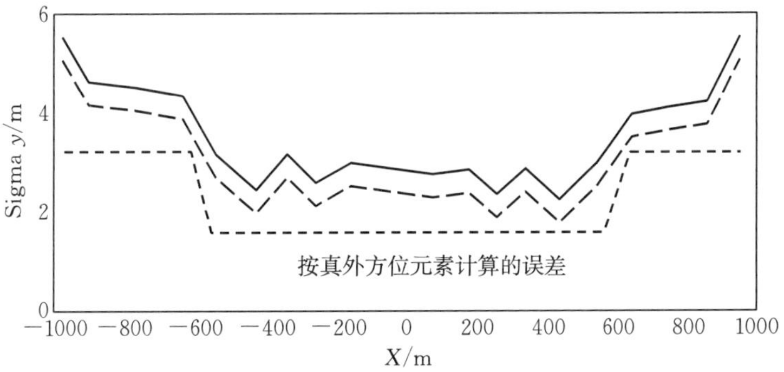


图 8　外方位元素误差分布

从图 5 至图 7 及表 3 的数据可以得出以下特点:

(1)由外方位元素计算或像点坐标等于零的平差的高程误差在整航线上的分布比较均匀。二线交会区的精度比三线交会区约低 1.4 因子，与理论估算基本一致。

(2)EFP 法平差与经典的框幅像片空中三角测量平差在性质上有相同的地方，所以控制点可以布设在航线首末端。

(3)像点坐标误差为零的单航线平差误差不大，如果姿态角减小，其误差将更小，说明同类外方位元素二阶差分等于零的制约条件能比较好地将各三角锁联成一个整体。但平差对像点坐标误差很敏感，当像点坐标误差为±3 m 时，高程误差很快增大，呈现明显的系统现象。考查其原因仍是航线中的各三角锁由于像点坐标误差而产生具有累积性的误差，使得三角锁在整条航线中的定位受影响，最明显的是在航线首末基线内，即二线交会区内，它是各三角锁的首末端所在区。在这个基线区间内，外方位元素只依靠初值开始迭代，其走向无有效的数据控制，所以外方位元素只能逼近到一定精度。图 9 中振幅大的粗、细点曲线分别表示 $\varphi$ 角相对于起始摄站的变化值的真值和平差值，靠近轴线的细点曲线表示 $\varphi$ 角平差值的误差。外方位元素平差值的系统性对高程精度影响较大，这是单航线平差精度不高的主要原因。克服的途径有 3 种，即采用飞行中测定的外方位元素参与平差、区域平差，还可以在各三角锁首末端均设控制点等。

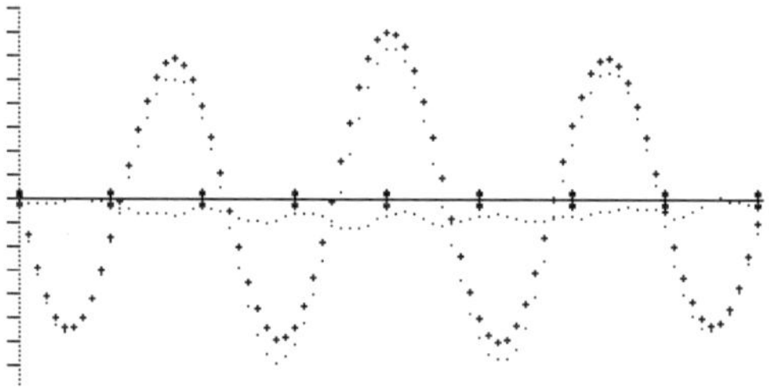

图 9　$\varphi$ 真值、平差值、误差值(单位:10″)

像点坐标误差为±3 m 时，地面点坐标有明显的系统误差，但迭代收敛时，$X$、$Y$ 视差都不大，原因是基线误差与 $\varphi$ 角误差间有相关性。为了说明这一情况，将基线误差按基高比化算为高程误差(图 10)，$\varphi$ 角误差按 $-H\mathrm{d}\varphi$ 换算为高程误差(图 11)。比较图 10 和图 11 可以看出基线误差与 $\varphi$ 角误差间的相关程度，其相关系数约为 0.5。由于 EFP 法与定向片法在数学模型方面区别很大，因而误差特性也不同，从图 8 可以看出，定向片法平差的二线交会区比三线交会区高程精度低得多，所以有本文引言中提到的一些结论。

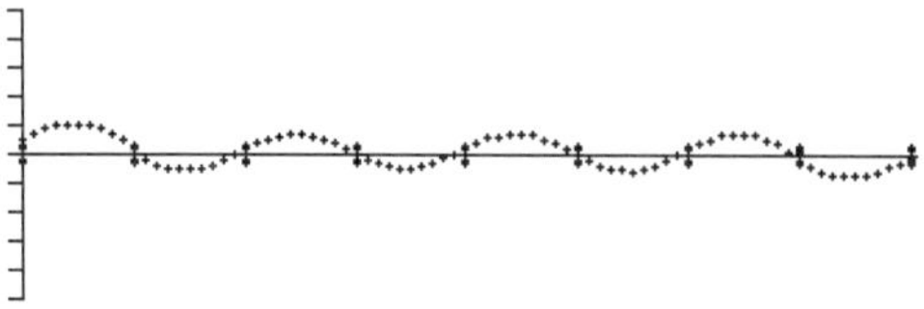

图 10　$\mathrm{d}B$ 影响的高程误差(单位:10 m)

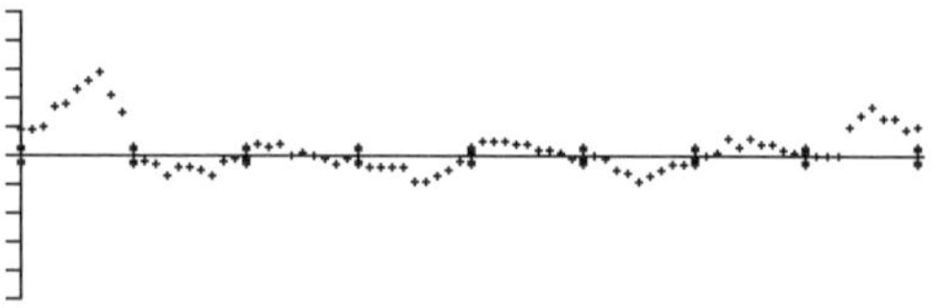

图 11　$\mathrm{d}\varphi$ 影响的高程误差(单位:10 m)

### 5.1.2　“自由网+4 控制点”平差实验

按不同基线数、不同的姿态变化率，4 条航线平差高程误差统计如表 4 所示。

**表 4 “自由网+4 控制点”平差高程误差统计** 单位：m

| $d\alpha/(°)s^{-1}$ | $m_I$ | 3 条基线 | | | | 4 条基线 | | | | 8 条基线 | | | |
|---|---|---|---|---|---|---|---|---|---|---|---|---|---|
| | | $m_Z$ | $m_{Z0}$ | $m_{Z3}$ | $m_{Z2}$ | $m_Z$ | $m_{Z0}$ | $m_{Z3}$ | $m_{Z2}$ | $m_Z$ | $m_{Z0}$ | $m_{Z3}$ | $m_{Z2}$ |
| $10^{-8}$ | 0 | 0 | 0 | 0 | 0 | 0 | 0 | 0 | 0 | 0 | 0 | 0 | 0 |
| | 1 | 4 | 4 | 5 | 4 | 4 | 3 | 4 | 4 | 3 | 3 | 3 | 3 |
| | 3 | 13 | 13 | 16 | 12 | 13 | 10 | 13 | 13 | 9 | 10 | 10 | 11 |
| $10^{-4}$ | 0 | 2 | 0 | 3 | 2 | 1 | 0 | 9 | 1 | 2 | 1 | 2 | 1 |
| | 1 | 6 | 4 | 7 | 5 | 5 | 3 | 6 | 5 | 6 | 5 | 6 | 6 |
| | 3 | 15 | 12 | 17 | 14 | 11 | 8 | 17 | 17 | 14 | 12 | 14 | 12 |
| $10^{-3}$ | 0 | 12 | 2 | 13 | 11 | 7 | 2 | 7 | 6 | 6 | 3 | 6 | 5 |
| | 1 | 13 | 4 | 14 | 12 | 11 | 3 | 11 | 10 | 9 | 5 | 9 | 9 |
| | 3 | 25 | 11 | 27 | 23 | 21 | 8 | 21 | 20 | 17 | 12 | 17 | 17 |

从表 4 的数据可以看出，在高程精度方面，除了 5.1.1 提到的特点外，还有以下特点：

(1)在一定范围内，高程误差随航线增多而减少，基线数为 3 的平差数据与其他基线数的平差数据相差不大，是可以接受的数据。

(2)从 CCD 像点坐标误差为零的结果来判断，高程误差与 EFP 法平差的数学模型关系不太大，高程误差随外方位元素变化率减小而有所减小，随像点坐标误差增大而显著增大。

(3)控制点所在的三角锁的高程精度 ($m_{Z0}$) 较高。

#### 5.1.3 “自由网+多控制点”平差实验

为了控制各三角锁在整个航线中的定位，在各三角锁首末端都布设控制点，对提高平差精度有明显作用。4 条航线，不同基线分别计算，误差统计如表 5 所示。

**表 5 “自由网+多控制点”平差高程误差统计**

| 控制点 | $m_I$ /m | 3 条基线 | | | | 4 条基线 | | | | 8 条基线 | | | | $d\alpha$ /$(°)s^{-1}$ |
|---|---|---|---|---|---|---|---|---|---|---|---|---|---|---|
| | | $m_Z$ /m | $m_{Z0}$ /m | $m_{Z3}$ /m | $m_{Z2}$ /m | $m_Z$ /m | $m_{Z0}$ /m | $m_{Z3}$ /m | $m_{Z2}$ /m | $m_Z$ /m | $m_{Z0}$ /m | $m_{Z3}$ /m | $m_{Z2}$ /m | |
| 各三角锁 4 个控制点 | 0 | 2 | 2 | 2 | 1 | 2 | 2 | 3 | 1 | 3 | 2 | 3 | 1 | $10^{-3}$ |
| | 3 | 7 | 8 | 9 | 5 | 6 | 6 | 6 | 5 | 9 | 9 | 10 | 4 | |
| 隔条 4 个控制点 | 3 | 8 | 9 | 11 | 7 | 6 | 6 | 6 | 6 | 10 | 10 | 11 | 6 | |

从表 5 可以看出，各三角锁两端布设控制点，高程精度明显提高，各条布点与隔条布点精度相当。

## 5.2 外方位元素量测值参与平差

由于外方位元素量测值可以当作初值输入平差，所以不必像采用自由网平差那样要预先确定 $\varphi_0$ 的数值。

实验计算按前方交会即式(5)与后方交会即式(6)及其附加条件式(7)、式(8)交替迭代进行，无地面控制点参与。依外方位元素观测误差的不同，分别计算光束法平差结果和直接前方交会结果，如表 6 和表 7 所示。其中，$m_\varphi$ 为平差后 $\varphi$ 角误差。

**表6　4条航线平差结果统计1**

| 外方位误差 | | 像点误差 | 平差方法 | 3条基线 | | | | 4条基线 | | | | 8条基线 | | | |
|---|---|---|---|---|---|---|---|---|---|---|---|---|---|---|---|
| 线元素/m | 角元素/(″) | /m | | $m_Z$/m | $m_{Z3}$/m | $m_{Z2}$/m | $m_\varphi$/(″) | $m_Z$/m | $m_{Z3}$/m | $m_{Z2}$/m | $m_\varphi$/(″) | $m_Z$/m | $m_{Z3}$/m | $m_{Z2}$/m | $m_\varphi$/(″) |
| 0 | 0 | 0 | 前方交会 | 0 | 0 | 0 | | 1 | 1 | 1 | | 0 | 0 | 0 | |
| | | | 光束法 | 0 | 0 | 0 | 0 | 1 | 0 | 1 | 0 | 0 | 0 | 0 | 0 |
| | | ±3 | 前方交会 | 6 | 4 | 7 | | 6 | 5 | 6 | | 5 | 5 | 6 | |
| | | | 光束法 | 6 | 4 | 7 | 0 | 6 | 5 | 6 | 0 | 5 | 5 | 6 | 0 |
| ±1 | ±10 | 0 | 前方交会 | 66 | 27 | 79 | | 61 | 37 | 78 | | 50 | 36 | 79 | |
| | | | 光束法 | 7 | 6 | 8 | 2.3 | 7 | 7 | 7 | 2.0 | 6 | 6 | 6 | 0.9 |
| | | ±3 | 前方交会 | 66 | 27 | 80 | | 61 | 37 | 79 | | 50 | 36 | 80 | |
| | | | 光束法 | 10 | 8 | 11 | 2.4 | 10 | 9 | 10 | 2.1 | 9 | 8 | 10 | 2.0 |
| ±1 | ±1 | 0 | 前方交会 | 5 | 4 | 6 | | 5 | 4 | 6 | | 5 | 4 | 8 | |
| | | | 光束法 | 3 | 3 | 4 | 0.7 | 3 | 2 | 3 | 0.6 | 2 | 1 | 2 | 0.4 |
| | | ±0.5 | 前方交会 | 5 | 4 | 6 | | 5 | 4 | 6 | | 5 | 4 | 8 | |
| | | | 光束法 | 3 | 3 | 4 | 0.7 | 3 | 2 | 3 | 0.6 | 2 | 2 | 3 | 0.4 |
| | | ±3 | 前方交会 | 8 | 6 | 9 | | 7 | 6 | 8 | | 7 | 6 | 10 | |
| | | | 光束法 | 7 | 5 | 8 | 0.7 | 7 | 6 | 8 | 0.8 | 6 | 5 | 8 | 0.6 |
| ±1 | ±2 | 0 | 前方交会 | 13 | 8 | 15 | | 11 | 7 | 15 | | 10 | 7 | 17 | |
| | | | 光束法 | 3 | 3 | 4 | 0.9 | 3 | 3 | 3 | 0.7 | 2 | 2 | 3 | 0.7 |
| | | ±0.5 | 前方交会 | 13 | 8 | 18 | | 11 | 7 | 15 | | 10 | 7 | 17 | |
| | | | 光束法 | 3 | 3 | 4 | 0.9 | 3 | 3 | 4 | 0.7 | 3 | 2 | 3 | 0.7 |
| | | ±1 | 前方交会 | 13 | 8 | 16 | | 11 | 8 | 15 | | 11 | 8 | 17 | |
| | | | 光束法 | 4 | 4 | 5 | 0.9 | 4 | 4 | 4 | 0.7 | 3 | 3 | 4 | 0.7 |
| | | ±2 | 前方交会 | 14 | 8 | 16 | | 12 | 8 | 15 | | 11 | 8 | 17 | |
| | | | 光束法 | 6 | 5 | 6 | 0.9 | 5 | 4 | 6 | 0.8 | 5 | 4 | 6 | 0.7 |
| | | ±3 | 前方交会 | 14 | 9 | 13 | | 12 | 8 | 15 | | 12 | 9 | 17 | |
| | | | 光束法 | 8 | 6 | 8 | 0.9 | 7 | 6 | 8 | 0.9 | 6 | 5 | 8 | 0.8 |

由表6、表7可以得出以下结论：

(1)光束法平差高程精度与直接前方交会相比有较大幅度提高。

(2)摄站坐标误差为±5 m、角元素误差为±10″、CCD像元10 m或摄站坐标误差为±5 m、角元素误差为±2″、CCD像元5 m，影像匹配误差为0.3像元，光束法平差后高程的误差与像元相当。

(3)角方位元素观测误差达±10″，光束法平差后，角元素的误差可缩小到1.5″～2.5″。

(4)EFP法平差，基线数等于3的结果，与其他基线数精度相当；二线交会区的平差精度比三线交会区大约低1.4因子。

(5)摄站坐标误差±1 m，角元素误差±2″，CCD像元1 m，影像匹配精为0.3～0.5像元；光束法平差后，高程精度可从直接前方交会的±11 m提高到±3 m。

综上可知，在卫星摄影测量中，即使外方位元素误差很小，利用三线阵CCD影像，按EFP法平差，高程精度与直接前方交会相比都有较大提高，但三线阵CCD相机比起单线阵或两线阵相机光学机械要复杂些，同时增加了采集正视影像的数据量。

以上实验结果是基于外方位元素的误差属于正态分布给出的。

表 7　4 条航线平差结果统计 2

| 外方位误差 | | $m_I$ /m | 平差方法 | 3 条基线 | | | | 4 条基线 | | | | 8 条基线 | | | |
|---|---|---|---|---|---|---|---|---|---|---|---|---|---|---|---|
| $m_p$ /m | $m_\alpha$ /(″) | | | $m_Z$ /m | $m_{Z3}$ /m | $m_{Z2}$ /m | $m_\varphi$ /(″) | $m_Z$ /m | $m_{Z3}$ /m | $m_{Z2}$ /m | $m_\varphi$ /(″) | $m_Z$ /m | $m_{Z3}$ /m | $m_{Z2}$ /m | $m_\varphi$ /(″) |
| ±5 | 0 | 0 | 前方交会 | 13 | 6 | 15 | | 12 | 7 | 17 | | 9 | 7 | 15 | |
| | | | 光束法 | 5 | 3 | 6 | 1.0 | 5 | 4 | 7 | 0.9 | 4 | 3 | 5 | 1.1 |
| | | ±3 | 前方交会 | 14 | 7 | 17 | | 13 | 8 | 17 | | 9 | 7 | 14 | |
| | | | 光束法 | 9 | 6 | 10 | 0.8 | 8 | 6 | 10 | 1.1 | 6 | 6 | 8 | 1.2 |
| ±5 | ±10 | 0 | 前方交会 | 73 | 44 | 85 | | 62 | 41 | 78 | | 54 | 43 | 79 | |
| | | | 光束法 | 8 | 7 | 8 | 1.8 | 6 | 5 | 7 | 1.7 | 4 | 4 | 5 | 1.0 |
| | | ±3 | 前方交会 | 74 | 44 | 86 | | 62 | 41 | 78 | | 54 | 43 | 86 | |
| | | | 光束法 | 11 | 9 | 12 | 2.0 | 10 | 8 | 11 | 1.9 | 7 | 7 | 9 | 1.2 |
| ±5 | ±1 | 0 | 前方交会 | 16 | 5 | 20 | | 11 | 7 | 15 | | 11 | 8 | 18 | |
| | | | 光束法 | 5 | 3 | 6 | 1.1 | 5 | 4 | 6 | 1.0 | 5 | 4 | 5 | 1.0 |
| | | ±0.5 | 前方交会 | 16 | 5 | 20 | | 11 | 7 | 15 | | 11 | 8 | 18 | |
| | | | 光束法 | 5 | 3 | 6 | 1.1 | 5 | 4 | 6 | 1.0 | 5 | 5 | 6 | 1.1 |
| | | ±3 | 前方交会 | 17 | 7 | 21 | | 13 | 8 | 16 | | 12 | 9 | 15 | |
| | | | 光束法 | 8 | 6 | 9 | 1.3 | 8 | 6 | 10 | 1.0 | 8 | 7 | 9 | 1.1 |
| ±5 | ±2 | 0 | 前方交会 | 19 | 8 | 22 | | 18 | 9 | 23 | | 14 | 10 | 23 | |
| | | | 光束法 | 8 | 6 | 9 | 0.9 | 4 | 4 | 4 | 1.2 | 4 | 3 | 4 | 0.9 |
| | | ±0.5 | 前方交会 | 19 | 8 | 22 | | 18 | 9 | 23 | | 14 | 10 | 23 | |
| | | | 光束法 | 8 | 6 | 9 | 1.0 | 4 | 4 | 5 | 1.2 | 4 | 3 | 5 | 0.9 |
| | | ±1 | 前方交会 | 19 | 8 | 22 | | 18 | 9 | 23 | | 14 | 10 | 23 | |
| | | | 光束法 | 8 | 6 | 10 | 0.9 | 5 | 4 | 5 | 1.2 | 4 | 4 | 5 | 0.9 |
| | | ±2 | 前方交会 | 19 | 8 | 23 | | 18 | 10 | 24 | | 14 | 10 | 23 | |
| | | | 光束法 | 9 | 6 | 11 | 1.0 | 6 | 5 | 7 | 1.2 | 5 | 5 | 6 | 1.0 |
| | | ±3 | 前方交会 | 20 | 9 | 23 | | 18 | 10 | 24 | | 15 | 11 | 74 | |
| | | | 光束法 | 11 | 8 | 13 | 1.2 | 8 | 7 | 9 | 1.4 | 7 | 6 | 8 | 1.0 |

## 5.3　外方位元素带有常差的空中三角测量

卫星摄影测量中，摄站坐标由测控部门计算或由 GPS 数据处理得到，往往带有系统性的常差；角元素由星相机测定，星地相机间的夹角测定值出于种种原因，也难免给所提供的地相机角元素带来常差，需要通过平差的方法将其分离出来。平差的方法与 5.2 节相类似，但必须注意到外方位元素的观测值不能当作初值来使用，因为量测值中含有常差，故平差要分为两个步骤进行：第一步按“自由网＋4 控制点”平差的方案，利用控制点作三维变换后，求得基本消除常差的外方位元素，并作为第二步骤平差的初值；第二步平差按式(9)的带状加边矩阵解算，可将改正数项中外方位元素的常差项分离出来。实验计算结果如表 8 所示。

表 8　剔除外方位元素常差的精度统计

| 基线数 | $dX_{SC}$ /m | $dY_{SC}$ /m | $dZ_{SC}$ /m | $d\varphi_C$ /(″) | $d\omega_C$ /(″) | $d\kappa_C$ /(″) | 外方位元素常差值 | | | |
|---|---|---|---|---|---|---|---|---|---|---|
| 3 | 10 | 0 | −8 | 5 | 3 | 0 | $X_{SC}$ /m | −100 | $\varphi_C$ /rad | 0.007 |
| 4 | 2 | 7 | 4 | 0 | −2 | 1 | $Y_{SC}$ /m | 100 | $\omega_C$ /rad | −0.007 |
| 8 | 6 | 20 | 1 | 1 | −9 | 0 | $Z_{SC}$ /m | 100 | $\kappa_C$ /rad | 0.007 |

续表

| 基线数 | $dX_{SC}$ /m | $dY_{SC}$ /m | $dZ_{SC}$ /m | $d\varphi_C$ /(″) | $d\omega_C$ /(″) | $d\kappa_C$ /(″) | 外方位元素常差值 | | | |
|---|---|---|---|---|---|---|---|---|---|---|
| 3 | 0 | 0 | 0 | −1 | 3 | −1 | $X_{SC}$ /m | 0 | $\varphi_C$ /rad | 0.007 |
| 4 | 0 | 0 | 0 | 1 | 1 | 1 | $Y_{SC}$ /m | 0 | $\omega_C$ /rad | −0.007 |
| 8 | 0 | 0 | 0 | 2 | −1 | 0 | $Z_{SC}$ /m | 0 | $\kappa_C$ /rad | 0.007 |
| 3 | 1 | 13 | −2 | 0 | 0 | 0 | $X_{SC}$ /m | −100 | $\varphi_C$ /rad | 0 |
| 4 | 0 | 16 | 3 | 0 | 0 | 0 | $Y_{SC}$ /m | 100 | $\omega_C$ /rad | 0 |
| 8 | −2 | 7 | 8 | 0 | 0 | 0 | $Z_{SC}$ /m | 100 | $\kappa_C$ /rad | 0 |

从表 8 数据可以看出，解算出的角方位元素精度较高，线元素常差解算的精度差一些。实际工作中应进一步研究利用多条航线、多控制点平差，以便确定更精确的外方位元素常差估值。

# 6 区域平差

## 6.1 区域平差策略与方法

通常卫星三线阵 CCD 影像的宽度不大，$Y$ 与 $H$ 之比较小，为了保持 $Y$ 与 $H$ 之比尽可能大，连接点应尽量选在航线边缘。同时，在卫星摄影中，三线阵 CCD 影像的航线间重叠不如航空摄影那样规范，在纬度高的地方旁向重叠很大，考虑到保持好的 $Y$ 与 $H$ 之比，不宜在旁向重叠中线处选择连接点和区域平差的公共点。另外，按 EFP 法平差，一条航线上的连接点未必能作为邻航线的连接点，而且每条航线所关系到的外方位元素也较航空摄影测量的框幅式像片区域平差复杂得多，所以区域平差的策略采用使航线旁向重叠的相应点闭合差不断减小的迭代方法。如图 12 所示，每条航线内部连接点编号都是按相同号码及规律编定，只用于航线内部平差，其位置应尽量靠近航线边缘。连接点在邻航线上的相应坐标，可由影像匹配法求得；其编号规律为：航线 1 的下排点 310，其在航线 2 的上排处相应点的编号为 1310，而航线 2 的上排点 110 在航线 1 的下排处相应点的编号为 2110，依此类推。

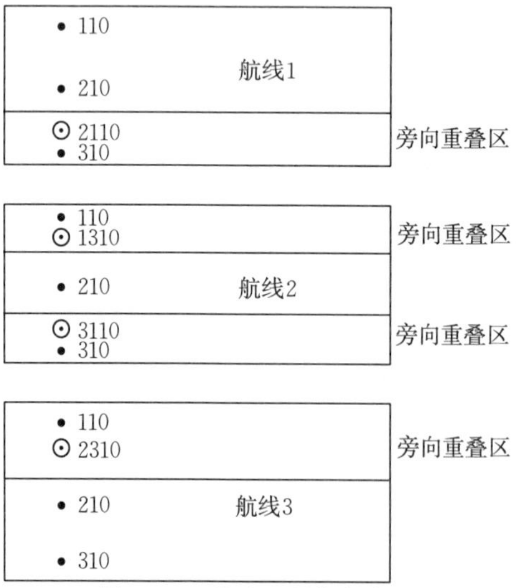

图 12　区域平差影像点编号

如果经过单航线平差，各航线连接点均无误差，外方位元素也都正确，那么在本航线的连接点与邻航线相应点的地面坐标应相等。例如，航线 1 中的 2110 点地面坐标应与航线 2 的 110 点地面坐标相同，同样 310 点坐标应与 1310 点坐标相等。地面坐标间的差值称作“闭合差”，平差的目标就是要使闭合差减到最小。

区域平差分两个步骤：第一步以单航线按“自由网＋控制点”平差或外方位元素参与平差，平差中邻航线的连接点在本航线的相应像点坐标不参与平差，但航线平差后，要用其计算出地面点坐标，连同其他平差成果，作为区域平差初值；第二步是采用逐条航线循环迭代计算的方法，计算的基本方程是式(5)、式(6)、式(7),但每次迭代中要将本航线连接点地面坐标与邻航线相应点地面坐标取中数,进一步迭代计算,直至闭合差减小到稳定后,再转入下一条航线,如此不断循环迭代直至闭合差稳定为止。

## 6.2　区域平差计算实例

角元素变化率为 $10^{-3}$(°)/s,线元素变化率为 0.1 m/s,基线数 8,4 条航线分别进行"自由网+4 控制点"平差,然后再进行区域平差的循环迭代。区域平差后的地面点坐标误差综合统计如表 9 所示。

从表 9 数据可看出,区域平差后精度有较大的提高,闭合差显著减小,区域整体的整合有很大改善。

**表 9　区域平差地面坐标精度统计**

| 航线数 | 区域平差前 | | | | | | 区域平差后 | | | | | | 闭合差/m | |
|---|---|---|---|---|---|---|---|---|---|---|---|---|---|---|
| | $m_X$/m | $m_Y$/m | $m_Z$/m | $m_{Z0}$/m | $m_{Z3}$/m | $m_{Z2}$/m | $m_X$/m | $m_Y$/m | $m_Z$/m | $m_{Z0}$/m | $m_{Z3}$/m | $m_{Z2}$/m | 区域平差前 | 区域平差后 |
| 1 | 13 | 4 | 12 | 6 | 12 | 14 | 9 | 4 | 10 | 7 | 10 | 11 | | |
| 2 | 8 | 5 | 19 | 12 | 19 | 20 | 7 | 2 | 6 | 6 | 6 | 7 | $m_X=16$ | $m_X=3$ |
| 3 | 10 | 5 | 15 | 8 | 15 | 15 | 4 | 2 | 9 | 7 | 9 | 9 | $m_Y=9$ | $m_Y=2$ |
| 4 | 5 | 4 | 21 | 19 | 22 | 18 | 4 | 3 | 16 | 15 | 15 | 18 | $m_Z=27$ | $m_Z=6$ |
| 综合 | 9 | 5 | 17 | 12 | 17 | 17 | 6 | 3 | 11 | 10 | 10 | 12 | | |

注:$m_I=3$ m,$d\alpha=10^{-3}$(°)/s。

现将第三条航线区域平差前后有关数据分别图解于图 13 至图 16、图 17 至图 20。

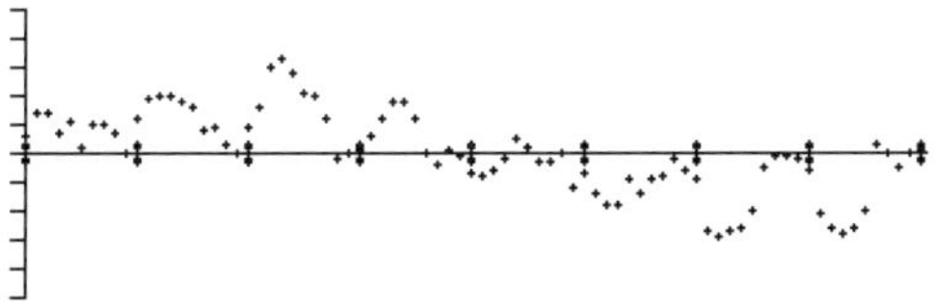

图 13　区域平差前的高程误差(单位:10 m)

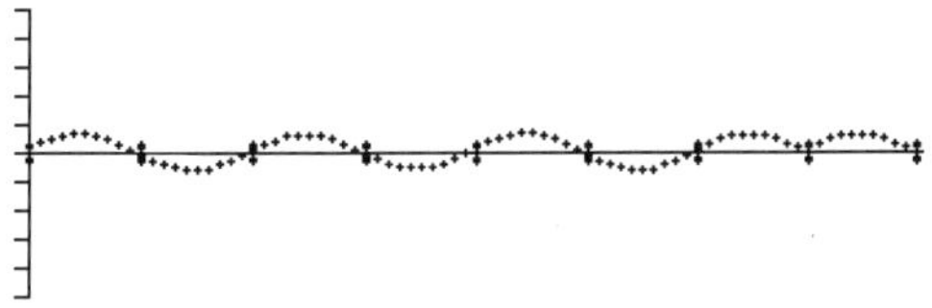

图 14　区域平差前 $dB$ 影响的高程误差(单位:10 m)

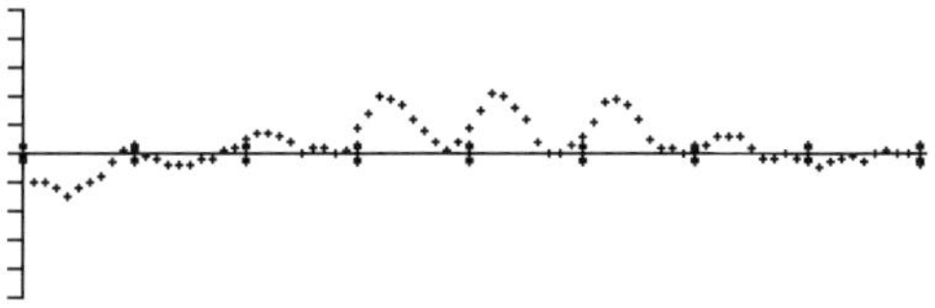

图 15　区域平差前 $d\varphi$ 影响的高程误差(单位:10 m)

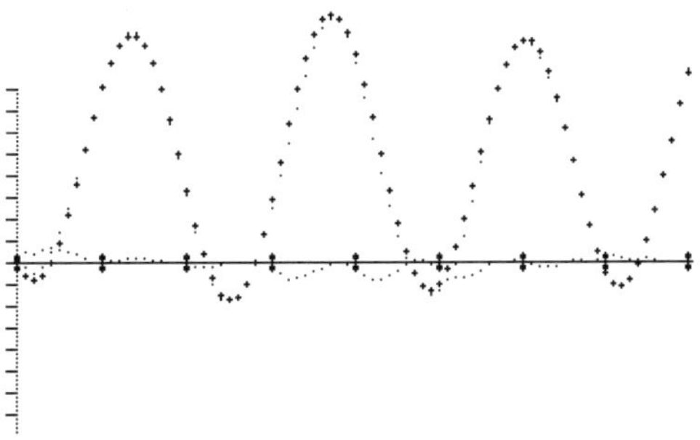

图 16　区域平差前的 $\varphi$ 真值、平差值、误差值(单位:10″)

比较图 13 到图 16 和图 17 到图 20,不但可以看到平差后高程精度的提高,而且 $\varphi$ 角的误差也大大减小。相对而言区域边缘的航线精度提高幅度不如区域中央的航线高。

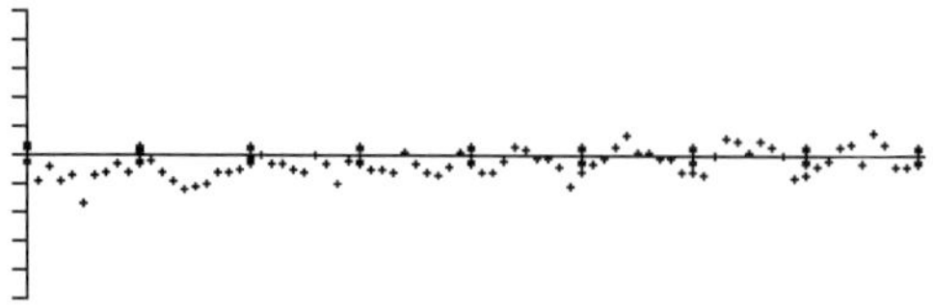

图 17　区域平差后的高程误差(单位:10 m)

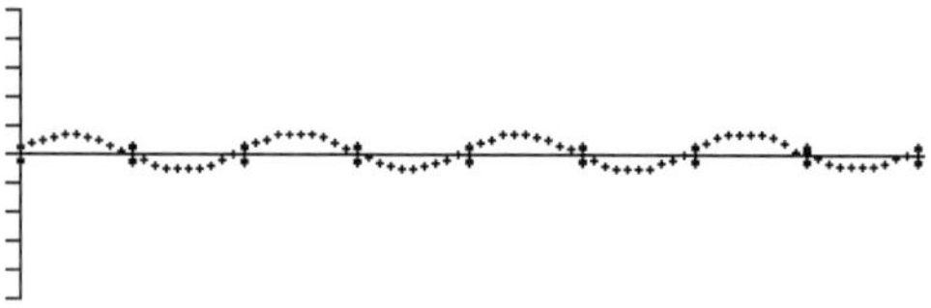

图 18　区域平差后 d$B$ 影响的高程误差(单位:10 m)

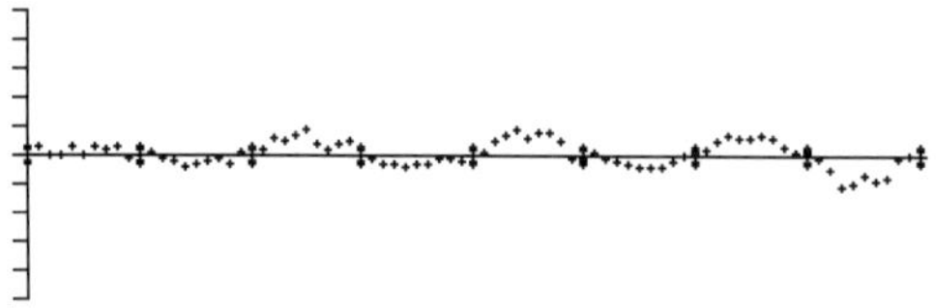

图 19　区域平差后 d$\varphi$ 影响的高程误差(单位:10 m)

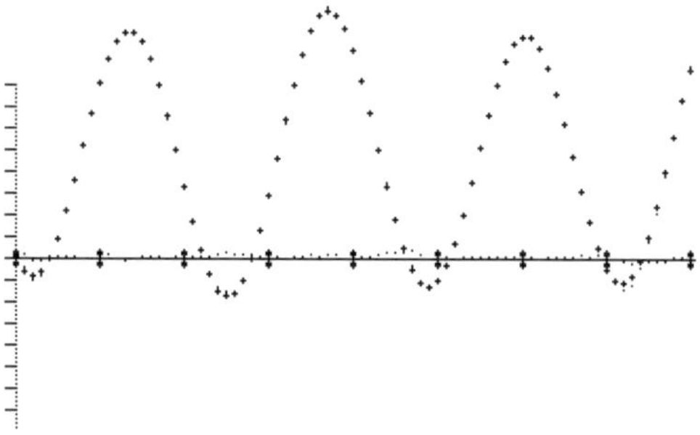

图 20　区域平差后的 $\varphi$ 真值、平差值、误差值(单位:10″)

# 7　小　结

(1)模拟数据计算表明,本文拟定的 EFP 法平差的数学模型正确,平差方案可行。

(2)由于数学模型与定向片法不同,所得的结论也有差异。应用 EFP 法的优点在于平差继承了经典的框幅像片空中三角测量的特点,使得控制点可以布设在航线首末端,二线交会数据可以接受及航线最小基线数为 3 条。

(3)利用模拟数据实验研究得出:①在无外方位元素量测值情况下采用"自由网+控制点"方案,平差精度与姿态变化率大小有关,尤其受 CCD 像点坐标量测误差影响很大,在航线首末基线内逐条或隔条三角锁布控制点能取得好的结果;②外方位元素不含常差情况下,可以不要控制点参与平差,含有常差时,至少要求航线首末端布设 4 个控制点便于剔除常差;③利用外方位元素量测值参与平差与直接前方交会相比,可以较大幅度地提高精度。

本文的研究是利用模拟数据进行的,且观测值为正态分布。实际应用中如遇到新的问题,尚需进一步研究解决。

## 参考文献

[1] COLVOVORESSES A. Proposed parameters for Mapsat[J]. Photogrammetric Engineering and Remote Sensing,1979,45(4):501-506.

[2] 王之卓. 摄影测量原理[M]. 北京:测绘出版社,1979.

[3] EBNER H, MULLER F. Processing of digital three-line imagery using a generalized model for combined point determination[J]. Photogrammetria,1987,41(3):173-182.

[4] EBNER H,MULLER F,ZHANG Senlin. Studies on object reconstruction from space using three-line scanner imagery[J]. ISPRS Journal of Photogrammetry and Remote Sensing,1989,44(4):225-233.

[5] EBNER H,KORNUS H,OHLHOF T,et al. Orientation of MOMS-02/D2 and MOMS-2P/PRIRODA imagery[J]. ISPRS Journal of Photogrammetry and Remote Sensing,1989,54(5-6):332-341.

[6] HOFMANN O. Investigations of the accuracy of the digital photogrammetry system DPS,a rigorous three dimensional compilation process for push broom imagery[C]//ISPRS. Proceedings of the XVth ISPRS Congress: Technical Commission IV on Cartographic and Data Bank Applications of Photogrammetry and Remote Sensing,June 17-29,1984,Rio de Janeiro,Brazil. Hanover,Germany: University of Hanover:180-187.

[7] HOFMANN O,MULLER F. Combined point determination using digital data of three line scanner systems[C]// ISPRS. Proceedings of the XVIth ISPRS Congress: Technical Commission III on Mathematical Analysis of Data,July 1-10,1988,Kyoto,Japan. Kyoto:ISPRS:567-577.

[8] WU J. Triplet evaluation of stereo-pushbroom scanner data[C]//ISPRS. Proceedings of the XVth ISPRS Congress:Technical Commission III on Mathematical Analysis of Data,June 17-29,1984,Rio de Janeiro,Brazil. Hanover,Germany:University of Hanover:1164-1178.

# 卫星三线阵CCD影像光束法平差的研究*

王任享

**摘　要**:简单回顾“定向片法”和“EFP法”计算外方位元素的原理,指出迄今为止仅仅利用三线阵CCD影像及地面控制点的空中三角测量,均未解决单航线角隅各一个控制点平差计算的模型与实地相似性(不计像点观测误差)问题。以EFP法空中三角测量原理,进一步研究存在问题的原因。提出在相邻EFP像片之间增设连接点,同时要求在航线首末基线范围内的连接点带地面坐标或连接点在其左、右EFP像片上的坐标之一是真中心投影坐标。在二者之一的控制下,平差结果实现包括基线数为2在内的单航线平差计算的模型基本与实地相似,并列出多种情况下利用计算机模拟数据平差精度的统计。最后就解决连接点真中心投影坐标获取问题,对三线阵CCD相机提出附加要求,即在正视CCD线阵右侧附加2个1500像元×1500像元(或更小)的CCD面阵的构想方案。

**关键词**:三线阵CCD影像;小CCD面阵;空中三角测量

## 1 引　言

随着卫星摄影外方位元素量测技术的进步,摄站坐标精度可达到米级,角元素精度可达到2″～4″。一些商用摄影测量卫星,如IKONOS等采用单线阵CCD相机,摇摆立体成像,SPOT 5卫星采用双线阵CCD相机获取立体影像。这种单线阵或双线阵CCD相机获取的立体影像,构建地面模型时要完全依赖导航记录的外方位元素值。在角元素精度为2″的情况下,影像匹配精度为0.3像元,对于诸如IKONOS的1 m分辨率影像,进行前方交会计算高程,其误差大约为±12 m,远大于“像元分辨率高程”(即$\frac{H}{B}\times$像元尺,其中$H$为航高,$B$为基线)[1]。实际应用中要由用户方在一个基线或更短的范围内提供适当的控制点,按多项式拟合平差,以提高精度。

摄影测量长期研究表明:框幅像片空中三角测量应用外方位元素观测值联合平差可以削弱外方位元素误差的影响。由于单线阵或双线阵CCD影像,不能应用影像本身构建空中三角网平差,未能充分发挥外方位元素观测值精度的潜力,甚为可惜。

三线阵CCD相机由前视、正视和后视3个线阵组成,其瞬间获取的三线阵影像在几何上等同于相同参数的框幅像片上的3条影像,这种结构的影像提供了利用影像本身构建空中三角测量网的可能性。再联合应用外方位元素平差,可以削弱外方位元素误差的影响,并可剔除粗差。在影像匹配精度为0.3像元时,立体高程精度优于“像元分辨率高程”,当外方

* 本文发表于《武汉大学学报(信息科学版)》2003年第4期。

位元素观测值不含系统误差情况下，立体摄影测量可以不依靠地面控制点。这样的空间摄影测量系统适合于全球性的摄影测量，特别在地外星球如登月工程、火星探测等的立体摄影测量中具有重要的价值。

三线阵CCD影像的空中三角测量的研究，已经历相当长的历史，德国已在MOMS-02/D2和MOMS-2P/PRIRODA上成功应用，笔者也做过大量的研究。但在仅仅利用三线阵CCD影像及地面控制点的空中三角测量方面，尚有不尽如人意的地方。例如，在二线交会区及基线小于4时平差精度太差，应舍去不用[2-3]。

三线阵CCD影像空中三角测量实际上关系到两部分内容：一是如何利用某一时刻（CCD相机推扫式摄影周期数）周围的影像，计算该时刻的外方位元素；二是构成航线空中三角测量的方案，本文将对定向片法和EFP法有关技术作简要介绍，然后对单航线、航线四角隅各一控制点（以下简称单航线4控制点）三线阵CCD影像空中三角测量存在的问题及解决途径作重点讨论。

## 2 三线阵CCD影像摄影时刻的外方位元素计算

正如前文中提到的，三线阵CCD影像的3条线阵等价于一个相同参数的框幅像片上的3条影像，这样提供了解算该时刻外方位元素的基础。但是一个像点只能提供2个观测方程，而待解参数除了该时刻的6个外方位元素外，每一个像点额外带入其地面坐标3个未知数。因此，仅仅依靠此3条影像，无法解算该时刻的6个外方位元素。是否可以仿照框幅像片那样，采用立体像对的连续空中三角测量的方法加以解决呢？遗憾的是，三线阵相机瞬时时刻仅仅记录3条影像，由于飞行状态、地形起伏等影响，用于计算外方位元素的像点并不能都落在此3条位置的线阵上。出路在于按一定的设想将该瞬时邻近时刻获取的影像，归算到该瞬时时刻的解算方程上。基本的出发点应是飞行器飞行状态平稳，外方位元素的变化连续性较好，空间摄影能保持此条件。因此，本文的研究将限定在航天摄影测量。现有的研究遵循这一思路的只有2种归算方法，即定向片法与EFP法。

### 2.1 定向片法[2]

定向片的归算方法是假定两个相邻定向片之间的像点相应的外方位元素，可看作由此两定向片外方位元素（待求值）内插生成[4]，即

$$\boldsymbol{P}_k = W_1\boldsymbol{P}_1 + W_2\boldsymbol{P}_2 \tag{1}$$

式中，

$$\begin{aligned}
\boldsymbol{P}_k &= [X_{Sk} \quad Y_{Sk} \quad Z_{Sk} \quad \varphi_k \quad \omega_k \quad \kappa_k]^{\mathrm{T}} \\
\boldsymbol{P}_1 &= [X_{S1} \quad Y_{S1} \quad Z_{S1} \quad \varphi_1 \quad \omega_1 \quad \kappa_1]^{\mathrm{T}} \\
\boldsymbol{P}_2 &= [X_{S2} \quad Y_{S2} \quad Z_{S2} \quad \varphi_2 \quad \omega_2 \quad \kappa_2]^{\mathrm{T}}
\end{aligned}$$

$$\left.\begin{aligned}
W_1 &= \frac{d_2 - d_1}{d_2 - d_k} \\
W_2 &= 1 - W_1
\end{aligned}\right\} \tag{2}$$

式中，$d_1$、$d_2$为定向片1、2的时刻，$d_k$为摄影影像$k$的时刻，$W_1$为影像$k$对定向片1的贡献系数，$W_2$为影像$k$对定向片2的贡献系数。

计算定向片外方位元素时，将影像 $k$ 的共线方程（误差方程式）中未知数误差系数，以贡献系数 $W_1$、$W_2$ 分解成定向片 1 和定向片 2 的未知数的误差方程系数分量。这样就将与定向片相近时刻摄取的像点误差方程未知数系数，归算到定向片的误差方程未知数系数中，达到计算定向片外方位元素的目的。

## 2.2 EFP 法

EFP 法的思路与定向片法不一样，EFP 法是将 EFP 像片时刻相近的像点坐标通过投影变换为 EFP 像片上的像点坐标，然后以 EFP 像点坐标按共线方程，组成未知数误差方程以解算外方位元素[5-6]。

## 2.3 两种归算方法的实验

以上两种归算方法，分别在定向片法空中三角测量和 EFP 法空中三角测量中得到成功的应用。从理论上讲，定向片的归算方法也可以引用到 EFP 法空中三角测量方案中。为此，将式(2)作些变换得

$$W_a=\begin{cases}\dfrac{t_i+\mathrm{OA}-t_a}{\mathrm{OA}}, & (t_a-t_i)\geqslant 0\\[2ex] \dfrac{t_a-(t_i-\mathrm{OA})}{\mathrm{OA}}, & \text{其他}\end{cases} \tag{3}$$

式中，$t_i$ 为 EFP 像片时刻；$t_a$ 为摄取像点 $a$ 的时刻；$\mathrm{OA}=B/D$；$D$ 为一条基线内规定的 EFP 像片数，在 EFP 法空中三角测量中取 $D=10$。

利用相关研究[5-6]提供的模拟数据进行平差计算。模拟数据基本参数：卫星飞行高度为 500 km，正视相机焦距为 500 mm，正视相机与前、后视相机夹角为 25.6°，航线宽 120 km，姿态变化率为 $10^{-3}$(°)/s，生成 4 条航线的模拟数据。以第二航线平差为例，计算结果如表 1 所示 。

**表 1 两种归算法平差与影像真中心投影坐标平差比较** 单位：m

| 栏目 | 1 | | | 2 | | | 3 | | |
|---|---|---|---|---|---|---|---|---|---|
| 基线数 | 真中心投影坐标 | | | EFP 法归算 | | | 定向片法归算 | | |
| | $m_X$ | $m_Y$ | $m_Z$ | $m_X$ | $m_Y$ | $m_Z$ | $m_X$ | $m_Y$ | $m_Z$ |
| 2 | 4 | 3 | 13 | 5 | 3 | 12 | 6 | 4 | 21 |
| 3 | 3 | 4 | 8 | 4 | 3 | 11 | 7 | 3 | 17 |
| 4 | 3 | 3 | 7 | 5 | 3 | 9 | 6 | 4 | 11 |
| 5 | 3 | 4 | 7 | 3 | 3 | 7 | 4 | 3 | 8 |
| 10 | 3 | 5 | 6 | 3 | 4 | 7 | 3 | 5 | 6 |
| 19 | 3 | 3 | 6 | 3 | 3 | 6 | 4 | 4 | 6 |

注：摄站坐标误差 $m_P=\pm 5$ m；角元素误差 $m_\varphi=\pm 10''$（$m_\varphi$、$m_\omega$、$m_\kappa$ 相同）；像点坐标误差 $m_I=\pm 3$ m（物方比例）。

表 1 第 1 栏计算的像点是真中心投影坐标，其结果用于同其他方法计算结果作比较，第 2 栏像点坐标是用 EFP 法归算，第 3 栏是用定向片法归算，即将 EFP 时刻周围的像点误差方程式未知数系数，按贡献系数分解到 EFP 像片的误差方程式未知数系数上。三者都是以 EFP 法空中三角测量程序计算的。从统计误差看，在基线数小于 4 时，EFP 法归算比定向

片法归算更接近于真中心投影坐标的结果;基线数大于 4 时,三者误差相当。这说明 EFP 法归算和定向片法归算,都是可以接受的方案。

## 3 利用三线阵 CCD 影像和地面控制点的空中三角测量方案

以上只是简要地讨论用于归算像点误差方程式系数或坐标到定向片或 EFP 像片的方法。要构成空中三角测量方案,还关系到一系列问题。

### 3.1 定向片法空中三角测量

定向片法就是采用一定间距的时刻作为待求外方位元素的定向片。定向片之间影像外方位元素看作是其相邻定向片外方位元素的多项式(一次、三次)的插值,以此减少航线的待求外方位组数。

假定相邻定向片间距为 OA,基线 $B$(正视线阵对前视或后视线阵摄影中心的距离),按相关研究[4]的分析可知,当$\frac{B}{\mathrm{OA}}=D$,$D$ 为整数时,各序列定向片可以构成空中三角锁,$D$ 为一条航线中空中三角锁的个数;当三角锁中没有控制点和附加的坐标观测值时,将出现法方程式系统奇异。为了解决稳定解的问题,经过分析得出按$\frac{B}{\mathrm{OA}}=D+0.25$ 有稳定解,且精度较高。这样要求航线长度应大于 3 条基线,但同时破坏了定向片各序列可以构成框幅式空中三角锁的性能。利用模拟数据模拟 MOMS-02/D2 平差表明[2],单航线 4 控制点平差情况下,即使只统计三线交会区(舍去二线交会区)的点误差,平差精度仍不好,只有联合应用摄站坐标误差±5 m、角元素误差 0.5 mrad 的观测值平差,才能取得较好的结果。

### 3.2 EFP 法空中三角测量

EFP 法空中三角测量规定,在一个基线范围内取 10 个等间距的待求外方位元素的 EFP 像片。考虑到法方程系统可能出现奇异,EFP 法空中三角测量采用了一个附加条件,即对于卫星摄影,线外方位元素和角外方位元素都可接受的“同类外方位元素的二阶差分等零条件”,并作为带权的条件参与光束法平差,从而避免了航线空中三角未知数法方程系统奇异问题,同时各 EFP 序列保持了框幅像片空中三角锁的性质。各三角锁含独立的地面模型,但地面模型之间没有直接的联系条件,这一性质方便于探讨单航线平差的误差性质。笔者在相关研究[5-6]中曾初步讨论了单航线 4 控制点平差精度不高的原因。

总之,至今为止,不管定向片法空中三角测量还是 EFP 法空中三角测量的单航线 4 控制点平差,精度都不理想。笔者认为,根本的原因是计算的地面模型与实地不相似(这里的相似是指观测值无误差情况下,空中三角测量计算的地面模型应与实地相似)导致的。由于笔者没有掌握定向片法空中三角测量算法,所以以下仅对 EFP 法空中三角测量的光束法平差作进一步研究,试图在依靠外方位元素观测值平差方案之外,找到其他也能得到较好平差精度的途径。

## 4 EFP 法空中三角测量方案的扩展

### 4.1 EFP 法单航线空中三角测量误差特点

首先利用真外方位元素按 EFP 法空中三角单航线 4 控制点平差方案,计算 4 条航线综合误差，作为平差精度的极限值，如表 2 所示。此外，还利用法方程式逆阵主对角线元素及像点观测值标准差，计算内部精度表 3，供判断平差精度参考。

**表 2　平差精度极限值**　　单位：m

| 基线数 | $m_X$ | $m_Y$ | $m_Z$ | $m_{Z3}$ | $m_{Z2}$ |
|---|---|---|---|---|---|
| 2 | 0 | 2 | 6 | 6 | 7 |
| 3 | 1 | 1 | 6 | 5 | 7 |
| 4 | 1 | 2 | 6 | 5 | 6 |
| 5 | 1 | 2 | 5 | 5 | 7 |
| 10 | 1 | 2 | 5 | 5 | 6 |
| 19 | 1 | 2 | 5 | 5 | 6 |

注：$m_p = m_\varphi = 0$；$m_1 = \pm 3$ m；$m_3$ 为三线交会点误差；$m_2$ 为二线交会点误差。

**表 3　内部精度**　　单位：m

| 三线交会区 | | | 二线交会区 | | |
|---|---|---|---|---|---|
| $m_X$ | $m_Y$ | $m_Z$ | $m_X$ | $m_Y$ | $m_Z$ |
| 1.7 | 1.7 | 4.3 | 3.0 | 2.2 | 8.6 |

注：按 $\sigma_x = \sigma_0 \dfrac{H}{f}\sqrt{Q_{xx}}$ 计算，其中 $Q_{xx}$ 为法方程逆阵主对角线元素。

从表 3 数据看出，二线交会区比三线交会区误差大一倍，这反映了基高比条件的作用。但从平差精度极限值看，二线交会区精度并不比三线交会区低得太多。在二线交会区，内部精度略低于平差极限精度。进一步按不同基线数进行 EFP 空中三角自由网平差计算，并利用航线四角隅各一个控制点作绝对定向，统计精度如表 4 所示，同时将表 4 中高程误差依基线数变化显示于图 1。显然基线数小于 4 时，高程误差特别大，随着基线数增加，高程精度不断提高，整个误差趋势与已有研究[7]的相关结果相似。基线数为 19 时，高程误差大约是平差精度极限值的 1.8 倍，图 2 为其高程误差，可以看出整条航线内误差幅度变化并不太大，且二线交会区误差仅略大于三线交会区。这一点与已有研究[7]的相关结果不太一样，已有研究的二线交会区高程误差比较大，实际应用时，要舍去这部分数据。为什么基线数小的时候，高程误差特别大呢？与其他基线数的高程误差相差那么大显然用基高比条件不一样是解释不通的。基线数为 10 的第二航线高程误差如图 3 所示，从整条航线看，高程误差呈明显的振荡变化，与已有研究[8]相关结果的误差变化不太一样。在平差迭代中，注意监测 EFP 像坐标，其误差与像点观测误差相当。因而可以认为各三角锁本身计算的地面模型与实地有较好的相似性。问题在于各三角锁地面模型之间，不像框幅像片空中三角那样有连接点以连接成一个整体。如果采取某种方式能将各三角锁的地面模型连接起来，就有可能克服单航线平差计算地面模型与实地不相似的问题。

**表 4　单航线平差结果统计**　　单位：m

| 基线数 | $m_X$ | $m_Y$ | $m_Z$ | $m_{Z3}$ | $m_{Z2}$ |
|---|---|---|---|---|---|
| 2 | 25 | 9 | 96 | 14 | 98 |
| 3 | 9 | 7 | 23 | 22 | 25 |
| 4 | 11 | 9 | 17 | 16 | 17 |
| 5 | 9 | 4 | 13 | 13 | 14 |
| 6 | 9 | 9 | 14 | 14 | 15 |
| 7 | 7 | 5 | 15 | 14 | 15 |
| 8 | 9 | 4 | 17 | 16 | 17 |
| 9 | 7 | 5 | 12 | 11 | 12 |
| 10 | 5 | 7 | 11 | 11 | 12 |
| 12 | 6 | 4 | 12 | 11 | 13 |
| 15 | 6 | 4 | 10 | 9 | 13 |
| 19 | 5 | 11 | 9 | 9 | 10 |

注：$m_1 = \pm 3$ m，姿态变化率为 $10^{-3}$(°)/s。

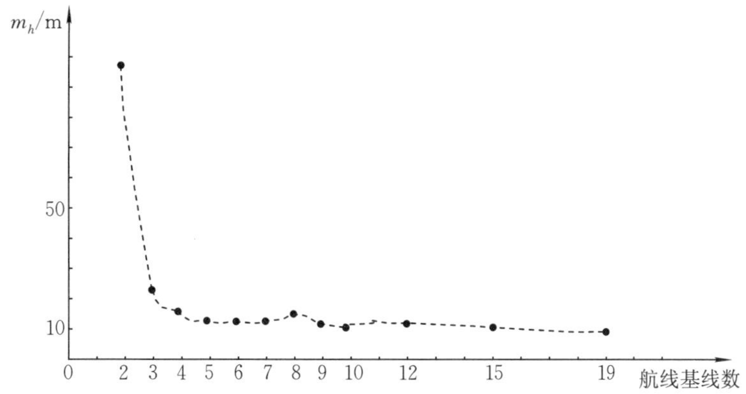


图 1　地面点高程误差(按航线的基线数给出)

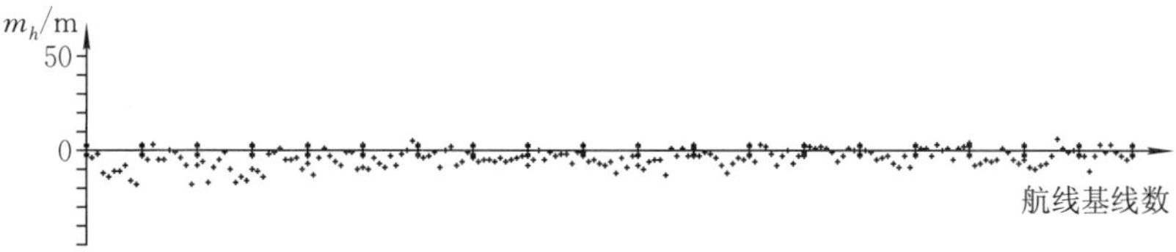


图 2　第二航线基线数为 19 时地面点高程误差 (按航线的基线数给出)

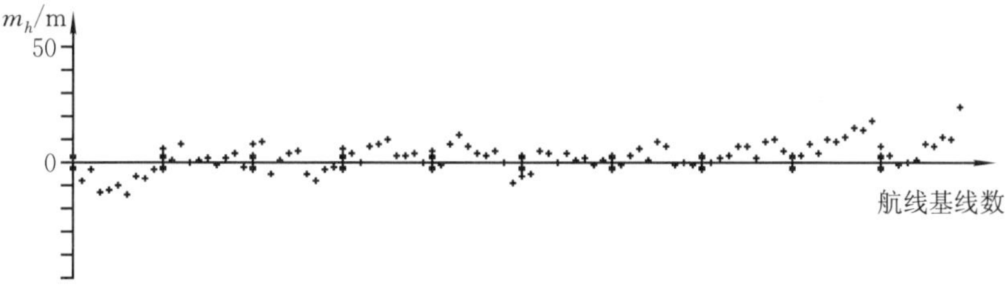


图 3　第二航线基线数为 10 时地面点高程误差(按航线的基线数给出)

## 4.2　空中三角锁间连接条件的建立

### 4.2.1　由三线阵 CCD 影像产生连接点

在相邻 EFP 像片之间增设连接点,将各三角锁连接起来。为区别起见,将生成 EFP 像点用于构建三角锁的称作定向点,连接相邻三角锁的点称作连接点。连接点的点号前加符号"$T$"以示与定向点区别。定向点、连接点在正视影像上的分布如图 4 所示。在 CCD 影像坐标观测中,连接点作为独立观测值,在生成 EFP 像点坐标时,它也出现在相应的 EFP 像片上,以第 11 张 EFP 像片为例,定向点、连接点的 EFP 像点分布如图 5 所示。由于连接点的时刻离 EFP 像片时刻比定向点大,故其 EFP 坐标精度也低一些。利用连接点参与单航线 4 控制点空中三角测量,其 4 条航线综合统计的平差精

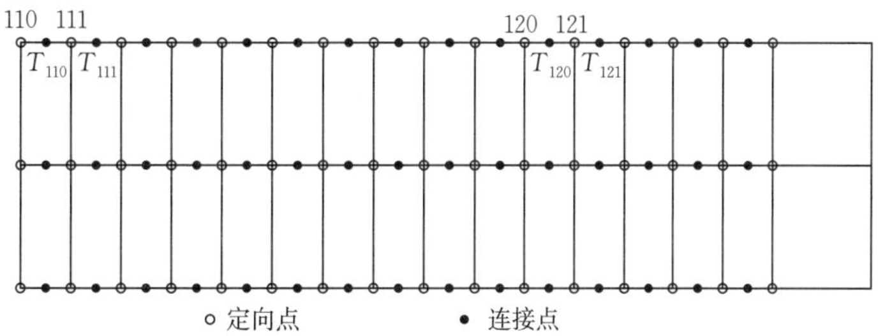


图 4　正视影像上选取的定向点、连接点

度如表 5 所示。从表 5 数据看，这样增加连接点并没有从根本上改善精度。

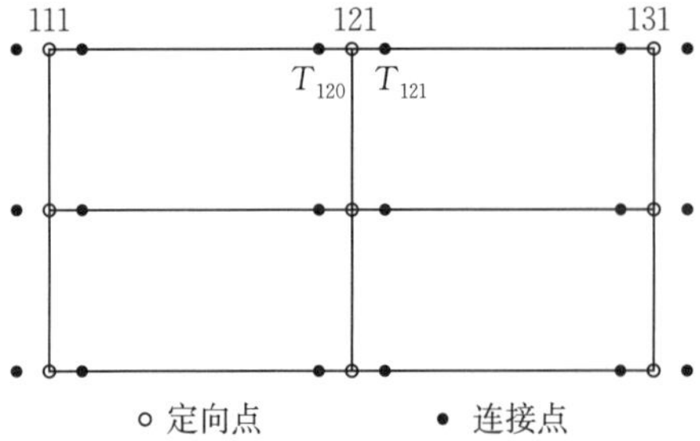


图 5　第 11 张 EFP 像片上生成的定向点、连接点

**表 5　连接点平差比较**　单位：m

| 基线数 | 无连接点 | | | 有连接点 | | |
|---|---|---|---|---|---|---|
| | $m_X$ | $m_Y$ | $m_Z$ | $m_X$ | $m_Y$ | $m_Z$ |
| 2 | 25 | 9 | 96 | 18 | 11 | 16 |
| 3 | 9 | 7 | 23 | 11 | 7 | 22 |
| 4 | 11 | 9 | 17 | 13 | 11 | 20 |
| 5 | 9 | 4 | 13 | 7 | 10 | 14 |
| 10 | 5 | 7 | 11 | 7 | 6 | 12 |

注：$m_1=\pm 3$ m。

### 4.2.2　连接点影像投影方向控制原理

图 6 表示片号为 0、10、…三角锁与 1、11、…三角锁之间的一个连接点 $A$，其 CCD 像点只有 $t_{va}$ 和 $t_{ra}$ 两个时刻的观测值。虽然在计算中按 EFP 原理可以生成 4 根投影光线，即 $S_0a$、$S_{10}a_{\mathrm{EFP10}}$、$S_1a_{\mathrm{EFP1}}$ 和 $S_{11}a_{\mathrm{EFP11}}$，但实际上与 0、10、…三角锁与 1、11、…三角锁并没有直接的观测值。因此，以 4 根投影光线进行光束法平差计算，所得的点 $A$ 的模型位置实质上是 $t_{va}$ 和 $t_{ra}$ 观测值的交会点，它与其左、右三角锁的计算模型没有直接关系，也起不到将左、右三角锁计算模型联系起来的作用。

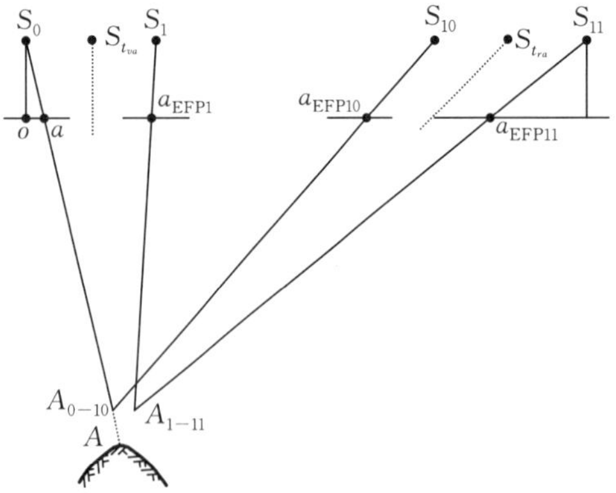


图 6　前方交会连接点 $A$

如果 0，10…三角锁中有一根投影光线，如 $S_0a$ 的方向由某种观测值提供，使其在光束法平差迭代中始终指向该三角锁模型上的点 A，这里投影光线 $S_0a$ 和 $S_{10}a_{\mathrm{EFP10}}$ 属于左三角锁，随着迭代 $A_{1-10}$ 将趋近于左三角锁模型上的 $A$ 点。而投影光线 $S_1a_{\mathrm{EFP1}}$ 和 $S_{11}a_{\mathrm{EFP11}}$ 属于右三角锁，在光束法平差中，连接点 $A$ 的上述 4 根投影光线构成共线方程的误差方程式，迭代答解的结果将是在最小二乘意义下确定一个点。这样就实现了两个三角锁计算模型的连接。从原理上讲只要在航线一端的一个基线范围内布设 10 个连接点，且其观测值符合上述的条件，平差迭代结果便可以将整航线的计算模型连接成一体。但为了提高精度，采取航线上下边缘各设 10 个连接点，并且在航线末端基线范围内作对称的布设。

### 4.2.3　引用连接点影像真中心投影坐标

如果连接点 $A$ 在编号为 0 的 EFP 像片上的像点 $a$ 是真中心投影坐标，那么投影光线 $S_0a$ 的方向在平差迭代过程中始终指向左三角锁计算模型上的连接点 $A$，这符合连接点影像投影方向控制原理。在航线首末基线范围内分别布设 1 排、2 排和 3 排左像坐标均为真中心投影的连接点，利用其参与单航线 4 控制点空中三角测量，4 条航线综合统计的平差结果统计如表 6 所示。对表中第 2、3、4 栏的数据，权衡而言取 2 排点比较适宜，且包括基线数为 2、3 在内的精度都较好，基本上可认为平差计算模型与实地相似。

表 6　连接点影像投影方向控制平差结果统计　　单位：m

| 栏目 | 1 | | | 2 | | | 3 | | | 4 | | | 5 | | | 6 | | |
|---|---|---|---|---|---|---|---|---|---|---|---|---|---|---|---|---|---|---|
| 基线数 | 真中心投影像坐标 | | | 连接点左像点中心投影坐标控制 | | | | | | | | | 连接点地面坐标控制 | | | | | |
| | | | | 3 排点 | | | 2 排点 | | | 1 排点 | | | 2 排点 | | | 1 排点 | | |
| | $m_X$ | $m_Y$ | $m_Z$ | $m_X$ | $m_Y$ | $m_Z$ | $m_X$ | $m_Y$ | $m_Z$ | $m_X$ | $m_Y$ | $m_Z$ | $m_X$ | $m_Y$ | $m_Z$ | $m_X$ | $m_Y$ | $m_Z$ |
| 2 | 2 | 2 | 9 | 1 | 2 | 9 | 1 | 2 | 9 | 2 | 2 | 11 | 2 | 2 | 8 | 2 | 3 | 8 |
| 3 | 2 | 2 | 10 | 2 | 2 | 9 | 2 | 2 | 9 | 2 | 2 | 9 | 2 | 2 | 8 | 2 | 3 | 8 |
| 4 | 3 | 2 | 9 | 4 | 2 | 10 | 4 | 2 | 11 | 5 | 3 | 12 | 2 | 2 | 7 | 2 | 3 | 7 |
| 5 | 3 | 3 | 9 | 4 | 2 | 11 | 4 | 3 | 12 | 5 | 3 | 12 | 2 | 2 | 7 | 3 | 3 | 7 |
| 10 | 3 | 4 | 10 | 3 | 3 | 10 | 3 | 3 | 10 | 4 | 3 | 10 | 4 | 4 | 7 | 4 | 5 | 7 |

注：连接点地面坐标误差为±3 m，$m_1$=±3 m。

### 4.2.4 引用连接点的地面坐标

如果将连接点的地面坐标引入平差，显然在地面坐标控制下，所有有关该点的像点投影光线都强制地指向该连接点的位置，自然完成航线计算模型的连接。按航线首末基线范围内设 2 排点(航线上下边缘)和 1 排点(航线轴上)，平差计算结果如表 6 的第 5、6 栏所示。从表 6 数据可知，1 排点布设已达到精度要求，同时还可以看出不同基线数平差精度基本相当，大约是平差精度极限值的 1.4 倍左右。

应该指出，以上的结果是在姿态变化率为 $10^{-3}$(°)/s 前提下计算的，引入连接点影像投影方向控制原理后，基本上达到计算模型与实地的相似。但笔者认为没有理由得出卫星摄影测量中对姿态稳定度不作要求的结论。

## 5　外方位元素观测值、连接点、地面控制点联合平差精度比较

根据以上讨论，可以得出三线阵 CCD 影像空中三角测量，除了应用外方位元素观测值联合平差外，另有连接影像投影方向控制的平差也能取得好的成果。现综合两类平差结果如表 7 所示。

表 7　外方位元素观测值、连接点联合平差结果统计　　单位：m

| 栏目 | 1 | | | 2 | | | 3 | | | 4 | | | 5 | | | 6 | | | 7 | | | 8 | | |
|---|---|---|---|---|---|---|---|---|---|---|---|---|---|---|---|---|---|---|---|---|---|---|---|---|
| 平差条件 | 外方位元素，连接点 | | | | | | 外方位元素，连接点左像真中心投影坐标控制(2 排点) | | | | | | 外方位元素，连接点 | | | | | | 外方位元素，连接点左像真中心投影坐标控制(2 排点) | | | | | |
| 基线数 | $m_X$ | $m_Y$ | $m_Z$ | $m_X$ | $m_Y$ | $m_Z$ | $m_X$ | $m_Y$ | $m_Z$ | $m_X$ | $m_Y$ | $m_Z$ | $m_X$ | $m_Y$ | $m_Z$ | $m_X$ | $m_Y$ | $m_Z$ | $m_X$ | $m_Y$ | $m_Z$ | $m_X$ | $m_Y$ | $m_Z$ |
| 2 | 5 | 4 | 15 | 7 | 5 | 22 | 3 | 7 | 10 | 4 | 10 | 9 | 2 | 2 | 9 | 3 | 3 | 11 | 2 | 2 | 8 | 2 | 4 | 8 |
| 3 | 5 | 5 | 10 | 5 | 5 | 13 | 2 | 5 | 7 | 3 | 8 | 8 | 2 | 2 | 7 | 2 | 2 | 8 | 2 | 2 | 7 | 2 | 4 | 7 |
| 4 | 4 | 3 | 8 | 4 | 3 | 9 | 2 | 4 | 7 | 2 | 6 | 7 | 2 | 2 | 6 | 2 | 2 | 7 | 2 | 3 | 6 | 2 | 3 | 6 |
| 5 | 3 | 3 | 8 | 4 | 3 | 9 | 2 | 4 | 7 | 5 | 5 | 10 | 2 | 2 | 6 | 2 | 2 | 7 | 2 | 2 | 6 | 2 | 3 | 6 |
| 10 | 3 | 3 | 6 | 3 | 2 | 7 | 3 | 3 | 6 | 3 | 4 | 7 | 2 | 2 | 6 | 2 | 2 | 6 | 2 | 2 | 6 | 2 | 2 | 6 |
| 控制点 | 有 | | | 无 | | | 有 | | | 无 | | | 有 | | | 无 | | | 有 | | | 无 | | |
| 说明 | $m_p$=±5 m，$m_\varphi$=±10″，$m_1$=±3 m<br>4 条航线平差结果综合统计 | | | | | | | | | | | | $m_p$=±5 m，$m_\varphi$=±2″，$m_1$=±3 m<br>4 条航线平差结果综合统计 | | | | | | | | | | | |

从表 7 可以得出以下结论：

(1)利用航线四角隅各一地面控制点参与联合平差，航线数大于等于 3 的高程误差在 0.7～1.0 像元分辨率高程。

(2)利用外方位元素观测值，无地面控制点平差时，航线数大于等于 4 的高程精度在像元分辨率高程之内。

(3)利用外方位元素观测值及连接点左像真中心投影坐标控制平差，有、无控制点的平

差结果相当(表 7 的第 3、4 栏),且包括航线数为 2 在内,高程误差都在像元分辨率高程之内。

(4)利用外方位元素观测值及连接点左像真中心投影坐标控制平差,对于 $m_\varphi=\pm 10''$的结果能与 $m_\varphi=\pm 2''$仅利用外方位元素观测值进行平差的结果相当(表 7 的第 3、4 栏与第 5、6 栏)。

以上所有平差计算的像点量测误差均为±3 m,相当于 0.3 像元。若像点量测精度提高,平差的精度也将进一步改善。

## 6 三线阵 CCD 相机改进方案

连接点的一个影像真中心投影坐标可以通过改进 CCD 相机来获取。从表 6 的第 2、3、4 栏可以看出连接点左像真中心投影坐标的设置,1 排点、2 排点和 3 排点平差精度相当,所以从原理上讲有 1 排点就可以了。为安全起见,在正视线阵上、下端右侧各安置一个小面阵 CCD,如图 7 所示。

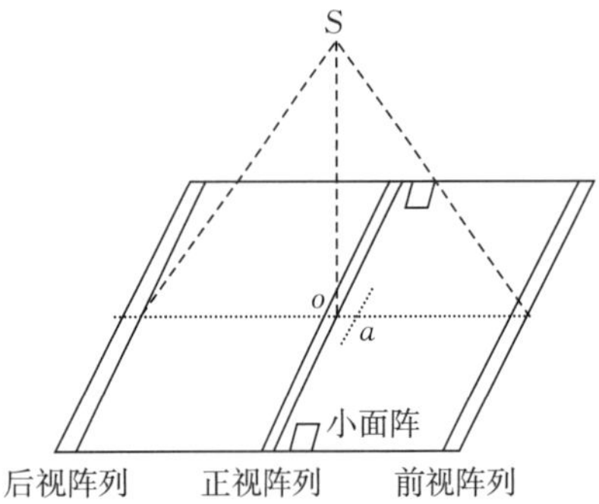


图 7 三线阵 CCD 阵列附加小 CCD 面阵

CCD 面阵中心右偏距离 $oa$ 为

$$oa=\frac{f\tan\alpha}{2\times 10\times 像元尺寸}$$

CCD 面阵宽 S 为

$$S=\frac{0.6 f\tan\alpha}{10\times 像元尺寸}$$

设 $f=500$ mm, $\tan\alpha=0.5$,像元尺寸为 10 μm,则面阵中心右偏距离为 1 250 像元,面阵宽度为 1 500 像元。相机工程实施中可酌情选择 1 024 像元×1024 像元或 512 像元×512 像元的 CCD 面阵。

改进后的三线阵 CCD 相机工作,及摄影测量仍无大的变化,只是在推扫式摄影时每经过一个特定周期,面阵获取影像一次,特定周期=OA×2=2 500 像元。

## 7 三线阵 CCD 影像空中三角测量在卫星摄影测量工程中的应用

(1)在全球性卫星摄影测量工程中,由于云的关系,三线阵 CCD 短航线影像出现概率较高。卫星摄影测量中一条基线长达 200~300 km,现有平差要舍去二线交会区,甚至基线数小于 4 的航线也要舍去,这将造成摄影数据的很大浪费。利用外方位元素观测值及连接点影像方向控制联合平差,则上述数据均可以利用,这在卫星摄影测量工程上有重要应用价值。

(2)连接点左像真中心投影坐标控制与外方位元素观测值联合平差,可以进一步提高平差精度。另外,如果外方位元素记录失败,小面阵 CCD 可以起到补救作用。只要航线四角隅有控制点可以利用,摄影测量处理仍然可以获得好的成果。其在有少量地面控制点可利用的情况下,如为弥补云影"漏测区"的摄影测量工程中有明显的效果。

(3)长航线三线阵 CCD 影像不管用哪一种方法平差,精度都很高,因此在月球及火星摄影测量中三线阵 CCD 相机是首选的传感器。

## 参考文献

[1] 王任享. 利用模拟卫星摄影测量数据按 EFP 法光束平差与直接前方交会计算高程精度的比较[J]. 武汉大学学报:信息科学版,2001,26 (6):2001-12.

[2] EBNER H,MULLER F,ZHANG Senlin. Studies on object reconstruction from space using three-line Scanner imagery[J]. ISPRS Journal of Photogrammetry and Remote Sensing,1989,44(4):225-233.

[3] HOFMANN O. Investigations of the accuracy of the digital photogrammetry system DPS,a rigorous three dimensional compilation process for push broom imagery[C]//ISPRS. Proceedings of the XVth ISPRS Congress: Technical Commission IV on Cartographic and Data Bank Applications of Photogrammetry and Remote Sensing, June 17-29, 1984, Rio de Janeiro, Brazil. Hanover, Germany: University of Hanover:180-187.

[4] 张森林. 三行线阵扫描数据的平差方案及精度分析[J]. 武汉测绘科技大学学报,1988,13(4):60-69.

[5] 王任享. 卫星摄影三线阵 CCD 影像的 EFP 法空中三角测量(一)[J]. 测绘科学,2001,26(4):1-5.

[6] 王任享. 卫星摄影三线阵 CCD 影像的 EFP 法空中三角测量(二)[J]. 测绘科学,2002,27(1):1-7.

[7] HOFMANN O. The stereo-push-broom scanner system DPS and its accuracy [C]// ISPRS. Proceedings of the ISPRS Commission III Symposium,August 9,1986,Rovaniemi,Finland. Rovaniemi: ISPRS:345-356.

[8] EBNER H, MULLER F. Processing of digital three-line imagery using a generalized model for combined point determination[J]. Photogrammetria,1987,41(3):173-182.

# 利用模拟卫星影像摄影测量数据按 EFP 法光束法平差与直接前方交会计算高程的精度比较*

王任享

**摘　要：**首先对已有的 EFP 法光束法平差的数学模型作了必要的修改，然后利用数学模拟数据按 EFP 法进行光束法平差。实验中，按外方位元素不同的精度分别计算光束法平差与直接前方交会高程精度，并进行比较分析，结论是：即使外方位元素达到很高的精度，光束法平差依然必要。

**关键词：**三线阵 CCD 影像；光束法平差；前方交会；外方位元素

## 1　引　言

卫星上越来越广泛地采用 CCD 线阵获取立体摄影测量的影像，卫星线阵传感器构建立体的方式，除了人们熟知的 SPOT 1～4 的单线阵、邻轨立体外，还有 MOMS 的三线阵 CCD 相机、IKONOS 的单线阵同轨前后摆和 SPOT 5 的两线阵同轨推扫等。其中，三线阵 CCD 影像相对而言具有较强的几何条件。

另外，航天摄影测量中外方位元素测定值的精度正不断提高，摄站坐标的相对精度可达到±1 m，绝对精度可达到±5 m，角方位元素采用星相机测定，精度的绝对值可达到 2″～10″，人们不免要问：今后 CCD 相机动态摄影测量中，像三线阵 CCD 影像那样的光束法平差是否需要呢？本文将在已有研究的基础上对 EFP 法的数学模型作一修改，并进一步研究以数字模拟卫星摄影测量数据计算高程的精度。

## 2　EFP 法光束法空中三角测量的数学模型

假定将三线阵 CCD 影像按其真实的外方位元素进行投影，便可建立起以像元尺寸为分辨率的航线立体模型。理论上已知，利用 CCD 影像自身不可能解求每一个取样周期的外方位元素。由于空间摄影，卫星平台比较平稳，外方位元素变化率不大，允许采用适当大的间距（如基线的 1/10 为间距）将航线模型进一步离散化，近似地表达航线外方位元素模型，从而可以采用 CCD 影像进一步解算离散取样周期的外方位元素。EFP 法是以离散时刻，即 EFP 时刻（定向片法称为定向片时刻）对已构建的立体模型进行逆投影，按经典的空中三角测量原理计算 EFP 时刻的像点坐标。任一个 EFP 时刻与其相距成基线整数倍的时刻均可构建一个空中三角锁（图 1）。

* 本文发表于《武汉大学学报（信息科学版）》2001 年第 6 期。

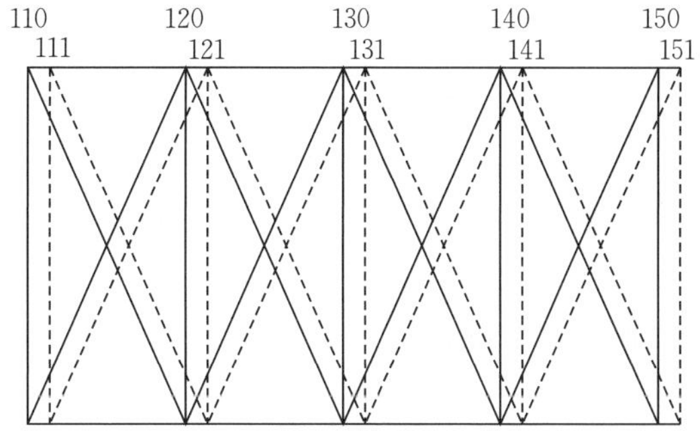


图 1　4 条单基线的空中三角锁

但是，实际上空中三角测量要求的 EFP 像点坐标只是三线阵 CCD 影像坐标（原始观测值）按近似外方位元素进行投影后，再按 EFP 时刻的近似外方位元素进行逆投影的结果，属于推导的观测值。由于逆投影时是利用与该 EFP 时刻尽可能接近的 CCD 影像投影坐标进行计算，此二者在卫星摄影条件下时刻相距很小，所以 EFP 像点坐标误差不大，且在平差迭代中随着外方位元素的改正逼近而逼近，收敛条件是地面点高差相对于航高不大及姿态变化率不超过 $10^{-3}$(°)/s，这些条件在卫星摄影中均可满足。因而 EFP 法实质上是将三线阵 CCD 像坐标变换为 EFP 像坐标，进而以经典的光束法平差数学模型为主的光束法平差。本文对相关文献[1]中所列的数学模型作了必要的修改与补充。

## 2.1　前方交会

前方交会第 $i$ 片，地面点 $j$ 的改正数方程为

$$\begin{bmatrix} Vx_{ij} \\ Vy_{ij} \end{bmatrix} = \boldsymbol{B}_{ij}\boldsymbol{\delta}_j - \begin{bmatrix} lx_{ij} \\ ly_{ij} \end{bmatrix} \tag{1}$$

式中，$i=0,\cdots,n$；$n$ 为航线像片数；$Vx_{ij}$、$Vy_{ij}$ 为像点坐标余差；$\boldsymbol{B}_{ij}$ 为系数矩阵[2]；$\boldsymbol{\delta}_j = [\delta_{X_j} \quad \delta_{Y_j} \quad \delta_{Z_j}]^{\mathrm{T}}$ 为地面点 $j$ 的坐标改正数；$lx_{ij}=x_{ij}-\mathring{x}_{ij}$，$ly_{ij}=y_{ij}-\mathring{y}_{ij}$；$\mathring{x}_{ij}$、$\mathring{y}_{ij}$ 为 $\mathring{P}_i$ 代入共线方程计算值；$\mathring{\boldsymbol{P}}_i=[\mathring{X}_{Si} \quad \mathring{Y}_{Si} \quad \mathring{Z}_{Si} \quad \mathring{\varphi}_i \quad \mathring{\omega}_i \quad \mathring{\kappa}_i]^{\mathrm{T}}$ 为外方位元素起始近似值或迭代逼近值。

## 2.2　后方交会及附加条件方程

### 2.2.1　后方交会

后方交会第 $i$ 片，像点 $j$ 的改正数方程为

$$\begin{bmatrix} Vx_{ij} \\ Vy_{ij} \end{bmatrix} = \boldsymbol{A}_{ij}\,\boldsymbol{\delta}_i - \begin{bmatrix} lx_{ij} \\ ly_{ij} \end{bmatrix} \tag{2}$$

式中，权为 $W_1$；$i=0,\cdots,n$；$\boldsymbol{A}_{ij}$ 为系数矩阵[2]；$\boldsymbol{\delta}_j=[\delta X_{Si} \quad \delta Y_{Si} \quad \delta Z_{Si} \quad \delta\varphi_i \quad \delta\omega_i \quad \delta\kappa_i]^{\mathrm{T}}$ 为外方位元素改正数。

### 2.2.2　外方位元素连续（平滑）制约条件

在空间条件下，外方位元素变化平稳，同类外方位元素的二阶差分等零条件成立，此条件可以起即将离散的各条空中三角锁联系为整体，是 EFP 法中的重要条件。按同类元素相邻值的二阶差分为零可得

$$\boldsymbol{V}_k = \boldsymbol{\delta}_{k+1} - 2\boldsymbol{\delta}_k + \boldsymbol{\delta}_{k-1} \tag{3}$$

式中，权为 $W_2$、$W_3$；$k=1,\cdots,n-1$；且有

$$\boldsymbol{V}_k=[VX_{Sk}\quad VY_{Sk}\quad VZ_{Sk}\quad V\varphi_k\quad V\omega_k\quad V\kappa_k]^{\mathrm{T}}$$

$$\boldsymbol{l}_x=\mathring{P}_{k+1}-2\mathring{P}_k+\mathring{P}_{k-1}$$

式(2)、式(3)生成法方程式系数阵为 6×6 子矩阵组成的带宽为 12，维数为 $n\times n\times 6$ 的带状矩阵。

### 2.2.3 外方位元素量测值改正数方程式

$$\boldsymbol{V}_i=\boldsymbol{\delta}_i-\boldsymbol{l}_i \tag{4}$$

式中，权为 $W_4$、$W_5$；$i=0,\cdots n$；$\boldsymbol{l}_i=\boldsymbol{P}_i-\mathring{\boldsymbol{P}}_i$；$\boldsymbol{P}_i=[X_{Si}\quad Y_{Si}\quad Z_{Si}\quad \varphi_i\quad \omega_i\quad \kappa_i]^{\mathrm{T}}$ 为外方位元素量测值。

考虑到后方交会像点改正数法方程式的主对角元素数值的大小、不同类方程间的性质以及实验的经验等因素，给出权的数值如下。

对像点改正数方程：$W_1=0.0001$。

对摄站坐标：$W_2=0.1$。

对角元素：$W_3=10$。

设 $\sigma p$ 为摄站坐标观测误差（单位为米），$\sigma\alpha$ 为角元素观测误差（单位为角秒），则

$$\begin{cases}W_4=\dfrac{14(\sigma p^2+\sigma\alpha^2)+1}{(\sigma p+\sigma\alpha)^4+0.001}\\W_5=0.001W_4\end{cases}$$

# 3 平差数据的数学模拟

## 3.1 外方位元素数学模拟

严格模拟卫星飞行时的外方位元素是很困难的，本文依然利用相关文献[3]列出的数学模型及依飞行平稳条件设定的参数加以计算。

## 3.2 卫星摄影测量的基本参数

三线阵 CCD 相机参数如下：

(1)正视相机与前、后视相机夹角 25.6°。

(2)正视相机焦距 $f_v=500$ mm，像比例尺为 1∶100 万。

(3)前视相机焦距 $f_l=\dfrac{f_v}{\cos\alpha}$，后视相机焦距 $f_r=\dfrac{f_v}{\cos\alpha}$。

(4)摄影基线长约 250 km，航线宽 120 km，宽高比 $Y/H=1/8$。

(5)正视与前、后视光线基高比为 0.5，前、后视光线基高比为 1.0。

(6)卫星飞行高度 500 km。

(7)运行周期约 90 min，地面高差 2 000～8 000 m，生成旁向重叠 10%的 4 条航线，每条航线的起始 EFP 时刻角元素设定为±0.5°，模拟生成的外方位元素按 0.5 s 为一组，摄站坐标变化率为 0.1 m/s。

(8)角元素变化率为 $10^{-3}$(°)/s。

# 4　实验计算

实验计算按前方交会与后方交会交替迭代进行，无地面控制点参与。依外方位元素观测误差的不同，分别计算光束法平差结果和直接前方交会结果，如表 1 和表 2 所示。

其中，$m_Z$ 为高程综合误差，$m_{Z3}$ 为三线交会区高程误差，$m_{Z2}$ 为二线交会区高程误差，$m_\varphi$ 为平差后 $\varphi$ 角误差。

**表 1　4 条航线平差结果统计 1**

| 外方位误差 | | 像点误差 | 平差方法 | 3 条基线 | | | | 4 条基线 | | | | 8 条基线 | | | |
|---|---|---|---|---|---|---|---|---|---|---|---|---|---|---|---|
| 线元素 /m | 角元素 /(″) | /m | | $m_Z$ /m | $m_{Z3}$ /m | $m_{Z2}$ /m | $m_\varphi$ /(″) | $m_Z$ /m | $m_{Z3}$ /m | $m_{Z2}$ /m | $m_\varphi$ /(″) | $m_Z$ /m | $m_{Z3}$ /m | $m_{Z2}$ /m | $m_\varphi$ /(″) |
| 0 | 0 | 0 | 前方交会 | 0 | 0 | 0 | | 1 | 1 | 1 | | 0 | 0 | 0 | |
| | | | 光束法 | 0 | 0 | 0 | 0 | 1 | 0 | 1 | 0 | 0 | 0 | 0 | 0 |
| | | ±3 | 前方交会 | 6 | 4 | 7 | | 6 | 5 | 6 | | 5 | 5 | 6 | |
| | | | 光束法 | 6 | 4 | 7 | 0 | 6 | 5 | 6 | 0 | 5 | 5 | 6 | 0 |
| ±1 | ±10 | 0 | 前方交会 | 66 | 27 | 79 | | 61 | 37 | 78 | | 50 | 36 | 79 | |
| | | | 光束法 | 7 | 6 | 8 | 2.3 | 7 | 7 | 7 | 2.0 | 6 | 6 | 6 | 0.9 |
| | | ±3 | 前方交会 | 66 | 27 | 80 | | 61 | 37 | 79 | | 50 | 36 | 80 | |
| | | | 光束法 | 10 | 8 | 11 | 2.4 | 10 | 9 | 10 | 2.1 | 9 | 8 | 10 | 2.0 |
| ±1 | ±1 | 0 | 前方交会 | 5 | 4 | 6 | | 5 | 4 | 6 | | 5 | 4 | 8 | |
| | | | 光束法 | 3 | 3 | 4 | 0.7 | 3 | 2 | 3 | 0.6 | 2 | 1 | 2 | 0.4 |
| | | ±0.5 | 前方交会 | 5 | 4 | 6 | | 5 | 4 | 6 | | 5 | 4 | 8 | |
| | | | 光束法 | 3 | 3 | 4 | 0.7 | 3 | 2 | 3 | 0.6 | 2 | 2 | 3 | 0.4 |
| | | ±3 | 前方交会 | 8 | 6 | 9 | | 7 | 6 | 8 | | 7 | 6 | 10 | |
| | | | 光束法 | 7 | 5 | 8 | 0.7 | 7 | 6 | 8 | 0.8 | 6 | 5 | 8 | 0.6 |
| ±1 | ±2 | 0 | 前方交会 | 13 | 8 | 15 | | 11 | 7 | 15 | | 10 | 7 | 17 | |
| | | | 光束法 | 3 | 3 | 4 | 0.9 | 3 | 3 | 3 | 0.7 | 2 | 2 | 3 | 0.7 |
| | | ±0.5 | 前方交会 | 13 | 8 | 18 | | 11 | 7 | 15 | | 10 | 7 | 17 | |
| | | | 光束法 | 3 | 3 | 4 | 0.9 | 3 | 3 | 4 | 0.7 | 3 | 2 | 3 | 0.7 |
| | | ±1 | 前方交会 | 13 | 8 | 16 | | 11 | 8 | 15 | | 11 | 8 | 17 | |
| | | | 光束法 | 4 | 4 | 5 | 0.9 | 4 | 4 | 4 | 0.7 | 3 | 3 | 4 | 0.7 |
| | | ±2 | 前方交会 | 14 | 8 | 16 | | 12 | 8 | 15 | | 11 | 8 | 17 | |
| | | | 光束法 | 6 | 5 | 6 | 0.9 | 5 | 4 | 6 | 0.8 | 5 | 4 | 6 | 0.7 |
| | | ±3 | 前方交会 | 14 | 9 | 13 | | 12 | 8 | 15 | | 12 | 9 | 17 | |
| | | | 光束法 | 8 | 6 | 8 | 0.9 | 7 | 6 | 8 | 0.9 | 6 | 5 | 8 | 0.8 |

**表 2　4 条航线平差结果统计 2**

| 外方位误差 | | 像点误差 | 平差方法 | 3 条基线 | | | | 4 条基线 | | | | 8 条基线 | | | |
|---|---|---|---|---|---|---|---|---|---|---|---|---|---|---|---|
| 线元素 /m | 角元素 /(″) | /m | | $m_Z$ /m | $m_{Z3}$ /m | $m_{Z2}$ /m | $m_\varphi$ /(″) | $m_Z$ /m | $m_{Z3}$ /m | $m_{Z2}$ /m | $m_\varphi$ /(″) | $m_Z$ /m | $m_{Z3}$ /m | $m_{Z2}$ /m | $m_\varphi$ /(″) |
| ±5 | 0 | 0 | 前方交会 | 13 | 6 | 15 | | 12 | 7 | 17 | | 9 | 7 | 15 | |
| | | | 光束法 | 5 | 3 | 6 | 1.0 | 5 | 4 | 7 | 0.9 | 4 | 3 | 5 | 1.1 |
| | | ±3 | 前方交会 | 14 | 7 | 17 | | 13 | 8 | 17 | | 9 | 7 | 14 | |
| | | | 光束法 | 9 | 6 | 10 | 0.8 | 8 | 6 | 10 | 1.1 | 6 | 6 | 8 | 1.2 |
| ±5 | ±10 | 0 | 前方交会 | 73 | 44 | 85 | | 62 | 41 | 78 | | 54 | 43 | 79 | |
| | | | 光束法 | 8 | 7 | 8 | 1.8 | 6 | 5 | 7 | 1.7 | 4 | 4 | 5 | 1.0 |
| | | ±3 | 前方交会 | 74 | 44 | 86 | | 62 | 41 | 78 | | 54 | 43 | 86 | |
| | | | 光束法 | 11 | 9 | 12 | 2.0 | 10 | 8 | 11 | 1.9 | 7 | 7 | 9 | 1.2 |

续表

| 外方位误差 | | 像点误差 | 平差方法 | 3 条基线 | | | | 4 条基线 | | | | 8 条基线 | | | |
|---|---|---|---|---|---|---|---|---|---|---|---|---|---|---|---|
| 线元素/m | 角元素/(″) | /m | | $m_Z$/m | $m_{Z3}$/m | $m_{Z2}$/m | $m_\varphi$/(″) | $m_Z$/m | $m_{Z3}$/m | $m_{Z2}$/m | $m_\varphi$/(″) | $m_Z$/m | $m_{Z3}$/m | $m_{Z2}$/m | $m_\varphi$/(″) |
| ±5 | ±1 | 0 | 前方交会 | 16 | 5 | 20 | | 11 | 7 | 15 | | 11 | 8 | 18 | |
| | | | 光束法 | 5 | 3 | 6 | 1.1 | 5 | 4 | 6 | 1.0 | 5 | 4 | 5 | 1.0 |
| | | ±0.5 | 前方交会 | 16 | 5 | 20 | | 11 | 7 | 15 | | 11 | 8 | 18 | |
| | | | 光束法 | 5 | 3 | 6 | 1.1 | 5 | 4 | 6 | 1.0 | 5 | 5 | 6 | 1.1 |
| | | ±3 | 前方交会 | 17 | 7 | 21 | | 13 | 8 | 16 | | 12 | 9 | 15 | |
| | | | 光束法 | 8 | 6 | 9 | 1.3 | 8 | 6 | 10 | 1.0 | 8 | 7 | 9 | 1.1 |
| ±5 | ±2 | 0 | 前方交会 | 19 | 8 | 22 | | 18 | 9 | 23 | | 14 | 10 | 23 | |
| | | | 光束法 | 8 | 6 | 9 | 0.9 | 4 | 4 | 4 | 1.2 | 4 | 3 | 4 | 0.9 |
| | | ±0.5 | 前方交会 | 19 | 8 | 22 | | 18 | 9 | 23 | | 14 | 10 | 23 | |
| | | | 光束法 | 8 | 6 | 9 | 1.0 | 4 | 4 | 5 | 1.2 | 4 | 3 | 5 | 0.9 |
| | | ±1 | 前方交会 | 19 | 8 | 22 | | 18 | 9 | 23 | | 14 | 10 | 23 | |
| | | | 光束法 | 8 | 6 | 10 | 0.9 | 5 | 4 | 5 | 1.2 | 4 | 4 | 5 | 0.9 |
| | | ±2 | 前方交会 | 19 | 8 | 23 | | 18 | 10 | 24 | | 14 | 10 | 23 | |
| | | | 光束法 | 9 | 6 | 11 | 1.0 | 6 | 5 | 7 | 1.2 | 5 | 5 | 6 | 1.0 |
| | | ±3 | 前方交会 | 20 | 9 | 23 | | 18 | 10 | 24 | | 15 | 11 | 74 | |
| | | | 光束法 | 11 | 8 | 13 | 1.2 | 8 | 7 | 9 | 1.4 | 7 | 6 | 8 | 1.0 |

## 5 结 论

(1)光束法平差高程精度与直接前方交相比会有较大幅度提高。

(2)摄站坐标误差为±5 m、角元素误差为±10″、CCD 像元 10 m 或摄站坐标误差为±5 m、角元素误差为±2″、CCD 像元 5 m，影像匹配误差为 0.3 像元，光束法平差后高程的误差与像元相当。

(3)角方位元素观测误差达±10″，光束法平差后，角元素的误差可缩小到 1.5″～2.5″。

(4)EFP 法平差，基线数等于 3 的结果，与其他基线数精度相当；二线交会区的平差精度比三线交会区大约低 1.4 因子。

(5)摄站坐标误差±1 m，角元素误差±2″，CCD 像元 1 m，影像匹配精度为 0.3～0.5 像元；光束法平差后，高程精度可从直接前方交会的±11 m 提高到±3 m。

综上而知，在卫星摄影测量中，即使外方位元素误差很小，利用三线阵 CCD 影像，按 EFP 法平差，高程精度与直接前方交会相比都有较大提高，但三线阵 CCD 相机比起单线阵或两线阵相机光学机械要复杂些，同时增加了采集正视影像的数据量。

本文的实验结果是基于模拟数据以及外方位元素的误差属于正态分布给出的。

**参考文献**

[1] 王任享. 利用卫星三线阵 CCD 影像进行光束法平差的数学模拟实验研究[J]. 武汉测绘科技大学学报，1998，23(4)：304-309.

[2] 王之卓. 摄影测量原理[M]. 北京：测绘出版社，1979.

[3] WU J. Triplet evaluation of stereo-pushbroom scanner data[C]//ISPRS. Proceedings of the XVth ISPRS Congress：Technical Commission III on Mathematical Analysis of Data，June 17-29，1984，Rio de Janeiro，Brazil. Hanover，Germany：University of Hanover：1164-1178.

# 提高卫星三线阵 CCD 影像空中三角测量精度及摄影测量覆盖效能*

王任享，王新义，李　晶，王建荣

**摘　要：**利用数字模拟方法，进一步探讨类似 MOMS-02 参数的卫星三线阵 CCD 影像单航线、航线首末四角隅设一个控制点（以下简称单航线 4 控制点）的空中三角测量高程精度低的问题。研究得出，宽高比特别小（1∶9）只是原因之一，更主要的因素还在于平差过程的数学关系带有近似性。提出改善精度的措施，并拟订提高卫星三线阵 CCD 影像空中三角测量精度及摄影测量覆盖效能的系统，模拟计算表明，航线长度可以大于等于 2 条基线，在有外方位元素或无外方位元素仅少量控制点条件下，不论二线交会区，还是三线交会区均可达到高程精度为 6 m 的摄影测量成果。

**关键词：**卫星摄影测量；三线阵 CCD 影像；空中三角测量

## 1　引　言

20 世纪 80 年代初期出现了三线阵 CCD 相机进行空间摄影测量的思想，先是美国学者提出 Stereosat 和 Mapsat 系统，由于这些系统要求卫星平台稳定度高达 $10^{-5}\sim10^{-6}$(°)/s，因而均未付诸实践。之后德国学者提出 DSP 系统，利用三线阵 CCD 影像作空中三角测量，恢复外方位元素，对卫星平台稳定度不作严格要求，并成功开拓了 MOMS 三线阵 CCD 相机摄影测量系统，其中 MOMS-02/D2 在美国航天飞机上取得成功的实践，在三线交会区的影像可生成高程精度为 5 m 的 DEM[1]。这类传输型卫星中首次应用比较严格的摄影测量原理，只要少量控制点，甚至不要控制点处理了大面积的摄影测量区域。三线阵 CCD 相机系统还被应用于火星探测工程中以测制火星地形图。

MOMS-02/D2 获取影像的空中三角测量与框幅式卫星像片空中三角测量有两个主要不同点[2]：

(1) 空中三角测量的稳定解要求航线长度大于 $4B$（$B$ 为基线长度，是前视或后视相机与正视相机摄影中心的距离），单航线 4 控制点平差要求控制点布在二线与三线交会区，航线首末端基线范围内为二线交会区，高程精度较低，应舍去不用。

(2)卫星摄影测量时，单航线 4 控制点平差精度很低，因而外方位元素是必不可少的附加观测值。

这些状况，不但由于云层及其阴影对卫星摄影测量全面覆盖大摄影区造成很大困难，也改变了 DSP 思想提出时的初衷。Hofmann 教授和 Ebner 教授等[3-5]在 1984 年提出 DSP 数

* 本文发表于《测绘科学》2003 年第 3 期。

字摄影测量系统时，认为利用三线阵 CCD 影像按光束法空中三角测量，可以解算得到整航线精度稳定的外方位元素及 DEM。航线绝对定向只要少量控制点，不要求飞行中测定外方位元素，也无需平台作特殊的稳定措施。

那么是什么原因造成 MOMS-02/D2 与 DSP 初期的思想不一致呢？原来，德国学者在初期作模拟实验研究时，均以低空、短焦距的三线阵 CCD 相机作为研究对象。Hofmann 教授[6]利用表 1[4,7-9]中序 0 的参数，按低频正弦振荡曲线模拟外方位元素。模拟数据计算得地面点坐标误差为：$m_X=0.157$ m，$m_Y=0.202$ m，$m_Z=0.416$ m。

**表 1 摄影测量参数模拟**

| 序 | $f$ /mm | $\tan\alpha$ | $H$ /km | $m_t$ /1 000 | $\sigma_0$ /$\mu$m | 航线长 /km | 航宽 | 基线 $B$ /km | 宽/高 |
|---|---|---|---|---|---|---|---|---|---|
| 0 | 52 | 0.404 | 1 | 19 | 4.6 | 3 | 0.8 | 0.4 | 1∶1.25 |
| 1 | 660 | 0.468 | 330 | 500 | 5 | 510 | 36 | 154 | 1∶9 |
| 2 | 660 | 0.455 | 334 | 500 | 5 | 606 | 36 | 152 | 1∶9 |
| 3 | 30 | 0.455 | 15.1 | 506 | 5 | 27.6 | 1.67 | 6.9 | 1∶9 |

模拟实验显示，除航线首末基线范围内是二线交会点、高程误差较大外，其余整航线为等精度，但稳定解要求航线长大于 $4B$。Hofmann 教授还提出三线非平行排列(前、后视线阵相对正视阵列旋转 $\beta$ 角，$\beta\approx12°$)，甚至可以采用三线平行的相机作固定的旁向倾斜(约 30°)，推扫得到的影像也等效于三线非平行排列线阵的影像。这种影像虽然可克服三线平行影像处理中可能遇到的法方程奇异问题，解算精度高，但影像的摄影测量处理颇不便，未见于实际应用。Hoffman 教授推出一个作为普遍应用的公式为

$$SF=\frac{\sigma_i}{\sigma_0}\frac{H_i}{H_0}\frac{f_0}{f_i} \tag{1}$$

式中，$SF$ 为误差比例系数；$\sigma$ 为像点坐标误差，$\mu$m；$H$ 为航高，km；$f$ 为焦距，mm。

式(1)的下标 0 为本次实验参数，按表 1 序 0 即 $\sigma_0=4.6$ $\mu$m，$H_0=1.00$ km，$f_0=$ 52 mm；下标 $i$ 为待实验计算参数，其预期误差可表示为

$$\left.\begin{aligned} m_{X_1}&=SFm_{X_0}\\ m_{Y_1}&=SFm_{Y_0}\\ m_{Z_1}&=SFm_{Z_0}\end{aligned}\right\} \tag{2}$$

按此推论，按表 1 序 1 或序 2 参数模拟计算，$SF\approx27$，其预期模型点坐标误差应为：$m_X=$ 3.2 m，$m_Y=5.4$ m，$m_Z=13.6$ m。

Ebner 教授、张森林博士等曾用定向片法空中三角测量，以 MOMS-02 为目标按单航线 4 控制点平差进行多次模拟计算。本文仅将其计算所得的高程误差摘列于表 2[7-9]。表 2 列出的高程误差与按式(2)估算的数值相比，相差之大令人难以置信。

**表 2 定向片法模拟计算高程误差**

| 参数按表 1 序 | 1 | 1 | 1 | 1 | 2 | 2 | 2 | 2 | 2 | 2 | 2 |
|---|---|---|---|---|---|---|---|---|---|---|---|
| $m_Z$ /m | 69 | 61 | 166 | 121 | 64 | 77 | 46 | 43 | 42 | 22 | 20 |
| 定向片距/km | 29.3 | 29.3 | 18.7 | 18.7 | 16 | 8 | 8 | 16 | 16 | 29 | 29 |
| $\beta$/(°) | 0 | 12 | 0 | 12 | 0 | 0 | 12.6 | 0 | 12.6 | 0 | 12.6 |

续表

| 统计区 | 全航线 | 三线交会区 | 三线交会区 |
|---|---|---|---|
| 外方位模拟 | 不详 | 不详 | 直线飞行，姿态角为零，地面平坦，$m_Z$ 值由相关文献[9]的图 8 估读 |

Hoffman 教授[2]、Ebner 教授等[9-10]认为 MOMS-02 参数中宽高比为 1∶9，这种极端狭窄的影像航线，是导致单航线 4 控制点平差精度很低的主要原因，因而改变了 DSP 思想的初衷，提出卫星推扫式摄影时，外方位元素记录值是后处理必不可少的数据。笔者对此持有疑问。其实不妨采用一个简单的办法，即利用同样的参数，但宽高比值取为 1∶1 做模拟计算，以观察高程误差的变化。由于笔者没有定向片的计算程序，只能应用等效框幅像片(EFP)法[11]作此模拟计算。按表 1 中序 2 的参数进行模拟，姿态变化率为 $10^{-3}$(°)/s，宽高比分别按 1∶1、1∶9、1∶18 计算，全部 4 条航线的高程误差统计如表 3 所示。

EFP 法计算中，相邻 EFP 的距离＝ $B/10$＝15.3 km，则表 3 的高程误差应该同表 2 的定向片距较为接近的 18.7 km 和 16 km 的高程误差相比较。在此条件下，表 3 的 $M_1$ 与表 2 相应的高程误差量级基本相当。但从表 3 本身可以看出，宽高比对高程误差只是有一定影响。相比之下，二线交会区受影响略大些，三线交会区不明显。即使宽高比增大到 1∶1，也不能说明宽高比为 1∶9 是造成高程误差大的主要原因。尽管这里计算不能等同于直接用定向片法计算，但从高程误差量级比较大方面看，有理由进一步通过 MOMS-02 参数模拟计算探讨单航线 4 控制点平差高程误差太大的其他可能原因，从而找出有效的解决办法，提高精度和卫星摄影测量覆盖效能。

**表 3　宽高比对精度的影响(EFP 法计算)**　　单位：m

| 宽∶高 | $M_1$ | | | | | $M_2$ | | | | | 极限误差(按真外方位元素计算) | | | | | $M_3$ | | | | |
|---|---|---|---|---|---|---|---|---|---|---|---|---|---|---|---|---|---|---|---|---|
| | $m_X$ | $m_Y$ | $m_Z$ | $m_{Z3}$ | $m_{Z2}$ | $m_X$ | $m_Y$ | $m_Z$ | $m_{Z2}$ | $m_{Z3}$ | $m_X$ | $m_Y$ | $m_Z$ | $m_{Z3}$ | $m_{Z2}$ | $m_X$ | $m_Y$ | $m_Z$ | $m_{Z3}$ | $m_{Z2}$ |
| 1∶1 | 18.1 | 21.3 | 54.0 | 47.8 | 59.8 | 4.9 | 6.7 | 11.3 | 11.2 | 11.5 | 1.0 | 2.6 | 6.0 | 4.8 | 6.9 | 2.1 | 3.0 | 9.2 | 8.7 | 9.6 |
| 1∶9 | 12.9 | 28.8 | 75.3 | 43.3 | 98.3 | 14.4 | 14.5 | 18.2 | 18.7 | 17.5 | 0.8 | 1.5 | 6.0 | 4.8 | 6.9 | 6.6 | 1.7 | 8.3 | 7.4 | 9.1 |
| 1∶18 | 16.8 | 28.9 | 100.9 | 83.0 | 116.8 | 20.3 | 9.3 | 16.8 | 16.7 | 16.9 | 0.8 | 1.5 | 5.9 | 4.8 | 7.0 | 12.8 | 1.7 | 7.2 | 7.5 | 6.9 |

注：$m_{Z3}$、$m_{Z2}$ 分别为三线交会和二线交会的高程误差；$M_1$ 为定向点、连接点 EFP 坐标共线误差方程，经法化后的解算结果；$M_2$ 为定向点、连接点 EFP 坐标共线误差方程，同类外方位元素二阶差分等零条件下，经法化后的解算结果；$M_3$ 为与 $M_2$ 同，但首末基线内 EFP 主纵线两侧的上下连接点采用真像平面坐标。

## 2　单航线 4 控制点平差精度问题

三线阵 CCD 影像每一个取样周期(以下称摄影时刻)有其独立的 6 个外方位元素，独立解算每一时刻的外方位元素，在理论上是不可能的。定向片法和 EFP 法都是将取样时刻离散为一定等距离的定向片时刻或 EFP 时刻(以下统称定向时刻)。这样定向时刻的外方位元素求解就可以利用其近周围的像点观测值参与光束法平差，从而达到定向时刻的外方位元素有解的目的。

这样处理使解算的数学问题得到了解决，但包含着两层误差：一是定向时刻光束法平差的误差方程式系数要根据其近周围的像点观测值数据，按一定的变换方法而得到，在外方位元素为未知值情况下，变换都带有近似性；二是定向时刻以外的任意时刻，外方位元素是由已平差得到的定向时刻的外方位元素内插而得,内插也存在误差。但这两项误差在框幅式像片空中三角测量中都不存在,因此在讨论三线阵 CCD 影像空中三角测量精度时,应该顾及这种情况相对于框幅式像片空中三角测量而言,对平差精度可能的特殊影响。对这一问题,长期以来,摄影测量界未能给予重视。

定向片法采取基线长除以定向片距为非整数的办法,解决了光束法平差可能遇到的法方程式奇异问题,依此安排,空间交会很难应用框幅式空中三角测量的性质去解读单航线 4 控制点平差高程精度很低的原因。EFP 法采用将三线阵 CCD 影像坐标投影转换为 EFP 像坐标[11],光束法平差中不存在法方程式奇异问题,且保留了较多的框幅式空中三角测量的特征,比较便于解读平差中存在的问题。

## 2.1 地面模型的连接及光束法平差高程误差大的原因

EFP 法空中三角测量规定,在一条基线内取 10 个时刻,即整条航线被离散为 10 条三角锁(图 1),$S_{110}$,$S_{120}$,$S_{130}$,… 为第一条三角锁,$S_{111}$,$S_{121}$,$S_{131}$,… 为第二条三角锁。为了使这离散的 10 条三角锁连接起来,可在相邻三角锁间设连接点,如在 $S_{110}$ 和 $S_{111}$ 三角锁间设定连接点 $A$。整航线的定向点、连接点在正视影像上如图 2 所示。即全航线选定的观测点排数(3 个点为 1 排)多于 EFP 数 1 倍,其中定向点是各三角锁空中三角的基础数据。连接点的 CCD 像坐标也要按 EFP 坐标生成原理,投影换算到其左、右三角锁的相应 EFP 上。图 3 为生成在第 11 张 EFP 上的定向点、连接点。

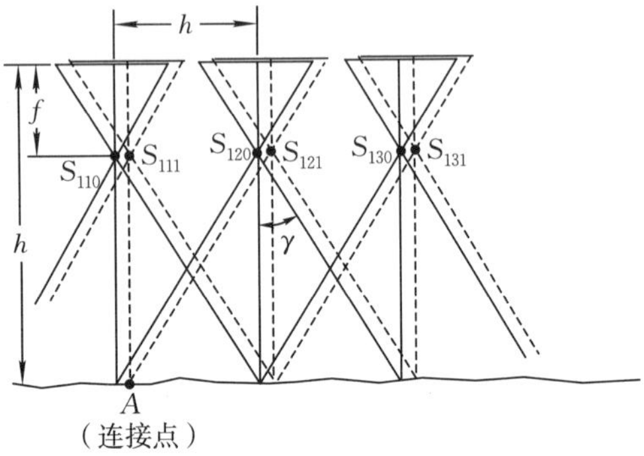


图 1 EFP 三角锁

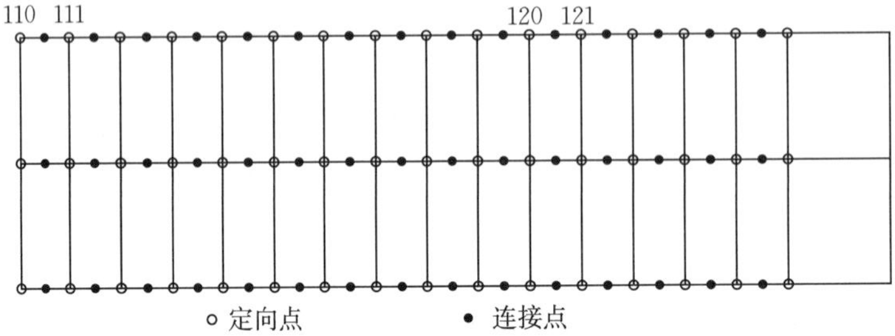


图 2 正视影像上选取的定向点、连接点

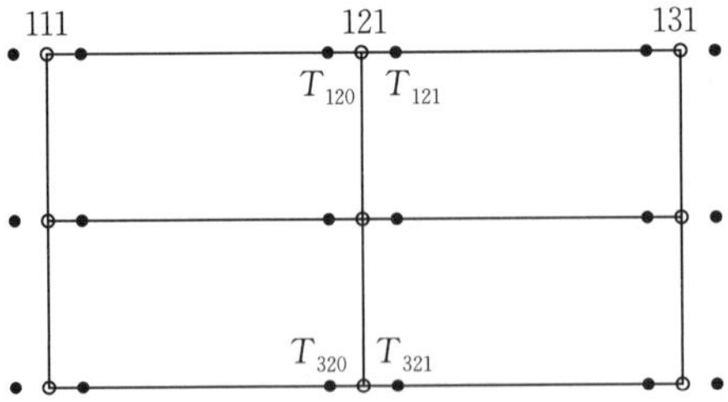


图 3 第 11 张 EFP 像片上生成的定向点、连接点

在光束法平差中，连接点影像能起到整合左、右三角锁的作用。表3中 $M_1$ 的数据就是定向点、连接点共同平差的结果。连接点在整合三角锁中起了重要作用，如果没有它参与计算，那么在宽高比为1∶9时，高程误差将增大为 $m_Z=161.5$ m，$m_{Z3}=125.0$ m，$m_{Z2}=192.2$ m。但仅有连接点条件，平差精度还是不令人满意，也只达到与定向片法计算的误差(表2)相当。高程误差比按式(2)推算所得结果大数倍的原因还应从三线阵CCD影像空中三角测量自身上找原因。

光束法平差中，依共线方程，像点 $x$ 坐标生成的地面点坐标误差方程式[12]为

$$v_x=-a_{11}\Delta x-a_{12}\Delta y-a_{13}\Delta z l_x \tag{3}$$

当角元素很小时，有

$$a_{13}=-\frac{1}{H}(f\varphi+x) \tag{4}$$

在框幅式像片光束法平差中只有像点坐标 $(x,y)$ 含有独立的观测误差。平差结果可以用 $SF$ 系数来估算各次计算之间地面点坐标误差。但三线阵CCD影像光束法平差在数学上有前面提到的不严格的地方。因此，可以从共线误差方程系数额外误差上估计其对平差结果的影响。

三线阵CCD影像为解算定向时刻 $i$ 的外方位元素，需要其周围时刻的像点 $j(j=1,\cdots,n)$，$n$ 为选定的参与计算的像点数(EFP法中包括定向点、连接点)。按照EFP法是将像点 $j$ 的坐标 $(x_j,y_j)$ 投影换算为定向时刻 $i$ 的EFP像坐标。过程是先从 $i$ 和 $i+1$ 时刻外方位元素内插得 $j$ 时刻的外方位元素值，假定内插的倾角 $\varphi_j$ 含有误差 $d\varphi_j$，那么像点 $x_j$ 的投影影像将含有 $Hd\varphi_j$ 的误差，然后再逆投影到定向时刻 $i$ 的EFP上，其EFP像坐标 $x_{ij}$ 将含有 $dx_{ij}=fd\varphi_j$ 的误差，于是定向时刻 $i$ 的EFP像点 $j$ 生成的误差方程式系数 $(a_{13})_{ij}$ 所含误差为

$$d(a_{13})_{ij}=-\frac{f}{H}d\varphi_j \tag{5}$$

定向片法也是先从 $i$ 和 $i+1$ 时刻的外方位元素内插 $j$ 时刻外方位元素值，按定向片的一次线性内插[7]，即

$$\varphi_j=C_j\varphi_j+(1-C_j)\varphi_{j+1} \tag{6}$$

式中，$C_j$ 为定向片法定义的贡献系数。

由像点 $x_j$ 坐标生成的误差方程系数为

$$(a_{13})_j=-\frac{1}{H}(f\varphi_j+x_j) \tag{7}$$

按定向片法，要将 $(a_{13})_j$ 乘以其贡献系数 $C_j$，成为定向时刻 $i$ 的误差方程式系数，即

$$(a_{13})_{ij}=C_j(a_{13})_j=-\frac{C_j}{H}(f\varphi_j+x_j) \tag{8}$$

其中，$\varphi_j$ 也含有内插误差 $d\varphi_j$，则定向时刻 $i$ 的误差方程系数误差为

$$d(a_{13})_{ij}=-\frac{C_j}{H}fd\varphi_j \tag{9}$$

从以上讨论可知，在 EFP 法和定向片法的地面点误差方程中，与高程有关的系数 $a_{13}$ 中都带有与焦距成正比的误差，它将给三线阵 CCD 影像空中三角测量结果带来框幅式像片平差所没有的额外误差。

由于空中三角测量平差整个数学过程比较复杂，很难用数学分析的方法估计其平差结果，下面还是采用模拟计算的方法来讨论。

**表 4　按 $SF=1.0$ 设计参数进行模拟平差的高程精度**　　单位：m

| 方法 | $\frac{f}{H}$ /(mm/km) | | | | | | 高程误差与 $f$ 的额外关系 | 基线数 |
|---|---|---|---|---|---|---|---|---|
| | 30/9 | 100/30 | 300/90 | 600/180 | 800/240 | 1000/300 | | |
| $M_1$ | 5.7 | 9.1 | 21.5 | 43.0 | 60.6 | 77.8 | 正比系数较大 | 4 |
| $M_2$ | 3.2 | 5.0 | 6.4 | 8.1 | 8.6 | 9.5 | 正比系数较小 | |
| $M_3$ | 3.2 | 3.5 | 3.1 | 2.8 | 2.9 | 3.0 | 与 $f$ 无额外比例关系 | 2 |
| | 3.1 | 3.0 | 3.2 | 3.3 | 3.3 | 3.5 | | 3 |
| | 3.0 | 3.8 | 3.7 | 3.7 | 3.7 | 3.8 | | 4 |

以表 1 中序 2 的参数为基础，但在保持 $SF=1.0$，影像比例尺为 1∶30 万，像点观测误差 $\sigma_0=5\ \mu\text{m}$ 情况下，对不同焦距值分别进行模拟计算，高程误差统计如表 4 所示。从表 4 中 $M_1$ 计算的高程误差来看，存在着明显的与焦距 $f$ 成正比的现象，但按式 1 计算 $SF$ 值，不管焦距大小，它们的误差应基本相等。其中，$f=600$ mm 的高程误差高达 43 m，与表 2 的相应误差相当。可以推论误差方程系数含有与 $f$ 有关的误差，才是引言中提到的高程误差太大的最主要原因。

## 2.2　外方位元素关联性

EFP 法空中三角测量中，从 1～10 条三角锁，它们本质上是属于原本按像元级离散的“连续”航线，因此空中三角测量计算策略中应考虑这 10 条三角锁之间的关联性，包括三角锁之间地面模型的连接，外方位元素的“连续性”（即平滑性）。忽视任何一方都会给航线三角测量带来误差。

考虑到卫星摄影时，飞行比较平稳，外方位元素平滑性较好，因此将同类外方位元素二阶差分等零作为带权制约条件与共线方程一起答解[11]，可改善航线的整合，表 3 中 $M_2$ 计算的高程精度有明显提高，已达到或接近于按式(2)计算的预估精度，但与极限误差尚有不小差距，即单航线 4 控制点平差精度问题并未彻底解决。

## 2.3　三线阵 CCD 影像投影换算的连接点 EFP 坐标作用的局限性

为了说明 $M_2$ 计算高程精度问题，设计一个所谓“分步联合平差”程序，分别按表 1 中序 2 和序 3 的参数作模拟计算，分步联合平差如表 5 所示。该平差的特点是：先以步骤 1 迭代（相当 $M_1$ 计算），收敛停止后，再加入同类外方位元素二阶差分等零的条件组成新的法方程式，迭代又可以继续进行即步骤 2（相当 $M_2$ 计算），此时外方位元素精度进一步提高。同样迭代停止后，再加入连接点真像平面坐标进行步骤 3 迭代（相当 $M_3$ 计算）。

表5 分布联合平差记录 单位：μm

| 平差步骤 | 定向点坐标残差 | | 连接点坐标残差 | | 模型点坐标误差 | | | 上下视差残差 | 参数模拟 |
|---|---|---|---|---|---|---|---|---|---|
| | $m_x$ | $m_y$ | $m_x$ | $m_y$ | $m_x$ | $m_y$ | $m_z$ | | |
| 0(近似值) | 8.0 | 17.2 | 23.0 | 25.2 | 74.9 | 38.4 | 274.6 | - | 表1序2 |
| 1($M_1$) | 6.4 | 5.3 | 16.1 | 14.4 | 13.0 | 28.8 | 75.3 | 2.0 | |
| 2($M_2$) | 5.3 | 5.1 | 6.0 | 6.4 | 13.5 | 10.9 | 18.4 | 2.0 | |
| 3($M_3$) | 5.2 | 5.1 | 4.3 | 4.8 | 7.0 | 3.9 | 7.7 | 2.0 | |
| 0(近似值) | 5.4 | 5.5 | 4.1 | 4.2 | 3.7 | 2.7 | 12.0 | - | 表1序3 |
| 1($M_1$) | 6.0 | 5.3 | 6.3 | 4.8 | 6.6 | 2.3 | 12.6 | 2.0 | |
| 2($M_2$) | 5.4 | 5.1 | 4.0 | 4.1 | 5.8 | 1.8 | 6.0 | 2.0 | |
| 3($M_3$) | 5.4 | 5 | 4.3 | 4.4 | 5.9 | 1.8 | 5.7 | 2.0 | |

注：极限误差为 $M_X=0.8$ m，$M_Y=1.6$ m，$M_Z=6.0$ m。

在步骤2迭代中，由于EFP上连接点坐标是由三线阵CCD像坐标，按迭代当时的外方位元素经过投影换算来的，因此EFP上连接点坐标与外方位元素之间不完全独立，所以迭代到一定次数后，精度不可能进一步提高，这是连接点EFP像坐标作用的局限性。

## 2.4 采用连接点真像平面坐标

要打破步骤2迭代的局限性，可以采用连接点真像平面坐标，真像平面坐标是独立观测值，所以步骤3迭代(相当 $M_3$ 计算)可以使三角锁得到更好的整合。在表5中，按表1序2的参数及 $f=660$ mm 模拟计算，步骤3比步骤2计算的高程精度又有很大提高，与极限误差只有不大的差距。按表1序2的参数及 $f=30$ mm 模拟计算，由于焦距较短，$f\mathrm{d}\varphi$ 的作用减弱，步骤3与步骤2计算的高程精度相差很小，并接近于极限误差。

在平差中，只要在航线首末基线范围内，EFP主纵线两侧的连接点采用真像平面坐标，如图3中的 $T_{120}$、$T_{121}$、$T_{320}$、$T_{321}$，即可将整航线的10条三角锁整合。应该提出，如果仅仅有EFP主纵线两侧的连接点真像平面坐标，将因其相邻三角锁之间基线很短，导致高程交会精度很低，要与其同名的由三线阵CCD影像生成的EFP连接点像坐标共同平差，才可得到交会精度高的结果。

三线阵CCD相机在推扫式摄影时，应能直接在相应于EFP时刻摄取连接点中心投影影像，这种相机的原理方案已有研究[14]给出。

为了能表达 $SF$ 系数适应三线阵CCD相机空中三角测量高程误差与焦距有额外的关系，将式(1)加以修改，即

$$SFF=SF(1+kf_i) \tag{10}$$

式中，$SF$ 即式(1)的误差比例系数，$f_i$ 为相机焦距，$k$ 为常数。

利用表4的高程误差拟合可得

$$k=\begin{cases}0.010, & M_1\text{ 计算结果}\\ 0.0036, & M_2\text{ 计算结果}\\ 0.0003, & M_3\text{ 计算结果}\\ 0, & f_0\end{cases}$$

利用式(10)预估模拟计算空中三角高程精度将更符合实际，但所得的 $k$ 值仅由表4的数值拟合计算得到，只能用来说明本文遇到的高程问题，不具有普遍性。

## 3 外方位元素参与平差计算

现代的卫星摄影测量，外方位元素记录精度已有很大进步，利用外方位元素参与平差可以进一步提高空中三角测量平差精度。在外方位元素没有系统误差情况下，空中三角测量可以完全不要地面控制点，按 $M_3$ 计算，由于连接点真像平面坐标的参加，单航线 4 控制点空中三角几何条件更好，使得外方位元素参与平差效果也优于 $M_2$。表 6 列出了不同的外方位元素误差参与综合平差的高程误差。

**表 6 外方位元素参与平差高程精度** 单位：m

| 序 | 基线数 | 2 | | 3 | | 4 | | 4 | |
|---|---|---|---|---|---|---|---|---|---|
| | $m_p/m_\alpha$ | $M_2$ | $M_3$ | $M_2$ | $M_3$ | $M_2$ | $M_3$ | 定向片法<br>三线平行 | 非平行 |
| 0 | $2/m_\alpha$ | 10.8 | 6.1 | 7.2 | 5.7 | 6.5 | 5.5 | 8 | 7 |
| 1 | $5/(2m_\alpha)$ | 17.1 | 11.8 | 8.4 | 7.1 | 9.1 | 7.5 | 10 | 8 |
| 2 | $10/(5m_\alpha)$ | 34.6 | 23.8 | 13.6 | 10.7 | 15.4 | 10.9 | 15 | 10 |
| 3 | 仅 4 控制点 | 61.1 | 10.4 | 21.2 | 8.0 | 15.9 | 7.2 | 43 | 42 |
| 说明 | 按表 1 序 2 参数计算，姿态角变化率为 $10^{-3}$ (°)/s，全航线统计 | | | | | | | 按相关文献[9]的图 8 估读，定向片距＝16 km，三线区统计，直线平行，角元素为零，4 控制点参与平差 | |

注：$m_\alpha=3.3''$；$m_p$ 单位为米。

## 4 卫星三线阵 CCD 摄影测量系统预期精度与效能

本文解决了卫星摄影测量单航线 4 控制点平差精度问题，基于现代卫星摄影中外方位元素测定设备的完善，按表 7 的参数进行模拟计算，预期精度如表 8 所示。

**表 7 卫星摄影测量主要参数**

| $f$ /mm | $\tan\alpha$ | $H$ /km | $m_t$ | 像元大小 /μm | $\sigma_0$ /像元 | 航宽 /km | 基线长 /km | 宽：高 | 地面分辨率 /m |
|---|---|---|---|---|---|---|---|---|---|
| 650 | 0.466 | 500 | 770 000 | 6.5 | 0.3 | 55/110 | 233 | 1：9 或 1：4.5 | 5 |

**表 8 预期高程精度** 单位：m

| 基线数 | 三线阵 CCD 影像（$M_2$） | | | | | | 三线阵 CCD 影像＋连接点真像平面坐标（$M_3$） | | | | | | 控制条件 |
|---|---|---|---|---|---|---|---|---|---|---|---|---|---|
| | $m_Z$ | $m_{Z3}$ | $m_{Z2}$ | $m_Z$ | $m_{Z3}$ | $m_{Z2}$ | $m_Z$ | $m_{Z3}$ | $m_{Z2}$ | $m_Z$ | $m_{Z3}$ | $m_{Z2}$ | |
| 2 | 47.3 | 2.7 | 48.4 | 114.0 | 2.3 | 117.0 | 4.6 | 3.1 | 4.7 | 5.4 | 6.4 | 5.9 | 4 控制点 |
| 3 | 23.2 | 23.6 | 22.9 | 38.8 | 31.7 | 30.3 | 5.0 | 3.7 | 5.5 | 4.5 | 3.2 | 5.0 | |
| 4 | 18.1 | 19.0 | 16.9 | 19.8 | 21.1 | 18.3 | 5.7 | 5.3 | 6.0 | 5.1 | 4.6 | 5.6 | |
| 2 | 10.7 | 5.4 | 10.3 | 8.7 | 5.3 | 8.8 | 5.4 | 4.0 | 5.4 | 5.6 | 4.3 | 5.6 | 外方位元素 $m_p=2$ m，$m_\alpha=3.3''$，无控制点 |
| 3 | 7.3 | 5.4 | 8.1 | 7.7 | 5.7 | 8.6 | 3.8 | 3.0 | 4.2 | 3.8 | 3.0 | 4.2 | |
| 4 | 5.2 | 4.5 | 5.8 | 5.2 | 4.5 | 5.9 | 3.7 | 2.9 | 4.4 | 3.9 | 3.0 | 4.7 | |
| 宽：高 | 1：4.5 | | | 1：9 | | | 1：4.5 | | | 1：9 | | | - |
| 极限误差 | $m_Z=3.6$ m，$m_{Z3}=2.9$ m，$m_{Z2}=4.1$ m | | | | | | $m_Z=3.6$ m，$m_{Z3}=3.0$ m，$m_{Z2}=4.2$ m | | | | | | - |

飞行中具有摄取连接点中心投影影像情况下，卫星摄影测量系统有如下特点：

（1）航线长度允许大于等于 $2B$。

（2）二线、三线交会高程精度均可优于±6 m。

（3）可测制 20 m 等高距地形图，高程精度±6 m 的 DEM，地面分辨率 5 m 的正射影像。

（4）外方位元素记录失效时，依靠少量地面控制点，依然可得到（3）的摄影测量结果。

（5）相比于 MOMS-02 系统，该方式可更有效地覆盖大面积摄影区。

## 参考文献

[1] EBNER H, KORYUS W, OHLHOF T, et al. Orientation of MOMS-02/D2 and MOMS-2P/PRIRODA [J]. ISPRS Journal of Photogrammetry and Remote Sensing, 1999, 54: 332-341.

[2] HOFMANN O, MULLER F. Combined point determination using digital data of three line scanner systems[C]// ISPRS. Proceedings of the XVIth ISPRS Congress: Technical Commission III on Mathematical Analysis of Data, July 1-10, 1988, Kyoto, Japan. Kyoto: ISPRS: 567-577.

[3] HOFMANN O, NAVE P, EBNER H. DSP: a digital photogrammetric system for producing elevation model and orthophotos by means of linear array scanner imagery [J]. Photogrammetric Engineering and Remote Sensing, 1984, 50(8): 1135-1142.

[4] HOFMANN O. Investigations of the accuracy of the digital photogrammetry system DPS, a rigorous three dimensional compilation process for push broom imagery[C]//ISPRS. Proceedings of the XVth ISPRS Congress: Technical Commission IV on Cartographic and Data Bank Applications of Photogrammetry and Remote Sensing, June 17-29, 1984, Rio de Janeiro, Brazil. Hanover, Germany: University of Hanover: 180-187.

[5] HOFMANN O. Dynamische photogrammetrie[J]. Bildmessung Und Luftbildwesen, 1986, 54(3): 105-120.

[6] HOFMANN O. The stereo-push-broom scanner system DPS and its accuracy [C]// ISPRS. Proceedings of the ISPRS Commission III Symposium, August 9, 1986, Rovaniemi, Finland. Rovaniemi: ISPRS: 345-356.

[7] 张森林. 三行线阵扫描数据的平差方案及精度分析[J]. 武汉测绘科技大学学报，1988，13(4)：60-69.

[8] EBNER H, MULLER F, ZHANG Senlin. Studies on object reconstruction from space using three-line Scanner imagery[J]. ISPRS Journal of Photogrammetry and Remote Sensing, 1989, 44(4): 225-233.

[9] EBNER H, KORNUS W, STRUNZ G, et al. Simulation study on point determination using MOMS-02/D2 imagery[J]. Photogrammetric Engineering and Remote Sensing, 1991, 57(10): 1315-1320.

[10] EBNER H, KORNUS W, OHLHOF T. A simulation study on point determination for the MOMS-02/D2 space project using an extended functional model[J]. GeoInformationSystem, 1994, 7(10): 11-16.

[11] 王任享. 卫星摄影三线阵 CCD 影像的 EFP 法空中三角测量[J]. 测绘科学，2001，26(4)：1-5.

[12] 王之卓. 摄影测量原理[M]. 北京：测绘出版社，1979.

# 利用三线阵 CCD 影像恢复外方位元素*

王任享

**摘　要：**首先利用模拟数据分析三线阵 CCD 相机推扫式摄影时飞行姿态稳定度与利用 CCD 影像计算外方位元素的精度关系，研究表明内插公式在计算外方位元素中起到重要作用。然后延伸了笔者提出的等效框幅像片(EFP)进行光束法平差计算三线阵 CCD 影像外方位元素的原理。基本的思想是将 CCD 影像投影变换到 EFP 平面，可以构成类似于框幅像片光束法空中三角测量程序。其特点是外方位元素内插是平差过程中的一个独立工序，因而可以选择最佳的内插公式，有利于提高内插精度。

**关键词：**CCD；外方位元素；等效框幅像片(EFP)

## 1　引　言

三线阵 CCD 影像的重要特征是在推扫的摄影区内任意一个地面点均有被前视、正视和后视摄影机所摄取的影像。因而能够利用推扫得到的三线阵 CCD 影像自身来恢复外方位元素和建立模型，从而大大降低对地面控制点及摄影飞行姿态稳定度的要求，这在摄影测量与遥感中有重要意义。

三线阵 CCD 相机摄取的 3 个阵列的几何性质完全相当于一个框幅相机上的相应的 3 条影像。但只有在地面平坦及角元素变化为零且飞行恒速，航高恒定的直线飞行摄影条件下，才能将其影像当作框幅像片进行空中三角测量和计算每一个取样周期外方位元素。在实际飞行中这样的摄影条件是不存在的，因而要精确计算每一个取样周期的外方位元素是不可能的。但是，如果摄影时飞行速度及姿态都比较平稳，那么可以将在一个小的时间间隔内的姿态变化看作常量或近似于某一多项式。于是将外方位元素的求解，从解算每一取样周期外方位元素的大量参数转化为解算规定时间间隔的外方位元素变化的多项式系数，从而大大减少待求参数的数目，提高解的稳定性。而任意取样周期的外方位元素则可以从规定间隔时刻的外方位元素中内插产生。德国学者的研究表明规定时间间隔越小，内插精度越高，但解的稳定性下降。好的计算程序应在稳定解的情况下，采用小的规定时间间隔。

## 2　CCD 相机推扫式摄影时姿态稳定度与内插公式及精度

姿态稳定度是 CCD 相机动态摄影测量中的关键问题。本文仅对飞行姿态变化率与摄影测量精度有关内容作些讨论。

姿态稳定度对立体摄影测量的影响主要表现在 CCD 影像中，相邻的前、后光线由于飞

* 本文发表于《测绘科技》1996 年第 4 期。

行历经两个基线时间产生的姿态累积变化值对恢复光束交会的影响。按摄影测量精度要求，恢复光束交会的精度应与影像匹配精度相适应。如果影像匹配精度取 0.36 像元，其相应的角度为

$$\Delta = \frac{0.36\ pixel}{f} \tag{1}$$

式中，$f$ 为焦距，$pixel$ 为像元大小。若 $f=400$ mm，$pixel=10\ \mu$m，则 $\Delta=0.000\,5°$。

作为立体交会的一根光线而言，其方向角允许误差为

$$\delta_{\varphi} = \frac{\Delta}{\sqrt{2}} = 0.000\,3° = 1.2''$$

## 2.1 姿态变化模拟

参照相关实验的假定，空间飞行器在几个基线范围内，姿态的变化可以用傅里叶级数表示，即

$$P_{\varphi} = a\cos\left(\frac{2\pi}{T}\right) + b\sin\left(\frac{2\pi t}{P}\right) \tag{2}$$

式中，$P_{\varphi}$ 为一个外方位元素值，$a$、$T$、$b$、$P$ 为按飞行状况选择的参量，$t$ 为飞行时刻。

图 1 显示出了 $t$ 从 0 ～240 s 的各组姿态变化曲线。

表 1 中按飞行平稳状况选择了 7 组参量，作为本文讨论的基础数据。

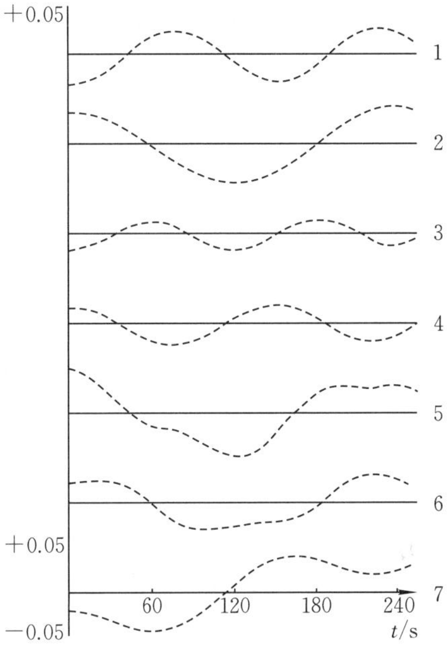


图 1 外方位元素变化图

表 1 不同参量统计

| 组别 | 1 | 2 | 3 | 4 | 5 | 6 | 7 |
|---|---|---|---|---|---|---|---|
| 飞行状况 | 平稳 | 平稳 | 平稳 | 正常 | 不稳 | 不稳 | 不稳 |
| $a$ | 0.000 8 | 0 | 0.015 | 0.2 | 0.3 | 0.3 | −0.4 |
| $T$ | 120 | 160 | 110 | 69 | 100 | 110 | 2 |
| $b$ | −0.2 | 0.4 | −0.015 | 0.01 | 0.10 | −0.07 | 0.2 |
| $P$ | 70 | 110 | 55 | 1.0 | 40 | 40 | 70 |

表 1 的参数适用于产生姿态变化率为 0.01(°)/s 的数据，若要其他变化率的数值，可相应乘上一个系数。

## 2.2 内插方法与内插精度

为了比较内插精度，以姿态变化率为 0.01(°)/s 和 0.001(°)/s 两种情况作些计算。先将表 1 的 7 组参数按式(1)分别根据 $t=0$ 至 $t=300$ 计算其姿态值，并按数据点间距为 5 或 10 分别以线性(下文简称“1rd”)和三次多项式(下文简称“3rd”)内插。然后在数据点之间对由式(1)计算的值与内插进行比较，并计算较差的中误差，如表 2 所示。

表 2 列出的数据表明：①在姿态变化率和内插用的数据点间距相同条件下，线性内插误差显著大于三次多项式内插的误差，因此三线阵 CCD 影像恢复姿态计算中应特别重视内插

方法的选择;②姿态变化率小一个数量级(如从 0.01(°)/s 下降为 0.001(°)/s),在内插精度相当的情况下,内插用的数据点间距约可增大一倍,数据点增大有利于平差稳定性,从本文数据计算来看,对于卫星摄影测量而言,当采用三线阵 CCD 影像计算方位元素恢复立体模型时,卫星姿态稳定度小于 $10^{-3}$(°)即可;③相隔 120 s 姿态累积值表明,如果不采用三线阵 CCD 影像计算外方位元素,要达到立体摄影测量精度,则要对姿态稳定度提出很高的要求(如 Mapsat 姿态稳定度为小于 $10^{-6}$(°),这将增加空间摄影系统的工程难度。

**表 2　内插统计表**

| 数据点间距,方法 | 较差/(°) 1 | 2 | 3 | 4 | 5 | 6 | 7 | 7组平均中误差/(°) | 姿态变化率/(°)$s^{-1}$ |
|---|---|---|---|---|---|---|---|---|---|
| 5 点,1rd | 0.002 3 | 0.001 9 | 0.002 8 | 0.002 4 | 0.003 9 | 0.002 8 | 0.002 4 | 0.002 9 | 0.01 |
| 5 点,3rd | 0.000 2 | 0.000 2 | 0.000 3 | 0.000 2 | 0.000 6 | 0.000 5 | 0.000 7 | 0.000 4 | |
| 相隔 120 s 姿态累积变化值 | 0.088 | 0.454 | 0.157 | 0.104 | 0.380 | 0.360 | 0.311 | | |
| 10 点,1rd | 0.001 2 | 0.001 0 | 0.001 5 | 0.001 3 | 0.002 0 | 0.001 5 | 0.000 13 | 0.001 4 | 0.001 |
| 10 点,3rd | 0.000 3 | 0.000 2 | 0.000 6 | 0.000 3 | 0.001 1 | 0.000 8 | 0.000 3 | 0.000 6 | |
| 相隔 120 s 姿态累积变化值 | 0.15 | 0.066 | 0.054 | 0.014 | 0.048 | 0.049 | 0.050 | | |

注:内插计算时在数据点姿态值上加上 $\sigma_0$=0.000 2 的随机误差。

## 3　利用 EFP 原理计算三线阵 CCD 影像的外方位元素

笔者在相关研究中曾对利用 EFP 法进行空中三角测量作了初步探讨,本文将进一步延伸这一思想。

### 3.1　将按像元连续摄影的三线阵 CCD 影像分解为一定时间间隔的 EFP

为了讨论方便,先假定三线阵 CCD 影像推扫式摄影时刻的外方位元素已经精确恢复,那么在推扫区内任意地面点 $P$ 的坐标可由其前视($l$)、正视($u$)和后视($r$)影像按前方交会计算,并得到($X_P$,$Y_P$,$Z_P$)(图 2)。进而 EFP 上点 $P$ 的坐标($x_P$,$y_P$)可以利用 EFP 的外方位元素及点 $P$ 的地面坐标($X_P$,$Y_P$,$Z_P$)按共线方程计算。只要按框幅像片空中三角构网要求,在三度重叠区内选择定向点并计算在 EFP 上的坐标,就可以按框幅像片空中三角原理计算各 EFP 的外方位元素。

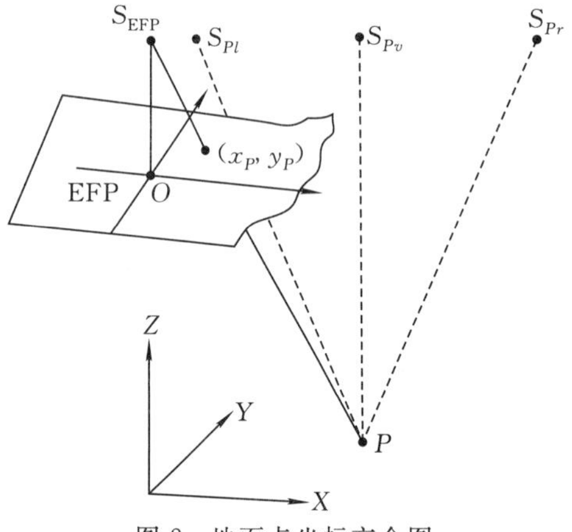


图 2　地面点坐标交会图

EFP 空中三角锁可按像片基线 $f\tan\alpha$ 长度扩展。由于一个基线跨度太大,在其范围内姿态变化不容忽视,因此应以适当间隔另设置其他三角锁。

图 3 显示出了按基线长度 1/3 间隔布设 3 个三角锁的情况,它们的摄影中心编号分别

为 $S_{ai}$、$S_{bi}$、$S_{ci}$（$i=1,\cdots,5$）。为了将各三角锁的数据构成整体平差，在相邻的两个三锁间设置连接点。图 4 为定向点、连接点平面分布示意图，定向点选在过地底点纵线上，连接点选在两相邻过底点纵线之间。

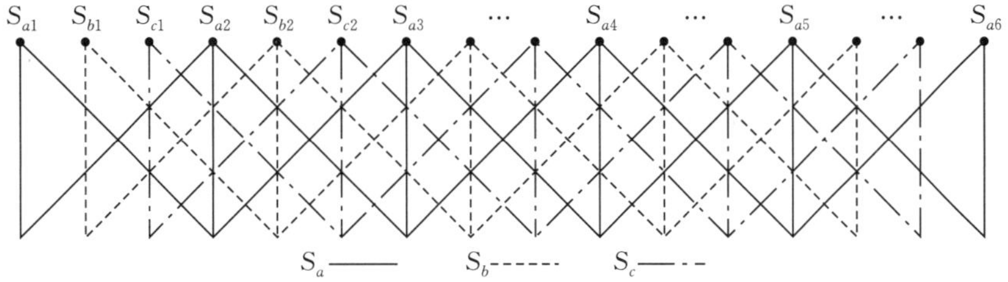

图 3　三角锁布设示意

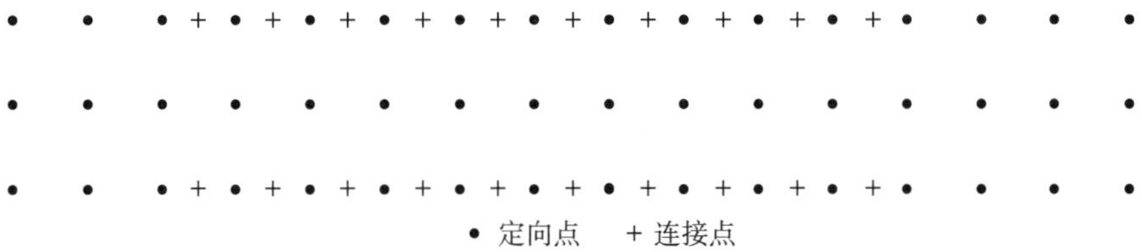

图 4　定向点和连接点分布示意

## 3.2　EFP 光束法空中三角测量平差

从总体上讲，EFP 光束法平差与常规框幅像片光束法平差基本相同。本文将着重对 EFP 光束法平差特殊点加以讨论。

实际的三线阵影像的 EFP 光束法平差也是从外方位元素近似值（初始值或迭代计算中间值）进行迭代计算。光束法平差的基本公式是从共线条件出发，对每个像点列出关系式为

$$\left.\begin{aligned} x &= -f\frac{a_1(X-X_S)+b_1(Y-Y_S)+c_1(Z-Z_S)}{a_3(X-X_S)+b_3(Y-Y_S)+c_3(Z-Z_S)} \\ y &= -f\frac{a_2(X-X_S)+b_2(Y-Y_S)+c_2(Z-Z_S)}{a_3(X-X_S)+b_3(Y-Y_S)+c_3(Z-Z_S)} \end{aligned}\right\} \tag{3}$$

式中，$a_i$、$b_i$、$c_i$（$i=1,2,3$）为像片角元素方向余弦，$X_S$、$Y_S$、$Z_S$ 为摄站坐标，$X$、$Y$、$Z$ 为地面点坐标。

对式(3)线性化后得出误差方程为

$$\left.\begin{aligned} Vx =& \frac{\partial x}{\partial X_S}\Delta X_S+\frac{\partial x}{\partial Y_S}\Delta Y_S+\frac{\partial x}{\partial Z_S}\Delta Z_S+\frac{\partial x}{\partial \varphi}\Delta\varphi+\frac{\partial x}{\partial \omega}\Delta\omega+\frac{\partial x}{\partial \kappa}\Delta\kappa- \\ & \frac{\partial x}{\partial X_S}\Delta X-\frac{\partial x}{\partial Y_S}\Delta Y-\frac{\partial x}{\partial Z_S}\Delta Z-(x-x^0) \\ Vy =& \frac{\partial y}{\partial X_S}\Delta X_S+\frac{\partial y}{\partial Y_S}\Delta Y_S+\frac{\partial y}{\partial Z_S}\Delta Z_S+\frac{\partial y}{\partial \varphi}\Delta\varphi+\frac{\partial y}{\partial \omega}\Delta\omega+\frac{\partial y}{\partial \kappa}\Delta\kappa- \\ & \frac{\partial y}{\partial X_S}\Delta X-\frac{\partial y}{\partial Y_S}\Delta Y-\frac{\partial y}{\partial Z_S}\Delta Z-(y-y^0) \end{aligned}\right\} \tag{4}$$

式中，$x$、$y$ 为像点坐标观测量值，$x^0$、$y^0$ 为由外方位元素近似值以及地面点坐标 $X$、$Y$、$Z$ 的近似值代入式(3)计算得到的常数项。这两者在 EFP 光束法平差中的含义略有不同，它们

都是以地面点的前视、正视和后视的 CCD 影像坐标为观测值及外方位元素的近似值计算得到的，下面将分别讨论。

### 3.2.1 地面点坐标近似值及常数项 $x^0$、$y^0$ 的计算

地面点坐标计算是要提供计算式(4)中的常数项用的地面坐标近似值，以及用于计算 EFP 像点坐标的 CCD 影像投影坐标。首先利用 EFP 摄影时刻的外方位元素近似值，按适当的内插公式计算地面点的前视($l$)、正视($v$)和后视($r$) CCD 影像相应摄影时刻的外方位元素的近似值，再用 CCD 影像坐标以前方交会公式计算地面点坐标。由于被引用的外方位元素是近似值，加之 CCD 影像坐标含有观测误差，因此，$l$、$v$ 和 $r$ 光线并不相交于一点。

(1)若按 $v$、$l$ 光线交会，可得 $X_{vl}$、$Y_v$、$Y_l$、$Z_{vl}$。

(2)若按 $v$、$r$ 光线交会，可得 $X_{vr}$、$Y_v$、$Y_r$、$Z_{vr}$。

取

$$\bar{Z} = Z_{vl} + Z_{vr}$$

并且以 $\bar{Z}$ 为基准面重新归算平面坐标，并称为投影坐标，即 $X_l$、$X_v$、$X_r$、$Y_l$、$Y_v$、$Y_r$。

再取

$$\bar{X} = \frac{(X_l + X_v + X_r)}{3},\ \bar{Y} = \frac{Y_l + Y_v + Y_l}{3}$$

将 $\bar{X}$、$\bar{Y}$、$\bar{Z}$ 作为误差方程式中的地面点坐标的近似值，同时将 $X$、$Y$、$Z$ 以及 EFP 外方位元素近似值代入式(3)，便可计算得常数项 $x^0$、$y^0$。

### 3.2.2 像点坐标计算

前面已经提到，在实际飞行中由于外方位元素变化以及摄影区地形起伏等影响，使得某时刻的三线阵 CCD 相机的 3 条线性影像构成的 EFP 不能满足框幅像片空中三角测量对定向点分布的要求。因此，必须利用推扫式按像元连续摄影的影像，通过投影变换为 EFP 像点，才能够按框幅像片空中三角测量原理来处理。

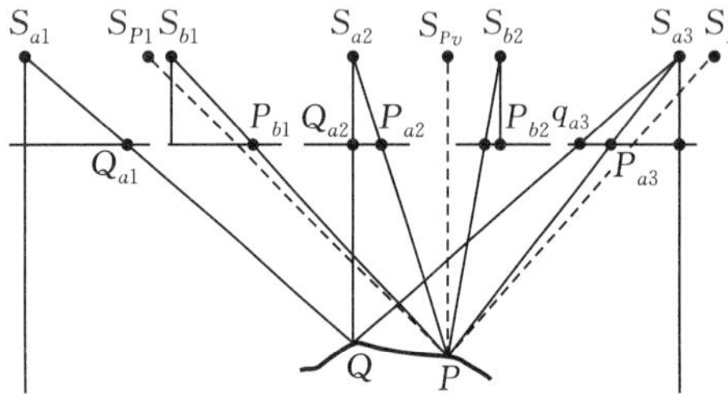

图 5 定向点与连接点交会示意

选取地面点 CCD 影像摄影时刻中最靠近于 EFP 摄影时刻的投影坐标($X_l$、$Y_l$ 或 $X_v$、$Y_v$ 又或 $X_r$、$Y_r$)以及 $Z$ 和 EFP 外方位元素近似值，按式(3)计算地面点在 EFP 的像坐标，并当作 EFP 光束法平差的观测值。图 5 中 $P$ 为一个连接点(或控制点)，它具有连接 EFP 空中三角锁 $S_{ai}$、$S_{bi}$、$S_{ci}$($i=1,\cdots,n$)数据的作用。点 $P$ 的地面坐标可由 CCD 影像的前视光线 $SP_1P$、正视光线 $SP_vP$ 以及后视光线 $S_{Pr}P$ 交会而得。点 $P$ 的投影坐标反投影在 $S_{a_2}$ 的 EFP 上的点为 $P_{a_2}$，它是由 CCD 影像投影光线 $S_{Pv}P$ 变换计算得到的；在 $S_{a_3}$ 的 EFP 上的点为 $P_{a_3}$，它是由 CCD 影像投影光线 $S_{Pv}P$ 变换计算得到的；同理，在 $S_{b_1}$ 的 EFP 上点为 $P_{b_1}$；在 $S_{b_2}$ 的 EFP 上的点为 $P_{b_2}$。连接点在各三角锁中只用靠近 EFP 的两条光线交会。图 5 中，$Q$ 是一个定向点，它在 $S_{a_1}$、$S_{a_2}$ 以及 $S_{a_3}$ 的 EFP 上均有像点，即定向点由 3 条光线交会，起到三角锁内部连接扩展作用。

计算 EFP 上像点坐标的实质是将地面点的 CCD 影像坐标(观测值),按其摄影时刻外方位元素的近似值投影到以 $\bar{Z}$ 为高度的平面上,然后再利用 EFP 摄影时刻的外方位元素近似值,以共线方程反投影到 EFP 平面上,从而得到 EFP 平面上像点坐标,并在光束法平差中当作观测值。此时 EFP 上的像点坐标 $x$、$y$ 是计算出来的,所以称作迭代"推导的观测值"(derived observation)。可以通过方差—协方差传播规律,求出余因子矩阵参与平差。EFP 上的像点坐标除了带有 CCD 影像的观测误差外;还带有地面点 CCD 影像摄影时刻与 EFP 摄影时刻的真方位元素差和近似值外方位元素差之差对计算像点坐标的影响,虽然其值随迭代而缩小,但由于外方位元素内插缘故,这种误差影响理论上总是存在。这正是三线阵 CCD 影像光束法平差不可避免的理论上不严格之处。为了使光束法平差有好的解,对于空间摄影而言,飞行平稳,一般姿态稳定能达到小于等于 $10^{-3}$(°)/s,速度变化率也不大,加之 EFP 与 CCD 像点的摄影时刻相差也很小,因而方位元素的初值对迭代无影响,而且推导观测之余因子矩阵的协方差值很小,平差中仍可以采用对角阵为权矩阵。对航空摄影测量而言,如果姿态稳定度不理想,则摄影时应附带姿态记录设备,以便为光束法平差提供好的初值参与综合平差。

地面点 CCD 影像的摄影时刻越靠近 EFP 摄影时刻,计算的 EFP 像坐标精度越高。定向点都是选比较靠近 EFP 摄影时刻的点,其在 EFP 上的像坐标精度较高,换言之,连接点的 CCD 影像摄影时刻离 EFP 摄影时刻远一些,计算的 EFP 像点坐标精度也低一些。平差中可赋适当小一些的权,以降低其在外方位元素计算中的作用。

### 2.2.3 EFP 光束平差与定向片光束平差的差别

德国 Ebner 教授在解决三线阵 CCD 影像的外方位元素时采用了定向片法光束平差,从其计算的最后结果看,也是得到规则间隔时刻外方位元素,但 EFP 法与定向片法在数学途径上差别颇大。EFP 法是将 CCD 影像坐标观测值换算到 EFP 上的像点坐标,再以归算的坐标当作"推导的观测值",按经典的光束法以共线方程列出误差方程式,因而误差方程式中的未知参数直接就是 EFP 外方位元素的改正数。而定向片法总是直接以 CCD 影像坐标观测值按共线方程列出误差方程式。例如,地面点 $Q_i$ 的误差方程式为

$$\left.\begin{aligned}Vx_{ij}=&\frac{\partial x_{ij}}{\partial X_{Sj}}\Delta X_{Sj}+\frac{\partial x_{ij}}{\partial Y_{Sj}}\Delta Y_{Sj}+\frac{\partial x_{ij}}{\partial Z_{Sj}}\Delta Z_{Sj}+\frac{\partial x_{ij}}{\partial \varphi_j}\Delta\varphi_j+\frac{\partial x_{ij}}{\partial \omega_j}\Delta\omega_j+\frac{\partial x_{ij}}{\partial \kappa_j}\Delta\kappa_j-\\&\frac{\partial x_{ij}}{\partial X_{Sj}}\Delta X_i-\frac{\partial x_{ij}}{\partial Y_{Sj}}\Delta Y_i-\frac{\partial x_{ij}}{\partial Z_{Sj}}\Delta Z_i-(x_{ij}-x_{ij}^0)\\Vy_{ij}=&\frac{\partial y_{ij}}{\partial X_{Sj}}\Delta X_{Sj}+\frac{\partial y_{ij}}{\partial Y_{Sj}}\Delta Y_{Sj}+\frac{\partial y_{ij}}{\partial Z_{Sj}}\Delta Z_{Sj}+\frac{\partial y_{ij}}{\partial \varphi_j}\Delta\varphi_j+\frac{\partial y_{ij}}{\partial \omega_j}\Delta\omega_j+\frac{\partial y_{ij}}{\partial \kappa_j}\Delta\kappa_j-\\&\frac{\partial y_{ij}}{\partial X_{Sj}}\Delta X_i-\frac{\partial y_{ij}}{\partial Y_{Sj}}\Delta Y_i-\frac{\partial y}{\partial Z_{Sj}}\Delta Z_i-(y_{ij}-y_{ij}^0)\end{aligned}\right\}\tag{5}$$

式(5)是对地面点 $Q_i$ 在 CCD 成像片 $j$ 上的坐标列出的。在定向片法中,成像片 $j$ 的外方位元素被看成是邻近定向片外方位元素的内插值。现以线性内插为例,则有

$$\boldsymbol{P}^j=C_j\boldsymbol{P}^k+(1-C_j)\boldsymbol{P}^{k+1}\tag{6}$$

式中,$C_j$ 为成像片 $j$ 与定向片 $k$ 时刻差构成的内插系数,且有

$$\boldsymbol{P}^{j}=[X_{Sj}\quad Y_{Sj}\quad Z_{Sj}\quad \varphi_{j}\quad \omega_{j}\quad \kappa_{j}]^{\mathrm{T}}$$

$$\boldsymbol{P}^{k}=[X_{Sk}\quad Y_{Sk}\quad Z_{Sk}\quad \varphi_{k}\quad \omega_{k}\quad \kappa_{k}]^{\mathrm{T}}$$

平差中还应根据式(6),对式(5)加以扩充至直接以定向片为未知参数的误差方程式。因而,定向片法误差方程与经典光束法误差方程不同之处,在于方程中包含了两组(定向片 $k$ 和定向片 $k+1$)的外方位元素的未知参数。如果内插公式为非线性,则方程式将包含更多组定向片未知参数。这样造成了定向片法在选择内插公式时难免受到一定的约束。而 EFP 法可以自由选择内插公式,利用由迭代求出的全部 EFP 外方位元素数据进行统一的滤波和内插,最小二乘滤波与内插法可能是最佳的选择。EFP 法的方便之处还在于编程时可以更多地利用已有的光束法平差程序。

本文讨论中略去了对地面控制点,以及飞行时记录的已知外方位元素数据的应用,由于 CCD 影像在 $y$ 方向通常较短,对解算外方位元素精度有影响,应尽量利用导航数据、恒星传感器数据以及地面点加以综合平差。

## 参考文献

[1] 王之卓. 摄影测量原理[M]. 北京:测绘出版社,1979.

[2] 钱曾波. 解析空中三角测量基础[M]. 北京:测绘出版社,1980.

[3] WU J. Triplet evaluation of stereo-pushbroom scanner data[C]//ISPRS. Proceedings of the XVth ISPRS Congress: Technical Commission III on Mathematical Analysis of Data, June 17-29, 1984, Rio de Janeiro, Brazil. Hanover, Germany: University of Hanover: 1164-1178.

[4] EBNER H, MULLER F. Processing of digital three-line imagery using a generalized model for combined point determination[J]. Photogrammetria, 1987, 41(3): 173-182.

# LMCCD 相机卫星摄影测量特性*

王任享，王建荣，王新义，杨俊峰

**摘　要：**在简要介绍 LMCCD 相机即线阵-面阵 CCD 组合相机概念和实现基本条件的基础上，以影像数字模拟方法显示 LMCCD 推扫式摄影的影像，并利用这些影像生成 DEM 和等高线。同时还利用数字模拟的方法生成 LMCCD 相机卫星摄影测量的数据，应用等效框幅像片(EFP)法平差，讨论 LMCCD 影像无地面控制摄影测量的精度。

**关键词：**卫星摄影测量；三线阵 CCD 影像；空中三角测量；外方位元素

## 1 引　言

在框幅式像片空中三角测量中，由于框幅式像片几何保真度好，空中三角构建的立体航线模型变形较小，将外方位元素(EO)参与平差，能够对 EO 观测值进行改正，并可构成精度高的绝对定向航线模型。

无地面控制点卫星摄影测量的主要难点在于 EO 角元素，尤其 $d\varphi$ 对高程精度影响最大。例如，航高 $H=650$ km，$d\varphi=2''$，基高比为 $B/H=1$，$d\varphi$ 产生的高程误差 $dh=6.3$ m，仅此项已超过了测图等高距 $CI=20$ m 与 $dh<6$ m 的要求。但对于卫星上测定角元素的星敏感器而言，$d\varphi=2''$已属于很苛刻的指标，1997 年丹麦生产的 CHAMP ASL 和美国生产的 AST-201 星敏感器测角误差均为 3″[1]。德国学者 Hofmann 等[2-3]提出采用光束法平差，将 GPS、星敏感器的测定数据当作“非完善”观测值(non-perfect position and attitude observations)[4]，以带权观测值参与平差并加以改正。遗憾的是，三线阵 CCD 影像单航线光束法平差误差很大，在 MOMS-02/D2 工程中，为了实现任务目标，平差要求精确的 EO 观测值和较密集的控制点网支持，不提倡不要地面控制点[5]。按照模拟计算分析单航线平差精度低的主要原因，得出是由 MOMS-02/D2 的影像航线宽度与飞行高度之比为 1∶9 这种极端狭航线引起的。但笔者的研究[6]发现，宽高比很小仅是平差精度低的次要因素，最主要的原因在于：三线阵 CCD 航线被离散间距为“定向时刻”的诸三角锁组成，而平差中对诸多三角锁之间的整合没有特殊的制约措施，特别是三角锁模型间缺乏有效的连接点条件。笔者在相关研究[7]中提出采用 EFP 法，并增加连接点真像平面坐标，可以使诸多三角锁模型得到很好的整合，从而显著地提高精度，同时提出了 LMCCD 相机应用于卫星摄影测量的建议[8]。该相机在轨摄影时可以在定向时刻摄取平差用的连接点像平面坐标，本文将对 LMCCD 相机有关问题作进一步研究。

* 本文发表于《测绘科学》2004 年第 4 期。

## 2 LMCCD 原理结构

### 2.1 LMCCD 相机 CCD 探测器配置

LMCCD 相机是以三线阵 CCD 相机为基础，在正视阵列两侧设置两个小 CCD 面阵，因而称为 LMCCD 相机(line-matrix CCD array)，其 CCD 探测器配置如图 1 所示。

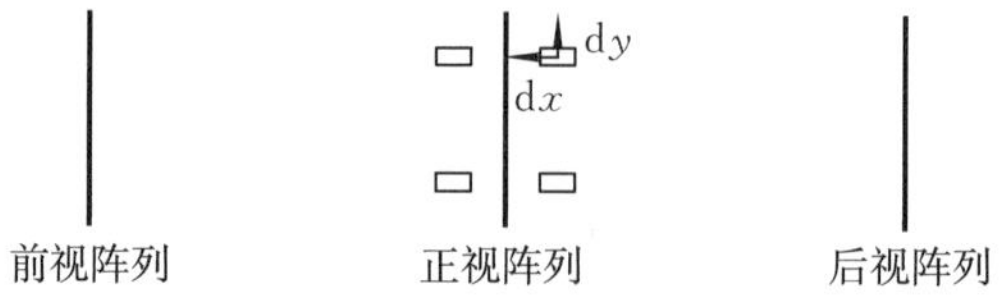


图 1 LMCCD 相机的 CCD 探测器配置

小面阵 CCD 用于摄取空中三角锁之间的连接点像平面坐标，按 EFP 法平差规定，每一短基线(前视或后视相机与正视相机摄影中心的距离)按 10 等分选定 EFP 时刻(定向时刻)，因此，小面阵 CCD 中心与正视线阵的距离为

$$dx = \frac{f\tan\alpha}{20} \tag{1}$$

式中，$f$ 为正视相机主距，$\alpha$ 为前、后视相机与正视相机的夹角。

在推扫式摄影过程中，只有在定向时刻才记录小面阵的影像数据，也就是说在定向时刻除了三线阵 CCD 影像外，另加 4 个小面阵影像，它们的坐标均属于该定向时刻的像平面坐标。

### 2.2 CCD 探测器配置实现的基本要求

中国科学院长春光学精密机械与物理研究所有关专家就此问题做过初步研究。设 $H = 600$ km，CCD 像元为 0.006 5 mm，地面分辨率为 5 m×5 m，$\alpha = 25°$，$f = 780$ mm，则 $dx = 18.2$ mm，对应的视场角约 1°47′，而 dy 取 200 像元，$dy = 1.3$ mm。按照他们初步选定的 CCD 元器件，得出正视线阵与 CCD 小面阵中心的物理距离约为 14 mm，dx 大于此值 4 mm，机械上有足够的安装余量。

## 3 LMCCD 推扫式摄影的数字影像模拟

数字影像模拟基本参数选取低空状态，目的是模拟的影像便于在文章中显示。另外，为便于了解低空下模拟的数据，其平差计算结果的性质与高空不完全一样。

### 3.1 数字模拟影像生成

设置参数：$H = 8.4$ km，CCD 像元为 0.01 mm，宽高比为 1∶9.2，$f = 24$ mm，地面分辨率为 3.5 m×3.5 m，基高比为 1.0，$\tan\alpha = 0.5$，像比例尺分母为 350 000，姿态变化率为 $10^{-3}$(°)/s，并假设飞行平稳。

利用航片生成的 DEM 和正射影像，按推扫式摄影生成正视、前视和后视包含两条短基线的 CCD 影像，并生成 4 层金字塔影像。其中，正视影像生成时，按 dx 所相应的取样周期为间隔采样 4 个小面阵影像，统一显示于图 2，正视影像边缘上的小白方块表示采集小面阵影像的定向时刻。同时，还利用以上参数并假设影像匹配误差为 0.3 像元以生成数字模拟数据，然后按 EFP 法平差，所得的外方位元素用于自动采集 DEM 并生成等高线，如图 2 所示。

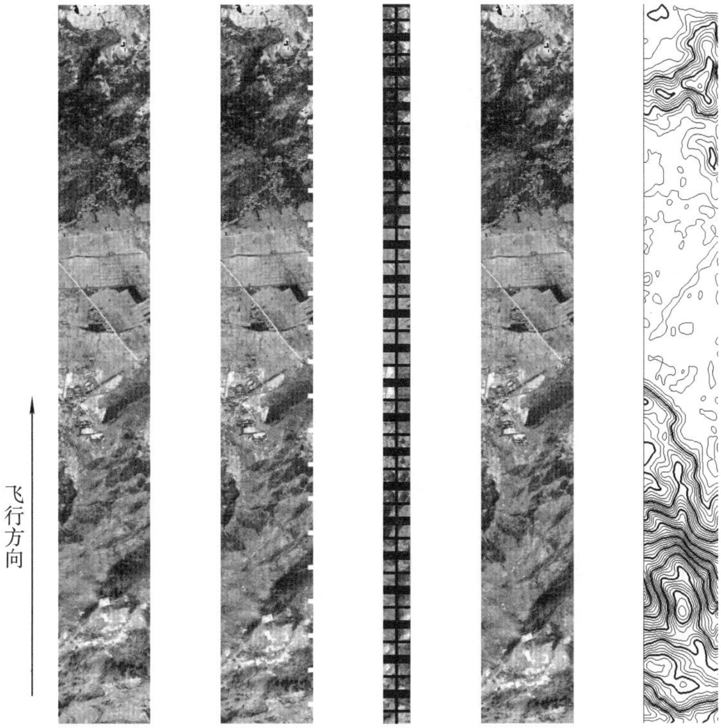


图 2 LMCCD 相机推扫式摄影模拟影像

### 3.2 数字模拟数据光束法平差

根据 3.1 节设定的参数，以像点坐标量测误差为 0.3 像元生成模拟数据，分别按仅有三线阵 CCD 影像以及 LMCCD 影像，并利用 4 个无误差的地面控制点作航线模型绝对定向，高程误差值如表 1 所示。

**表 1 高程误差统计 1**

| 基线数 | CCD 影像 $m_h$/m | LMCCD 影像 $m_h$/m | CCD 影像 $m_h$/m | LMCCD 影像 $m_h$/m |
|---|---|---|---|---|
| 2 | 2.4 | 2.4 | 2.5 | 2.5 |
| 3 | 3.7 | 3.7 | 3.0 | 3.0 |
| 4 | 2.7 | 2.7 | 2.6 | 2.6 |
| 10 | 6.4 | 6.4 | 5.3 | 5.3 |
| 宽高比 | 1∶9.2 | | 1∶1.2 | |

从表 1 的高程误差比较可以得出以下结论：

(1)三线阵 CCD 影像与 LMCCD 影像平差结果相同，即 LMCCD 小面阵影像坐标不起作用，小面阵的影像只有在高空的卫星摄影测量平差时才起作用，其原因在相关文献[6]中已有论述。另外，宽高比为 1∶9.2 和 1∶1.2 相比较，两者在定向点有效范围内高程精度相当，说明宽高比极端小（1∶9.2）不会造成平差精度的大幅度下降。

（2）基线数为2～4时，高程误差约0.68～1.08像元，即使基线数增大到10，高程误差也小于2个像元。这种状况与相关研究[9]的实验结论相似：单航线只要少量控制点绝对定向，附加的外方位元素观测值没有必要——这是德国学者在DPS研究初期按低空摄影条件作模拟计算得出来的，但后来按卫星摄影条件研究改变了这一结论。

框幅式像片空中三角测量的误差还可以用误差比例系数 $SF$ 对其他空中三角测量精度加以估算，即

$$SF=\frac{\sigma_i}{\sigma_0}\frac{H_i}{H_0}\frac{f_0}{f_i} \tag{2}$$

式中，$\sigma$ 为像点坐标误差，μm；$H$ 为航高，km；$f$ 为焦距，mm；下标0为本次实验参数，下标 $i$ 为待实验计算参数。

其预期误差可表示为

$$\left.\begin{aligned} m_{xi}&=SFm_{x0}\\ m_{yi}&=SFm_{y0}\\ m_{h_i}&=SFm_{h0}\end{aligned}\right\} \tag{3}$$

# 4　LMCCD相机卫星数字模拟实验

## 4.1　无地面控制点平差精度

卫星摄影参数设置方案一：$H=600$ km，CCD像元为0.006 5 mm，地面分辨率为5 m×5 m，$f=780$ mm，$\tan\alpha=0.5$，航线宽60 km，影像匹配误差为0.3像元。

卫星摄影参数设置方案二：$H=700$ km，$f=910$ mm，其余与方案一相同。

对两个方案的参数，按式（2）预估 $SF=1.428$，并按式（3）预估高程误差 $m_h=5$ m（$m_{h_0}$ 按3.5 m计算），进而分别对三线阵CCD影像和LMCCD影像按EFP法平差，高程误差统计如表2所示。

表2　高程误差统计2

| 基线数 | 三线阵CCD影像 | | LMCCD影像 | | 三线阵CCD影像 | | LMCCD影像 | | 控制数据 |
|---|---|---|---|---|---|---|---|---|---|
| | $m_h$ /m | $m_\varphi$ /(″) | $m_h$ /m | $m_\varphi$ /(″) | $m_h$ /m | $m_\varphi$ /(″) | $m_h$ /m | $m_\varphi$ /(″) | |
| 2 | 205.4 | 11.1 | 4.4 | 5.5 | 261.2 | 12.1 | 4.3 | 5.3 | 4控制点 |
| 3 | 37.1 | 5.8 | 5.0 | 3.9 | 44.1 | 5.7 | 5.9 | 3.9 | 无误差 |
| 2 | 14.0 | 1.7 | 4.9 | 0.5 | 15.6 | 1.6 | 5.3 | 0.5 | $\sigma p=2$ m |
| 3 | 5.9 | 1.3 | 3.6 | 0.5 | 6.9 | 1.3 | 3.7 | 0.5 | $\sigma\varphi=3.3''$ |
| 2 | 8.9 | 1.1 | 4.1 | 0.4 | 11.7 | 1.2 | 4.4 | 0.4 | $\sigma p=2$ m |
| 3 | 4.5 | 0.9 | 3.3 | 0.4 | 5.2 | 0.9 | 3.4 | 0.4 | $\sigma\varphi=2''$ |
| $H$/km | 600 | | | | 700 | | | | |

平差计算结果可得如下结论：

（1）无地面控制点情况下，LMCCD影像用EFP法平差，高程误差 $\sigma h<6$ m，可测制 $CI=20$ m的1∶5万地形图。

（2）LMCCD影像利用EO观测值平差，角元素 $\varphi$ 的误差从2″减小为0.4″，从3″减小到

0.5″,明显地削弱了 EO 观测值误差对定位精度的影响,并得到精度比较高的外方位元素。

(3)仅仅利用三线阵 CCD 影像平差,其精度明显低于 LMCCD 影像平差的结果,原因是空间摄影与低空摄影相机焦距长度差异较大造成的,相关研究[6]作了解释。这就是 CCD 影像与框幅像片空中三角测量相比一个很特殊的地方。

(4)从仅利用 4 个控制点参与绝对定向平差看,LMCCD 的高程误差与按式(3)预估的误差接近,说明 LMCCD 影像空中三角测量与框幅式像片空中三角测量性质相近,而仅三线阵 CCD 影像空中三角平差的高程误差与按式(3)预估的误差相差甚远。

## 4.2 偶然误差系统累积

三线阵 CCD 影像航线光束法平差,与框幅式像片光束法平差一样,都存在着偶然误差系统累积现象。该现象产生的原因是像点坐标除了含观测误差外,还由于计算定向时刻所关联到的像点存在方程式系数转换误差(定向片法)或 EFP 像点转换误差(EFP 法),在长一些的航线时将出现系统累积现象,与相当的框幅像片空中三角测量相比,这种系统累积更为显著。按短基线数为 12,地面分辨率为 5 m×5 m,像比例尺为 1∶100 万,分别以 $f=600$ mm 和 $f=30$ mm 计算(表 3)。

表 3 高程误差统计 3

| $f=600$ mm | | $f=30$ mm | | 姿态变化率 /(°)$s^{-1}$ | 像点误差 /m |
|---|---|---|---|---|---|
| 4 个控制点 | $\sigma p=2$ m $\sigma\varphi=3.3''$ | 4 个控制点 | $\sigma p=2$ m $\sigma\varphi=3.3''$ | | |
| 1.3 | 2.3 | 0.5 | 0.8 | 0 | 0 |
| 3.7 | 3.8 | 3.5 | 2.6 | 0 | 1.5 |
| 4.2 | 2.3 | 5.1 | 1.1 | $10^{-4}$ | 0 |
| 3.8 | 3.9 | 6.4 | 2.7 | $10^{-4}$ | 1.5 |
| 13.1 | 2.1 | 5.3 | 1.0 | $10^{-3}$ | 0 |
| 13.7 | 3.8 | 6.5 | 2.7 | $10^{-3}$ | 1.5 |

从表 3 的数据可以看出:像点量测值误差(影像匹配)较小,对系统累积贡献不大,姿态变化率增大使得 EFP 像点转换误差增大,产生较大的累积误差,但在外方位元素参与平差下可以消除。如果平差中没有 EO 观测值,则应依航线的长度适当增加地面控制点。

# 5 结 论

LMCCD 影像光束法平差性质很接近框幅式像片,EO 观测值参与平差能较好地削弱 EO 观测值误差对平差结果的影响,在无地面控制点的卫星摄影测量方面明显优于单纯的三线阵 CCD 相机。尽管 LMCCD 相机还处于概念和探讨阶段,但经过努力一定能在卫星摄影测量工程中实现。

## 参考文献

[1] 陈元枝.基于卫星敏感器的卫星三轴姿态测量方法研究[D].长春:中国科学院长春光学精密机械与物理研究所,2000.

[2] HOFMANN O,MULLER F. Combined point determination using digital data of three line scanner

systems[C]// ISPRS. Proceedings of the XVIth ISPRS Congress: Technical Commission III on Mathematical Analysis of Data, July 1-10, 1988, Kyoto, Japan. Kyoto: ISPRS: 567-577.

[3] EBNER H, KORYUS W, OHLHOF T, et al. Orientation of MOMS-02/D2 and MOMS-2P/PRIRODA [J]. ISPRS Journal of Photogrammetry and Remote Sensing, 1999, 54: 332-341.

[4] LI Rongxing. Potential of high-resolution satellite imagery for national mapping products [J]. Photogrammetric Engineering and Remote Sensing, 1998, 64(12): 1165-1170.

[5] EBNER H, KORYUS W, STRUNZ G. A simulation study on point determination using MOMS-02/D2: imagery [J]. Photogrammetric Engineering and Remote Sensing, 1991, 67(10): 1315-1320.

[6] 王任享，王新义，李晶，等. 提高卫星三线阵 CCD 影像空中三角测量精度及摄影测量覆盖效能[J]. 测绘科学，2003(3)：4-9.

[7] 王任享. 卫星三线阵 CCD 影像光束法平差研究[J]. 武汉大学学报：信息科学版，2003，28(4)：379-385.

[8] 王任享，胡莘，杨俊峰，等. 卫星摄影测量 LMCCD 相机的建议[J]. 测绘学报，2004，33(2)：116-120.

[9] HOFMANN O. The stereo-push-broom scanner system DPS and its accuracy [C]// ISPRS. Proceedings of the ISPRS Commission III Symposium, August 9, 1986, Rovaniemi, Finland. Rovaniemi: ISPRS: 345-356.

# 将卫星三线阵 CCD 影像变换为正直影像进行立体测绘*

王任享，王建荣，王新义，马建瑞

**摘　要**：可以展望利用卫星三线阵 CCD 影像自动采集的 DEM 按共线方程将三线阵 CCD 影像变换为正直摄影影像对提供用户立体测绘。着重讨论正直摄影影像中不在 DEM 表面上的目标点的位置误差以及改进的立体测绘数学模型。利用卫星获取的前、后视 CCD 影像并在其上添加由计算机生成的高层目标（约 300 m）的图像，验证生成的正直影像对立体测绘的可行性，实验的高层目标点的坐标量测中误差在 0.5 像元之内。

**关键词**：卫星摄影测量；正直摄影影像；立体测绘

## 1　引　言

传输型摄影测量卫星运管部门至今多半只提供制作 $A$、$B$ 两级影像产品，由于三线阵 CCD 影像推扫式摄影比较复杂的数学模型及 6 个外方位元素的诸多数据，给用户应用带来很多不便。早期处理中，采用多项式分别拟合 6 个外方位元素，使得诸多外方位元素数据简化到只有 6 个多项式所含的参数，近期利用外方位元素生成一定数量的控制点并生成有理多项式以代替地像坐标中的有关参数，都实现了便于用户使用的目的。随着计算机技术的发展，一些卫星运管部门已考虑应用其掌握的影像参数，按严格的方法采集 DEM 并生成正射影像产品提供给用户。在这种情况下，笔者认为可以将卫星产品进一步推向到利用 DEM 生成正直摄影（normal case photography）影像（以下简称正直影像）用于立体测绘。对运管部门而言，DEM 可分为粗、精两级，如果只用于生成正射影像和正直影像，对 DEM 只要进行粗差剔除、平滑以及简单的后编辑；如果要用于生成等高线则作精编辑。不管哪一级 DEM，在后续的立体测图中都可以支持立体跟踪地物，使之高程自动照准，如有必要也可以用生成的正直影像对 DEM 作进一步后编辑。利用 DEM 生成正直影像属于严格的三维变换，可以得到最简单的中心投影影像，也方便在已有的数字摄影测量工作站上应用。可以展望将来卫星运管部门除了拥有 $A$、$B$ 级产品，还有 DEM、正射影像和正直影像供用户选用。

## 2　利用 CCD 影像、DEM 和外方位元素数据生成正直摄影像对

### 2.1　正直影像生成计算

像片水平、摄影基线水平的像片对，称为理想像对或正直摄影像对[1]。这种像对只有地面摄影测量中存在，航空、航天摄影中都不存在，其特点是外方位元素（EO）最简单。像对参

* 本文发表于《测绘科学》2007 年第 3 期。

数可以规定为：正直影像主距 $f$ 可取前、后视 CCD 相机主距的均值；对左摄站坐标（$X_{S1}$，$Y_{S1}$，$Z_{S1}$）与右摄站坐标（$X_{S2}$，$Y_{S2}$，$Z_{S2}$），由于是正直摄影，所以 $Y_{S1}=Y_{S2}=Y_S$，$Z_{S1}=Z_{S2}=Z_S$；角元素 $\varphi_1$、$\omega_1$、$\kappa_1$、$\varphi_2$、$\omega_2$、$\kappa_2$ 均为零，无需设定；左像起始点坐标 $I_{o1}(0,o_y)$，右像起始点坐标 $I_{o2}(-l-r_o,o_y)$，$o_y$ 为影像文件起始点至像主点的像元数，如图 3 所示；$l_x$ 为方向像元数，$l_y$ 为 $y$ 方向像元数。

将 CCD 影像变换为正直影像的计算过程可如图 1 所示。先由正直影像坐标计算地面点坐标，其中 $Z$ 坐标从 DEM 中内插求得；这一过程要从其近似值开始迭代计算，当地面坡度大于摄影光线倾角时，迭代不能正确收敛，应作适当处理，再由地面控制点坐标按 CCD 推扫式摄影反求 CCD 像点坐标，其计算过程参阅相关文献的 2.4.2.2 的像地坐标反算（$T_{I-0}^{-1}$）[2]。然后利用 CCD 像坐标在 CCD 影像文件中内插灰度，并为正直像点赋灰度值。两者摄影变换关系在 $XZ$ 面上的投影如图 2 所示。

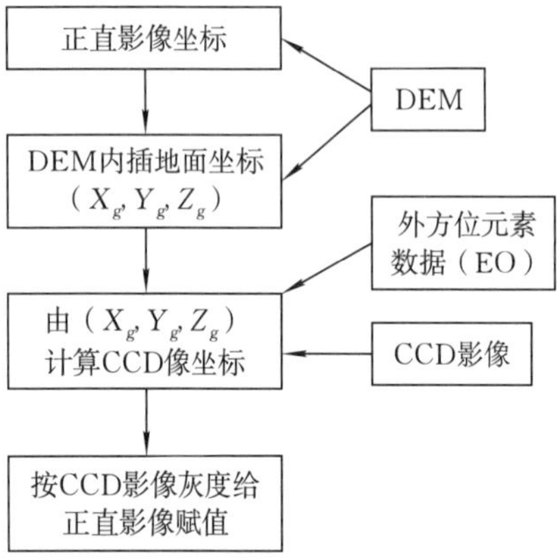


图 1 正直影像生成框图

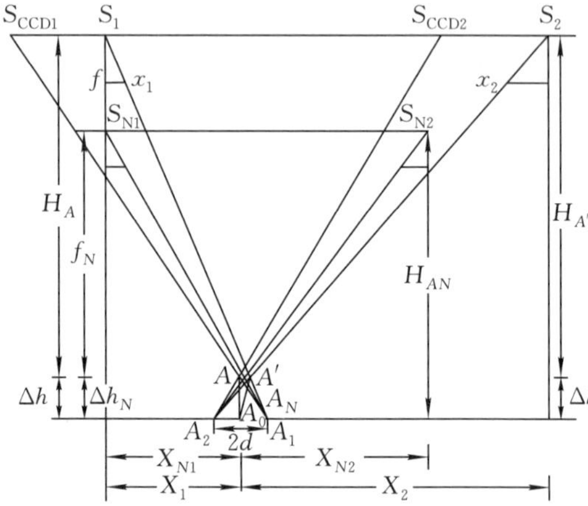


图 2 CCD 影像与正直影像变换

## 2.2 实用化正直影像对

卫星摄影中，一个基线覆盖的影像数据量很大，为方便用户使用，通常将航线影像划分为若干区块，区块大小主要由用户要求及卫星航线宽度来确定。按区块生成正直影像时，可以以区块 $x$ 方向长度为正直像对的基线，为保持基高比基本不变，摄站高度相应降低，影像主距也成比例缩小，$y$ 方向摄影光线倾角尽量不大于 25°，以避免产生摄影死角。

为了保持区块正直影像对的影像有效区覆盖所选定的区块，实用化正直影像对参数设定为

$$\left.\begin{aligned} f_N &= fK \\ K &= \frac{B}{B_{\text{CCD}}} \\ B_N &= BK \end{aligned}\right\} \tag{1}$$

式中，$f$ 为前、后视 CCD 相机主距均值，$B$ 为区块 DEM 在 $x$ 方向长度，$B_{\text{CCD}}$ 为区块范围内同名点前、后视 CCD 影像摄影中心距的概略均值。

在图 3 中，$o_1$、$o_2$ 为左、右正直影像的主点，$I_{o1}(0,o_y)$、$I_{o2}(-l-r_o,o_y)$ 为区块 DEM 左上角点在正直影像上的点位，$r_o$ 为右像右端至右片过主点垂线的距离。

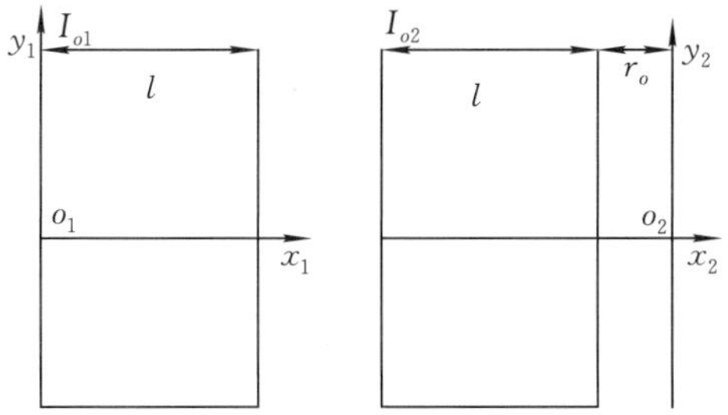


图 3 正直影像对参数

在图 2 中，左摄站坐标为 $(X_{SN1}, Y_{SN1}, Z_{SN1})$，右摄站坐标为 $(X_{SN2}, Y_{SN2}, Z_{SN2})$，令

$$\left.\begin{aligned} Y_{SN1} &= Y_{SN2} = Y_{SN} \\ Z_{SN1} &= Z_{SN2} = Z_{SN} \\ Z_{SN} &= K(Z_{SCCD} - Z_0) + Z_0 \end{aligned}\right\} \tag{2}$$

式中，$Z_{SCCD}$ 为区块 DEM 左上角点相应的 CCD 摄站坐标，$Z_0$ 为区块 DEM 左上角点高程。

从 CCD 影像到实用化正直影像的投影变化关系也表示于图 2，带 $N$ 者为属于实用化正直影像的有关参数。

## 2.3 离点误差分析及立体测绘数学模型

### 2.3.1 从 CCD 影像到正直影像的变换规律及特点

从 CCD 影像到正直影像是借助 DEM 并按共线方程作严格三维变换，因而应用正直影像重建模型时，凡 DEM 栅格点均没有误差，介于栅格之间点的高程虽然受 DEM 内插有些误差，但对立体测绘精度无大影响。但是，由于 DEM 作了平滑处理，一些地物点(尤其是高层建筑物顶)根本没有其顶层高程参与变换，因而恢复立体量测[3]将出现误差。为了叙述方便，本文将那些不在 DEM 表面即“浮出”或“切入”DEM 表面的点称作“离点”，意为离开 DEM 表面的点。

图 2 是 CCD 影像的正直影像透视变换关系在 $XZ$ 面上的投影。图中，$S_{CCD1}$、$S_{CCD2}$ 为摄取点 $A$ 时的前、后视 CCD 相机摄影中心；$S_1$、$S_2$ 为左、右正直影像摄影中心；$A_1$、$A_2$ 是左、右 CCD 相面上点 $A$ 的影像在 DEM 面上的投影；在 CCD 影像成像时点 $A$ 有 $X_A$、$Y_A$、$Z_A$ 值，其摄影位置是严格中心投影的结果。从点 $A$ 铅垂到 DEM 面上的交点为 $A_0$，其坐标值为 $(X_A, Y_A, Z_{A0})$，此处 $Z_{A0}$ 等于按 $X_A$、$Y_A$ 在 DEM 中内插的高程。在正直影像生成中，点 $A_0$ 有 $Z_{A0}$ 参与，所以 $A_0$ 在正直影像上的坐标是严格的，其逆投影(前方交会)也能恢复 $A_0$ 位置。然而，点 $A$ 是离点，在正直影像生成中没有 $Z_A$ 参与，而点 $A$ 在左、右正直影像面上的影像分别是由 $A_1$、$A_2$ 及其在 DEM 的高程按共线方程计算的结果，所以按其在正直影像上的像点 $x_1$、$x_2$ 作前方交会时交点是 $A'$，而不是 $A$。从图 2 可以看出 $A_0$ 到 $A'$ 不是铅垂上升，而是沿倾斜线上升，即带有平面位置误差以及高程误差。唯一不出现误差的条件是正直影像的摄影中心与摄取点 $A$ 时的前、后视 CCD 相机中心一致，CCD 影像系推扫式摄影，这一条件一般情况下不存在，但有重要意义，即可以用来探讨离点的误差。

### 2.3.2 离点位置误差分析

正直影像对立体测绘中绝大多数点的精度不存在问题，只有离点带有仿射变形，其误差应作分析。离点位置误差由两个因素决定：一是离点距 DEM 表面高差大小；二是正直像对摄影中心与离点在 CCD 推扫式摄影过程中的摄影中心不一致。正直像对摄影中心属地表地物标高，只有百米级，离点在卫星摄影中，由于飞行比较平稳，在一个区块范围内摄影中心非线性变化，估计也是百米级，但卫星飞行高度是以百公里计，因而正直影像对与离点 CCD 影像摄影中心之较差，对正直影像量测离点位置的影响只要取一次项。令二者较差为 $DZ$、$DY$、$DX$、$DB$；对 $DZ$、$DY$ 而言，正直影像中心之左、右量相等，而离点 CCD 影像中心之左、右量不相等，但其差值不大，为讨论方便取为一个值；$DX$ 随离点 $X$ 坐标变化，变化量较大；$DB$ 除了 CCD 摄站坐标非线性变化因素外，还涉及姿态角 $\varphi$ 的变化以及地形起伏等影响。

离点坐标误差只取一次项，并略去推导过程，结果如下：

(1) $DZ$ 产生的离点坐标误差为

$$\left.\begin{aligned} \mathrm{d}y &= \frac{\Delta h}{H}\frac{Y}{H}DZ \\ \mathrm{d}h &= \frac{\Delta h}{H}DZ \end{aligned}\right\} \tag{3}$$

式中，$\Delta h$ 为离点对 DEM 表面的高差，$H$ 为正直影像摄影中心至 DEM 表面距离，$Y$ 为离点在摄影测量坐标系的 $Y$ 坐标。

(2) $DY$ 产生的离点坐标误差为

$$\mathrm{d}y = \frac{\Delta h}{H}DY \tag{4}$$

(3) $DB$ 产生的高程误差为

$$\mathrm{d}h = -\frac{\Delta h}{B}DB \tag{5}$$

(4) $DX$ 的影响，在地像坐标计算时可以改正，后文将专门讨论。

由此得中误差（此时 $B = H$）为

$$\left.\begin{aligned} m_y &= \frac{\Delta h}{H}\sqrt{\left(\frac{Y}{H}DZ\right)^2 + DY^2} \\ m_h &= \frac{\Delta h}{H}\sqrt{DZ^2 + DB^2} \end{aligned}\right\} \tag{6}$$

设 $H = 500\ \mathrm{km}$，$\Delta h = 300\ \mathrm{m}$，$Y = 30\ \mathrm{km}$，并以不同的 $DY$、$DZ$、$DB$ 计算中误差(表 1)。

**表 1 离点理论误差**

| $DY = DZ = DB$/m | $m_y$/m | $m_h$/m |
|---|---|---|
| 100 | 0.06 | 0.14 |
| 200 | 0.12 | 0.17 |
| 300 | 0.18 | 0.25 |
| 500 | 0.30 | 0.42 |
| 1000 | 0.60 | 0.84 |

作为理论误差计算，表 1 中 $DY$、$DZ$、$DB$ 均设定为 100～1 000 m，但实际资料中取决于

卫星运行的非线性化变化状况。对于正常运行的卫星而言，在一个60～120 km轨道范围内，摄站$Y$、$Z$坐标及基线值离均值估计不大，不会影响正直影像测绘精度。

### 2.3.3 立体跟踪的数学模型

为了消除$DX$的影响，设计了以下地像坐标数学模型，在其作用下，立体照准离点$A'$，参看图2。虽然是沿$A_0A'$的倾斜线上升，但仍能保持平面坐标与$A_0$相同。从$X_g$、$Y_g$到$x_1$、$x_2$的计算过程框图如图4所示。

$$\left.\begin{aligned} x_1 &= \frac{[X_{S1}-(X_g+d)]f}{(Z_{\text{int}1}-Z_S)pixel} \\ y_1 &= o_y - \frac{(Y_S-Y_g)f}{(Z_{A'}-Z_S)pixel} \\ x_2 &= \frac{[X_{S2}-(X_g+d)]f}{(Z_{\text{int}2}-Z_S)pixel} \\ y_2 &= o_y - \frac{(Y_S-Y_g)f}{(Z_{A'}-Z_S)pixel} \end{aligned}\right\} \tag{7}$$

式中，$X_g$，$Y_g$为地面点$A_0$或离点$A$的平面坐标；$Z_{\text{int}1}$为点$A_1$高程，由$X_g+d$与$Y_g$内插DEM；$Z_{\text{int}2}$为点$A_2$高程，由$X_g-d$与$Y_g$内插DEM；$Z_{A'}$为立体照准点$A'$的高程；$X_{S1}$、$X_{S2}$为正直影像左、右摄站$X$坐标；$Y_S$、$Z_S$分别为正直影像摄站$Y$和$Z$坐标；$pixel$为像元大小；且有

$$d=\frac{1}{2}B\frac{\Delta h'}{H_{A'}}$$

其中，$B=X_{S2}-X_{S1}$，$\Delta h'=Z_{A'}-Z_{\text{int}A0}$，$Z_{\text{int}A0}$为$X_g$、$Y_g$内插DEM的高程，$H_{A'}=Z_S-Z_{A'}$。

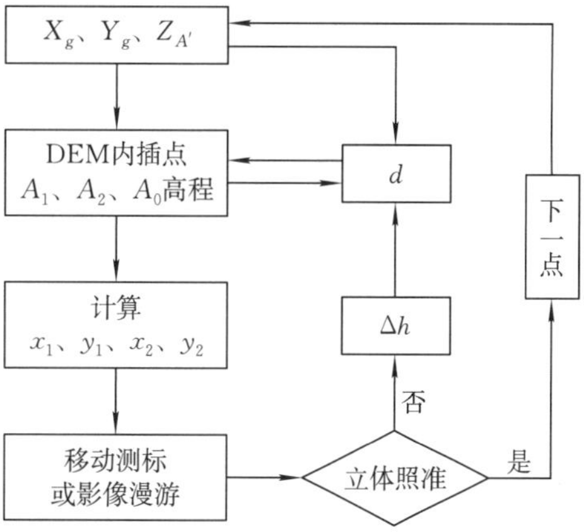


图4 立体跟踪框图

以上公式基本上适用于实用化正直影像对，但对$y_1$、$y_2$计算式的分母中$Z_{A'}$应代之为

$$Z_{A'}=\Delta h'k+Z_{\text{int}A0} \tag{8}$$

## 3 实 验

为了验证以上讨论的结论，特别是如何保持离点立体量测的必要精度，在选取的卫星摄影前、后视影像上增加计算机生成的高层离点图像。

### 3.1 卫星三线阵CCD影像

基本数据：$H=600$ km，$f_l=326.24$ mm，$f_r=327.0$ mm，$\alpha=21°$，$pixel=0.0065$，地面分辨率为12 m×12 m，截取区块长26 km、宽20 km。

带有高层离点的前、后视影像如图5所示。

外方位元素参与下，按推扫式摄影原理[4]采集栅格间距为30 m×30 m、大小为800×560栅格点的DEM[5]。DEM生成的等高线如图6所示，生成的正直影像如图7所示。

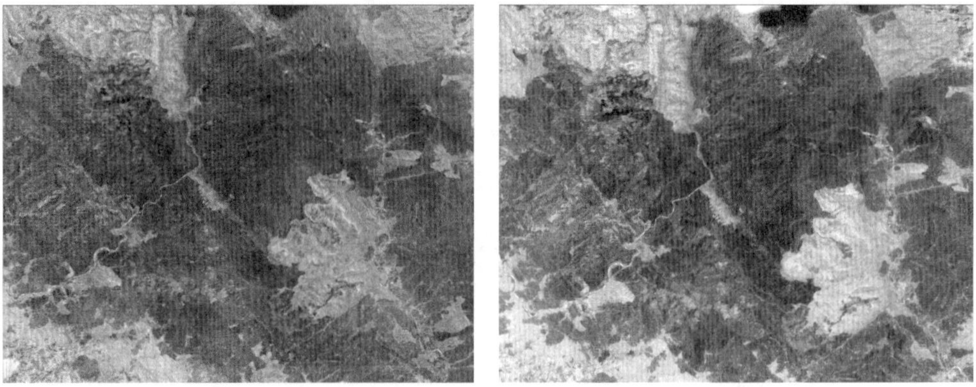

（a）前视影像　　（b）后视影像

图 5　带有高层离点的前视与后视影像

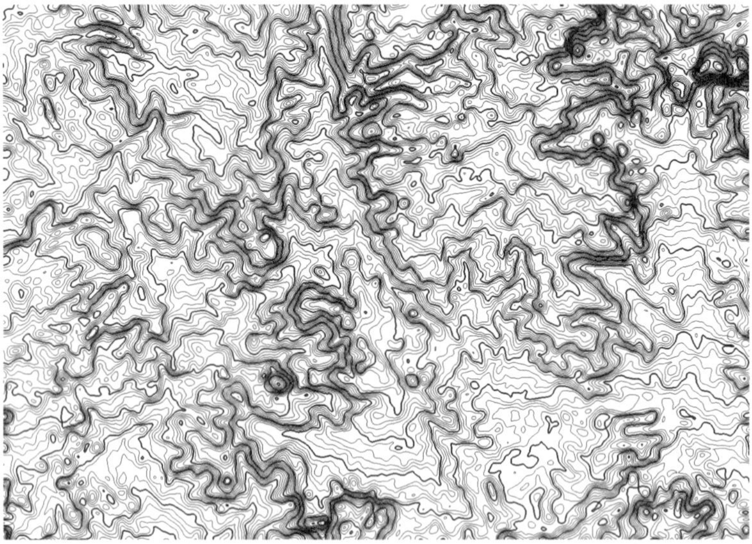

图 6　DEM 生成等高线

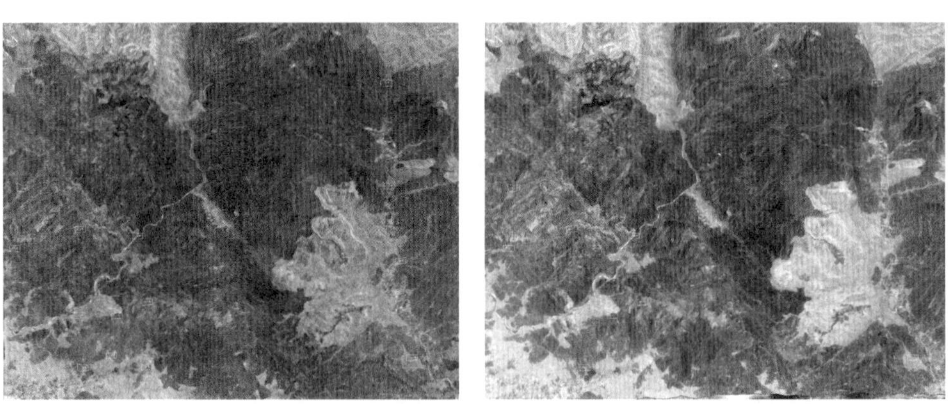

（a）左正直影像　　（b）右正直影像

图 7　左、右正直影像

## 3.2 高层离点

由于所用的 CCD 影像无高层建筑，无法验证正直影像的离点测量性能，因此专门设计了如图 8、图 9 所示的用计算机生成的高层离点，它在 DEM 表面上为一个长方形，主要方便寻找，中心为白色点，中心往上约 300 m 处为小正方形，其中心为一个十字，作为离点看待。

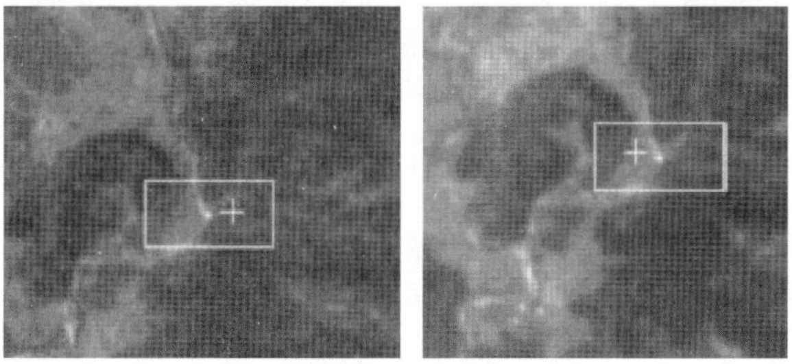

图 8　CCD 影像上高层离点

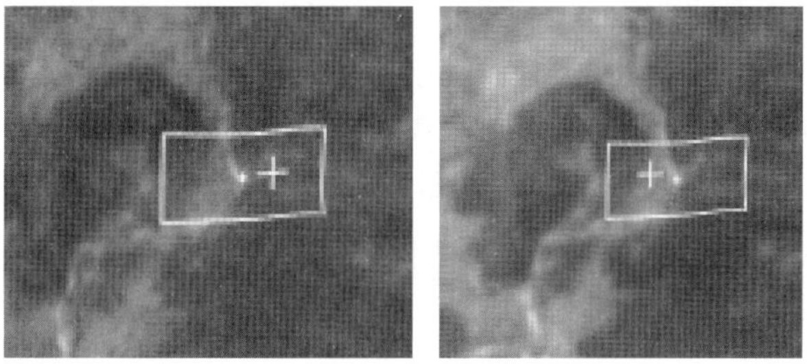

图 9　正直影像上高层离点

## 3.3 在 CCD 影像上布设高层离点图像

利用前、后视 CCD 影像及相应的 DEM 和 EO 数据，按推扫式摄影原理生成高层离点图像。图 7 中已有叠加图像，在区块四周布有数个高层离点图像，在区域中央还布设较多的高层离点(图 10、图 11)。

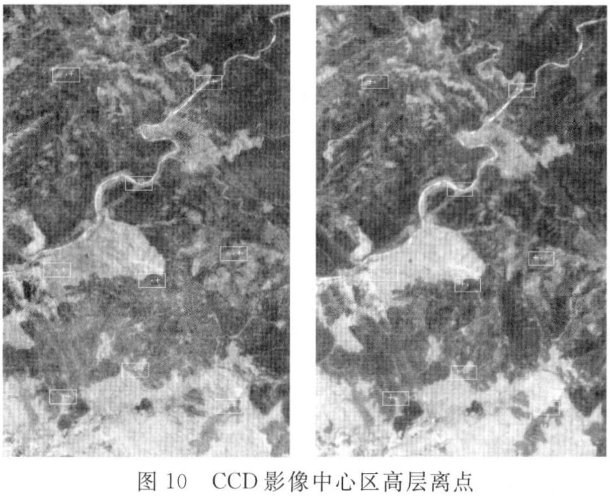

图 10　CCD 影像中心区高层离点

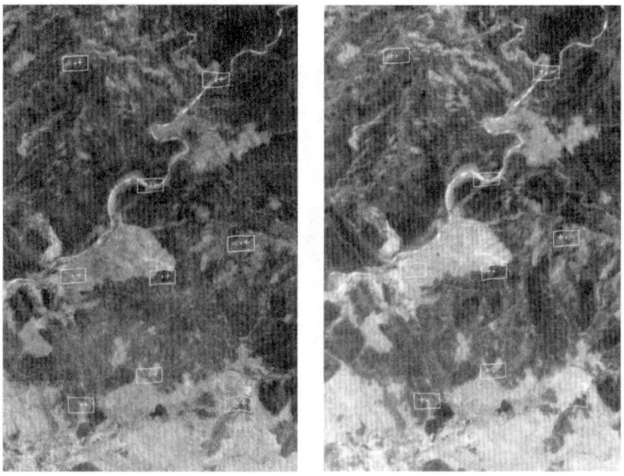

图 11　正直影像中心区高层离点

## 3.4　生成正直影像

选定基线约等于 60 km 的区块，生成实用化正直影像对，如图 7 所示。正直影像对参数为：$X_{Sl}=45\ 735.39$ m，$f_N=42.57$ mm，$X_{Sr}=105\ 726.17$ m，$Y_S=611\ 537.06$ m，$Z_S=79\ 918.10$ m，$K=0.130\ 3$，$B=59\ 990.7$ m，$l=2\ 009$，$r_o=3\ 009$。

## 3.5　立体量测模块

实验中设计了 CCD 影像立体模块[6]和正直影像立体模块。

(1)CCD 影像立体模块按 CCD 推扫式成像原理，依靠 DEM 和 EO 值，可实现目视立体照准与量测，量测窗口的影像按原影像放大一倍，使得目视立体照准精度在 0.5 像元之内。

(2)正直影像立体模块与经典框幅像片立体模块相似，但地像坐标计算是按式(7)编制的，立体功能与 CCD 影像立体模块相似。

利用以上两个模块对 CCD 影像的高层离点及正直影像的相应点都进行量测。结果表明：不管高层离点图形中心的 DEM 表面点或高层中心十字点，它们的 $X$、$Z$ 坐标误差都在 0.5 像元之内，个别离点 $Y$ 坐标误差达 1 个像元。按照区块周边四角点误差统计：$m_x=1.4$ m，$m_h=2.4$ m，$m_y=5.8$ m，均优于 0.5 像元。此外，还成功地利用正直影像作 DEM 后编辑以及重新进行了 DEM 采集的实验和研究。

初步实验证明将卫星三线阵 CCD 影像变换为正直影像立体测绘是可行的路子，进一步研究将着重了解卫星运行的非线性变化量及其与正直影像立体测绘精度的关系，卫星运管部门未来推出同时含有 DEM、正射影像的正直影像是可以期待的。

### 参考书目

[1] 王之卓. 摄影测量原理[M]. 北京：测绘出版社，1979.
[2] 王任享. 三线阵 CCD 影像卫星摄影测量原理[M]. 北京：测绘出版社，2006.
[3] 王任享，杨俊峰，李晶. 三线阵 CCD 影像像点坐标的自动量测[J]. 解放军测绘研究所学报，2000(6).
[4] 王任享. 线性阵列影像摄影测量处理[J]. 测绘科技，1996(3)：1-5.
[5] 王任享. 从三线阵 CCD 影像中自动提取 DEM[J]. 测绘科技，1998(5).
[6] 王任享. 三线阵 CCD 影像短航线立体模型恢复的研究[J]. 解放军测绘研究所学报，1999(1)：11-19.

# 无地面控制点卫星摄影测量技术难点*

王任享，胡 莘

**摘 要**：从 OIS、ALOS 和 IKONOS 这 3 个传输型摄影测量系统高程误差估算中看出，无地面控制点条件下，卫星摄影测量要达到高程误差 $\sigma h \leqslant CI/3.3$，技术实现上难度很大，其中最关键的因素是外方位角元素 $\varphi$ 的量测精度，因此对削弱 $d\varphi$ 影响的途径作了简要讨论，并认为 LMCCD 相机摄影是最佳途径之一。

**关键词**：卫星摄影测量；前方交会；光束法平差；无地面控制点

## 1 引 言

现代卫星摄影具有 GPS 和星敏感器测定的外方位元素（EO），即摄站坐标 $X_S$、$Y_S$、$Z_S$ 与角元素 $\varphi$、$\omega$、$\kappa$，应用三线阵 CCD 相机实现全球无地面控制点卫星摄影测量，原理上不成问题，但精度上要符合制图要求，其技术难度很大。实现的思路有两个：一是要求卫星稳定度及 EO 测定值精度都很高，以前方交会确定地面点坐标；二是对卫星稳定度及 EO 测定精度只作适当要求，采用光束法平差方法，削弱 EO 误差影响，得到符合精度要求的地面点坐标。

从制图出发，摄影测量基础要求如表 1 所示。其中，*MS* 为制图比例尺分母；*GSD* 为取样地面尺寸；$CI = 3.3\sigma h$，为等高线间距；$\sigma h$ 为高程误差；$\sigma p = 0.3 \times$ 制图比例尺分母/1 000，为平面误差[1]。

**表 1 摄影测量基础要求[1]**

| *MS* | *GSD* /m | *CI* /m | $\sigma h$ /m | $\sigma p$ /m |
|---|---|---|---|---|
| 50 000 | 5 | 20 | 6 | 15 |
| 25 000 | 2.5 | 10 | 3 | 7.5 |

## 2 直接前方交会方案

美国学者在 20 世纪 80 年代初期提出过 Mapsat 系统，90 年代初提出 OIS（Orbital Imaging System），建议无地面控制点条件下测制 1∶5 万地形图，但均未被政府采纳。2000 年初期日本提出的 ALOS 是第一个在全球无地面控制点条件下测制 1∶2.5 万地形图的系统，预计 2003 年发射。IKONOS 等高分辨率卫星带差分 GPS 和星相机也可以进行无地面控制点测量。

### 2.1 系统参数[1-3]

OIS 和 ALOS 及 IKONOS 系统的主要参数如表 2 所示。

* 本文发表于《测绘科学》2004 年第 3 期。

表 2 系统主要参数

| 系统名称 | OIS(1990 年) | ALOS(2000 年) | IKONOS |
|---|---|---|---|
| 卫星飞行高度 $H$ /km | 581 | 691 | 680 |
| 基高比 $\frac{B}{H}$ | 0.7 | 1 | 1～2 |
| 卫星稳定度/(°)$s^{-1}$ | $10^{-6}$ | $4\times10^{-5}$ | - |
| 时间同步/s | $10^{-4}$ | $10^{-6}$(绝对精度) | - |
| GPS 精度(1$\sigma$)/m | 平面 5 m,高程 6 m,位置 8 m | 各轴 1 m | 在轨差分 GPS 各轴 2～3 m |
| CCD 线阵相机 | 三线阵 12 800 像元 | 三线阵 4 000 像元组合,$f$=2 000 mm | 单线阵,前后摆构成立体,$S$=12 μm,$f$=10 m |
| $\alpha$ | 23° | 24° | 前后摆 45°,立体航线长仅一单基线 |
| $GSD$/m | 5 | 2.5 | 1 |
| $MS$ | 50 000 | 25 000 | - |
| 覆盖宽/km | 64 | 70(正视),35(三线阵) | 11 |
| 星相机 | 2 个 488 像元×380 像元面阵 | - | 3 个星相机 |
| $\sigma\varphi,\sigma\omega,\sigma\kappa(1\sigma)/('')$ | 2～4 | 0.72 (离线计算) | 2 |

注：$B$ 为前视阵列对后视阵列摄影中心的距离,称作大基线；$\alpha$ 为前、后视相机与正视相机的夹角。

## 2.2 误差分析

下面对 OIS、ALOS 及 IKONOS 系统进行高程误差分析。

### 2.2.1 OIS 高程误差计算[1]

(1)大基线模型精度(有控制点绝对定向)为

$$\mathrm{d}B=\sqrt{\mathrm{d}M^2+\mathrm{d}T^2+\mathrm{d}B_\alpha^2} \tag{1}$$

式中，$\mathrm{d}M$ 为影像匹配误差；$\mathrm{d}T$ 为计时误差；且有

$$\mathrm{d}B_\alpha=\frac{H\,\mathrm{d}\alpha}{\cos^2\alpha}$$

其中，$\mathrm{d}\alpha$ =姿态变化率 $\times t$,$t$ 为一个大基线飞行时间。

由 $\mathrm{d}M=0.36\times PS=1.8$ m,$\mathrm{d}T=10^{-4}\times7\,600$ m$=0.7$ m,$\mathrm{d}\beta_\alpha=0.6$ m,可得 $\sigma h=\sigma B\div0.7=3.0$ m，可测制 $CI=10$ m 的地形图。其中，$PS$ 是比例因子,由影像图分辨率为 300 线/英寸得出。

(2)无地面控制点成图精度为

$$\mathrm{d}B=\sqrt{\mathrm{d}M^2+\mathrm{d}T^2+\mathrm{d}\varphi^2+\mathrm{d}_{GPS}^2} \tag{2}$$

这里引用时略去 $\mathrm{d}\kappa$ 项[1],$\mathrm{d}\varphi=H\tan2''=5.6$ m (角度单位为角秒)，$\mathrm{d}_{GPS}=8$ m,可得 $\sigma h=14$ m,可测制 $CI=50$ m 的地形图。

如果按现代 GPS 精度,各轴 2.5 m,则 $\sigma h=10.6$ m,可测制 $CI=35$ m 的地形图。

### 2.2.2 ALOS 高程误差计算

ALOS 卫星设计时预期高程精度为 3～5 m,借用式(2)计算 $\sigma h$,其中 $\mathrm{d}T$ 可忽略不计,

而 $d_{GPS}=\sqrt{3}$ m，$dM=0.3\times PS=0.75$ m，$d\varphi=H\tan 0.7''=2.4$ m，则 $\sigma h=3.05$ m，可测制 $CI=10$ m 的地形图。

### 2.2.3 IKONOS 高程误差计算

按无控制点，$B/H=1.0$，而 $d_{GPS}=\sqrt{3}\times 2.5$ m$=4.3$ m，$dT=0.7$ m（假定与 OIS 相当），$dM=0.3$ m，$d\varphi=H\tan 2''=6.6$ m，则 $\sigma h=7.9$ m（与公司公布精度相当），可测制 $CI=26$ m 的地形图。

### 2.2.4 结果分析

（1）无地面控制点条件下。

从按式（2）对以上 3 个系统的 $\sigma h$ 估算来看，影像匹配误差 $dM$ 只占很小的份量。EO 误差是直接前方交会误差的主要因素，因而高影像分辨率未必具有高摄影测量精度。现代导航条件下，在轨双频 GPS 测定摄站坐标精度可达到 2～3 m，角元素可达到 2″～4″。其中 $d\varphi$ 即使达到 2″也是实现 $\sigma h\leqslant CI/3.3$ 的主要障碍。例如，$CI=20$ m，要求 $\sigma h\leqslant 6$ m，而轨道高 $H=650$ km，$d\varphi=2''$ 产生的高程误差 $dh=H\tan 2''=6.3$ m（基高比为 1）。因而对 OIS 和 IKONOS 影像，无地面控制点成图时都达不到 $CI=20$ m 的要求。

$d\varphi=2''$ 对于星敏感器而言，已是很苛刻的要求。例如，1997 年丹麦生产的 CHAMP ASC 和美国生产的 AST-201 星敏感器，测角相对精度均为 3″[4]。角元素精度与计算星的个数、星敏感器 CCD 像元数、视场大小以及星的分布状况有关。直接交会方案成图为了降低 $d\varphi$ 对高程的影响，除了提高基高比数值外，还可以采取 ALOS 的方式，在轨记录星像坐标，以离线处理数据[2]，角元素可达子秒级精度。

（2）有地面控制点条件下。

从式（1）可知，有地面控制点条件下，与影像分辨率相关联的影像匹配误差在 $\sigma h$ 估算中占有重要份量，而另一重要因素是卫星姿态变化率。OIS 要求卫星姿态变化率为 $10^{-6}$（°）/s，使得卫星推扫式摄影时保持核线条件，简化了影像匹配，而 ALOS 则要求为 $4\times10^{-5}$（°）/s，即每 5 s 不超过 0.000 2°，使得卫星飞行 5 s（相当于地面 35 km）影像变形不超过 2.5 m，笔者认为综合 EO 误差影响，立体模型存在大于一个像元的上下视差。在一模型范围内，姿态变化率产生的高程误差与姿态变化率同卫星飞行时间的乘积成正比。因此，为了减小姿态变化率对高程的影响，可以采用分割为适当短的模型并利用必要的控制点进行绝对定向（或多项式改正）作业，IKONOS 影像有控制点成图即采用这样的途径。

综上分析可知，就卫星摄影测量精度而言，成图中有、无地面控制点，相关联的技术条件差异很大。有地面控制点条件下，影像分辨率是重要因素，对卫星摄影的姿态变化率要求较高，满足成图等高距要求相对容易；无地面控制条件下，对姿态仅作适当要求，但对外方位元素量测精度要求较高，其中尤其 $\varphi$ 角精度要求很苛刻，满足成图等高距要求难度很大。

## 3 光束法平差方案

摄影测量学者提出以三线阵 CCD 影像量测的坐标，按三线交会误差最小原则对 EO 进行改正是比较严格的航线光束法平差。光束法平差主要有定向片法[5]和 EFP 法[6-7]。IKONOS 的单线阵摇摆立体航线长仅一条基线，不可能采用这些方法平差。

德国学者在 MOMS 航天摄影测量与遥感研究中，进行了大量的模拟实验研究，现将相关文献[5]中相当于 MOMS-02 的参数列于表 3 中。

**表 3　德国 MOMS-02 模拟参数**

| | |
|---|---|
| $H$ | 334 km |
| 基高比 $\frac{B}{H}$ | 0.9 |
| 卫星稳定度 | 不要求 |
| 三线阵 CCD 相机 | $f$ =660 mm，$\alpha$ =24.4° |
| 覆盖宽 | 36 km |
| $GSD$ | 5 m |
| $\sigma M$ | 0.5×$GSD$=2.5 m |
| 定向片距 | 16 km |
| 短基线 $B$ | 152 km |
| $B$ 与定向片距之比 | 9.5 |

相关研究[5]按定向片法模拟计算的高程误差如表 4 所示，同时利用表 3 的参数及假定卫星姿态稳定度为 $10^{-3}$(°)/s 生成的模拟数据，按 EFP 法计算的高程误差也列于表 4 中。其中，航线长为 4 条短基线，4 个控制点平差，误差统计只包含三线交会区；定向片法控制点布在二线交会与三线交会处，EFP 法控制点布在航线首末端；表中序号 5 的前交误差中 3.9 m 为定向片模拟计算结果，4.5 m 为 EFP 法模拟计算结果；EFP Ⅰ为不带 EO 二阶差分等零条件；EFP Ⅱ为带 EO 二阶差分条件；LMCCD 相机[8]由三线阵 CCD 相机在正视阵列两旁分别附加两个小面阵，用于摄取空中三角锁之间连接点真像平面坐标并参与 EFP 法平差。

**表 4　光束法平差高程精度**

| 序号 | $\sigma\varphi$ /(″) | $\sigma p$ /m | 定向片法 三线阵 CCD $\sigma h$/m | EFP Ⅰ 三线阵 CCD $\sigma h$/m | EFP Ⅱ 三线阵 CCD $\sigma h$/m | EFP Ⅱ LMCCD $\sigma h$/m | 前交 $\sigma h$/m |
|---|---|---|---|---|---|---|---|
| 1 | | | 64.1 | 43.3 | 16.7 | 6.2 | |
| 2 | 3.1 | 25 | 14.1 | 25.8 | 8.9 | 7.5 | 32.5 |
| 3 | 1.6 | 5 | 6.2 | 7.1 | 5.0 | 4.5 | 8.4 |
| 4 | 0.6 | 1 | 4.2 | 4.7 | 4.6 | 4.5 | 4.7 |
| 5 | 0 | 0 | | | | | 4.5/3.9 |

德国学者以及笔者都做过大量的模拟实验研究，综合模拟计算结论如下：

(1)定向片法单航线平差为保证解的稳定性，要求航线长 $\geqslant 4B$($B$ 为短基线)，控制点要安排在三线交会区首末，太长的航线应增加控制点以改善精度[9]。

(2)定向片法采用单航线，利用 EO 观测值及少量控制共同平差才能得到好的结果[10]，不推荐不要地面控制点[11]。

(3)定向片法采用旁向重叠为 60%的区域，在 EO 观测值参与下平差，无地面控制点也能得到好的结果[10]。

(4)两种方法模拟计算共同得出，仅仅依靠三线阵 CCD 影像，其单航线 4 个控制点的平差精度很差，只有很精确的 EO 观测值参与平差(如表 4 序号 3 和序号 4 的数据)，才能得到较好的结果。

(5)采用 LMCCD 相机小面阵提供的影像信息，按 EFP Ⅱ平差，比较好地解决了单航线 4 个控制点平差精度问题，为无地面控制点卫星摄影测量提供了良好的条件。

## 4 应用 EFP 法平差研究高程误差

分别按 $H=600$ km，$H=700$ km，$B/H=1$，$PS=5$ m，$PS=2.5$ m，$\sigma M=0.3\times GSD$，宽高比为 1∶9，分别对三线阵 CCD 影像和 LMCCD 相机影像，应用模拟数据计算高程误差如表 5 所示。

**表 5 预期高程精度**

| 基线数 $n$ | $PS=5$ m | | | | | | $PS=2.5$ m | | | | | | 控制条件 |
|---|---|---|---|---|---|---|---|---|---|---|---|---|---|
| | $H=600$ km | | | $H=700$ km | | | $H=600$ km | | | $H=700$ km | | | |
| | CCD | LMCCD | 前交 | CCD | LMCCD | 前交 | CCD | LMCCD | 前交 | CCD | LMCCD | 前交 | |
| | $\sigma h$/m | $\sigma h$/m | $\sigma h$/m | $\sigma h$/m | $\sigma h$/m | $\sigma h$/m | $\sigma h$/m | $\sigma h$/m | $\sigma h$/m | $\sigma h$/m | $\sigma h$/m | $\sigma h$/m | |
| 2 | 108.9 | 5.6 | - | 115.9 | 5.7 | - | 97.8 | 3.8 | - | 97.2 | 3.6 | - | 4 个 |
| 3 | 29.5 | 5.3 | - | 30.8 | 4.8 | - | 23.3 | 3.4 | - | 25.3 | 3.0 | - | 控制点 |
| 2 | 9.2 | 5.0 | 27.0 | 13.0 | 5.6 | 32.0 | 8.8 | 4.2 | 27.3 | 12.0 | 4.2 | 32.1 | $\sigma p=2$m |
| 3 | 6.0 | 3.7 | 14.2 | 6.8 | 3.9 | 14.3 | 5.5 | 2.7 | 14.4 | 6.5 | 2.8 | 14.6 | $\sigma\varphi=3.3''$ |
| 2 | 6.7 | 4.3 | 17.5 | 10.8 | 4.6 | 20.6 | 6.3 | 3.3 | 17.5 | 8.1 | 3.7 | 20.6 | $\sigma p=2$ m |
| 3 | 4.9 | 3.6 | 9.4 | 5.8 | 3.4 | 9.5 | 4.1 | 2.3 | 9.6 | 4.2 | 2.2 | 9.6 | $\sigma\varphi=2''$ |

注：$\sigma h$ 按全航线点误差统计；前方交会的 $\sigma h$，$n=2$ 时取二线交会，$n=3$ 时取三线交会。

从表 5（$\sigma p=2$ m 情况下）可得出以下结论：

（1）航线 4 个角各一个控制点参与平差，LMCCD 影像光束法平差可达到比较高的精度（包括 $n=2$ 在内）。

（2）EO 测量值参与平差，$\sigma\varphi$ 的数值对精度影响比较明显。当 $\sigma\varphi=3''$时，LMCCD 影像平差结果明显优于仅利用三线阵 CCD 影像的平差和直接按前方交会，并可满足 1∶5 万（$PS=5$ m）和 1∶2.5 万（$PS=2.5$ m）高程精度 3～5 m 的要求。当 $\sigma\varphi=2''$时，仅三线阵 CCD 影像平差只有 $n>2$ 时才能满足 1∶5 万和 1∶2.5 万的测图要求。

## 5 结 论

从相同的成图高程精度要求考虑，无控制点卫星摄影测量的难点比有控制点卫星摄影测量大得多，关键的问题在于如何减弱 $d\varphi$ 对高程精度的影响，而应用 LMCCD 影像光束法平差是最佳途径之一。

### 参考文献

[1] LIGHT D L. Characteristics of remote sensors for mapping and earth science applications [J]. Photogrammetric Engineering and Remote Sensing, 1990, 56(12):1613-1623.

[2] HAMAZAKI T. Key technology development for the Advanced Land Observing Satellite [C]// JOSEPH G, VENEMA J C. Proceedings of the XIXth ISPRS Congress: Technical Commission I: Sensors, Platforms and Imagery, July 16-23, 2000, Amsterdam, The Netherlands. Amsterdam: ISPRS: 136-140.

[3] ZHOU Guoqing, LI Ron. Accuracy evaluation of ground points from IKONOS high-resolution satellite imagery[J]. Photogrammetric Engineering and Remote Sensing, 2000, 66(9):1103-1112.

[4] 陈元枝.基于卫星敏感器的卫星三轴姿态测量方法研究[D].长春:中国科学院长春光学精密机械与物理研究所,2000.

[5] EBNER H,MULLER F,ZHANG Senlin. Studies on object reconstruction from space using three-line Scanner imagery[J]. ISPRS Journal of Photogrammetry and Remote Sensing,1989,44(4):225-233.

[6] 王任享.卫星三线阵 CCD 影像的 EFP 法空中三角测量(一)[J]. 测绘科学,2001,26(4):1-5.

[7] 王任享.卫星三线阵 CCD 影像的 EFP 法空中三角测量(二)[J]. 测绘科学,2002,27(1):1-7.

[8] 王任享,胡莘,杨俊峰,等.卫星摄影测量 LMCCD 相机的建议[J].测绘学报,2004,33(2):116-120.

[9] Hofmann O, Muller F. Combined Point Determination Using Digital Data of Three Line Scanner Systems(A). In:Kyoto:ISPRS COM. III(C),1988. 567-577.

[10] EBNER H , KORYUS W, OHLHOF T, et al. Orientation of MOMS-02/D2 and MOMS-2P/PRIRODA[J]. ISPRS Journal of Photogrammetry and Remote Sensing,1999,54:332-341.

[11] HOFMANN O,MULLER F. Combined point determination using digital data of three line scanner systems[C]// ISPRS. Proceedings of the XVIth ISPRS Congress: Technical Commission III on Mathematical Analysis of Data,July 1-10,1988,Kyoto,Japan. Kyoto:ISPRS:567-577.

# 无地面控制点卫星摄影测量高程误差估算*

王任亨，李　晶，王新义，杨俊峰

**摘　要**：推导在星载测定的外方位元素参与下，无地面控制点卫星摄影测量高程误差估算公式。分别按姿态变化率为 $10^{-6}$(°)/s 的二线阵 CCD 推扫式影像、姿态变化率低于 $10^{-6}$(°)/s 的二线阵 CCD 推扫式影像以及 LMCCD 推扫式影像进行推算。各个估算公式均给出算例，供设计无地面控制卫星摄影测量工程应用。

**关键词**：卫星摄影测量；误差估算；CCD 推扫式影像

## 1　引　言

地形图的主要内容是地物和等高线表示的地貌，其中等高线依地图比例尺大小选择相应的等高距。美国国家地形图标准矩定地形图的等高距为

$$CI = 3.3\sigma h \tag{1}$$

式中，$CI$ 为等高距，$\sigma h$ 为高程点误差，系数 3.3 是指 90% 以上高程点误差不超过一个 $CI$。

摄影测量高程误差是摄影测量资料可测地形图等高距及其相应的比例尺关键因素之一。国际摄影测量界都是以式(1)作为讨论摄影测量系统制图效能的依据。因而，卫星摄影测量高程误差估算是建立卫星摄影测量系统的关键内容。

美国学者 Light 根据其研究得出成图比例尺分母 $MS$、等高距 $CI$ 的选择与卫星影像分辨率 $GSD$、高程点精度关系，如表 1[1] 所示。

**表 1　摄影测量基础要求**

| $MS$ | $GSD$/m | $CI$/m | $\sigma h$/m | $\sigma p$/m |
|---|---|---|---|---|
| 5 万 | 5 | 20 | 6 | 15 |
| 2.5 万 | 2.5 | 10 | 3 | 7.5 |

光学卫星摄影测量主要有框幅式相机静态摄影和线阵 CCD 推扫式动态摄影两种。为了解决无地面控制摄影测量的处理，卫星系统常配有 GPS 测定摄站坐标（$X_S$，$Y_S$，$Z_S$）和星敏感器测定姿态角（$\varphi$，$\omega$，$\kappa$）即外方位元素。不管哪一种摄影测量，其高程误差，除了共同关系到影像分辨率、影像匹配精度、外方位元素量测精度以及相机几何配置等因素外，还与立体模型建立的模式有重要关系。

## 2　无地面控制点卫星摄影测量立体模型建立的模式

误差估算是摄影测量基础理论之一，框幅式像片的测量误差估算的理论研究已经很成

* 本文发表于《测绘科学》2005 年第 3 期。

熟。但是卫星摄影测量，特别是无控制点条件下，误差估计遇到许多新的问题。由于无地面控制，星上测定的外方位元素是绝对定向的唯一可靠数据。以下为了讨论方便起见，将星上测定的外方位元素称作“星测 EO”，相应地由摄影测量生成的外方为元素称作“摄测 EO”。以目前技术水平，摄影测量影像匹配精度一般为 0.3 像元，若像元分辨率为 5 m，基高比为 1，则立体高程误差为 1.5 m。由于 GPS 不断进步，星测 EO 中线元素精度比较高，可满足无地面控制摄影测量要求。星测 EO 角元素，是由星敏感器测定，尽管精度也有很大提高，但研究表明，其中 $\varphi$ 角误差尚构成测图高程精度的威胁。例如，高精度的星敏感器，测角误差 $d\varphi$、$d\omega$、$d\kappa$ 可达到 $2''$ $(1\sigma)$，但对于轨道高度为 600 km 而言，仅 $d\varphi$ 引起的高程误差已超过 6 m，再考虑其他误差综合，已无法满足 $CI=20$ m 测图对误差的要求。因而在各种立体模型方式高程误差估算中，应将 $d\varphi$ 影响当作关键因素考虑。此外，还应当指出，通常星敏感器精度是由其视场角大小、焦距、可判星等、数量级分布等因素估算的，而实际摄影时，可判星等的数值，尤其分布未必充分达到视场，因而实际精度与仪器标称精度尚有距离。卫星摄影测量构建立体模型有 3 种模型方式。

## 2.1 框幅式影像立体模型高程误差

框幅式像片立体模型可分为相对定向和绝对定向。

### 2.1.1 相对定向

利用像点量测的上下视差构成立体模型，模型点高程误差(此处假定模型已比例尺归化)为

$$\sigma h_r=\frac{H}{B}\sigma M\sigma B_r$$

式中，$\sigma M$ 为像点坐标误差，由影像匹配给出，取 $\sigma M=0.3\ pixel$；$pixel$ 为地面像元分辨率，m；$\sigma B_r$ 为相对定向模型左右视差误差；$H$ 为航高；$B$ 为基线。

引用相关研究[2]的公式，利用大框幅相机参数，得出 $\sigma B_r=1.48\sigma M$，于是有

$$\sigma h_r=0.44\frac{H}{B}pixel$$

### 2.1.2 绝对定向

绝对定向误差分比例尺归化误差和模型置平误差。比例尺归化误差主要由记时误差引起，即

$$\sigma h_r=\frac{H}{B}\mathrm{d}TV$$

式中，$\mathrm{d}T=10^{-4}\,\mathrm{s}$，$V=7.6\times10^3$ m，则

$$\sigma h_r=0.7\frac{H}{B}$$

模型置平误差最大在模型边缘，即

$$\sigma h_l=\sqrt{(l_x\sigma\Phi)^2+(l_y\sigma\Omega)^2}$$

式中，$l_x$ 为模型 $X$ 向宽，$l_y$ 为 $Y$ 向宽，定向角取左、右摄站量测值中数即

$$\Phi=\frac{(\varphi_1+\varphi_2)}{2},\ \Omega=\frac{(\omega_1+\omega_2)}{2}$$

因而有 $\sigma\Phi=0.7\sigma\varphi$，$\sigma\Omega=0.7\sigma\omega$，$\sigma\varphi$、$\sigma\omega$ 为星测角元素误差。

假定 $\sigma\varphi=\sigma\omega$，代入 $\sigma h_l$ 公式后可得

$$\sigma h_l=0.7\sigma\varphi\sqrt{l_x^2+l_y^2}$$

### 2.1.3 综合高程误差

将相对定向与绝对定向的高程误差相加即为框幅式影像立体模型高程误差，即

$$\sigma h=\sqrt{\left(\frac{H}{B}\right)^2[(0.44\ pixel)^2+0.7^2]+0.5(\sigma\varphi)^2(l_x^2+l_y^2)+(\sigma Z_{S_0})^2} \tag{2}$$

式中，$\sigma Z_{S_0}$ 为左摄站星测 EO 线元素误差。

算例：设焦距 $f=300$ mm，像幅为 230 mm×460 mm，航向重叠 55%，$H=210$ km，$H/B=0.7$，$l_x=147$ km，$l_y=70$ km，数字化像元为 7 μm，$pixel=5$ m，$\sigma Z_{S_0}=0$，则有

$$\sigma h=\begin{cases}3.5\ \text{m}, & \sigma\varphi=2''\\ 4.0\ \text{m}, & \sigma\varphi=4''\end{cases}$$

框幅影像高程误差的主要特点是星测 EO 角元素用于绝对定向，因而 $\sigma\varphi$ 对高程影响与基高比无关。同时，绝对定向角元素可以取左、右摄站数值的中数，进一步提高精度。

## 2.2 二线阵 CCD 影像空间交会高程误差

### 2.2.1 高程误差估算方法一

当卫星平台姿态稳定度为 $10^{-6}$(°)/s 时，从前视到后视，姿态变化值为

$$\mathrm{d}\alpha=10^{-6}\frac{B}{V}$$

式中，卫星速度 $V=7.6$ km/s。

令 $B=600$ km，则 $\mathrm{d}\alpha=0.28''$，$\mathrm{d}\alpha$ 对高程的影响，如图 1 所示。后视光线本应在 $S_1$ 时刻摄取点 $A$，由于光线偏转 $\mathrm{d}\alpha$ 致使必须延后至 $S_1'$，即后视光线摄影时刻为 $S_1'$，多经历了 $\mathrm{d}B_\alpha$ 才摄取点 $A$，交会高程误差为

$$\mathrm{d}h_\alpha=\frac{H}{B}\frac{H\mathrm{d}\alpha}{\cos^2\alpha}$$

若 $B=H$，$\alpha=26°$，则 $\mathrm{d}h_\alpha=1$ m。

$\mathrm{d}\alpha$ 值不大，故可按姿态角不变方式建立立体模型。但应注意到卫星起始指向角非零情况下，不能按标准式摄影建立。如图 2 所示，由于 $\Phi_0$ 存在，立体交会不是标准式。

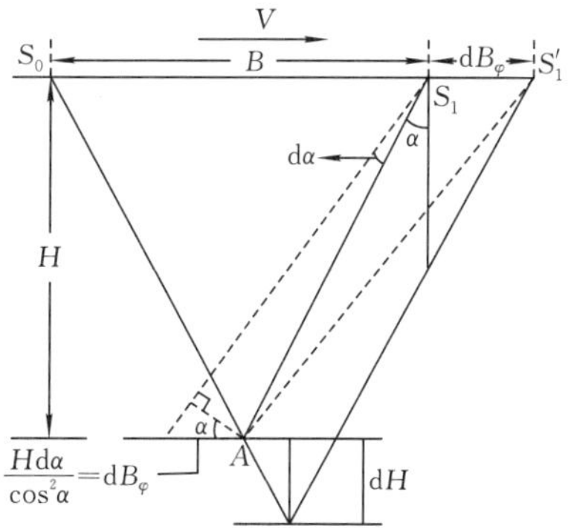

图 1 $\mathrm{d}\varphi$ 引起的高程误差

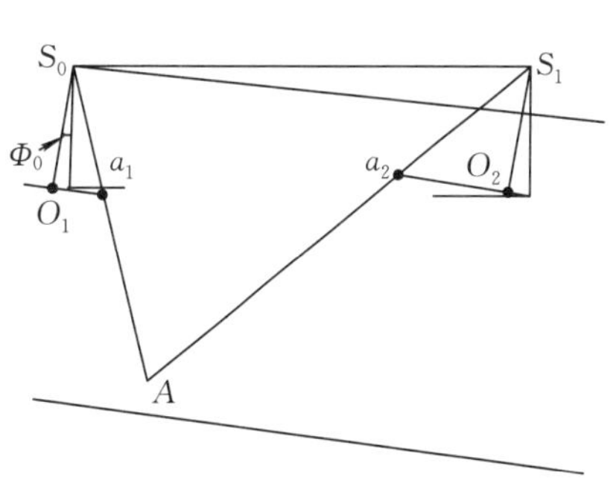

图 2 指向起始值为 $\Phi_0$

立体模型光束法平差程序(尽管因 $10^{-6}$(°)/s 要求太高,至今尚无这样的实际模型程序)可以安置 $\Phi_0=0$,生成无上下视差模型后,必然出现模型连同基线均倾斜 $\Phi_0$ 的值(同样还有 $\Omega_0$、$K$ 影响)。在有地面控制点情况下,可以利用控制点绝对定向,没有控制点情况下,必须依靠星测 EO 作绝对定向。绝对定向后高程误差为

$$\mathrm{d}h=\frac{H}{B}(\mathrm{d}h_\alpha+V\mathrm{d}T+Y\mathrm{d}K+\mathrm{d}M)+B\mathrm{d}\Phi_0+Y\mathrm{d}\Omega_0+\mathrm{d}Z_{S_0}$$

设 $\mathrm{d}T=10^{-4}\,\mathrm{s}$, $V\mathrm{d}T=0.7\ \mathrm{m}$, $\mathrm{d}M=0.36\ pixel$;绝对定向时 $\Phi$、$\Omega$ 各取左右摄站的 $\varphi$、$\omega$ 的中值,则 $\mathrm{d}\Phi=\mathrm{d}\Omega=0.7\mathrm{d}\varphi$,代入上式并化为中误差,即

$$\sigma h=\sqrt{\left(\frac{H}{B}\right)^2[\sigma h_\alpha^2+0.7^2+(0.36\ pixel)^2]+0.5(\sigma\varphi)^2(B^2+Y^2)+(\sigma Z_{S_0})^2} \tag{3}$$

可见该高程误差与框幅式误差公式有相同的特性。

算例:设 $H=600\ \mathrm{km}$, $B=600\ \mathrm{km}$, $\alpha=26°$, $\cos^2\alpha=0.8$, $pixel=5\ \mathrm{m}$, $Y=30\ \mathrm{km}$, $\sigma\varphi=\sigma\omega=\sigma\kappa=2''$,则有

$$\sigma h=\begin{cases}4.6\ \mathrm{m}, & \sigma Z_{S_0}=0\\ 5.1\ \mathrm{m}, & \sigma Z_{S_0}=2\ \mathrm{m}\end{cases}$$

### 2.2.2 高程误差估算方法二

当卫星姿态稳定度低于 $10^{-6}$(°)/s 时,角元素累积值已超过星测 EO 角元素的观测误差,因此立体模型的建立只能应用星测 EO 观测值按前方交会确定地面点坐标。

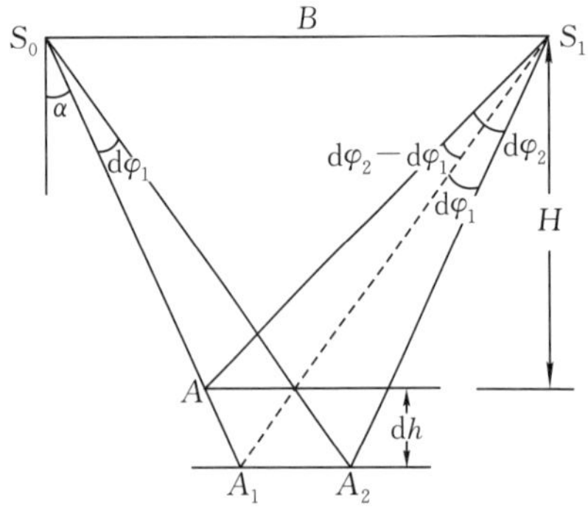

图 3 前方交会误差

由于卫星摄影航高很大,可看作基线水平。左右交会光线与正视方向夹角为 $\alpha$,按投影在主垂面上的前方交会如图 3 所示。图中,$A$ 为交会点正确位置,$A_1$ 为受($\mathrm{d}\varphi_2-\mathrm{d}\varphi_1$)影响的交会点;$A_2$ 为受 $\mathrm{d}\varphi_1$、$\mathrm{d}\varphi_2$ 影响的交会点。$A_1$、$A_2$ 高程误差相近,故可从点 $A_1$ 推算(不影响估算精度),由 $\mathrm{d}\varphi$ 产生的高程误差为

$$\mathrm{d}h_\varphi=\frac{H}{B}\frac{H(\mathrm{d}\varphi_2-\mathrm{d}\varphi_1)}{\cos^2\alpha}$$

因 $\mathrm{d}\varphi_1$、$\mathrm{d}\varphi_2$ 相互独立,故对上式取中误差为

$$\sigma h_\varphi=\sqrt{2}\,\frac{H}{B}\frac{H\sigma\varphi}{\cos^2\alpha}$$

高程误差还关系到记时误差、影像匹配误差,$\mathrm{d}\kappa$ 引起的误差。但 $\mathrm{d}\omega$ 的影响较小,可忽略不计,则高程综合误差为

$$\mathrm{d}h=\frac{H}{B}\left[H\frac{\mathrm{d}\varphi_2-\mathrm{d}\varphi_1}{\cos^2\alpha}+V\mathrm{d}T+Y(\mathrm{d}\kappa_2-\mathrm{d}\kappa_1)+\mathrm{d}M\right]+\mathrm{d}Z_{S_0}$$

化为中误差,即

$$\sigma h=\sqrt{\frac{H^2}{B^2}\left[2\left(\frac{H\sigma\varphi}{\cos^2\alpha}\right)^2+2Y^2(\sigma\kappa)^2+(0.36\ pixel)^2+0.7^2\right]+(\sigma Z_{S_0})^2} \tag{4}$$

与式(2)、式(3)相比较,式(4)中 $\sigma\varphi$、$\sigma\kappa$ 所涉及的项均与基高比有关,当基高比不好时,对高程精度影响较大,此外星测 EO 角元素系独立观测值,所以交会高程误差中均为 $\sqrt{2}$ 倍,

这对高程误差更不利。

算例 1：采用与 2.2.1 算例相同参数，利用式(4)计算高程误差得

$$\sigma h = \begin{cases} 10.5\ \text{m}, & \sigma Z_{S_0} = 0 \\ 10.6\ \text{m}, & \sigma Z_{S_0} = 2\ \text{m} \end{cases}$$

相关研究[3]中采用相同参数，按数字模拟计算，前方交会高程误差为 9.4 m。

算例 2：采用 IKONOS 参数，即 $H = 680$ km，$\sigma\varphi = \sigma\kappa = 2''$，$pixel = 1$ m，$Y = 6$ km，$\alpha = 26°$，$H/B = 1$，计算得

$$\sigma h = \begin{cases} 11.6\text{m}, & \sigma Z_{S_0} = 0 \\ 12.0\ \text{m}, & \sigma Z_{S_0} = 3\ \text{m} \end{cases}$$

这一结果与其他研究[4]的数字模拟计算结果相当，笔者在相关研究[3]的计算中忽视了姿态稳定度大于 $10^{-6}$(°)/s 的影响，估算的高程误差为 7.9 m。

算例 3：采用 ALOS 参数，即 $H = 691$ km，$\sigma\varphi = \sigma\kappa = 0.7''$，$pixel = 2.5$ m，$Y = 17.5$ km，$\alpha = 24°$，$H/B = 1$，计算得

$$\sigma h = \begin{cases} 4.3\text{m}, & \sigma Z_{S_0} = 0 \\ 4.4\text{m}, & \sigma Z_{S_0} = 1\ \text{m} \end{cases}$$

与算例 2 一样，笔者在相关研究[3]的计算中忽视了姿态稳定度大于 $10^{-6}$(°)/s 的情况，估算的高程误差为 3.05 m。

## 2.3 LMCCD 相机推扫式摄影测量高程误差估算

三线阵 CCD 相机推扫式摄影影像可以使星测 EO 观测值参与作航线光束法平差，建立模型的高程精度比直接前方交会要高，但精度提高的幅度有限，达不到无地面控制测图的要求。而且航线光束法平差过程数学计算很复杂，难以用数学分析方法推导高程误差公式，通常是用数字模拟的方法。

相关研究中曾提出了三线阵 CCD+4 个小面阵的 LMCCD 相机的思路[5]，笔者进行过大量数字模拟计算，当小基线(前、后视相机对正视相机的摄影中心距离)数大于等于 2 时，采用 EFP 法光束法自由网平差，然后再用 4 个控制点绝对定向，可得到变形很小的航线模型。若使星测 EO 参与平差，无地面控制点也能得到比较好的结果[4]。但其平差的数学过程仍很复杂，也很难用数学分析方法推导高程误差公式。但如果将仅有两条短基线，实质就是双模型航线的自由网平差当作相对定向，然后再用星测 EO 观测值作绝对定向，那么数学分析方法推导高程误差还是可行的。

### 2.3.1 双模型自由网高程误差

为了讨论方便，假定自由网模型已经过比例尺归化。高程误差主要项是 EFP 法的模型连接累计误差。

如图 4 所示，中心点为 EFP 片号，数字后带 $A$ 或 $B$ 者为连接点号。EFP 双模型是由中心的 220 片和两端的 210 片、230 片构成。EFP 平差中以一个短基线的 1/10 作为间距，排列一个单模型，共有 10 个单模型，模型之间依靠连接点构成整体模型，并通过多次迭代闭合于双模型的首、末及中央。因而单模型连接产生的一次和累积最大误差将出现在双模型左

右的单模型中央，累积的高程误差为

$$\sigma h_{累} = \sigma h_{连} \frac{\sqrt{10}}{2}$$

式中，$\sigma h_{累}$ 为高程累积误差，$\sigma h_{连}$ 为模型连接高程传递误差。

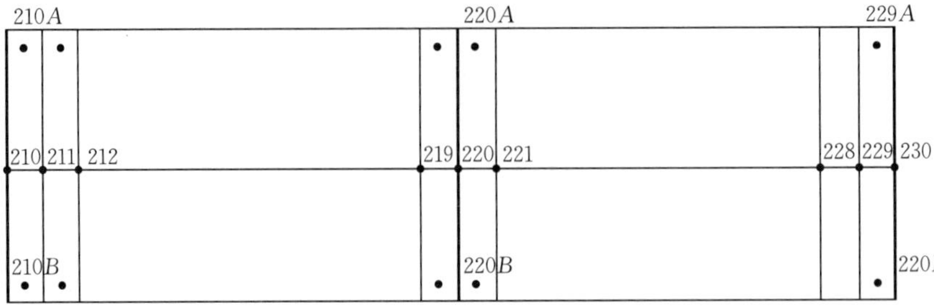


图 4 双模型构成

每一个单模型左、右片分别向其相邻片连接，共有 4 个连接点，每一个连接点有 4 个 $x$ 坐标观测值，即 2 个 CCD 影像和 2 个小面阵影像。每一个连接点高程误差为 $0.3\frac{H}{B}pixel$（$B$ 为小基线），那么每一单模型连接传递高程误差为

$$\begin{cases} \sigma h_{连} = \dfrac{0.3}{\sqrt{4}} \dfrac{H}{B} pixel = 0.15 \dfrac{H}{B} pixel \\ B = H\tan\alpha \end{cases}$$

则

$$\sigma h_{累} = 0.24 \frac{H}{B} pixel$$

任意模型点高程量测误差为 $0.36\frac{H}{B}pixel$，则自由网高程综合误差为

$$\sigma h_{自} = 0.43 \frac{H}{B} pixel$$

### 2.3.2 利用外方位元素绝对定向高程误差

利用星测 EO 观测值与摄测 EO 观测值，可计算 7 个绝对定向元素，绝对定向按双模型的左、右单模型分别进行，因而每一个模型由 10 组外方位元素观测值。最小二乘法平差计算的绝对定向元素可望使星测 EO 观测值的误差缩小 $\frac{1}{\sqrt{10}}$ 因子，因此可取 $\sigma\Phi \approx \sigma\Omega \approx \sigma\kappa \approx 0.3\sigma\varphi$，则绝对定向高程误差为

$$\begin{cases} \sigma h_A = \sqrt{\sigma h_C{}^2 + \sigma h_S{}^2} \\ \sigma h_C = 0.3\sigma\varphi\sqrt{B^2 + Y^2} \\ \sigma h_S = \dfrac{H}{B} \mathrm{V d}T \end{cases}$$

式中，$\sigma h_S$ 为比例尺归化误差，单位为米，且 $\sigma h_S = 0.7\frac{H}{B}$。

则综合高程误差为

$$\sigma h=\sqrt{\left(\frac{H}{B}\right)^2[(0.43\ pixel)^2+0.7^2]+(B^2+Y^2)(0.3\sigma\varphi)^2+(\sigma Z_{S_0})^2} \tag{5}$$

算例 1:设 $H=600$ km, $B=0.5H$, $pixel=5$ m, $Y=30$ km,计算得

$$\sigma h=\begin{cases}4.8\ \text{m}, & \sigma\varphi=2'' \text{ 且 } \sigma Z_{S_0}=0\\ 5.2\text{m}, & \sigma\varphi=3'' \text{ 且 } \sigma Z_{S_0}=0\end{cases}$$

而按数字模拟 EFP 光束法平差计算得

$$\sigma h=\begin{cases}3.1\text{m}, & \sigma Z_{S_0}=0, \sigma\varphi=2'', \overline{\sigma\varphi}=0.3''\\ 4.1\text{m}, & \sigma Z_{S_0}=0, \sigma\varphi=3'', \overline{\sigma\varphi}=0.4''\end{cases}$$

其中,$\overline{\sigma\varphi}$ 为平差后 $\varphi$ 角的误差。

算例 2:设 $H=691$ km, $B=0.5H$, $\sigma\varphi=2''$, $pixel=2.5$ m, $Y=6$ km,计算得

$$\sigma h=\begin{cases}3.2\ \text{m}, & \sigma Z_{S_0}=0\\ 3.4\text{m}, & \sigma Z_{S_0}=1\ \text{m}\end{cases}$$

而按数字模拟 EFP 光束法平差计算得

$$\sigma h=\begin{cases}2.9\ \text{m}, & \sigma Z_{S_0}=0 \text{ 且 } \overline{\sigma\varphi}=0.4''\\ 3.2\ \text{m}, & \sigma Z_{S_0}=1\ \text{m}\end{cases}$$

数学分析估算与数字模拟计算结果相当。

以上计算均系 LMCCD 影像的正视与前或后视的二线交会区高程精度,若在三线交会区,高程精度将进一步提高。

## 3 结 论

框幅式像片、姿态稳定度 $10^{-6}$(°)/s 的二线阵 CCD 影像和姿态稳定度低于 $10^{-6}$(°)/s 的 LMCCD 影像的立体模型的构建均可采用相当于相对定向和绝对定向的过程讨论高程误差,星测 EO 角元素误差对高程影响较小,但星测 EO 角元素误差对姿态稳定度低于 $10^{-6}$(°)/s 的二线阵 CCD 影像的高程误差特别敏感。

推导的高程误差估算公式主要用于卫星摄影测量工程规划、制订系统参数,在此基础上再采用数字模拟和数字影像模拟的方法,将星测 EO 作为带权观测值参与尽可能严密的光束法平差,以计算摄影测量系统预期精度,必要时可进一步调整卫星摄影测量参数。

### 参考文献

[1] LIGHT D L. Characteristics of remote sensors for mapping and earth science applications[J]. Photogrammetric Engineering and Remote Sensing, 1990, 56(12): 1613-1623.

[2] 王之卓.摄影测量原理[M].北京:测绘出版社,1979:10.

[3] 王任享,胡莘.无地面控制点卫星摄影测量的难点[J].测绘科学,2004,29(3):3-5.

[4] ZHOU Guoqing,LI Ron. Accuracy evaluation of ground points from IKONOS high-resolution satellite imagery[J]. Photogrammetric Engineering and Remote Sensing,2000,66(9):1103-1112.

[5] 王任享,胡莘,杨俊峰,等.卫星摄影测量 LMCCD 相机的建议[J].测绘学报,2004,33(2):116-120.

# 卫星光学立体影像测图高程精度探讨*

王任享

**摘　要**：在卫星摄影测量中，目标定位和测图对高程精度要求也不同，制图要求高程误差必须严格符合规范。以前方交会为基础，推算了框幅相机近似垂直摄影、交向摄影以及CCD线阵相机推扫式摄影高程精度估算公式，可供卫星工程制订方案参考。

**关键词**：卫星摄影测量；前方交会；外方位元素；空中三角测量；高程精度

## 1　引　言

随着摄影测量卫星技术的发展成熟，可利用的卫星影像资源日益丰富，卫星影像应用于测图目的的研究成为新的热点。但与航空摄影测量相比，卫星摄影测量要复杂得多，其中测图高程精度的计算、分析与评估技术是最具挑战性的命题。对卫星立体摄影测量的制图高程精度，各国都提出了相应的指标要求，如美国军事部门要求 90%（$1.64\sigma$）高程精度应满足 $0.5CI$（$CI$ 为基本等高距），因而当高程误差 $\sigma h \leqslant 0.3CI(1\sigma)$ 时，有

$$\sigma h = \begin{cases} 6\ \text{m}, & CI = 20\ \text{m} \\ 3\ \text{m}, & CI = 10\ \text{m} \end{cases}$$

这些指标对有地面控制点可用的航空摄影测量而言，技术上很容易实现，对于可利用地面控制点的卫星摄影测量，难度也不大。但在无地面控制点条件下，要满足高程精度要求则比较困难。例如，日本 ALOS 卫星以无地面控制点测制 1∶2.5 万比例尺地形图为目标，测图指标为 $\sigma h \leqslant 0.5CI$，测制等高距 10 m 的地形图，即要求 $\sigma h \leqslant 5$ m，尽管卫星摄影获取技术上采取了许多特殊措施，但至今 $\sigma h$ 仍未达到要求，实验工作尚在进行中。

本文在相关文献[1-2]的基础上，结合最新研究与实验结果，将对高程精度作进一步探讨。

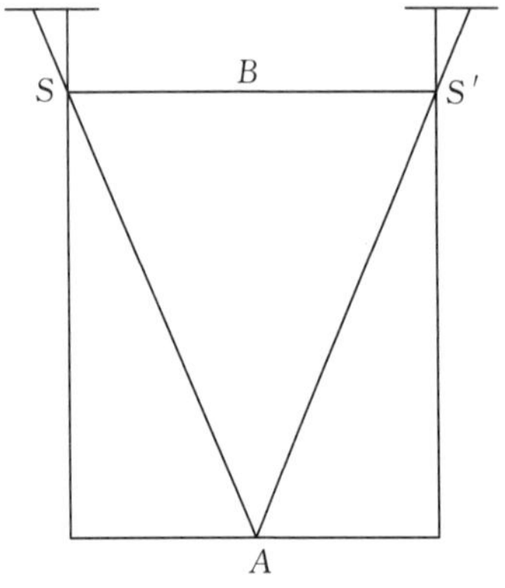


图 1　前方交会

## 2　框幅影像对前方交会高程误差的推导

引用相关研究[1]推导的公式，如图 1 所示，地面点 $A$ 前方交会高程误差为

$$dZ_A = dZ_S + NdZ + ZdN \tag{1}$$

式中，$dZ_S$ 为左摄站 $Z$ 坐标误差；左投影光线缩放系数 $N \approx M = B_X/b_x$；$b_x$ 为像基线 $x$ 分量；左投影光线缩放系数误差为

---

* 本文发表于《测绘科学与工程》2008 年第 4 期。

$$dN = \frac{M}{Zb_x}\left(\frac{Z}{M}dB_X - \frac{X'}{M}dB_Z - ZdX + X'dZ + ZdX' - X'dZ'\right)$$

其中，$dB_X$、$dB_Z$ 为摄影基线分量误差，$Z$ 为地面点在左像空间坐标系坐标，$X'$ 为地面点在右像空间坐标系坐标，$dX$ 和 $dZ$、$dX'$ 和 $dZ'$ 分别为点 $A$ 在左、右像空间坐标系的坐标误差。

在近似垂直摄影条件下，$\varphi=\omega=\kappa=0$，$\varphi'=\omega'=\kappa'=0$，且 $f=f'$，则有

$$\begin{cases} dX = f d\varphi - y d\kappa + dx \\ dY = f d\omega + x d\kappa + dy \\ dZ = x d\varphi + y d\omega + df \end{cases}$$

$$\begin{cases} dX' = f' d\varphi' - y' d\kappa' + dx' \\ dY' = f' d\omega' + x' d\kappa' + dy' \\ dZ' = x' d\varphi' + y' d\omega' + df' \end{cases}$$

$$\begin{bmatrix} X \\ Y \\ Z \end{bmatrix} = \begin{bmatrix} x \\ y \\ -f \end{bmatrix}$$

$$\begin{bmatrix} X' \\ Y' \\ Z' \end{bmatrix} = \begin{bmatrix} x' \\ y' \\ -f \end{bmatrix}$$

为了便于整合高程误差公式的系数，将式(1)中 $dZ_A$ 的 $ZdN$ 分解为两项，即

$$dZ_A = dZ_s + NdZ + ZdN = dZ_s + NdZ_{\mathrm{I}} + NdZ_{\mathrm{II}} + ZdN$$

式中，

$$ZdN_{\mathrm{I}} = \frac{ZM}{Zb}\left(\frac{Z}{M}dB_x - \frac{X'}{M}dB_Z\right) = \frac{f}{b}M\left(-db - \frac{x'}{f}db_Z\right)$$

$$\begin{aligned} ZdN_{\mathrm{II}} &= \frac{ZM}{Zb}\left[Z(dX' - dX) + X'(dZ - dZ')\right] = \frac{f}{b}M(dX - dX') + \frac{f}{b}M\left[\frac{x-b}{f}(dZ - dZ')\right] \\ &= \frac{f}{b}M(dX - dX') + \frac{f}{b}M\left[\frac{x}{f}(dZ - dZ') - \frac{b}{f}dZ + \frac{b}{f}dZ'\right] \end{aligned}$$

再将 $NdZ$ 项加以变换为

$$NdZ = MdZ = \frac{f}{b}MdZ\,\frac{b}{f}$$

令

$$W = ZdN_{\mathrm{II}} + NdZ = \frac{f}{b}M\left[(dX - dX') + \frac{x}{f}dZ - \frac{x'}{f}dZ'\right]$$

将以上有关公式代入式(1)加以整理，并将其分为角元素、线元素及内方位元素引起的误差，即

$$\left.\begin{aligned} dZ_A &= dZ_{A角元} + dZ_{A线元} \\ dZ_{A角元} &= \frac{f}{b}M\left[\left(f + \frac{x^2}{f}\right)d\varphi - \left(f + \frac{x'^2}{f}\right)d\varphi' + \frac{xy}{f}d\omega - \frac{x'y}{f}d\omega' - yd\kappa + yd\kappa'\right] \\ dZ_{A线元} &= -\frac{f}{b}Mdb - \frac{b}{f}Mdb_Z + dZ_s - Mdf \end{aligned}\right\} \quad (2)$$

$dZ_{A角元}$是本文研究的重点，可化为

$$
\begin{aligned}
dZ_{A角元} &= \frac{f}{b}M\left[f(d\varphi - d\varphi') + \frac{x^2}{f}d\varphi - \frac{x'^2}{f}d\varphi' + \frac{xy}{f}d\omega - \frac{x'y}{f}d\omega' - y(d\kappa - d\kappa')\right] \\
&= \frac{f}{b}M\left[\frac{f(d\varphi - d\varphi')}{\cos^2\alpha} + \frac{2xb - b^2}{f}d\varphi' + \frac{xy}{f}d\omega - \frac{x'y}{f}d\omega' - y(d\kappa - d\kappa')\right]
\end{aligned} \tag{3}
$$

式中，$\alpha = \arctan\frac{x}{f}$。进而令 $\alpha' = \arctan\frac{x'}{f'}$，代入式(2)的第二式，可得

$$
dZ_{A角元} = \frac{f}{b}M\left[\frac{f}{\cos^2\alpha}d\varphi - \frac{f}{\cos^2\alpha'}d\varphi' + \frac{xy}{f}d\omega - \frac{x'y}{f}d\omega' + y(d\kappa - d\kappa')\right] \tag{4}
$$

对式(2)第二式取中误差时，令 $\sigma\varphi = \sigma\varphi'$，$\sigma\omega = \sigma\omega'$，$\sigma\kappa = \sigma\kappa'$ 可得

$$
mZ_{A角元} = \frac{f}{b}M\sqrt{\left[\left(f + \frac{x^2}{f}\right)^2 + \left(f + \frac{x'^2}{f}\right)^2\right](\sigma\varphi)^2 + \left[\left(\frac{xy}{f}\right)^2 + \left(\frac{x'y}{f}\right)^2\right](\sigma\omega)^2 + 2y^2(\sigma\kappa)^2} \tag{5}
$$

式(2)第二式用于计算外方位元素误差产生的高程误差；式(3)用于讨论误差性质；式(4)用于推算交向摄影前方交会高程误差；式(5)用于估算高程中误差。

# 3 框幅像对高程误差探讨

## 3.1 有地面控制点参与定向的高程误差

前面推导的是卫星在轨测定的外方位元素观测值误差产生的地面点高程误差，本节将推导估算利用内业测定像点坐标按相对定向（或空中三角测量）建立的模型，并按无误差的3个地面控制点绝对定向后的高程误差。引用相关文献[3]中的式(3-66)，并将其改化到地面模型比例尺，即

$$
\begin{aligned}
mZ_{CP} &= \frac{f}{b}Mm_q\sqrt{\frac{1}{2bd}\int_{x=0}^{x=b}\int_{y=-d}^{y=+d}\left[\frac{x^2(x-b)^2}{b^2d^2} + \frac{3x^2y^2}{4d^4} + \frac{3x^2}{2b^2} + \frac{y^2}{2d^2} - \frac{x}{b} + \frac{3}{2}\right]dydx} \\
&= Mm_q\sqrt{\frac{7}{60}\frac{f^2}{d^2} + \frac{5}{3}\frac{f^2}{b^2}}
\end{aligned}
$$

进一步化为

$$
mZ_{CP} = \frac{f}{b}m_qM\sqrt{\frac{7}{60}\left(\frac{b}{d}\right)^2 + \frac{5}{3}} \tag{6}
$$

式中，$m_q$ 为像点量测的上下视差（按影像匹配误差为0.3像元），$M$ 为摄影比例尺分母，$b$ 为像基线，$d$ 为定向点 $y$ 坐标，$m_{Z_{CP}}$ 为模型内高程中误差平均值。

$m_{Z_{CP}}$ 代表该项摄影测量高程能达到的最好精度，可用于衡量利用外方位元素观测值进行摄影测量所能达到精度的程度。

本文讨论中设定大框幅像片卫星摄影参数为：$f = 300$ mm，航向重叠55%像幅，像基线 $b = 207$ mm，基高比 $\frac{b}{f} = 0.69$，航高＝210 km，摄影比例尺分母 $M = 700\,000$，定向点 $y = 105$ mm，$pixel = 5$ m，代入式(6)（以下高程误差采用 $\sigma h$ 表示）得

$$\sigma h = 0.44\frac{f}{b}pixel = 3.2\ \mathrm{m}$$

可见大框幅像片满足测制 20 m 等高距地形图测图要求，对控制点的高程误差尚有足够的空间。

## 3.2　无地面控制点参与定向的高程误差

### 3.2.1　由外方位元素误差产生的地面控制点高程误差

设外方位元素角元素误差 $\sigma\varphi = \sigma\omega = \sigma\kappa = 2''$（这是现代星相机或星敏感器能达到最高的精度），按式(5)计算模型内均匀分布的 9 个点的中误差，如图 2 所示。图中数据分子为点号，分母为 $m_{Z_A}$（单位为米）。

9 个点的高程中误差平均值为 $m_{Z_{A角元(平均值)}} = 5.2$ m。按直接利用外方位元素观测值恢复立体模型，量测的模型点高程还应顾及影像匹配误差。按匹配误差为 0.3 像元计算，高程误差约 2.2 m，则高程综合中误差为

$$\sigma h = \sqrt{m^2_{Z_{A角元(平均值)}} + 2.2^2} = 5.6(\mathrm{m})$$

这样直接利用外方位元素观测值建立模型的方法有文献称为 DG（直接地理定位）法。其缺点是不但高程精度差，$\sigma h = 5.6$ m 已接近 6 m 的限差，而且模型上还可能残留上下视差。

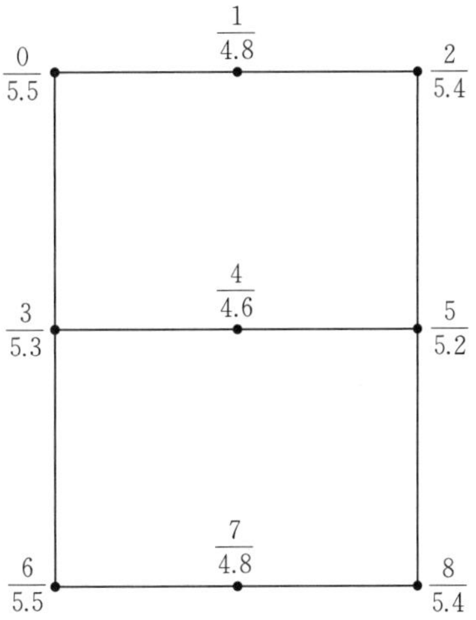

图 2　高程误差分布

### 3.2.2　外方位元素观测值参与空中三角测量综合平差的高程误差

大框幅像片在沿航线方向相当于宽角相机，其像片构成的立体模型有较好的基高比，但垂直于 $y$ 方向只相当常角相机，所以只能称作准宽角相机，对卫星摄影测量而言，具有较好的几何条件。综合平差时，外方位元素作为带权观测值与影像观测值取相同的权，结果表明可有效削弱外方位元素观测值误差，外方位元素观测值精度通常可提高 20%以上。

按式(5)并顾及匹配误差，估算高程中误差 $\sigma h = 4.7$ m，由此可知，经空中三角测量综合平差，大框幅像片可以满足高程中误差≤6 m 的测图要求。至于由云造成影像覆盖不全的情况，特别是主点为云所盖或影像的 $y$ 坐标很短，则会使相对定向质量变差，无法与外方位元素观测值综合平差，只能依靠外方位元素观测值恢复模型，其高程误差约为 5.6 m，能勉强满足测制 20 m 等高距地形图的要求。

## 3.3　关于 $\mathrm{d}Z_{A线元}$ 项的讨论

对式(2)第三式加以改变可得

$$\mathrm{d}Z_{A线元} = -M\left(\frac{f}{b}\mathrm{d}b + \mathrm{d}b_Z + \mathrm{d}f\right) + \mathrm{d}Z_S$$

式中，$\mathrm{d}Z_S$ 为摄站 $Z$ 坐标误差，属于模型点绝对误差，讨论相对高程精度时可不予考虑；其他 3 项在模型内为常差，其中 $\mathrm{d}b$ 和 $\mathrm{d}b_Z$ 误差值较小，焦距误差 $\mathrm{d}f$ 受卫星发射等外界条件影响，

可能存在较大的误差。另外，还应注意到如果不经过空中三角平差，那么式(3)中的 $\frac{f}{b}Mf(\mathrm{d}\varphi-\mathrm{d}\varphi')$ 项在模型内将含有不容忽视的高程常差。这些系统性的误差在一个模型内可由一个地面控制点或激光测定的高程值参与平差予以消除，那些不具备进行空中三角平差的卫星摄影测量，要特别重视处理好这些系统误差。

## 4 交向摄影

大框幅像片的优势在于在低轨卫星下可以用胶片回收，短期内获取大量信息且影像几何保真度好，可以进行理论上严格的空中三角平差。但对于传输型卫星而言，由于航高增大，为保持必要的影像分辨率，特别是要求更高分辨率时，必须要加大相机焦距，而且一般情况下也不可能具有大幅面条件，因而基高比显著减小，失去框幅相机的优势。为解决基高比问题，可行的途径之一是采用交向摄影。

### 4.1 框幅相机交向摄影的前方交会高程误差

图1的点 $A$ 沿航线方向如果落在模型中央，则正好就是从 $S$、$S'$ 交向摄影过主点垂直于航线方向上的点。点 $A$ 的前方交会误差可以利用式(4)，设 $\tan\alpha=\tan\alpha'=\frac{0.5B}{H}$，$\alpha$ 为交向系统标称交会角，$B$ 为按标称数据计算的像基线，于是有

$$\mathrm{d}Z_{A角元}=\frac{f}{b}M\left[\frac{f(\mathrm{d}\varphi-\mathrm{d}\varphi')}{\cos^2\alpha}+\frac{xy}{f}\mathrm{d}\omega-\frac{x'y}{f}\mathrm{d}\omega'+y(\mathrm{d}\kappa-\mathrm{d}\kappa')\right] \tag{7}$$

至于交向像片其他位置上点的交会误差，虽然受像片倾斜摄影影响，影像分辨率及瞬时焦距都有变化，但高程交会误差依然可用式(7)。式(7)与相关文献[2,4]的推导结论相一致，本文不再深入探讨。

### 4.2 二线阵影像前方交会高程误差

交向摄影系统的框幅像片，当其航向像幅不断缩小至一个像元，取样间距也缩小到一个像元时，即成为二线阵交会。如果是对称二线阵交会，地面点前方交会误差就是式(7)，也有卫星系统采用非对称二线阵，如 $\alpha=5°$，$\alpha'=26°$，那么地面点前方交会误差便可按式(4)计算。

### 4.3 交向摄影前方交会高程中误差

按 $B=bM$，$H=fM$，$Y=yM$，$X=xM$(此处 $X$、$Y$ 以左地主点为原点)，代入式(7)得

$$\begin{aligned}\mathrm{d}Z_{A角元}&=\frac{H}{B}\left[\frac{H(\mathrm{d}\varphi-\mathrm{d}\varphi')}{\cos^2\alpha}+\frac{XY}{H}(\mathrm{d}\omega-\mathrm{d}\omega')+\frac{XB}{H}\mathrm{d}\omega'-Y(\mathrm{d}\kappa-\mathrm{d}\kappa')\right]\\&=\frac{H}{B}\left[\frac{H(\mathrm{d}\varphi-\mathrm{d}\varphi')}{\cos^2\alpha}-Y(\mathrm{d}\kappa-\mathrm{d}\kappa')\right]+\frac{XY}{B}(\mathrm{d}\omega-\mathrm{d}\omega')+X\mathrm{d}\omega'\end{aligned}$$

令 $\sigma\varphi=\sigma\varphi'$，$\sigma\omega=\sigma\omega'$，$\sigma\kappa=\sigma\kappa'$，并取中误差可得

$$m_{Z_{A角元}}=\sqrt{\left(\frac{H}{B}\right)^2\left[\frac{2H^2(\sigma\varphi)^2}{\cos^4\alpha}+2Y^2(\sigma\kappa)^2\right]+\left(\frac{2X^2Y^2}{B^2}+X^2\right)(\sigma\omega)^2}$$

以 $X$ 最大值为 $B$ 代入上式可得

$$m_{Z_{A角元}}=\sqrt{2\left(\frac{H}{B}\right)^2\left[\frac{H^2(\sigma\varphi)^2}{\cos^4\alpha}+Y^2(\sigma\kappa)^2\right]+(2Y^2+B^2)(\sigma\omega)^2} \tag{8}$$

式中，$Y$ 相对 $H$ 小得多，所以 $m_{Z_{A角元}}$ 最主要的误差 $\sigma h$ 可表示为

$$\sigma h=\frac{H}{B}\frac{\sqrt{2}H\sigma\varphi}{\cos^2\alpha} \tag{9}$$

现设高分辨率二线阵交会卫星参数为 $H=500$ km，$\frac{B}{H}=0.6$，$\alpha\approx16°$，$\cos^2\alpha=0.92$，$\sigma\varphi=2''$，计算高程误差，得 $\sigma h=12.4$ m。

此项误差主要源于（$d\varphi-d\varphi'$），由于 $\varphi$ 和 $\varphi'$ 摄影时间相隔约 40 s，所以 $d\varphi$ 和 $d\varphi'$ 是独立偶然误差，其较差中误差更大，如果实行空中三角平差，较差中误差将显著缩小。但二线阵交会摄影测量尚无合理的空中三角测量平差理论，（$d\varphi-d\varphi'$）在不长的航线段内变化不大（依卫星平台的稳定度而异），可以近似地看作一个常差，所以采用一个地面控制点参与定向（如 IKONOS 影像）即可消除，也可利用激光测高数据加以消除，所以二线阵交会卫星摄影测量系统若以无地面控制点为目标，系统应有激光测距设备或者采取特殊设备使测角精度达到亚秒级（如日本 ALOS 卫星采用“星敏＋ADS 角度测量器”）。

## 5　三线阵 CCD 摄影测量

一些卫星摄影测量系统如 Mapsat、OIS、ALOS 采用三线阵 CCD 相机，但这些系统的正视影像只用于正射纠正和弥补摄影死角点求高程之用，只有德国的 MOMS 系统，综合应用三线阵 CCD 影像进行空中三角测量平差，以降低对卫星平台稳定度的要求，并可削弱在轨测定姿态角的误差对摄影成果的影响。研究表明：只限于三线阵 CCD 影像的光束法平差，航线模型存在很大扭曲，必须有网格分布的控制点参与平差才能获得满意结果，无地面控制则达不到式(1)的要求。在传输型卫星中，采用三线阵＋4 个小面阵 CCD 的 LMCCD 相机。LMCCD 影像 EFP 光束法平差的特点是：LMCCD 影像航线被分解为 10 条等效框幅像片三角锁，三角锁本身沿用经典的空中三角测量原理，不用人们常用的多项式，因而航线可以很长，这 10 条三角锁依时序嵌套在 LMCCD 影像航线内。在 EFP 平差理论中增加了两个主要条件：一是同类外方位元素二阶差分等零；二是在模型方面由小面阵影像提供的真框幅像坐标点作为相邻航线的连接点，使 10 条三角锁模型有机连接，因而综合平差能有效地削弱外方位元素观测值的影响。从表 1 数据比较中不难看出，这两个条件在 LMCCD 影像 EFP 法平差中是不可缺少的条件。相比较 MOMS 的“定向片”法，就没有这两个条件，也许这正是其平差结果不尽如人意的缘故。

以上平差过程颇为复杂，很难从理论上对其作精度估计，主要采用模拟计算方式。

设摄影参数为 $H=500$ km，地面分辨率 $pixel=5$ m，$y=30$ km，航线长度为 2 条短基线约 500 km，基高比 $\frac{B}{H}=0.6$，线元素中误差为 5 m，角元素误差为 $2''$。

平差计算结果如表 1 所示。

表 1　三线阵 CCD 影像平差比较

| $\sigma X_S$ /m | $\sigma Y_S$ /m | $\sigma Z_S$ /m | $\sigma\varphi$ /(″) | $\sigma\omega$ /(″) | $\sigma\kappa$ /(″) | $\sigma P_y$ /像元 | $\sigma h$ /m | 平差条件 |
|---|---|---|---|---|---|---|---|---|
| 5.2 | 4.5 | 5.1 | 1.8 | 2.2 | 2.0 | 2.19 | 27.9 | 直接外方位元素观测值模型 |
| 3.6 | 3.4 | 4.9 | 1.5 | 1.4 | 1.2 | 0.43 | 6.4 | 三线阵＋小面阵,无平滑条件 |
| 0.8 | 1.6 | 2.4 | 1.3 | 1.2 | 0.3 | 0.41 | 11.5 | 三线阵＋平滑条件 |
| 4.6 | 3.7 | 5.0 | 1.7 | 1.5 | 1.6 | 0.49 | 22.8 | 三线阵,无平滑条件 |
| 0.8 | 1.6 | 2.4 | 0.6 | 0.7 | 0.5 | 0.41 | 3.9 | 三线阵＋小面阵＋平滑条件 |

注：$\sigma P_y$ 为上下视差。

# 6　小　结

在卫星摄影测量中,目标定位与制图的目的对高程精度要求主要区别在于:制图要求高程误差必须严格符合规范。例如,日本 ALOS 卫星制图目标是 1∶2.5 万比例尺地形图,等高距 10 m ,按日本规定高程误差应小于 0.5 等高距(按美国要求是 0.3 等高距),即高程误差应小于 5 m,但 ALOS 卫星影像处理所得高程误差超过 5 m,则被认定没有达到工程指标。但对目标定位而言,高程误差超过 5 m,即使多超过 1～2 m,甚至更大一些也可以接受。因此,在制定以制图为目标,尤其是无地面控制点测图卫星系统方案时,高程误差的估算要十分慎重。

光学相机立体成像,地面点坐标是由两根不同摄影时刻从不同角度拍摄的影像光线确定的,其优点是利用不同角度可构成比较好的基高比,有利于提高高程精度,但也带来因不同时刻的角元素的误差,特别倾角是各自独立的误差,如果卫星轨道比较高时,将产生明显的高程误差。本文推算的高程精度估算公式适用于框幅相机近似垂直摄影、交向摄影以及 CCD 线阵相机推扫式摄影。

## 参考文献

[1] 张绪茂.前方空间交会精度估算公式及在航天摄影测量系统工程中的应用[J].解放军测绘研究所学报,1999(3):1-11.

[2] 王任享.三线阵 CCD 影像卫星摄影测量原理[M].北京:测绘出版社,2006.

[3] 王之卓.摄影测量原理[M].北京:测绘出版社,1979.

[4] 王建荣，王任享,胡莘,等.三线阵 CCD 影像直接前方交会精度估算[J].测绘科学，2009(4):11-12,19.

# “嫦娥一号”立体影像的摄影测量内部精度估算*

王任享，王新义，王建荣，赵 斐，李 晶，陈 刚

**摘 要**：采用 Apollo 影像模拟生成的“嫦娥一号”三线阵 CCD 影像及其卫星的轨道与姿态模拟参数，按等效框幅像片（EFP）法和自由外方位元素（FEO）法分别计算摄影测量坐标系内的外方位元素及模型点坐标，生成数字高程模型（DEM）、等高线、正射影像及三维地形仿真影像，评估从模拟月球三线阵 CCD 影像生成的摄影测量成果的预期精度。

**关键词**：卫星摄影测量；等效框幅像片；自由外方位元素；数字高程模型；空中三角测量

## 1 引 言

20 世纪 60 年代美国登月工程“阿波罗”号对月球进行摄影测量，开创了利用卫星进行摄影测量的先河。从此，摄影测量学科出现了“卫星摄影测量”（satellite photogrammetry）这一名词，它既适用于航天对地球的摄影测量，也适用于宇航对外星球的摄影测量。我国“嫦娥一号”卫星的目标任务之一是对月球进行立体摄影测量，为我国摄影测量增加了“对月卫星摄影测量”这一新门类。

在“嫦娥一号”工程立项初期，针对工程地面应用系统有关人员咨询的探月工程摄影测量问题，在尊重探月工程总体目标规划和已有相机参数不作变更的条件下，提出了一个称作“一个相机三线推扫”的方案。该方案只要一台相机，取 1024×1024 面阵的左、中、右各一条线按三线阵方式沿飞行方向作推扫式摄影，以取代原拟定的两个相机交向摄影方案。基于该方案，需要完成立体影像接收后的摄影测量产品快速生成任务，包括外方位元素重建、DEM 采集、正射影像、等高线、三维地形仿真，以及相关评估研究。

对“嫦娥一号”的摄影测量而言有两个层面：一是地面模型快速反演的成果关系到内部精度，此时摄影测量处理应不需卫星提供外方位元素值，也无需月面控制点，具有快速反演的条件；二是测绘月球地形图是属于月球坐标系内的成果，关系到绝对精度。由于上述任务只涉及第一层面，因此本研究将着重对内部精度加以估算，主要用于评估工程方案的可行性。

## 2 摄影测量坐标系内部精度估算方法

内部精度是指对规定的摄影测量系统所采集的影像，具有在摄影测量坐标系内生成产

* 本文发表于《测绘科学》2008 年第 2 期。

品的精度估值，其特点是不借助卫星飞行时测定的外方位元素（即 $X_S$，$Y_S$，$Z_S$，$\psi$，$\omega$，$\kappa$，简称 EO）的观测值或月面控制点参与重建三线阵 CCD 影像的外方位元素和形成的月面模型，月面控制点仅用于对重建成果的精度评定。内部精度是摄影测量系统是否满足工程要求的最基础指标，可以认为是从数学角度对方案的可行性评估。从理论上讲，仅仅依靠三线阵 CCD 影像坐标恢复每一取像周期的 EO 值在数学上是无解的，但利用卫星飞行的特点，即飞行平稳时卫星平台的外方位元素变化带有相关性，可以研究解算间隔一定取样周期的 EO 值，其他任意时刻的 EO 值可以从中内插[1]。因此，本研究研发了两种解求方法：一是自由外方位元素（free exterior orientation，FEO）法，另一种是等效框幅像片即 EFP 法。前者计算简单，后者在理论上较前者严谨，但计算比较烦琐。

## 2.1 数据准备

用于计算的三线阵 CCD 像点坐标由以下两种途径提供。

### 2.1.1 数学模拟三线阵 CCD 影像坐标

利用相机参数、轨道高度 200 km 以及数学模拟的外方位元素，按推扫式摄影生成规定的三线阵 CCD 像点坐标，其中数学模拟外方位元素是按低频正余弦多项式并设置姿态变化率为 $10^{-3}$(°)/s，像点坐标量测误差为 0.3 像元，航线基线数为 6。

### 2.1.2 利用模拟三线阵 CCD 影像量测像点坐标

(1)模拟“嫦娥一号”三线阵 CCD 影像：卫星摄影参数与 3.1 节相同，利用分辨率为 100 m 的 Apollo 正射影像及 DEM，按推扫式原理生成分辨率为 120 m 的模拟“嫦娥一号”三线阵 CCD 影像（512 像元×5 000 像元），约含 10 条基线，如图 1、图 2 及图 3 所示。

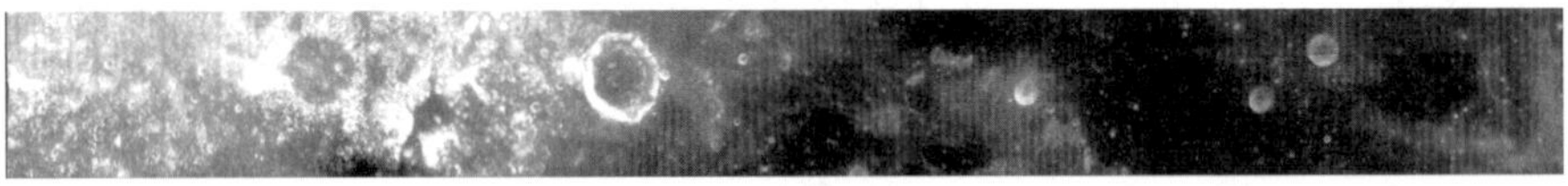

图 1 前视影像

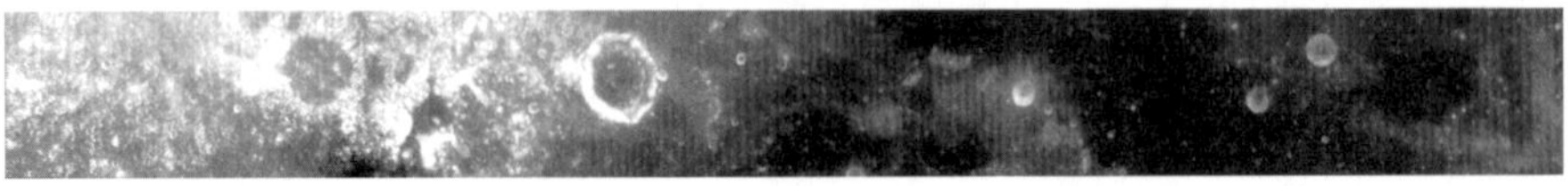

图 2 正视影像

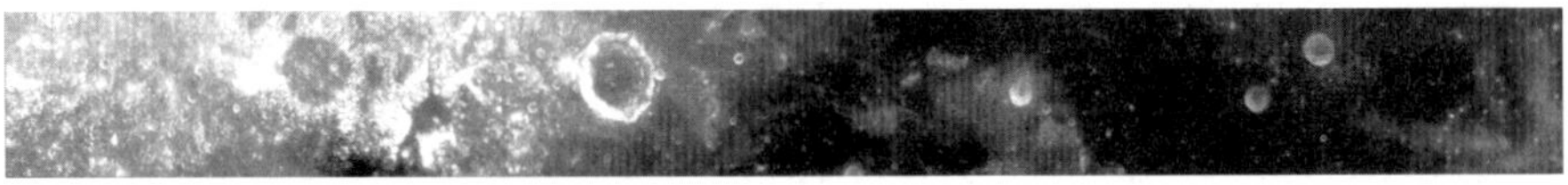

图 3 后视影像

(2)三线阵 CCD 影像像点坐标量测：按规定在正视影像上生成标准坐标，然后以影像匹配的方法求出前、后视相应的像点坐标。

## 2.2 FEO 法和 EFP 法空中三角测量

利用 FEO 法和 EFP 法计算摄影测量坐标系内的 EO 值和航线模型点坐标，计算结果及误差统计见后。

# 3 摄影测量坐标系内部精度估算研究

精度估算将侧重于高程误差，以便确定可测等高线的等高距。为了便于分析，专门定义以下几类高程误差符号：

(1)单像点匹配误差生成的高程误差定义为

$$S_{\sigma h}=0.3\times GSD\frac{H}{2B}\approx 60\ \mathrm{m}$$

式中，0.3 为影像匹配误差；$GSD$ 为地面取样间距，这里为 120 m；$H$ 为卫星飞行高度，这里为 200 km；$B$ 为正视与前视或后视摄影中心的距离，这里约为 60 km。

(2)前、后视像点前方交会的高程误差定义为

$$F_{\sigma h}=\sqrt{2}\times S_{\sigma h}=84\ \mathrm{m}$$

(3)仅仅由重建的外方位元素误差导致的月面点高程误差(不含像点坐标量测误差)定义为 $P_{\sigma h}$。

(4)用分布航线首末端附近的 4 个控制点作绝对定向后，利用月面控制点作检查点统计的高程误差定义为 $M_{\sigma h}$。

利用 EFP 法和 FEO 法的两个软件进行计算研究，分述如下。

## 3.1 $P_{\sigma h}$ 计算

为了了解重建的外方位元素误差对月面点坐标的影响，采取同一组像点坐标观测值，分别按模拟用的真外方位元素和重建的外方位元素来计算月面点坐标，利用航线首末端附近的 4 个同名点坐标作线性变换，然后统计二者坐标差的中误差，如表 1 所示。

**表 1　$P_{\sigma h}$ 统计**　　单位：m

| 方　法 | EFP 三线阵 CCD 模式 | | | EFP LMCCD 模式 | | | FEO 三线阵 CCD 模式 | | |
|---|---|---|---|---|---|---|---|---|---|
| 坐标误差 | $m_X$ | $m_Y$ | $m_h$ | $m_X$ | $m_Y$ | $m_h$ | $m_X$ | $m_Y$ | $m_h$ |
| 数字模拟 | 43 | 15 | 60 | 57 | 19 | 54 | 82 | 30 | 78 |
| 影像模拟 | 13 | 3 | 34 | 10 | 16 | 29 | 97 | 25 | 71 |
| 均值 | 28 | 9 | 47 | 33 | 18 | 44 | 88 | 27 | 74 |

## 3.2 $M_{\sigma h}$ 计算

$M_{\sigma h}$ 既包含重建外方位元素误差，又包含像点坐标量测误差。坐标误差统计如表 2 所示。

**表 2　$M_{\sigma h}$ 统计**　　单位：m

| 方　法 | EFP 三线阵 CCD 模式 | | | EFP LMCCD 模式 | | | FEO 三线阵 CCD 模式 | | |
|---|---|---|---|---|---|---|---|---|---|
| 坐标误差 | $m_X$ | $m_Y$ | $m_h$ | $m_X$ | $m_Y$ | $m_h$ | $m_X$ | $m_Y$ | $m_h$ |
| 数字模拟 | 47 | 30 | 133 | 60 | 24 | 131 | 54 | 34 | 117 |
| 影像模拟 | 22 | 10 | 124 | 21 | 19 | 117 | 68 | 15 | 90 |
| 均值 | 34 | 20 | 128 | 40 | 22 | 124 | 66 | 24 | 104 |

从误差性质可知，重建的外方位元素受空中三角测量的偶然误差系统累积的影响，偶然误差系统累分为一次及二次和两类，在自由网空中三角测量中是不可避免的，其大小与观测

误差量值、分布以及航线长度等相关。

从表 1 数据可看出，在本次实验航线长度条件下，受其影响的高程误差与 $F_{\sigma h}$ 相当。

$M_{\sigma h}$ 可看作由 $P_{\sigma h}$ 和 $F_{\sigma h}$ 共同影响，从表 2 看其量值基本符合

$$M_{\sigma h}=\sqrt{P_{\sigma h}^2+F_{\sigma h}^2}$$

如果单纯看 $M_{\sigma h}$ 数值，可测绘等高线的等高距为 $3.3\times M_{\sigma h}$ 即 350 m，但作为局部地区的月面反演，可以不考虑 $P_{\sigma h}$ 的影响，因为它主要呈现的是立体模型的一些系统变形，它的存在并不妨碍等高线的表示。因此，对"嫦娥一号"工程月面反演的摄影测量成果，可以采用等高距为 $3.3\times F_{\sigma h}$ 即 300 m，考虑到月面实际情况，某些地区也可以采用等高距为 200 m。

## 4　有关绝对坐标系问题

月球坐标系内的摄影测量成果不属于本研究项目，但基于前面作了一些内部精度研究，下面顺便作一些计算分析以供参考。

假设有飞行中测定的 EO 观测值可参与平差，并假定由轨道提供的摄站坐标误差为 ±10 m，由星敏感器提供的对月摄影相机姿态角精度为 ±5″，计算结果统计如表 3 所示。

**表 3　EO 参与平差**　　单位：m

| 方　法 | 直接前方交会 | | | EFP 平差后 | | | EO 误差 |
|---|---|---|---|---|---|---|---|
| 坐标误差 | $m_X$ | $m_Y$ | $m_h$ | $m_X$ | $m_Y$ | $m_h$ | 线元素 10 m，角元素 5″ |
| 数字模拟 | 103 | 84 | 134 | 15 | 24 | 118 | |
| 影像模拟 | 98 | 64 | 144 | 19 | 10 | 110 | |
| 均值 | 100 | 74 | 139 | 17 | 17 | 114 | |

一个像元对应月面尺寸为 120 m，它对应摄影中心所张的角度约为 120″，比起卫星上星敏感测定姿态角的误差大很多，因此平差中 EO 观测值的权可以相对大一些。从表 3 来看，尽管如此，平差后高程误差比直接前方交会的误差小很多，说明平差能削弱 EO 观测值的影响；但同时高程中误差也在百米量值，可测制等高距约 300 m 的等高线图。实际工作中如果正确应用轨道计算提供的摄站坐标条件、星敏提供的角元素条件以及激光测距提供的距离条件，可望进一步提高精度。绝对坐标系内平差处理时要注意以下环节：

(1)由于卫星发射的震动以及飞行中温度的变化，可能使 CCD 相机焦距以及星敏和 CCD 相机姿态角变换矩阵参数有所变化，应进行检测。

(2)激光测距仪测距的数值可作为距离条件参与平差，如果在平差方程式中增加焦距改正项，将可以消除焦距变化对高程的影响。激光测距数据还有助于消除平差中可能存在的比例尺累计误差。

(3)摄站坐标精度对定位精度起到关键作用，轨道测定的摄站 $X$、$Y$ 坐标误差在区域网平差中可以得到较好的整合，但摄站 $Z$ 坐标在平差中受整合的约束力比 $X$、$Y$ 差，对绝对高程影响较大。因此，离线精确轨道的计算是必要的，尤其要重视轨道向心方向的精度。

## 5　利用模拟的三线阵 CCD 影像生成摄影测量产品

利用 Apollo 影像生成的三线 CCD 影像及 FEO 重建的外方位元素，按照严格的推扫式

摄影测量原理自动采集 DEM 并逐点严格纠正生成正射影像和等高线，如图 4、图 5 所示。并利用正射影像和 DEM 生成三维仿真影像，如图 6 所示。

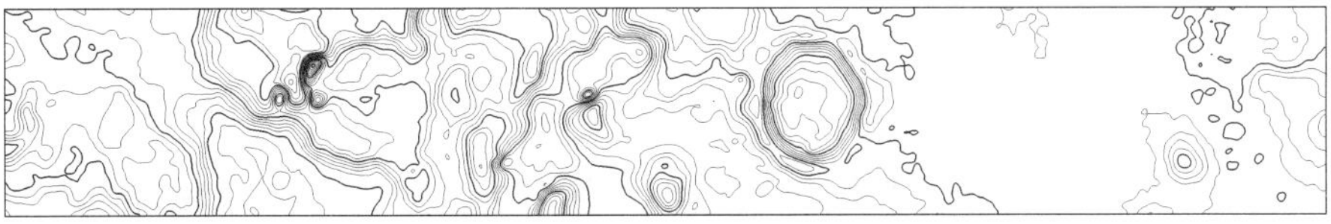

图 4　等高线(等高距 200 m)

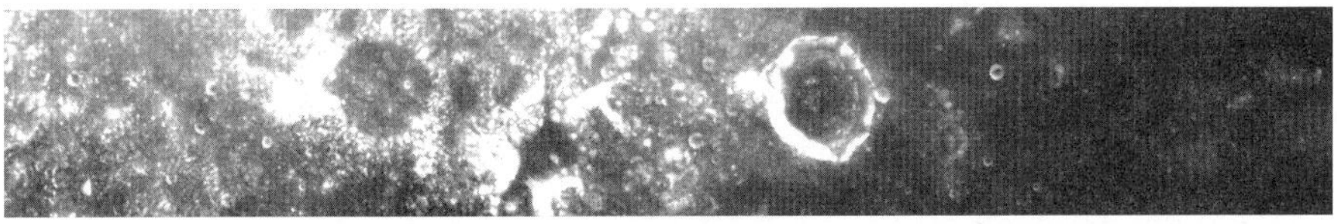

图 5　正射影像

图 6　三维仿真影像

## 后　记

2007 年 11 月 20 日，得到"嫦娥一号"传回的影像后，在地面应用系统统一计划下，当晚就进行了利用三线阵影像重建外方位元素和立体摄影测量(摄影测量坐标系近似比例尺)工作，在对 FEO 软件做了适应性修改后，生成了包含 6 个基线的航线摄影测量成品；22 日继续按应用系统的要求，完成规定的 8 条航线摄影测量产品。其成果专著后续的工作是由地面应用系统有关人员进行编辑集成的，并提供了演示成果。

感谢"嫦娥一号"工程有关部门与人士的信任，让笔者团队有机会参与我国月球摄影测量工作，感谢地面应用系统在摄影测量处理工作时提供的工作条件，特别感谢为方便笔者工作而特地配置了新的笔记本。

### 参考文献

[1] 王任享. 三线阵 CCD 影像卫星摄影测量原理[M]. 北京：测绘出版社，2006.

# 月球卫星三线阵CCD影像EFP光束法空中三角测量*

王任享

**摘　要**:对月球卫星摄影三线阵CCD影像的等效框幅像片(EFP)光束法空中三角测量作两种处理:一是现行摄影测量常用的方法,即将平差转到切面坐标系进行;二是在摄影测量坐标系内采用长航线自由网EFP光束法平差,利用三线CCD推扫特点,在EFP平差中增加对前、后视影像的相机主距的附加改正项 $\Delta f_{FA}$,用以补偿由于球面曲率产生的前、后视影像比例尺的差异,平差得到的是平面基准的地面坐标及外方位元素的平差值。前者计算,数学上严格,但长航线要适当分段为切面处理;后者计算数学上有近似性,可方便地用于估算卫星姿态变化率或做地面模型的几何反演等实验研究。实验利用"嫦娥一号"获取的第一条航线,长约2 840 km,合1/4月球周长,包括47条基线(前、后视影像与正视影像摄影中心的距离)的影像作平差研究,并给出相应的结果。

**关键词**:光束法平差;三线阵CCD影像;长航线空中三角测量;"嫦娥一号"卫星影像

## 1　引　言

如果卫星摄影中的外方位元素即EO(摄站坐标 $X_S$、$Y_S$、$Z_S$ 及角元素 $\varphi$、$\omega$、$\kappa$)测定值精度足够高,那么三线阵CCD影像的摄影测量将非常简单,只要用共线方程就可以计算得精确的地面坐标。但至今卫星摄影中测定的EO值都还达不到理想的程度,因此很多情况下,希望采用光束法平差以便削弱偶然误差和剔除粗差。笔者曾比较详细地研究了EFP光束法空中三角测量原理[1],但所有研究均没有考虑摄影地区是球面的问题,而且所有的实验工作均是计算机模拟。我国探月工程"嫦娥一号"取得了可贵的三线CCD影像数据,为深入探讨提供了良好条件,本文将依此对EFP光束法平差作一些实验研究。

## 2　切面坐标系EFP光束法空中三角测量

不将外方位元素用多项式表达是EFP光束法平差的重要特点,因而平差航线的长度可以不考虑受多项式阶数的制约。但在球面摄影影像处理时,航线长度依然要考虑随着航线加长,摄站 $X_S$ 和 $Z_S$ 以及倾角 $\varphi$ 在数值甚至符号上均有大变化,因而要将航线按适当长度分段,并逐段按切面坐标系进行平差计算。这是摄影测量常用的方法[2]。

作为对EFP光束法平差的探讨,实验用的EO初值可以应用探月工程"嫦娥一号"卫星测定的EO观测值,由于该工程至今未能提供这些数据,所以笔者只好采用卫星摄影参数,按推扫式原理推算EO初值。

* 本文发表于《测绘科学》2008年第4期。

探月工程额定参数如下：

(1)相机：焦距 $f=23.33$ mm，其焦面 CCD 面阵为 1 024 像元×1 024 像元，取左、中、右 3 条线构成前视、正视和后视 3 个线阵，前、后视线阵与正视线阵夹角均为 17.5°，截取的线阵数为 512 像元，像元尺寸为 14 $\mu$m。

(2)轨道：圆形近极轨道，额定对地高度 200 km±25 km，标准摄影基线长 60.3 km。

(3)月球大地参数：平均半径为 1 738 km。

选择与月心坐标系关系最简单的切面坐标系，并分别按实验选用包含不同基线数的航线，按以上参考数据推算在切面坐标系内的 EO 初值，并参与平差，其中摄站坐标 $Z_S$ 要以权重较低的带权观测值处理。利用“嫦娥一号”第一条影像，按不同基线数平差，残余视差统计如表 1 所示。从实验结果看，切面坐标系内平差，航线的基线数小于 8 为佳。

**表 1 视差统计**

| 基线数 | 初始视差/像元 | | 收敛视差/像元 | |
|---|---|---|---|---|
| | $m_{px}$ | $m_{py}$ | $m_{px}$ | $m_{py}$ |
| 2 | 0.10 | 0.38 | 0.02 | 0.25 |
| 6 | 0.63 | 0.47 | 0.31 | 0.22 |
| 8 | 0.79 | 0.51 | 0.33 | 0.23 |
| 12 | 1.85 | 1.01 | 0.37 | 0.32 |
| 15 | 2.64 | 1.33 | 0.48 | 0.56 |

三线交会一点是光束法平差成功的基本标志。在无地面控制点可供考核平差精度的情况下，上下视差、左右视差的中误差不失为衡量平差内部精度的重要判据。实验中用于平差的定向点、连接点的同名像点坐标均按相关系数法匹配，理论精度为 0.25 像元。表 1 数据表明，平差后视差中误差与影像匹配误差相当，因而探月工程预估中采用影像匹配误差为 0.3 像元是适宜的。

现令基线数为 8 的切面坐标系平差的 EO 值参与自动采集 DEM(含月球曲率高差约为 17 km)，生成的等高线如图 1 所示，在等高线中可以感觉到月球曲率高差的存在。再利用 EO 值对正视和后视影像作变形纠正，如图 2、图 3 所示。

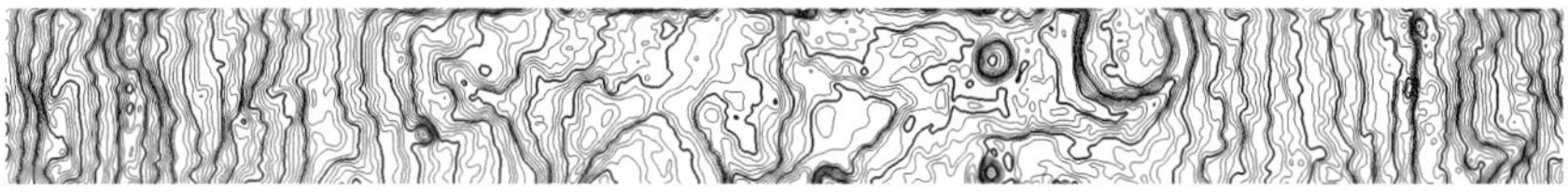

图 1 等高线

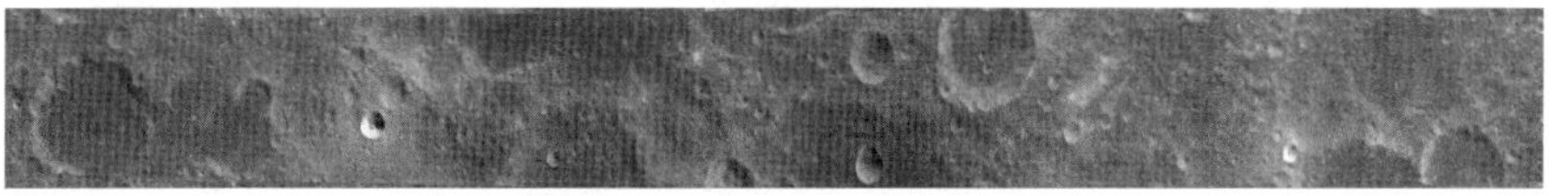

图 2 变形纠正正视影像

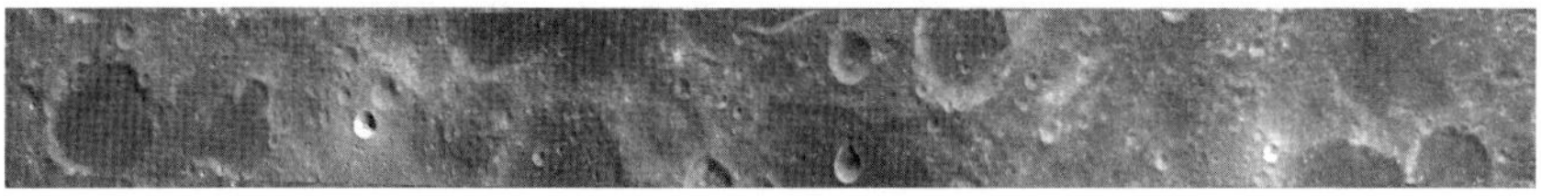

图 3 变形纠正后视影像

图 1 的等高线是 DEM 含有月球曲率的数据生成的等高线。图 2、图 3 的影像通过目视

立体能看得出立体模型带有月球曲率的弯曲。

# 3 摄影测量坐标系长航线自由网 EFP 光束法平差

## 3.1 三线阵 CCD 影像几何特点

三线阵 CCD 相机推扫式摄影的每一个取样周期可获得各自 3 条线阵影像，这些影像按时序排列成 3 个图像。由于推扫时倾角不同，使得获取的图像同名点存在左右视差，立体目视时可以看出地形起伏。不管是平面基准还是球面基准的摄影，立体观察到的起伏地面都是如同在平面上的起伏，而无球面感觉。虽然球面基准摄影时，垂直于飞行方向( $y$ 方向)各线阵属于中心投影，恢复的地面模型存在球面曲率，但卫星摄影航线宽度很小，目视立体影像也没有曲率感觉。在飞行方向，即使航线很长，由于推扫式摄影属于"正射"采样，大跨度地面曲率也不会记录在影像中。尽管对于某一时刻的三线 CCD 影像之间也具有框幅像片的性质，甚至采用笔者的 EFP 思想，自由网空中三角测量也构不成框幅像片那样，一个单模型像对就可以经过相对定向构成立体模型，而且像片三度重叠通过坚强的几何连接形成与实际地面相似的航线模型(不计偶然误差系统累积)。也就是说，三线阵 CCD 影像空中三角测量恢复与地面相似的立体模型，必须像切面坐标的计算一样。那么自由网空中三角测量会有什么特点呢? 在球面基准推扫式摄影时，由于在两条基线范围内存在球面曲率的缘故，前、后视影像的摄影高度比正视影像大 $\Delta H$ (图 4)。

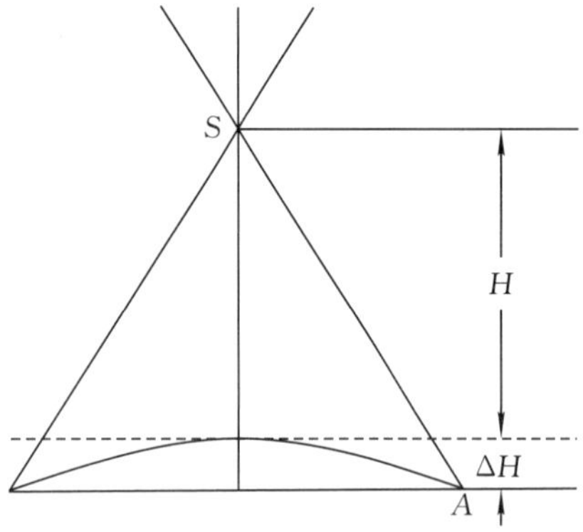

图 4 球面曲率

在月球上当基线为 60 km 时，两条基线范围内 $\Delta H \approx 1.05$ km，其值在整个航线中几乎为常数。因而在球面基准摄影时，任意点的正视影像比例尺总是略大于前、后视影像，则同名点的正视影像与前、后视影像的坐标差计算如下。

由 $y_v = \dfrac{y_A}{H}, y_{lr} = \dfrac{Y_A}{H + \Delta H}$ 可得

$$P_y = y_v - y_{lr} \approx \frac{y_A}{H}\frac{f}{H}\Delta H \tag{1}$$

式中，$y_v$ 为点 $A$ 的正视影像坐标，$y_{lr}$ 为点 $A$ 的前、后视影像坐标，$P_y$ 为上下视差。

在切面坐标系计算中，由于恢复了地面的曲率，上下视差 $P_y$ 在平差迭代中自然被消除，但在自由网空中三角测量中，EO 的初值中各时刻的 $Z_S$ 为相同值，角元素均为零，所以平差迭代中上述的上下视差 $P_y$ 无法被外方位元素的 6 个未知改正数所消除。因此，可以引进一个新的未知改正数 $\Delta f_{FA}$，即令

$$P_y = \frac{y_A}{H}\frac{f}{H}\Delta H = \frac{y_A}{H}\Delta f_{FA}$$

则有

$$\Delta f_{FA} = \frac{\Delta H}{H} f \tag{2}$$

如果在自由网 EFP 空中三角平差方程系中增加解算 $\Delta f_{FA}$ 项，并对前、后视影像的相机

主距 $f_l$、$f_r$ 加以改正,迭代中便可消除上下视差,并且自动地对前、后视影像 $x$ 坐标作调整。$\Delta f_{FA}$ 在方程式中求解的数学形式与求解相机焦距检校值相当,只不过在列方程时仅对前、后视影像的误差方程带有 $\Delta f_{FA}$ 项,经过这样改化以后的 EFP 程序就可以进行超长航线的自由网空中三角测量,平差的结果将是长航线沿飞行方向属于平面基准的地面立体模型。

虽然这种计算在理论上有近似性,但由于计算可以在很长的航线中不间断地连续进行,在某些应用中有其方便的地方。

## 3.2 计算实例

同样采用"嫦娥一号"获取的第一条影像,基线数 47,航线长约 2 840 km,约占月球平均周长的 1/4。平差设置:基线长 60.3 km,地面像元分辨率 120 m×120 m,卫星对月面高 200 km,EO 角元素取值为零,三线 CCD 影像主距 23.33 mm。

按照附加 $\Delta f_{FA}$ 项的 EFP 程序计算,平差结果统计如表 2 所示。从表 2 的视差看,长航线平差是成功的。

**表 2 长航线自由网平差统计**

| 基线数 | 初始视差/像元 | | 收敛视差/像元 | | 调整主距 |
|---|---|---|---|---|---|
| | $m_{px}$ | $m_{py}$ | $m_{px}$ | $m_{py}$ | $f_l = f_r$/mm |
| 8 | 0.90 | 1.37 | 0.38 | 0.25 | 23.169 |
| 15 | 1.25 | 1.55 | 0.39 | 0.24 | 23.177 |
| 47 | 1.18 | 1.58 | 0.45 | 0.28 | 23.167 |

利用长航线平差的 EO 值估算卫星飞行的姿态变化率,则 EO 角元素平差值如图 5 至图 7 所示。另外按影像地面分辨率 120 m×120 m,卫星地速 1.5 km/s,计算各轴变化值如表 3 所示。

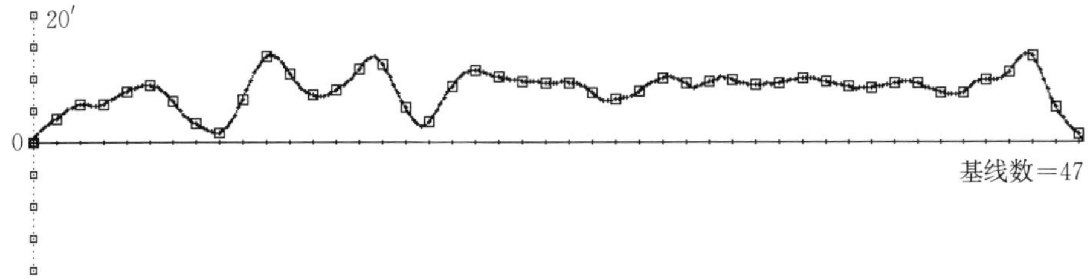


图 5 $\varphi$ 角变化曲线

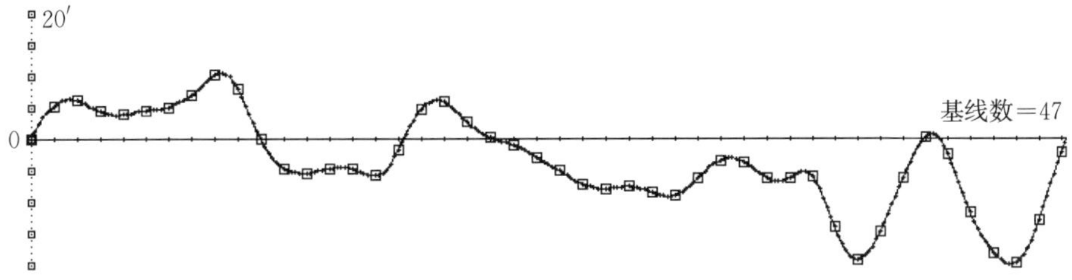


图 6 $\omega$ 角变化曲线

**表 3 姿态变化值** 单位:(°)/s

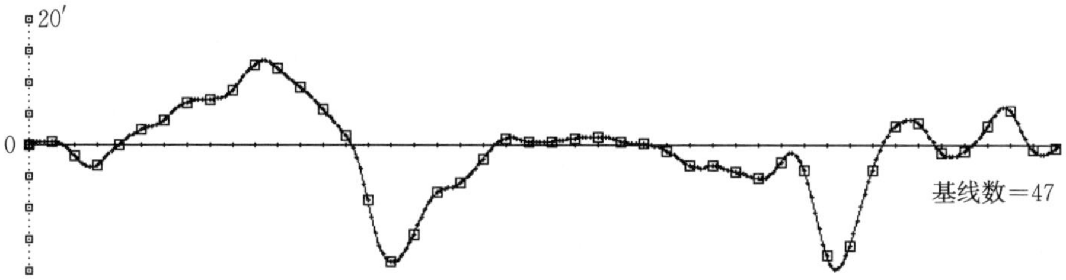


图7 κ角变化曲线

| 基线数 | $\varphi\times10^{-3}$ | $\omega\times10^{-3}$ | $\kappa\times10^{-3}$ | 三轴总和$\times10^{-3}$ |
|---|---|---|---|---|
| 8 | 0.7 | 0.8 | 0.6 | 1.3 |
| 15 | 1.4 | 1.5 | 1.2 | 2.4 |
| 47 | 1.2 | 1.9 | 1.8 | 2.9 |

如果姿态平均变化率取为 $2.5\times10^{-3}$(°)/s,则由此引起的相邻像元的混叠约 0.005 像元,影像质量对影像匹配精度影响不大。但对一般卫星而言,这样的变化率不甚理想,也可能这是第一条摄影航线,兴许更长时间飞行后,会有改善。可惜笔者没有更多的“嫦娥一号”影像可供应用。本文计算的结果只是从摄影测量角度,对卫星姿态变化的估算,仅供参考。

此外,利用长航线自由网 EO 平差值进行 DEM 的自动采集也很成功,这些数据对月面几何反演的应用尤为方便。

## 后　记

笔者根据在探月工程地面应用系统工作期间的观测数据进行平差整理,由于时间短促及应用资料有限,所得结果难免有不妥之处,由笔者负责。工作期间地面应用系统在资料提供、工作条件等方面给予支持,特表感谢。

### 参考文献

[1] 王任享. 三线阵 CCD 影像卫星摄影测量原理[M]. 北京:测绘出版社,2006.
[2] 王之卓. 摄影测量原理[M]. 北京:测绘出版社,1979.

# 物方多点匹配中断面引导逼近原理的应用*

王任享，李　晶

**摘　要：**多点匹配中不采用沿铅垂线逼近的几何条件，而代之以断面引导逼近PGA原理计算格网点的高程该方法可以免去匹配中每一次迭代都要进行正射投影再取样的过程。利用由航空像片生成的DEM及相应的数字正射影像，模拟地生成框幅式数字影像和三线阵CCD推扫式摄影影像，并分别进行应用PGA原理的物方多点最小二乘法影像匹配的实验研究。将影像匹配自动采集的DEM与用于生成模拟影像的DEM相比较，得出影像匹配精度为0.1～0.16像元，验证该方法的正确性。

**关键词：**多点影像匹配；正射影像；断面引导逼近

## 1　像方多点与物方多点匹配

多点影像匹配以其可增强匹配的可靠性，成为数字摄影测量中影像匹配的主要发展方向。像方匹配大都采用核线重排列以达到一维匹配的目的，通常要采集大量、高密度的高程点，以便内插为规则格网的DEM。像方多点匹配（如最小二乘法）在迭代中仅对搜索窗口的格网进行视差改正，迭代中没有影像再取样问题。

而物方多点匹配，在目前数字摄影测量应用中占有重要地位。由于物方匹配中对影像的再取样实际上是正射投影纠正，这种影像隐含了一维匹配，而且利用再取样后的影像进行匹配，在克服影像的透视变形对匹配精度的影响方面有明显的效果，再加上多点整体匹配，影像匹配的精度与可靠性都有提高。物方多点匹配大多在多点匹配算法（最小二乘法或松弛法等）中结合沿铅垂线逼近的几何条件，使得匹配的结果直接获得栅格位置的高程，相较像方多点匹配在采样间隔上可以相对放宽一些。但是，由于这种物方多点匹配迭代计算直接对栅格高程进行纠正，导致了每迭代一次都要以新的DEM近似值重新进行正射投影再取样。逐点正射投影再取样颇费计算时间，这也是造成物方与像方多点匹配以“点每秒”为单位比较计算速率不能等同看待的原因。按原有研究，如果物方多点匹配中不采用沿铅垂线逼近的条件，而代之以“断面引导逼近”（profile guided approach，PGA）原理，则可以实现迭代中不需要每次都要进行正射投影重采样的过程。

## 2　PGA原理

PGA原理在相关文献[1]中有较详细的叙述，本文仅作简单介绍。图1中点$A(X,Y,Z_A)$为待确定高程的点，$Z_A$为待求值，点$\overline{A}(X,Y,\overline{Z_A})$与点$A$在同一铅垂线上，$\overline{Z_A}$作为$Z_A$的近似值。物方匹配中大多以沿铅垂线逼近，即从$\overline{A}$沿铅垂线向$A$逼近。

* 本文发表于《测绘科技》1998年第2期。

从图 1 中还可找到另外一条逼近途径，即过点 $A$ 及左投影中心 $S_1$ 作一垂面与地表面截成的断面(此断面就是 PGA 原理中定义的断面，同样有右断面，本文只限于左断面加以叙述)。这断面的重要特点是，左投影中心 $S_1$ 与 $A\bar{A}$ 线段上任意点的连线与地表面的交点均在此断面上，利用点 $\bar{A}$ 的空间坐标按共线方程计算左、右像点坐标，其中左像坐标与断面上的 $B_1$ 点左像坐标重合，所以若以左像点作目标区，影像匹配得到的右像点则是 $B_1$ 点的右像坐标，由此可以计算出 $B_1$ 点的空间坐标。依点 $B_1$ 与点 $A$ 间的坡度符号而异，点 $B_1$ 的高程 $Z_B$ 将接近于 $Z_A$ 甚至超过 $Z_A$(图 2)。为了计算坡度，还应当以 $Z_B$ 当作 $Z_A$ 的新的近似值，与 $B_1$ 点相似，经过匹配求得 $B_2$ 点的空间坐标，然后按以下数学关系计算点 $A$ 的高程 $Z_A$。

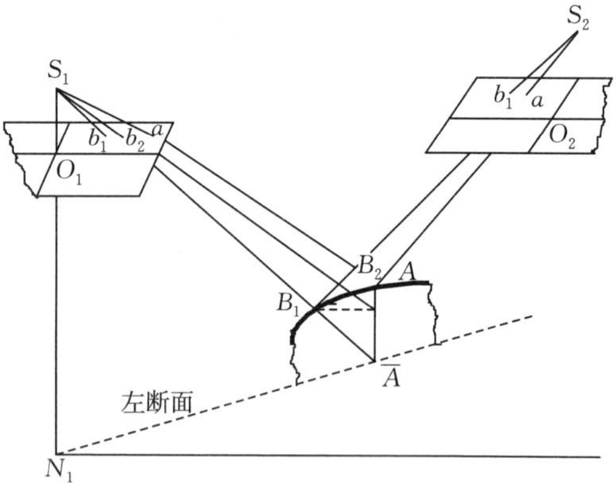

图 1　PGA 原理示意

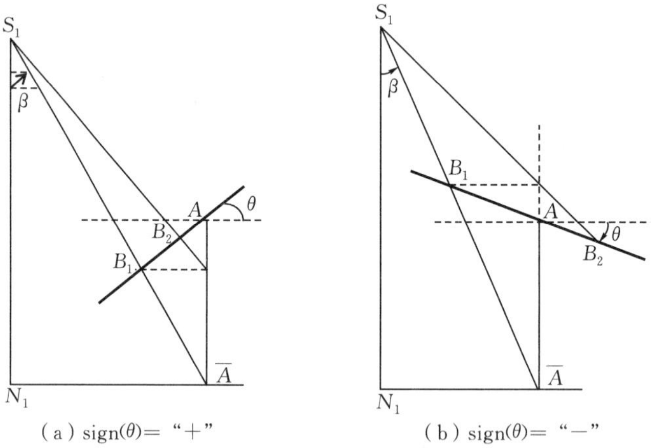

图 2　坡度变化

(1)坡度符号的计算：若 $\mathrm{sign}(\Delta L_1)=\mathrm{sign}(\Delta L_2)$，则 $\mathrm{sign}(\theta)=$“$-$”，否则 $\mathrm{sign}(\theta)=$“$+$”；若 $\mathrm{sign}(\Delta X_i)=$“$-$”或 $\mathrm{sign}(\Delta Y_i)=$“$-$”，则 $\mathrm{sign}(\Delta L_i)=$“$-$”，否则 $\mathrm{sign}(\Delta L_i)=$“$+$”。其中：

$$\Delta L_i=\sqrt{\Delta X_i^2+\Delta Y_i^2},\ i=1,2$$

$$\Delta X_i=X_A-X_{Bi}$$

$$\Delta Y_i=\begin{cases}Y_A-Y_{Bi},\ Y_A\geqslant Y_{N1}\\ Y_{Bi}-Y_A,\ Y_A<Y_{N1}\end{cases}$$

(2) $Z_A$ 的计算：

$$\left.\begin{aligned}Z_A&=Z_{B2}, & \mathrm{sign}(\theta)=\text{“+”}\\ Z_A&=Z_{B2}+\frac{Z_{B2}-Z_{B1}}{\Delta L_1-\Delta L_2}\Delta L_2, & \mathrm{sign}(\theta)=\text{“−”}\end{aligned}\right\}\tag{1}$$

从理论讲，按上述原理应逼近到 $Z_A$ 变化小于规定值为止。但由于 PGA 逼近效率很高

(与地面坡度大小有关)[1],如在高频道分层匹配中,每层只要计算 $B_1$、$B_2$ 两点,计算 $Z_A$ 已够精度。

## 3 物方多点匹配中 PGA 原理的应用

图 3 表示经过以 DEM 初值进行正射投影取样的左、右影像。以左像为目标区,格网点取规则的栅格分布,在右像中表示出了与左像栅格点同名的影像位置。由于 DEM 带有误差,右格网点呈不规则格网分布。本文建议的物方多点匹配分为两个步骤,即多点最小二乘法正射影像匹配和应用 PGA 原理计算栅格点高程。

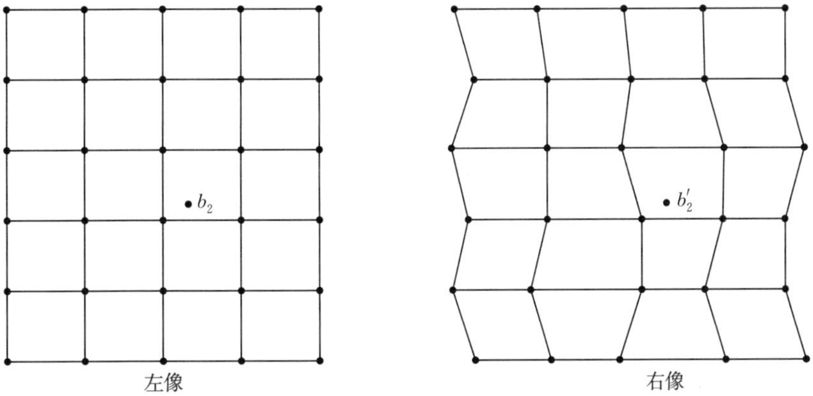


图 3 正射影像纠正

第一步:以左像为目标区,右像为搜索区,进行多点最小二乘法(其他方法亦可)匹配,匹配中只对右像点作视差改正。因此,进一步迭代时不需要对影像作正射投影纠正再取样,迭代收敛的结果将是图 3 右图所示的左格网同名像点。

第二步:利用 PGA 原理从匹配得到的左、右同名点正射影像坐标中推算格网点的高程。计算按参加匹配的格网点逐点进行。现以其中一个格网点 $A$ 为例加以说明。先利用匹配得到的点 $A$ 左、右正射影像点 $a$、$a'$(实际上是 $B_1$ 点影像)坐标,按相关文献[1] 的以正射影像坐标计算格网点空间坐标公式,计算得断面上相当于 PGA 原理中的 $B_1$ 点空间坐标,进而以 $B_1$ 的高程作为格网点 $A$ 的高程,结合 $A$ 的 $X$、$Y$ 坐标计算 $B_2$ 点的左像坐标 $b_2$。对于单点匹配而言,$B_2$ 点的右像坐标 $b'_2$,要通过影像相关[1] 求得 。但在多点匹配情况下,由于多点匹配中采用格网点视差值连续性约束条件,因而多点最小二乘影像匹配是建立在任一像点的视差与其邻近的 4 个格网点的视差成双维线性变换关系基础上的。所以 $B_2$ 点的右像坐标可以直接从已匹配的邻近栅格同名像坐标中内插求得,再利用 $B_2$ 点的左、右正射影像坐标计算点 $B_2$ 的空间坐标,最后按 PGA 原理以 $B_1$、$B_2$ 点空间坐标坡度符号判别,并计算格网点的高程。

在利用金字塔影像做多频道分层匹配情况下,计算得到的断面上的点 $B_i(i=1,2)$ 均很靠近点 $A$,因而每一层只要计算 $B_1$、$B_2$ 两点用于推算格网点高程已能满足精度要求。

$B_2$ 点的右像坐标通过其所在四周已匹配的栅格同名点坐标内插时,要注意是一维匹配,所以 $Y$ 坐标相同,内插只对 $B_2$ 点的右像 $X$ 坐标进行。同时,应注意 $B_2$ 点的影像有可能在以格网点为中心的 4 个象限中的任意一个中,内插的数学模型应根据所在的象限加以调整。

## 4　实验研究

为了验证本文提出的方法的正确性，利用地面分辨率为 3 m×3 m 的正射影像及其相应地区格网间距为 15 m×15 m、高差范围为 400 m 的 DEM，分别生成了比例尺为 1∶3 万、像元大小为 100 μm、地面分辨率约 3 m×3 m、焦距为 150 mm 的框幅相机摄影的数字影像和焦距为 300 mm 的三线阵 CCD 相机推扫式摄影的数字影像，并将生成的数字影像再取样为 4 层金字塔影像，供多频道分层匹配实验应用。

多点匹配实验是以多点最小二乘法为基础（也可以其他方法），每层均利用 DEM 的初值（第一层以该地区概略平均高程为 DEM 的初值）进行逐点正射投影重采样。多点匹配得到的格网点同名点正射影像坐标再按 PGA 原理计算格网点的高程。前一层计算得到的 DEM 作为下一层 DEM 的初值重复匹配计算，直至 DEM 格网最小间距、影像全分辨率层为止。多点匹配中考虑到计算机的能力，采用 8×8 格网点为一个区域整体匹配，自动采集的 DEM 格网间距为 15 m×15 m 且全分辨率正射影像的地面分辨率为 3 m×3 m，即相邻栅格点内含 5 个像元点。

利用框幅数字影像和三线阵 CCD 数字影像分别采集的 DEM，与用于生成模拟影像的原 DEM 相应点进行比较，高程误差统计如表 1 所示。

**表 1　高程误差统计**

| 影　像 | 框　幅 | 三线阵 CCD | |
|---|---|---|---|
| | | 正视、前视 | 前视、后视 |
| DEM 点数 | 74 865 | 41 738 | 41 738 |
| $0\leqslant m_p\leqslant 0.5\%$ | 99.7 | 98.9 | 99.0 |
| $0.5\%\leqslant m_p\leqslant 1.0\%$ | 0.3 | 0.8 | 0.5 |
| $1.0\%\leqslant m_p\leqslant 2.0\%$ | - | 0.2 | 0.5 |
| $m_p$ 像素 | 0.12 | 0.12 | 0.16 |
| $m_h$ /m | 0.60 | 0.72 | 0.48 |
| 基高比 | 0.6 | 0.5 | 1.0 |

表 1 内数据表明，DEM 高程误差 96% 在一个像元之内，匹配中误差为 0.1～0.16 像元，证实了本文方法的正确性。

## 5　小　结

物方多点整体匹配中，为了得到格网位置的高程，采用沿铅垂线逼近不是唯一途径，采用 PGA 方法也是一个可行的途径，后者可以省去各层中多点匹配时每次迭代都要做正射投影纠正的过程。其他任何方法（如松弛法，甚至单点匹配）得到的区域格网同名影像均可以按本文的方法处理，得到栅格分布的 DEM。

### 参考文献

[1] 王任享.“断面引导逼近”原理与影像匹配[J]. 测绘科技，1995(3)：1-11.

# “权”特殊选择的最小二乘法平差*

王任享

**摘　要**:提出在最小二乘法平差中“权”按余差绝对值的倒数来确定,在精度性能较差的观测值平差中,能起到有效剔除粗差的作用。

**关键词**:选权迭代;单调递增函数;余差

## 1　引　言

“权”的特殊选择是指平差时权的确定不是按照中误差平方倒数的原则。本文将用两例权的特殊选择,研究最小二乘法平差的特性,以便从中得出一些规律。

## 2　考虑到各观测值之间误差绝对值不等的最小二乘法解算

由于各种原因,等精度观测列中,总有一些观测值误差较大,尤其是精密性较差的观测列,各观测值之间误差的绝对值可能相差颇大。对于正态分布的观测列,按概率论大于中误差的误差个数有 32%,大于二倍中误差的有 5%、大于三倍的有 3%。实际作业中经常按统计学的观点将误差大于中误差二倍或三倍的观测值淘汰,这意味着赋予这些观测值以“零”权。这样处理有时会给动态测量的平差带来不便。因此,提出了这样的问题:能否采取其他的办法处理等精度观测列各观测值之间误差的绝对值相差较大的问题?

按照最小二乘法原理

$$\varphi = \boldsymbol{V}^{\mathrm{T}}\boldsymbol{P}\boldsymbol{V} \rightarrow \min$$

假如观测列中,对误差较大的观测值,只要其误差不属于差错,都不采取淘汰的办法。而是考虑误差小的观测值在平差中应起到大一些的作用,误差大的观测值应少起一些作用。这就是说应当按误差的大小赋予适当的权。

我们定义“权”为该观测值的误差绝对值之倒数,即

$$p_i = \frac{1}{|d_i|}$$

其中,$d_i$ 为观测值 $i$ 误差。

由于是独立观测,所以

$$\boldsymbol{P} = \begin{bmatrix} p_1 & & & \\ & p_2 & & \\ & & \ddots & \\ & & & p_n \end{bmatrix} \qquad \text{于是 } \varphi = \sum_{i=1}^{n} p_i v_i v_t \rightarrow \min$$

---

* 本文发表于《测绘》1980 年第 2 期。

显然，观测值的真误差是不知道的。因此只好改用观测值的改正数 $v_i$ 来代替它。所以实际上“权”是该观测值改正数绝对值之倒数

$$p_i = \frac{1}{|v_i|}$$

$v_i$ 可由初次解算得到并作为下一次解算时求权的依据。

于是得
$$\varphi = \sum_{i=1}^{n} \frac{1}{v'_i} v''_i v''_i \rightarrow \min$$

式中，$v'_i$ 为初次解算得的改正数，$v''_i$ 为重新计算时的改正数。

经过适当次数的迭代计算，$v'_i \rightarrow v''_i$，于是 $\varphi$ 可表示为

$$\varphi = \sum_{i=1}^{n} |v_i| \rightarrow \min$$

由上可知，按以上定义赋予等精度观测值的“权”，并按不等权的最小二乘法解算，就导出了我们熟知的“改正数绝对值和为最小”的平差原理。按照这样推论可以认为“改正数绝对值和为最小”的平差法只是最小二乘法解的一个特例。

直接从 $\varphi = \sum_{i=1}^{n} |v_i| \rightarrow \min$ 原理出发的平差，计算很复杂，实际中很少应用。据说拉普拉斯做过一些试验，由于没有找到这方面的参考资料，不知道他是怎么处理的。这里用特殊选择的“权”讲通了这两个古典定义的平差原理，并能用最小二乘法进行“改正数绝对值和最小”的平差计算。

实际计算时还会遇到一些难处，那就是 $v$ 值很小时，意味着赋予很大的权，这种情况才符合我们的设想，因为 $v$ 值很小时并不完全代表真误差的情况。对此，我们从限制误差大的观测值在平差中的作用出发，取

$$|v_i| \leqslant \theta \text{ 时}, \ p_i = 1,$$
$$|v_i| > \theta \text{ 时}, \ p_i = \frac{i}{v_i}$$

式中，

$$\theta = \frac{\sum_{i=1}^{n} |v_i|}{n}$$

按照这样计算，权就可以用最小二乘法迭代计算。对于正态分布的等精度观测列，按 $\varphi = \sum_{i=1}^{n} v_i v_i \rightarrow \min$ 平差。已是无偏最优的估值，一般不必考虑 $\varphi = \sum_{i=1}^{n} |v_i| \rightarrow \min$ 平差。但是对于精密性差、误差值比较“离散”的观测值，特别是一些动态测量，例如摄影测量中某些附加元素、动态立体量测（如断面跟踪扫描的数字地形模型），甚至按影像相关方法求得的高程等。这些观测值，一般处理时都列为等精度观测，实际上严格讲不是等精度，但是在平差时又无法事先确定赋予它们各不同的权。像这样的观测值采用 $\varphi = \sum_{i=1}^{n} |v_i| \rightarrow \min$ 平差也许有所裨益。究竟什么情况下以及如何应用上面谈到的方法平差，需在实践中具体分析解决。

# 3 单调递增函数最小二乘法平差的特点

设 $f(i)x$ 为某一单调递增函数，按 $i$ 的时序测定有 $l_i(i=1,2,3,\cdots,n)$ 观测值，观测值的误差为 $d_i$，$d$ 为独立偶然误差，列出误差方程式如下

$$f(i)x-l=v_i \tag{1}$$

式中，$l_i$ 是等精度观测值，$v_i$ 为改正数，$x$ 为待估参数。

$f(i)$ 是以 $i$ 为时序变量的某种单调递增函数，例如 $f(i)=i$，则 $f(i)x$ 表示一次线性函数。$f(i)=\frac{1}{2}i(i-1)$，则 $f(i)x$ 表示二次线性函数。

将式(1)改写为

$$x-\frac{l_i}{f(i)}=\frac{v_i}{f(i)} \tag{2}$$

$$x-l'_i=v'_i$$

式中，$l'_i=l_i/f(i)$，$v'_i=v_i/f(i)$。$l'_i$ 已不是等精度观测列了。

用矩阵表达式(2)

$$\boldsymbol{A}x-\boldsymbol{L}=\boldsymbol{V}$$
$$\boldsymbol{A}^{\mathrm{T}}=[1\quad 1\quad 1\quad \cdots\quad 1]$$
$$\boldsymbol{L}^{\mathrm{T}}=[l'_1\quad l'_2\quad \cdots\quad l'_n]\qquad (n\text{ 个})$$
$$\boldsymbol{V}^{\mathrm{T}}=[v'_1\quad v'_2\quad \cdots\quad v'_n]$$

若权矩阵定义为

$$\boldsymbol{P}_{\mathrm{I}}=\begin{bmatrix}\frac{f(1)^2}{m^2} & & & \\ & \frac{f(2)^2}{m^2} & & \\ & & \ddots & \\ & & & \frac{f(n)^2}{m^2}\end{bmatrix}\text{ 或 }\boldsymbol{P}_{\mathrm{I}}=\begin{bmatrix}f(1)^2 & & & \\ & f(2)^2 & & \\ & & \ddots & \\ & & & f(n)^2\end{bmatrix}$$

式中，$m$ 是 $l$ 的方差(中误差)。

按最小二乘法解得

$$x=(\boldsymbol{A}^{\mathrm{T}}\boldsymbol{P}_{\mathrm{I}}\boldsymbol{A})^{-1}\boldsymbol{A}^{\mathrm{T}}\boldsymbol{P}_{\mathrm{I}}\boldsymbol{L}$$
$$\mathrm{d}x=(\boldsymbol{A}^{\mathrm{T}}\boldsymbol{P}_{\mathrm{I}}\boldsymbol{A})^{-1}\boldsymbol{A}^{\mathrm{T}}\boldsymbol{P}_{\mathrm{I}}\boldsymbol{D}$$

式中，$\boldsymbol{D}^{\mathrm{T}}=[d'_1\quad d'_2\quad \cdots\quad d'_i]$，$d'_i=d_i/f(i)$。以上的解是无偏最优估值。

权矩阵还可特殊地定义为

$$\boldsymbol{P}_{\mathrm{II}}=\boldsymbol{P}_{\mathrm{I}}^{\frac{1}{2}}=\begin{bmatrix}f(1) & & & \\ & f(2) & & \\ & & \ddots & \\ & & & f(n)\end{bmatrix}$$

此外，如果考虑到各改正数绝对值倒数的权关系，相应于上面的 $\boldsymbol{P}_{\mathrm{I}}$、$\boldsymbol{P}_{\mathrm{II}}$ 可表达为

$$
\boldsymbol{P}_{\mathrm{II}}=\begin{bmatrix} \frac{f(1)^2}{|v_1|} & & & \\ & \frac{f(2)^2}{|v_2|} & & \\ & & \ddots & \\ & & & \frac{f(n)^2}{|v_n|} \end{bmatrix} \quad \boldsymbol{P}'_{\mathrm{I}}=\begin{bmatrix} \frac{f(1)}{|v_1|} & & & \\ & \frac{f(2)}{|v_2|} & & \\ & & \ddots & \\ & & & \frac{f(n)}{|v_n|} \end{bmatrix}
$$

只有采用 $\boldsymbol{P}_{\mathrm{I}}$ 平差才是无偏最优估值。但在单调递增函数平差中采用 $\boldsymbol{P}_{\mathrm{I}}$，$\boldsymbol{P}'_{\mathrm{I}}$，$\boldsymbol{P}_{\mathrm{II}}$ 往往实际精度反而好。

## 4　用模拟数据进行平差的精度比较

我们选择两组偶然误差列，这些误差都是经过偶然误差特性检验过的；第一组选自文献[1]、第二组选自文献[2]。两组误差列于表 1。

**表 1　观测值误差**

| 点 号 | 1 | 2 | 3 | 4 | 5 | 6 | 7 | 8 | 9 | 10 |
|---|---|---|---|---|---|---|---|---|---|---|
| 第 1 组 | 0.3 | 0.1 | −0.1 | −0.2 | 0.5 | 0.4 | −0.5 | −0.6 | 0.2 | −0.7 |
| 第 2 组 | −2 | −1 | 5 | 3 | −6 | −2 | 0 | 4 | 2 | 8 |

将它们当作两组观测值的误差。对 $f(i)=i$、$f(i)=\frac{1}{2}i(i-1)$ 的单调递增函数，分别选择 $\boldsymbol{P}_{\mathrm{I}}$、$\boldsymbol{P}_{\mathrm{II}}$、$\boldsymbol{P}'_{\mathrm{I}}$（$\boldsymbol{P}'_{\mathrm{I}}$ 平差时第一组 $\theta=0.3$，第二组 $\theta=2.5$）权矩阵、按最小二乘法平差。平差后待求值 $x$ 的误差列于表 2、表 3。

**表 2　$f(i)=i$ 平差精度**

| 权矩阵 | 第一组观测值 $n=19$ | | 第二组观测值 $n=16$ | |
|---|---|---|---|---|
| | d$x$ | $m_x$ | d$x$ | $m_x$ |
| $\boldsymbol{P}_{\mathrm{I}}$ | 0.002 06 | ±0.008 | 0.041 4 | ±0.096 |
| $\boldsymbol{P}'_{\mathrm{I}}$ | 0.011 6 | | 0.028 2 | |
| $\boldsymbol{P}_{\mathrm{II}}$ | 0.001 58 | ±0.009 | 0.044 1 | ±0.109 |

**表 3　$f(i)=\frac{1}{2}i(i-1)$ 平差精度**

| 权矩阵 | 第一组观测值 $n=19$ | | 第二组观测值 $n=16$ | |
|---|---|---|---|---|
| | d$x$ | $m_x$ | d$x$ | $m_x$ |
| $\boldsymbol{P}_{\mathrm{I}}$ | 0.000 5 | ±0.001 15 | 0.009 3 | ±0.016 1 |
| $\boldsymbol{P}'_{\mathrm{I}}$ | 0.000 34 | | 0.006 8 | |
| $\boldsymbol{P}_{\mathrm{II}}$ | 0.000 26 | ±0.001 52 | 0.008 8 | ±0.021 8 |

表 2、表 3 中，$m_x$ 是 $X$ 的理论中误差。

为了便于比较精度，将按 $\boldsymbol{P}_{\mathrm{I}}$ 平差所得的误差及中误差归化作 1.00，其他平差的误差也作相应比例的归化。现将归化的数值列于表 4、表 5。

**表 4　$f(i)=i$ 平差精度**

| 权矩阵 | 第一组观测值 $n=19$ | | 第二组观测值 $n=16$ | |
|---|---|---|---|---|
| | d$x$ | $m_x$ | d$x$ | $m_x$ |
| $\boldsymbol{P}_{\mathrm{I}}$ | 1.00 | ±1.00 | 1.00 | ±1.00 |
| $\boldsymbol{P}'_{\mathrm{I}}$ | 0.56 | | 0.68 | |
| $\boldsymbol{P}_{\mathrm{II}}$ | 0.77 | ±1.12 | 1.06 | ±1.04 |

**表 5　$f(i)=\frac{1}{2}i(i-1)$ 平差精度(归化)**

| 权矩阵 | 第一组观测值 $n=19$ | | 第二组观测值 $n=16$ | |
|---|---|---|---|---|
| | d$x$ | $m_x$ | d$x$ | $m_x$ |
| $\boldsymbol{P}_{\mathrm{I}}$ | 1.00 | ±1.00 | 1.00 | ±1.00 |
| $\boldsymbol{P}'_{\mathrm{I}}$ | 0.62 | | 0.73 | |
| $\boldsymbol{P}_{\mathrm{II}}$ | 0.48 | ±1.32 | 0.95 | ±1.35 |

从表3至表5可以看出：采用 $\boldsymbol{P}_{\mathrm{I}}$ 平差是无偏最优估值，也就是说具有最小的中误差。但是从实际误差来看，反而比采用 $\boldsymbol{P}'_{\mathrm{I}}$ 或 $\boldsymbol{P}_{\mathrm{I}}$ 平差的大。二次线性函数的平差结果中，这种现象尤其明显。以上是选择线性及二次线性函数作典型例子用以说明单调递增函数平差精度的特点。

按误差理论，中误差小，精度就高，为什么实际情况下不这样的呢？我们对 $\mathrm{d}x$ 作些分析

$$\mathrm{d}x=(\boldsymbol{A}^{\mathrm{T}}\boldsymbol{P}\boldsymbol{A})^{-1}\boldsymbol{A}^{\mathrm{T}}\boldsymbol{P}\boldsymbol{D}$$

按 $(\boldsymbol{A}^{\mathrm{T}}\boldsymbol{P}\boldsymbol{A})^{-1}$ 来看

$$(\boldsymbol{A}^{\mathrm{T}}\boldsymbol{P}_{\mathrm{II}}\boldsymbol{A})^{-1}<(\boldsymbol{A}^{\mathrm{T}}\boldsymbol{P}_{\mathrm{I}}\boldsymbol{A})^{-1}$$

因此按 $\boldsymbol{P}_I$ 平差理论中误差值最小。但是按 $\boldsymbol{A}^{\mathrm{T}}\boldsymbol{P}\boldsymbol{D}$ 来看，对于 $\boldsymbol{P}_{\mathrm{II}}$ 平差而言

$$\boldsymbol{A}^{\mathrm{T}}\boldsymbol{P}_{\mathrm{I}}\boldsymbol{D}=\boldsymbol{A}^{\mathrm{T}}\boldsymbol{P}_{\mathrm{I}}\begin{bmatrix}d'_1\\ \vdots\\ d'_n\end{bmatrix}=\boldsymbol{A}^{\mathrm{T}}\begin{bmatrix}d_1\\ \vdots\\ d_n\end{bmatrix}$$

因为 $E(d)=0$，所以 $\boldsymbol{A}^{\mathrm{T}}\begin{bmatrix}d'_1\\ \vdots\\ d'_n\end{bmatrix}$ 是比较小的数值。

对于 $\boldsymbol{P}_{\mathrm{II}}$ 平差而言

$$\boldsymbol{A}^{\mathrm{T}}\boldsymbol{P}_{\mathrm{II}}\boldsymbol{D}=\boldsymbol{A}^{\mathrm{T}}\boldsymbol{P}_{\mathrm{II}}\begin{bmatrix}d'_1\\ \vdots\\ d'_n\end{bmatrix}=\boldsymbol{A}^{\mathrm{T}}\begin{bmatrix}f(1)d_1\\ \vdots\\ f(n)d_n\end{bmatrix}=\boldsymbol{A}^{\mathrm{T}}\boldsymbol{C}$$

由于 $f(i)$ 是单调递增系数，$\boldsymbol{A}^{\mathrm{T}}\boldsymbol{C}$ 一般有明显的累积值，因而导致 $\mathrm{d}x$ 值可能反而比较大。如果 $d_i$ 中有几个值较大一些，误差累积的数值将更加明显。因而采用 $\boldsymbol{P}_{\mathrm{II}}$ 平差，实际误差反而比较小。

## 5 结束语

本文讨论了一些“权”特殊选择的最小二乘法平差的特点。什么情况下，如何应用这些特点需要在实际遇到的问题中具体分析解决。我们曾应用这些特点改进空中三角测量中利用方位元素已知值的平差，使得按文献[1]的数据平差精度得到改善。

### 参考书目

[1] 王之卓．空中三角测量已知外方位元素的利用[J]．测绘学报，1965，8(2)：20-31．

[2] 平井雄．单航线空中三角测量偶然误差的传播[J]．写真测量，1969(1)．

# 增强迭代函数的探讨*

王任享

**摘　要**：在讨论观测列含粗差时余差的统计基础上，采用一定的方式推算用于增强迭代权函数的形式与参数。结果表明，基本形式为 $\lambda_i^{-\alpha}$，$\lambda_i$ 为余差，而 $\alpha$ 为常量的函数作为增强迭代权函数，比函数形式为 $\exp(-b\cdot\lambda_i^{\alpha})$ 具有更大的适应性。同时讨论矩阵 $\boldsymbol{P}$ 与 $\bar{\boldsymbol{P}}$ 元素之间相关变化的基本规律，这些规律有助于讨论和了解权函数迭代的数学功能。笔者认为，利用权函数进行增强迭代，其实质作用是增大矩阵 $\bar{\boldsymbol{P}}$ 主对角的某些元的量值。在实际应用中，不应低估由于迭代的结果，矩阵 $\bar{\boldsymbol{P}}$ 的主对角外元的量值可能超过 1，对剔除粗差可能带来的影响。文中给出利用推算的权函数进行迭代增强抗拒粗差的实例。

**关键词**：增强迭代；余差协因阵；最小二乘

## 1　引　言

以计算法剔除观测列中含粗差观测值是当前摄影测量工作者重视的问题之一。当今被摄影测量界所采用的方法主要有：统计判断为基础的“数据探测”原理、方差估值法及增强估计法。后二者理论基础不同，但计算形式相类似，都是以某一函数为权函数，进行迭代计算。增强估计法对权函数的选择至今尚无统一的理论。目前常用的权函数有两种形式，即指数函数 $\exp(-b\cdot\lambda_i^{\alpha})$ 和负幂函数 $\lambda_i^{-\alpha}$。不管是方差估计法或增强迭代法，都从常规最小二乘法起步计算。由于最小二乘原理得出的余差间有较大的相关性，粗差值被分布到各观测值的余差上，因而余差量值大的观测值并不是必然地含粗差者。如何选择权函数仍是必要研究的问题。本文将进一步讨论余差协因数阵的性质；进一步指出增强迭代的实际作用；在顾及余差间相关性情况下，导出增强迭代权函数的基本形式，并以实例说明推算的权函数在剔除粗差上的效能。

## 2　余差、余差协因数阵

最小二乘余差与观测误差的关系为[1]

$$\boldsymbol{V}=-\bar{\boldsymbol{P}}\cdot\boldsymbol{\Omega} \tag{1}$$

式中，$\boldsymbol{V}$ 为余差矢量；$\boldsymbol{\Omega}$ 为观测误差矢量，观测误差服从 $N(0,\sigma_0)$ 分布

$$\bar{\boldsymbol{P}}=\boldsymbol{Q}_{vv}\cdot\boldsymbol{P} \tag{2}$$

式中，$\boldsymbol{P}$ 为观测值权矩阵，$\boldsymbol{Q}_{vv}$ 为余差协因数阵。

矩阵 $\bar{\boldsymbol{P}}$ 还可以表示为

* 本文发表于《测绘学报》1986 年第 2 期。

$$\bar{\boldsymbol{P}} = \boldsymbol{I} - \boldsymbol{A}(\boldsymbol{A}^{\mathrm{T}} \cdot \boldsymbol{P} \cdot \boldsymbol{A}) - 1 \cdot \boldsymbol{A}^{\mathrm{T}} \cdot \boldsymbol{P} \tag{3}$$

式(3)中，$\boldsymbol{A}$ 为观测方程系数阵，$\boldsymbol{I}$ 为单位阵。

令

$$\left.\begin{aligned} \boldsymbol{N} &= \boldsymbol{A}^{\mathrm{T}} \cdot \boldsymbol{P} \cdot \boldsymbol{A} \\ \boldsymbol{R} &= \boldsymbol{A} \cdot \boldsymbol{N}^{-1} \cdot \boldsymbol{A}^{\mathrm{T}} \\ \boldsymbol{T} &= \boldsymbol{R} \cdot \boldsymbol{P} \end{aligned}\right\} \tag{4}$$

则

$$\bar{\boldsymbol{P}} = \boldsymbol{I} - \boldsymbol{P} \cdot \boldsymbol{P} = \boldsymbol{I} - \boldsymbol{T} \tag{5}$$

## 2.1 等效余差、等效余差协因数阵

矩阵 $\boldsymbol{P}$ 正定对称，可以分解为非奇异方阵及其转置阵之积

$$\boldsymbol{P} = \boldsymbol{W}^{\mathrm{T}} \cdot \boldsymbol{W}$$

用 $\boldsymbol{W}$ 左乘式(1)两边，并整理得

$$\boldsymbol{W} \cdot \boldsymbol{V} = -[\boldsymbol{I} - \boldsymbol{W} \cdot \boldsymbol{A}((\boldsymbol{W} \cdot \boldsymbol{A})^{\mathrm{T}} \cdot (\boldsymbol{W} \cdot \boldsymbol{A})]^{-1}(\boldsymbol{W} \cdot \boldsymbol{\Omega})$$

令

$$\bar{\bar{\boldsymbol{V}}} = \boldsymbol{W} \cdot \boldsymbol{V}, \bar{\bar{\boldsymbol{A}}} = \boldsymbol{W} \cdot \boldsymbol{A}, \bar{\bar{\boldsymbol{\Omega}}} = \boldsymbol{W} \cdot \boldsymbol{\Omega}$$

则

$$\bar{\bar{\boldsymbol{V}}} = -\bar{\bar{\boldsymbol{Q}}}_{vv} \cdot \bar{\bar{\boldsymbol{\Omega}}} \tag{6}$$

式中，

$$\bar{\bar{\boldsymbol{Q}}}_{vv} = \boldsymbol{I} - \bar{\bar{\boldsymbol{A}}} \cdot (\bar{\bar{\boldsymbol{A}}}^{\mathrm{T}} \cdot \bar{\bar{\boldsymbol{A}}}^{\mathrm{T}})^{\mathrm{T}} \cdot \bar{\bar{\boldsymbol{A}}}^{\mathrm{T}} \tag{7}$$

另一方面

$$\begin{aligned} \boldsymbol{W} \cdot \boldsymbol{V} &= -\boldsymbol{W} \cdot \bar{\boldsymbol{P}} \cdot \boldsymbol{\Omega} = -\boldsymbol{W} \cdot \bar{\boldsymbol{P}} \cdot \boldsymbol{W}^{-1} \cdot \boldsymbol{W} \cdot \boldsymbol{\Omega} \\ \bar{\bar{\boldsymbol{V}}} &= \boldsymbol{W} \cdot \bar{\boldsymbol{P}} \cdot \boldsymbol{W}^{-1} \cdot \bar{\bar{\boldsymbol{\Omega}}} \end{aligned} \tag{8}$$

由式(6)和式(8)得

$$\bar{\bar{\boldsymbol{Q}}}_{vv} = \boldsymbol{W} \cdot \bar{\boldsymbol{P}} \cdot \boldsymbol{W}^{-1} \tag{9}$$

称 $\bar{\bar{\boldsymbol{V}}}$ 和 $\bar{\bar{\boldsymbol{Q}}}_{vv}$ 分别为“等效余差”和“等效余差协因数阵”，它具有权矩阵 $\boldsymbol{P} = \boldsymbol{I}$ 时的余差和余差协因数阵的特性。某些由 $\boldsymbol{P} = \boldsymbol{I}$ 时导出的结论，可以利用“等效余差”及“等效余差协因数阵”的概念和关系式加以推广到权矩阵非单位阵的情况。

## 2.2 矩阵 $\bar{\boldsymbol{P}}$ 的特性

矩阵 $\bar{\boldsymbol{P}}$ 是奇异、幂等方阵，迹等于秩等于自由度，即 $t_r(\bar{\boldsymbol{P}}) = \sum_{i=1}^{m} \overline{P_{ii}} = r$，$m$ 为观测方程数。

### 2.2.1 权矩阵为单位阵

当权矩阵为单位阵时，$\bar{\boldsymbol{P}} = \boldsymbol{Q}_{vv}$，此时为对称方阵，有如下特性[1]：

(1)主对角元介于[0,1]

$$0 \leqslant q_{ij} \leqslant 1$$

(2)非主对角元满足

$$0 \leqslant |q_{ij}| \leqslant \sqrt{q_{ii}q_{jj}} \text{ 和 } 0 \leqslant |q_{ij}| \leqslant 0.5$$

(3)主对角任一元等于该行(或列)所有元(含自身)之平方和

$$q_{ii} = \sum_{k=1}^{k=m} q_{1k}^2$$

### 2.2.2 权矩阵为对角阵

当权矩阵为对角阵时，$\bar{\boldsymbol{P}}$ 为非对称方阵，具有以下性质：

按式(9)得

$$\bar{\bar{\boldsymbol{Q}}}_{vv} = \boldsymbol{W} \cdot \bar{\boldsymbol{P}} \cdot \boldsymbol{W}^{-1} = \boldsymbol{I} - \boldsymbol{W} \cdot \boldsymbol{R} \cdot \boldsymbol{W}^{\mathrm{T}} \tag{10}$$

$$\boldsymbol{P} = \begin{bmatrix} p_1 & & & & \\ & \ddots & & & \\ & & p_i & & \\ & & & \ddots & \\ & & & & p_m \end{bmatrix}, \boldsymbol{W} = \begin{bmatrix} \sqrt{p_1} & & & & \\ & \ddots & & & \\ & & \sqrt{p_i} & & \\ & & & \ddots & \\ & & & & \sqrt{p_m} \end{bmatrix}$$

$\bar{\bar{\boldsymbol{Q}}}_{vv} i$ 主元

$$\bar{\bar{q}}_{ii} = 1 - \sqrt{p_i} \cdot r_{ii} \cdot \sqrt{p_i} = 1 - r_{ii} \cdot p_i = \bar{p}_{ii} \tag{11}$$

$\bar{\bar{\boldsymbol{Q}}}_{vv}\ i$ 列非主元

$$\bar{\bar{q}}_{ji} = -\sqrt{p_i} \cdot r_{ji} \cdot \sqrt{p_i}$$

$\bar{\boldsymbol{P}}\ i$ 列非主元

$$\bar{p}_{ji} = -r_{ji} \cdot p_i = \frac{1}{\sqrt{p_i}} \cdot \bar{\bar{q}}_{ji} \cdot \sqrt{p_i}$$

但 $0 \leqslant |\bar{\bar{q}}_{ji}| \leqslant \sqrt{\bar{\bar{q}}_{ji}\bar{\bar{q}}_{ji}} = \sqrt{\bar{p}_{ii}\bar{p}_{ij}}$ 和 $0 \leqslant |\bar{\bar{q}}_{ji}| \leqslant 0.5$

故 $0 \leqslant |\bar{p}_{ji}| \leqslant \sqrt{\bar{p}_{ii}\bar{p}_{ij}} \cdot \sqrt{\frac{p_i}{p_j}}$ 和 $0 \leqslant |\bar{p}_{ji}| \leqslant 0.5\sqrt{\frac{p_i}{p_j}} (p_j \neq 0)$

同理 $\bar{\boldsymbol{P}} i$ 行非主元满足

$$0 \leqslant |\bar{p}_{ij}| \leqslant \sqrt{\bar{p}_{ii}\bar{p}_{ij}} \cdot \sqrt{\frac{p_j}{p_i}} \text{ 和 } 0 \leqslant |\bar{p}_{ij}| \leqslant 0.5\sqrt{\frac{p_i}{p_j}} (p_j \neq 0)$$

由以上得矩阵 $\bar{\boldsymbol{P}}$ 特性：

(1)主对角元介于[0,1]

$$0 \leqslant \bar{p}_{ii} \leqslant 1$$

(2)非主元满足

$$0 \leqslant |\bar{p}_{ji}| \leqslant \sqrt{\bar{p}_{ii}\bar{p}_{jj}} \cdot \sqrt{\frac{p_i}{p_j}} \text{ 和 } 0 \leqslant |\bar{p}_{ji}| \leqslant 0.5\sqrt{\frac{p_i}{p_j}} \begin{pmatrix} i = 1, m \text{ 或 } j = 1, m \\ i \neq j, p_j \neq 0 \end{pmatrix}$$

如果矩阵 $\boldsymbol{P}$ 主元间量值差值很大，将可能出现矩阵 $\bar{\boldsymbol{P}}$ 的非主元量值超过 1。

## 2.3 矩阵 $\boldsymbol{P}$ 与 $\bar{\boldsymbol{P}}$ 元素间变化关系

增强迭代过程中，权矩阵元素量值不断变化，探讨权矩阵元素变化对矩阵 $\bar{\boldsymbol{P}}$ 元素的影响规律，有助于对增强迭代的认识。为了简化讨论，限定权矩阵为对角阵，且只有一个元素的量值变化。

从式(5)得矩阵 $\bar{\boldsymbol{P}}$ 的

$$\left.\begin{aligned} &i\ \text{主元：} && \bar{p}_{ii}=1-r_{ii}\cdot p_i\\ &i\ \text{列非主元：} && \bar{p}_{ji}=-r_{ji}\cdot p_i\\ &i\ \text{行非主元：} && \bar{p}_{ji}=-r_{ij}\cdot p_j \end{aligned}\right\} \tag{12}$$

假定权矩阵的元 $p_i$ 产生 $\delta p_i$ 变化，变化后的权矩阵表示为

$$\bar{p}=p+\Delta p \tag{13}$$

式中，

$$\Delta\boldsymbol{P}=\begin{bmatrix}0 & & & & \\ & \ddots & & & \\ & & \delta_{p_i} & & \\ & & & \ddots & \\ & & & & 0\end{bmatrix} \tag{14}$$

代入式(4)得

$$\dot{\boldsymbol{N}}=\boldsymbol{A}^{\mathrm{T}}\cdot\dot{\boldsymbol{P}}\cdot\boldsymbol{A}=\boldsymbol{N}+\Delta\boldsymbol{N} \tag{15}$$

式中，

$$\Delta\boldsymbol{N}=\boldsymbol{A}^{\mathrm{T}}\cdot\Delta\boldsymbol{P}\cdot\boldsymbol{A}$$

矩阵 $\Delta\boldsymbol{N}$ 的各元为 $\boldsymbol{N}$ 相应元的增量，将 $\boldsymbol{N}^{-1}$ 当作 $\dot{\boldsymbol{N}}$ 的逆阵之近似值，并按纽曼(Neumann)级数展开[2]得

$$\begin{aligned}\dot{\boldsymbol{N}}^{-1}=\boldsymbol{N}^{-1}(\boldsymbol{I}+\Delta\boldsymbol{N}\cdot\boldsymbol{N}^{-1})^{-1}=\boldsymbol{N}^{-1}[\boldsymbol{I}-\Delta\boldsymbol{N}\cdot\boldsymbol{N}^{-1}+\\(\Delta\boldsymbol{N}\cdot\boldsymbol{N}^{-1})^2-(\Delta\boldsymbol{N}\cdot\boldsymbol{N}^{-1})^3+\cdots]\end{aligned} \tag{16}$$

变化后的 $\boldsymbol{T}$ 为

$$\begin{aligned}\dot{\boldsymbol{T}}&=\dot{\boldsymbol{R}}\cdot\dot{\boldsymbol{P}}=\boldsymbol{A}\cdot\dot{\boldsymbol{N}}^{-1}\cdot\boldsymbol{A}^{\mathrm{T}}\cdot\dot{\boldsymbol{P}}\\&=\boldsymbol{A}\cdot\boldsymbol{N}^{-1}[\boldsymbol{I}-\Delta\boldsymbol{N}\cdot\boldsymbol{N}^{-1}+(\Delta\boldsymbol{N}\cdot\boldsymbol{N}^{-1})^2-\\&\quad(\Delta\boldsymbol{N}\cdot\boldsymbol{N}^{-1})^3+\cdots]\cdot\boldsymbol{A}^{\mathrm{T}}\cdot(\boldsymbol{P}+\Delta\boldsymbol{P})\\&=[\boldsymbol{I}-\boldsymbol{R}\cdot\Delta\boldsymbol{P}+(\boldsymbol{R}\cdot\Delta\boldsymbol{P})^2-(\boldsymbol{R}\cdot\Delta\boldsymbol{P})^3+\cdots]\cdot\boldsymbol{R}\cdot(\boldsymbol{P}+\Delta\boldsymbol{P})\end{aligned} \tag{17}$$

式(17)舍去高次项的条件是矩阵积 $\boldsymbol{R}\cdot\Delta\boldsymbol{P}$ 的元素 $r_{ii}\cdot\delta p_i$ 的量值小于 1。

因 $\bar{\bar{\boldsymbol{Q}}}_{vv}$ 主元介于[0,1]，所以由式(10)知矩阵积 $\boldsymbol{W}\cdot\boldsymbol{R}\cdot\boldsymbol{W}^{\mathrm{T}}$，也有此性质，因而

$$0\leqslant\sqrt{p_i}\cdot r_{ii}\cdot\sqrt{p_i}=r_{ii}\cdot p_i\leqslant 1$$

只要 $|\delta p_i|<p_i$，都能满足舍去高次项的条件。式(17)舍去高次项后得

$$\dot{\boldsymbol{T}}=\boldsymbol{I}-\boldsymbol{R}\cdot\Delta\boldsymbol{P}+(\boldsymbol{R}\cdot\Delta\boldsymbol{P})^2\cdot\boldsymbol{R}(\boldsymbol{P}+\Delta\boldsymbol{P})$$

$$\Delta\boldsymbol{T}=\dot{\boldsymbol{T}}-\boldsymbol{T}=\boldsymbol{R}\cdot\Delta\boldsymbol{P}[(\boldsymbol{R}\cdot\Delta\boldsymbol{P}-\boldsymbol{I})(\boldsymbol{R}\cdot\boldsymbol{P}-\boldsymbol{I})+(\boldsymbol{R}\cdot\Delta\boldsymbol{P})^2]$$

$$\left.\begin{aligned} &\Delta\boldsymbol{T}i\ \text{列元：} && \delta t_{ji}=r_{ji}\cdot\delta p_j(r_{ii}\cdot\delta p_i-1)(r_{ii}\cdot\delta p_i)^2\\ &i\ \text{行非主元：} && \delta t_{ij}=r_{ij}\cdot p_j\cdot\delta p_i(r_{ii}\cdot\delta p_i-1)\cdot r_{ii} \end{aligned}\right\} \tag{18}$$

令
$$\left.\begin{aligned} s_1 &= (r_{ii}\cdot\delta p_i - 1)(r_{ii}\cdot p_i - 1) + (r_{ii}\cdot\delta p_i)^2 \\ s_2 &= r_{ii}(r_{ii}\cdot\delta p_i - 1) \end{aligned}\right\} \tag{19}$$

因 $0 \leqslant r_{ii}\cdot p_i \leqslant 1$，且取 $|\delta p_i| \leqslant p_i$，故 $|r_{ii}\cdot\delta p_i| \leqslant 1$，故

$$\mathrm{sign}(s_1) = +,\ \mathrm{sign}(s_2) = -$$

经过 $\delta p_i$ 变化后矩阵 $\bar{\boldsymbol{P}}$ 元素

$$\left.\begin{aligned} &i\ \text{主元：} && \bar{p}_{ii} = 1 - r_{ii}(p_i + |s_1|\cdot\delta p_i) \\ &i\ \text{列非主元：} && \bar{p}_{ji} = -r_{ji}(p_i + |s_1|\cdot\delta p_i) \\ &i\ \text{行非主元：} && \bar{p}_{ij} = -r_{ij}\cdot p_j(p_i + |s_2|\cdot\delta p_i) \end{aligned}\right\} \tag{20}$$

从式(12)和式(20)可以得出：在 $\bar{p}_i \in (0,\infty)$ 时，缩小权矩阵元 $p_i$，矩阵 $\bar{\boldsymbol{P}}$ 的 $i$ 行，$i$ 列元变化的基本规律为：

(1)主对角元 $\bar{p}_{ii}$ 随 $p_i$ 减小而增大。

(2)列非主元将随 $p_i$ 减小而减小。

(3)行非主元将随 $p_i$ 减小而增大。

(4)由于 $s_1 \leqslant (\bar{p}_{ii})^2$，且 $0 \leqslant \bar{p}_{ii} \leqslant 1$，故在一般情况下，$\bar{p}_{ii}$ 对 $\delta p_i$ 的影响不很敏感。

尽管以上规律只从权矩阵一个元素变化中导出，若权矩阵多个元变化时，其中某个量值比较突出者，以上规律仍然可依。

## 3 观测列含粗差时，余差统计特性

观测列不含粗差时，余差服从均值为零的正态分布。观测列含粗差时，余差统计特性受粗差影响。当权矩阵为单位阵，且观测误差服从 $N(0,1)$ 分布条件，余差表示如下

$$\boldsymbol{V} = -\boldsymbol{Q}_{vv}\cdot\boldsymbol{E} \tag{21}$$

式中，

$\boldsymbol{V} = \begin{bmatrix}\lambda_1\\ \vdots \\ \lambda_i \\ \vdots \\ \lambda_m\end{bmatrix}$，为余差矢量；

$\boldsymbol{E} = \begin{bmatrix}\varepsilon_1\\ \vdots \\ \varepsilon_i \\ \vdots \\ \varepsilon_m\end{bmatrix}$，服从 $N(0,1)$ 分布的观测误差矢量。

定义 $i$ 为未确定是否含粗差之观测值；$j$ 为不含粗差的观测值；$k$ 为含粗差的观测值。

若含的粗差为 $\nabla_k$，则观测列余差为

$$\lambda_k = q_{kk}\cdot\nabla_k + \dot{v}_k$$
$$\lambda_j = q_{jk}\cdot\nabla_k + \dot{v}_k,\ (i = 1, m, j \neq k)$$

式中，$q_{kk}$，$q_{jk}$ 分别为 $\boldsymbol{Q}_{vv}$ 矩阵中的相应元素

$$\dot{v}_k = \sum_1^m q_{ki} \cdot \varepsilon_i, \ (i \neq k)$$

$$\dot{v}_j = \sum_1^m q_{ji} \cdot \varepsilon_i, \ (i \neq k)$$

为了讨论方便，粗差特表示为

$$\nabla_k = B_k \cdot u$$

式中，$u$ 为标志粗差变化值，$B_k = \dfrac{4.12}{\sqrt{q_{kk}}}$。

于是
$$\begin{bmatrix} \lambda_k \\ \lambda_j \end{bmatrix} = \begin{bmatrix} B_k \cdot q_{kk} \dot{v}_k \\ B_k \cdot q_{jk} \dot{v}_j \end{bmatrix} = \begin{bmatrix} u \\ 1 \end{bmatrix} \tag{22}$$

$\dot{v}_i$，$\dot{v}_j$ 是由 $N(0,1)$ 分布的观测值误差组成的线性函数。若其均方差分别为 $\sigma\dot{v}_k$ 和 $\sigma\dot{v}_j$，则 $\dot{v}_k$，$\dot{v}_j$ 分别为 $N(0,\sigma\dot{v}_k)$ 和 $N(0,\sigma\dot{v}_j)$ 分布。

由 $\boldsymbol{Q}_{vv}$ 知：$q_{kk} = \sum_1^m q_{ki}^2$，$q_{jj} = \sum_1^m q_{ji}^2$，因而 $\dot{v}_k$，$\dot{v}_j$ 的均方差分别为

$$\sigma\dot{v}_k = \sqrt{q_{kk} - q_{kk}^2}, \ \sigma\dot{v}_j = \sqrt{q_{jj} - q_{jk}^2}$$

令
$$\xi_k = B_k \cdot q_{kk} \cdot u, \ \xi_j = B_k \cdot q_{jk} \cdot u$$

则
$$\begin{bmatrix} \lambda_k \\ \lambda_j \end{bmatrix} = \begin{bmatrix} \xi_k & \dot{v}_k \\ \xi_j & \dot{v}_j \end{bmatrix} \begin{bmatrix} 1 \\ 1 \end{bmatrix}, \ (j = 1, m, j \neq k) \tag{23}$$

从式(23)知，$\lambda_k$，$\lambda_j$ 都是由粗差分量和正态分布且均值为零的随机量 $\dot{v}_k$，$\dot{v}_j$ 线性组合。当粗差假定为某一定值时，$\xi_k$，$\xi_j$ 亦为固定值，于是 $\lambda_k$，$\lambda_j$ 都是均值不为零的正态分布变量的线性函数，分别属于 $N(\xi_k,\sigma\dot{v}_k)$ 和 $N(\xi_j,\sigma\dot{v}_j)$ 分布[3]。如果观测列含数个粗差，那么 $\xi_k$，$\xi_j$ 当作数个粗差分量的综合，余差特性依然如上。但多个粗差时，由于粗差个数、粗差在观测列中的配置、各个粗差的符号以及大小等变化因素太多，很难定量地加以研究。所以假定观测列只含一个量值和符号均是随机的粗差，以便得出一些基本规律。

$\dot{v}_k$，$\dot{v}_j$ 都是均值为零的正态分布随机量，可以与概率相关联地取种种数值，取值的表达式如下

$$\dot{v}_k = t \cdot \sigma\dot{v}_k, \ \dot{v}_j = t \cdot \sigma\dot{v}_j \tag{24}$$

相关联概率

$$pr\{v > \dot{v}_{k(j)}\} = \begin{cases} \dfrac{\alpha}{2}, & t \geqslant 0 \\ 1 - \dfrac{\alpha}{2}, & t < 0 \end{cases}$$

式中，$t = \sqrt{\chi_{\alpha,1}^2}$ 而 $\alpha$ 为显著水平，$k(j)$ 表示 $k$ 或 $j$。

按 $\boldsymbol{Q}_{vv}$ 特性，可得

$$|q_{kj}|_{\max} = \sqrt{q_{kk} - q_{kk}^2}$$

为了合理地表达 $\lambda_j$ 在计算权函数中的作用，取

$$|q_{jk}| = |q_{jk}| = 0.707\,|q_{kj}|_{\max} = 0.707\sqrt{q_{kk} - q_{kk}^2} \tag{25}$$

将式(24)、式(25)代入式(23)并简化得

$$\begin{bmatrix}\lambda_k \\ \lambda_j\end{bmatrix} = \begin{bmatrix} 4.12\sqrt{q_{kk}} & \sqrt{q_{kk} - q_{kk}^2} \\ 4.12\dfrac{\sqrt{1-q_{kk}}}{2} & \sqrt{\dfrac{3q_{kk}^2 - q_{kk}}{2}} \end{bmatrix} \begin{bmatrix} u \\ t \end{bmatrix} \tag{26}$$

$u$ 为某固定值时，上式关联着概率

$$pr\{\lambda > \lambda_{k(j)}\} = \begin{cases} \dfrac{\alpha}{2}, & t \geqslant 0 \\ 1 - \dfrac{\alpha}{2}, & t < 0 \end{cases} \tag{27}$$

按 $q_{kk} = 0.6$ 代入式(26)得

$$\begin{bmatrix}\lambda_k \\ \lambda_j\end{bmatrix} = \begin{bmatrix} 3.17 & 0.49 \\ 1.85 & 0.69 \end{bmatrix} \begin{bmatrix} u \\ t \end{bmatrix} \tag{28}$$

$u=1$ 和 5 时，式(28)的图解分别如图 1 和图 2 所示。图中 $\lambda$ 轴右侧数字用于度量 $\lambda_{k(j)}$ 的量值，$\lambda$ 轴左侧的数字用于度量曲线的数值，该曲线代表式(27)的概率。

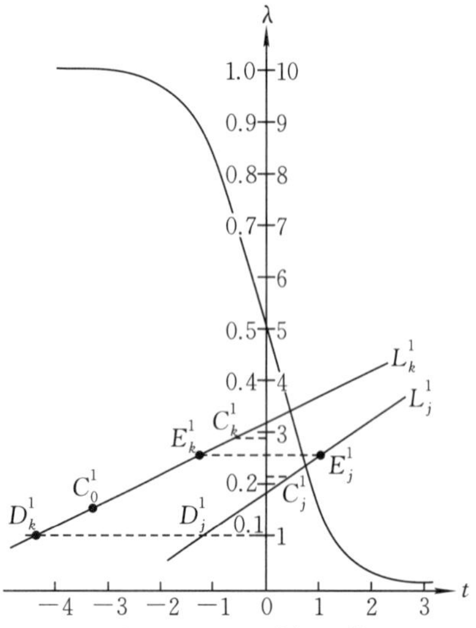


图 1　$u=1$ 时权函数

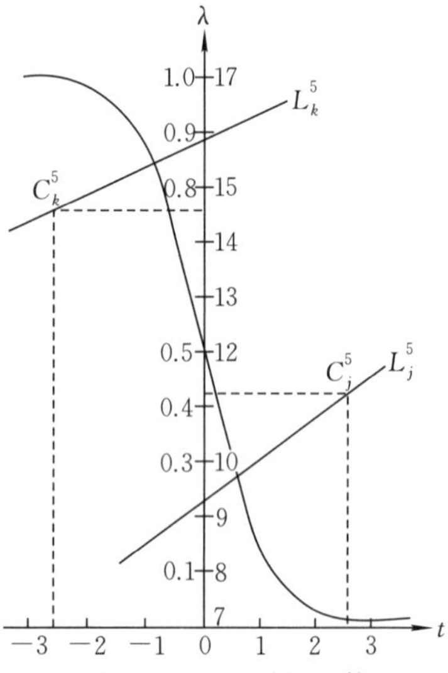


图 2　$u=5$ 时权函数

## 4　增强的途径及增迭代权函数

余差是计算法剔除粗差的主要依据资料，要在余差中充分显示出粗差的量值，就要求含粗差观测值在矩阵 $\bar{\boldsymbol{P}}$ 中相应的主对角元尽可能大。增强的目的是增强抗拒粗差的能力。增强的最后效果都是要在余差中充分显示出粗差的量值，这样必然地存在着该观测值在矩阵 $\bar{\boldsymbol{P}}$ 中的相应主元具有较大的量值，不论采用何种方法增强抗拒粗差，其效果均应如此。增大矩阵 $\bar{\boldsymbol{P}}$ 的主元有两种途径：一是增加观测值，增加了自由度，从而起到增大 $\bar{\boldsymbol{P}}$ 主元的作用；二是利用矩阵 $\boldsymbol{P}$ 与 $\bar{\boldsymbol{P}}$ 元素间变化关系的基本规律，给某些观测值赋较小的权，亦能达到增大

其在矩阵 $\bar{\boldsymbol{P}}$ 中相应主元的目的。但应注意到后者除了增大某些主元外，还可能增大对角外某些元的量值。利用权函数迭代就是后者。

余差的均值不为零，引起以剔除粗差为目的，依据余差量值给测值赋权在理论上遇到难处。$\lambda_i$ 既可能是含粗差观测值的余差，也可能是不含粗差观测值的余差。在粗差定位之前 $\lambda_i$ 可能是与其量值相等的$\lambda_k$，也可能是与其量值相等的$\lambda_j$，而$\lambda_k$，$\lambda_j$ 各自关联着式(27)的概率。在观测值为确定是否含粗差情况下，将量值与其余差量值相等的$\lambda_k$ 和$\lambda_j$ 所关联的概率作为计算该观测值应赋权的可用数据，是一个可利用的途径。应用矩阵 $\boldsymbol{P}$ 与 $\bar{\boldsymbol{P}}$ 元素变化相关规律，为增大含粗差观测值在矩阵 $\bar{\boldsymbol{P}}$ 中相应主元量值出发，必然地应赋予较小的权，故定义权计算式为

$$pc(\lambda_i)=\frac{pr(\lambda>\lambda_j)}{pr(\lambda>\lambda_k)} \tag{29}$$

式中，计算一系列 $\lambda_i$ 及 $pc(\lambda_i)$ 值，并选用适当的函数加以拟合，便可得到用于增强的权函数。

## 4.1 $u=1$ 情况下的权函数

在图 1 的直线 $L_j^1$ 和$L_k^1$ 上选择一些$|\lambda_j|=|\lambda_k|$ 的“余差点对”，按式(29)计算 $pc(\lambda_i)$ 值并列于表 1。

**表 1 拟合值**

| $q_{kk}$ | 0.6 | | | | | 0.8 | | | | |
|---|---|---|---|---|---|---|---|---|---|---|
| $\lambda_i$ | 1.0 | 2.0 | 2.6 | 3.0 | 4.0 | 1.0 | 2.0 | 2.6 | 3.0 | 4.0 |
| 取样数据计算的 $pc(\lambda_i)$ | 0.95 | 0.40 | 0.17 | 0.08 | 0.025 | 0.95 | 0.32 | 0.10 | 0.04 | 0.006 |
| 上行数据用指数函数拟合 | $\exp(-\|0.15\lambda_i^{2.5}\|)$ | | | | | $\exp(-\|0.2\lambda_i^{2.5}\|)$ | | | | |
| 上行的指数函数值 | 0.86 | 0.42 | 0.17 | 0.09 | 0.10 | 0.82 | 0.32 | 0.10 | 0.04 | 0.02 |
| 按 $\lambda_i^{-\alpha}$ 拟合得 $\alpha$ 值 | 1.0 | 1.32 | 1.87 | 2.26 | 2.66 | 1.0 | 1.63 | 2.40 | 2.96 | 3.68 |

表 1 还列出了按 $L_i^{-\alpha}$ 和 $\exp(-b\cdot\lambda_i^{\alpha})$ 拟合的结果。拟合的权函数参数表明，粗差在$u=1$ 情况下(粗差大约小于 $5\sigma_0$)，指数函数较好地表达了计算的权数列。负幂函数的幂随$\lambda_i$ 递增，因而$\alpha$ 为常量的负幂函数不适于表达$u=1$ 情况下的权函数。局限在 $u=1$ 推算出来的权函数，重要的特点是$|\lambda_i|\geqslant 4$ 时，权很快接近于零。但一般平差中粗差变化值$u$ 可能大于1，而且粗差也不只限于一个，于是可能产生较多量值大于 4 的余差。如果按$|\lambda_i|\geqslant 4$ 的权均赋予零或接近零，就有可能出现过多观测值被赋予零权而使平差计算无法进行。丹麦法的权函数与此相类似，实际应用中也有此弊病。因此还应当推算 $u$ 值变化情况下的权函数。

## 4.2 $u$ 值变化情况下的权函数

利用增强迭代剔除的粗差，通常其量值在 $4\sigma_0\sim 25\sigma_0$，相当于$1\leqslant u\leqslant 5$。在 $u>1$ 时，要取得$|\lambda_i|=|\lambda_j|=|\lambda_k|$ 的“余差点对”，理论上也是存在的，但$t$ 的量值要取得很大，即$\alpha$ 很小。这意味着实际不可能发生。我们选定 $\alpha=0.01$，则 $t$ 取值限制在 2.58 之内。这样按式(26) 计算的 $\lambda_k$ 量值将略为不等。因此权的计算应在式(29) 的基础上增加 $\lambda_k$，$\lambda_j$ 略为不等的因素。而$|\lambda_i|$则取$|\lambda_j|$和$|\lambda_k|$ 之均值。权按下式计算

$$pc(\lambda_i)=\frac{|\lambda_j|}{|\lambda_k|}\cdot\frac{pr(\lambda>\lambda_j)}{pr(\lambda>\lambda_k)} \tag{30}$$

在 $u=1,5$ 各处取样一“余差点对”，取样时顾及计算的 $|\lambda_i|$ 的离散值大致保持等差。此外对 $|\lambda_i|<2.6$ 限定 $u=1$ 情况下取样，按取样数据计算结果列于表 2、表 3。

**表 2　权值计算结果**

| $q_{kk}$ | $p_i$ |
|---|---|
| 0.4 | 0.76 |
| 0.5 | 1.49 |
| 0.6 | 2.43 |
| 0.8 | 4.00 |

**表 3　权值计算结果**

| $u$ | 1 | 2 | 3 | 4 | 5 |
|---|---|---|---|---|---|
| $\lambda_i$ | 2.6 | 5.2 | 7.7 | 10.3 | 12.9 |
| $t$ | 0.52 | 1.03 | 1.55 | 2.06 | 2.58 |
| $p_{ii}$ | 2.33 | 5.67 | 15.7 | 49.0 | 199.0 |

说明：

(1) $p_i=|\lambda_k|/|\lambda_j|$ 。

(2) $p_{ii}=pr\{\lambda>\lambda_k\}/pr\{\lambda>\lambda_j\}$ 。

(3) 按 $p_i=b\cdot q_{kk}^{a}$ 拟合得：$a=2.4,b=7.6$。

(4) 按 $p_{ii}=b\cdot\lambda_i^{a}$ 拟合得：$a=2.4,b=0.2$。

综合表 2、表 3 可得权函数为

$$pc(\lambda_i)=\frac{1}{1.5(q_{kk}\cdot\lambda_i)^{2.4}} \tag{31}$$

对于权函数应用而言，还应该确定一个余差界限 $\lambda_0$，凡 $|\lambda_i|\leqslant\lambda_0$ 者都属于不含粗差观测值，令 $u=1,u=1,t=-3.3(a=0.001)$，按式(26)计算得 $|\lambda_k|$ 当作 $\lambda_0$ 并列入表 4，按幂函数拟合得

$$\lambda_0=3.6q_{kk}^{1.5} \tag{32}$$

**表 4　权值拟合值**

| $q_{kk}$ | 0.4 | 0.5 | 0.6 | 0.8 | 0.9 | 1.0 |
|---|---|---|---|---|---|---|
| $\lambda_0$ | 1.0 | 1.3 | 1.6 | 2.4 | 2.0 | 4.1 |

式(31)和式(32)中，$q_{kk}$ 在粗差定位前为未知量，用 $\frac{r}{m}$ 代替，得

$$pc(\lambda_i)=\begin{cases}1, & \lambda_i\leqslant 3.6\left(\frac{r}{m}\right)^{1.5}\\ \dfrac{1}{1.5\left(\frac{r}{m}\lambda_i\right)^{2.4}}, & \text{其他}\end{cases} \tag{33}$$

上式函数的特点是 $|\lambda_i|>3$ 时，权递降比较慢，并且在较大区间内不为零，有利于处理观测列含有大粗差或多粗差。

为了提高剔除粗差效能，需要进行迭代计算。按笔者经验将迭代序数列为权函数的变量是有益的。此外，当 $\boldsymbol{Q}_{vv}$ 或 $\bar{\boldsymbol{P}}$ 的主对角元间量值差很大时，应对主元小的相应观测值赋予额外小的权，按照 $\boldsymbol{P}$ 与 $\bar{\boldsymbol{P}}$ 元素变化相关基本规律，$q_{ii}$ 或 $\bar{p}_{ii}$ 可作为计算权的正比例因子。将迭代看作从含粗差观测值得“搜索”出发拟订的迭代计算权函数序列如下，$IT$ 为迭代次

数。

$$
\left.\begin{array}{l}
IT=1\text{ 时}\\
pc(\lambda_i)=\begin{cases}1, & \lambda\leqslant\lambda_0\text{ 且 }q_{ii}\geqslant\dfrac{r}{3m}\\ \dfrac{q_{ii}}{1.5\left(\dfrac{r}{m}\lambda_0\right)^{2.4}}, & \lambda<\lambda_0\text{ 且 }q_{ii}<\dfrac{r}{3m}\\ \dfrac{q_{ii}}{1.5\left(\dfrac{r}{m}\lambda_i\right)^{2.4}}, & \text{其他}\end{cases}\\
IT=2\text{ 时}\\
pc(\lambda_i)=\begin{cases}1, & \lambda\leqslant\lambda_0\text{ 且 }\overline{p_{ii}}\geqslant\dfrac{r}{3m}\\ \dfrac{\dfrac{r}{m}}{1.5IT\left(\dfrac{r}{m}\lambda_0\right)^{2.4}}, & \lambda<\lambda_0\text{ 且 }\overline{p_{ii}}<\dfrac{r}{3m}\\ \dfrac{\bar{p}_{ii}}{1.5IT\left(\dfrac{r}{m}\lambda_i\right)^{2.4}}, & \text{其他}\end{cases}\\
IT\geqslant 3\text{ 时}\\
pc(\lambda_i)=\begin{cases}1, & \lambda_i\leqslant\lambda_0\\ \dfrac{\bar{p}_{ii}}{1.5IT\left(\dfrac{r}{m}\lambda_i\right)^{2.4}}, & \text{其他}\end{cases}
\end{array}\right\}\tag{34}
$$

式中，$\lambda_0=3.6\sqrt{IT}\left(\dfrac{r}{m}\right)^{1.5}$；$\lambda_i=\dfrac{|v_i|}{\sigma_0}$；$IT$ 为常规最小二乘法平差后起算的迭代序数，当 $IT\geqslant 4$ 时，取 $IT=4$。

当权矩阵非单位阵时，可利用“等效余差”及“等效余差协因数阵”的关系式，对式(25)进行转换应用，此处略。

## 5 增强迭代平差实例

函数方程 $f(x)=a_0+a_1x+a_2x^2+a_3x^3$，其中参数 $a_0=0$，$a_1=21$，$a_2=-10$，$a_3=1$，取 $x=0,\cdots,9$(等差 1) 相应的函数值 $f(x)=0,12,10,0,-12,-20,18,0,40,108$；观测误差 $\varepsilon=-1.0,-0.6,1.0,-0.7,0.01,-0.2,-1.0,-0.9,1.5,-0.9$；均方差 $\sigma_0=0.8$，将 $f(x)$ 值加上观测误差当作观测值，实验中假定以观测误差的符号作为粗差的符号，粗差的量值按实验要求取值，按式(34)为权函数进行迭代计算，有关结果数据如表 5、表 6 和表 7 所示。

表 5　$Q_{vv}$ 矩阵系数

| | | | | | | | | | |
|---|---|---|---|---|---|---|---|---|---|
| 0.18 | −0.31 | −0.02 | 0.11 | 0.11 | 0.05 | −0.03 | −0.09 | −0.07 | 0.08 |
| | 0.70 | −0.25 | −0.17 | −0.08 | 0.00 | 0.06 | 0.08 | 0.04 | −0.07 |
| | | 0.67 | −0.29 | −0.19 | −0.07 | 0.05 | 0.11 | 0.08 | −0.09 |
| | | | 0.69 | −0.24 | −0.14 | −0.03 | 0.05 | 0.06 | −0.03 |
| | | | | 0.76 | −0.20 | −0.14 | −0.07 | 0.00 | 0.05 |
| | | | 对 | | 0.76 | −0.24 | −0.19 | −0.08 | 0.11 |
| | | | | 称 | | 0.69 | −0.29 | −0.17 | 0.11 |
| | | | | | | | 0.67 | −0.25 | −0.02 |
| | | | | | | | | 0.70 | −0.31 |
| | | | | | | | | | 0.18 |

表 6　观测值 1、2 含粗差，4 次迭代后 $\bar{\boldsymbol{P}}$ 矩阵系数

| | | | | | | | | | |
|---|---|---|---|---|---|---|---|---|---|
| 0.97 | −0.01 | −0.62 | −5.83 | 3.77 | 4.73 | 1.07 | −3.15 | −3.87 | 2.96 |
| −0.01 | 0.99 | −0.34 | −3.53 | 1.73 | 2.45 | 0.69 | −1.46 | −1.92 | 1.39 |
| −0.01 | −0.00 | 0.85 | −1.89 | 0.45 | 0.93 | 0.35 | −0.46 | −0.69 | 0.46 |
| 0.00 | −0.00 | −0.04 | 0.18 | −0.22 | 0.04 | 0.08 | 0.01 | −0.05 | 0.02 |
| 0.00 | 0.00 | 0.01 | −0.22 | 0.56 | −0.36 | −0.14 | 0.09 | 0.15 | −0.09 |
| 0.00 | 0.00 | 0.02 | 0.04 | −0.36 | 0.58 | −0.28 | −0.06 | 0.07 | −0.01 |
| 0.00 | 0.00 | 0.01 | −0.08 | −0.14 | −0.28 | 0.67 | −0.29 | −0.15 | 0.10 |
| 0.00 | 0.00 | −0.01 | 0.01 | 0.09 | −0.06 | −0.29 | 0.56 | −0.37 | 0.09 |
| 0.00 | 0.00 | −0.02 | −0.05 | 0.15 | 0.07 | −0.15 | −0.37 | 0.57 | −0.20 |
| 0.00 | 0.00 | 0.01 | 0.02 | −0.09 | −0.01 | 0.10 | 0.09 | −0.20 | 0.08 |

表 7　粗差统计

| 粗差观测值号 | 1 或 10 | $i,i+1(1\leqslant i\leqslant 8)$ | 1,10 | 1,2 |
|---|---|---|---|---|
| 粗差观测值余差间相关系数 | 1 | 平均 0.360 | 0.444 | −0.893 |
| 可剔除粗差量值 $\sigma_0$ | ⩾5 | ⩾5 | ⩾10 | ⩾31 |
| 迭代次数 | 3 | 3 | 4 | 4 |

对照表 5、表 6 数据，基本可以看出本文所讨论的矩阵 $\boldsymbol{P}$ 和 $\bar{\boldsymbol{P}}$ 元素变化相关规律。表 7 结果表明，增强迭代具有一定能力同时剔除一个以上粗差。应该提到观测值 1,2 含同号粗差，并且余差间相关系数较大，剔除粗差条件很差，式(34)权函数尚能剔除大于 $31\sigma_0$ 的粗差。假如采用其他的权函数或方法，对这组数据都达不到这样的效能，“数据探测”和 $L_1$ 解不可能剔除这组粗差。

## 6　小　结

综上，得出以下结论：

(1)本文提供的“等效余差”和“等效余差协因数阵”关系式，有助于简化粗差定位的探讨。

(2)权矩阵 $\boldsymbol{P}$ 与矩阵 $\bar{\boldsymbol{P}}$ 元素间变化基本规律，有助于对增强迭代实际效果的理解；利用这一规律有理由将矩阵 $\bar{\boldsymbol{P}}$ 的主对角元作为增强迭代权函数的变量。

(3)负幂函数比指数函数在剔除粗差方面具有更大的适应性。

(4)本文推算权函数时,顾及余差间相关性,但观测列只含一个粗差,所以只是权函数的基本表达式。从实验来看对剔除大粗差或多粗差适应性较好。

(5)利用权函数迭代,使某些观测值在矩阵 $\bar{\boldsymbol{P}}$ 中的相应主元值增大,但受 $\sum_{1}^{m}\bar{P}_{rr}=r$ 限制,必然地有其他的主元缩小,同时某些非主元量值可能增大甚至超过 1,这使剔除粗差问题变得复杂。剔除粗差的问题,至今并没有得到完善的解决,特别是多粗差且余差间相关性较强情况下,剔除粗差效能将降低。依靠选权迭代法能否圆满解决这一问题,有待进一步讨论。尽管如此,应用增强估计法总是有助于判断粗差和提高剔除粗差的效能。

## 参考书目

[1] AMER F. Theoretional reliability of elementary photogrammetric procedure[J]. ITC Journal,1981(3).

[2] AMER F. Numerical Analysis I[M]. Enshede:ITC,1974.

[3] 李庆海,陶本藻. 概率统计原理和在测量中的应用[M]. 北京:测绘出版社,1982.

# 选权迭代剔除粗差的实质*

王任享

**摘　要**：文本提出“等效余差”及“等效余差协因数阵”的概念，利用矩阵展开方式，讨论权矩阵与余差协因数阵的关系，得出选权迭代前剔除粗差的实质，并拟定选权迭代定位粗差的权函数。

**关键词**：余差；余差协因数阵；选权迭代

## 1　引　言

当今摄影测量界用于处理粗差检验与粗差定位问题主要有三种途径：以统计检验为基础的“数据探测”原理；假定粗差为方差很大，数学期望为零的母体的子样，以验后方差倒数给观测值赋权的方法估计法；以最大似然原理选权迭代的增强(robust)估计。此外还有寻求非最小二乘法平差原理，统称 $L_p$ 估计，也就是绝对值和为最小的平差原理。方差估计法与增强估计法形式相类似，都是以某种函数按最小二乘法进行迭代计算。增强估计法对粗差的统计特性没有完全明确的假定，通常只假定粗差是方差很大的母体的子样。不同的学者从自己的设计出发，确定了权函数，所以至今尚无统一的权函数。

本文提出“等效余差”及“等效余差协因数阵”的概念；推论权矩阵与余差协因数阵同权矩阵之积的矩阵元素间相关变化的基本规律：进一步明确余差协因数阵同权矩阵之积矩阵的特性。这些内容为进一步研究粗差定位提供了有益的工具，并供人们进一步理解含粗差观测值如何被权函数迭代所剔除。

## 2　余差、余差协因数阵

最小二乘余差 $\boldsymbol{V}$ 与观测误差 $\boldsymbol{E}$ 的关系为

$$\boldsymbol{V} = -\bar{\boldsymbol{P}} \cdot \boldsymbol{E} \tag{1}$$

式中，

$$\bar{\boldsymbol{P}} = -\boldsymbol{Q}_{vv} \cdot \boldsymbol{P} \tag{2}$$

其中，$\boldsymbol{V}$ 为余差矢量；$\boldsymbol{Q}_{vv}$ 为余差协因数阵；$\boldsymbol{P}$ 为权矩阵；$\boldsymbol{E}$ 为观测误差矢量，服从 $N(0,\sigma_0)$ 分布；矩阵 $\bar{\boldsymbol{P}}$ 还可以表达为

$$\bar{\boldsymbol{P}} = I - \boldsymbol{A}(\boldsymbol{A}^{\mathrm{T}} \cdot \boldsymbol{P} \cdot \boldsymbol{A})^{-1} \cdot \boldsymbol{A}^{\mathrm{T}} \cdot \boldsymbol{P} \tag{3}$$

式中，$\boldsymbol{A}$ 为观测方程系数阵，$\boldsymbol{I}$ 为单位阵。

### 2.1　等效余差、等效余差协因数阵

由“等效余差”和“等效余差协因数阵”的关系式可以将 $\boldsymbol{P}$ 单位阵得出的关系式推广到 $\boldsymbol{P}$ 非单位阵情况下的应用。利用这一概念有助于简化粗差定位问题的讨论。

---

* 本文发表于《解放军测绘学院学报》1986 年第 2 期。

矩阵 $\boldsymbol{P}$ 定对称，因而可以分解为非奇异方阵 $\boldsymbol{W}$ 此方阵之转置阵 $\boldsymbol{W}^{\mathrm{T}}$ 之积，即

$$\boldsymbol{P}=\boldsymbol{W}^{\mathrm{T}}\cdot\boldsymbol{W}$$

用 $\boldsymbol{W}$ 乘式(1)两边并化简得

$$\boldsymbol{W}\cdot\boldsymbol{V}=-\{\boldsymbol{I}-\boldsymbol{W}\cdot\boldsymbol{A}[(\boldsymbol{W}\cdot\boldsymbol{A})^{\mathrm{T}}\cdot(\boldsymbol{W}\cdot\boldsymbol{A})]^{-1}\cdot(\boldsymbol{W}\cdot\boldsymbol{A})^{\mathrm{T}}\}\cdot(\boldsymbol{W}\cdot\boldsymbol{E})$$

令 $\bar{\bar{\boldsymbol{V}}}=\boldsymbol{W}\cdot\boldsymbol{V}$, $\bar{\bar{\boldsymbol{A}}}=\boldsymbol{W}\cdot\boldsymbol{A}$, $\bar{\bar{\boldsymbol{E}}}=\boldsymbol{W}\cdot\boldsymbol{E}$ 代入上式得

$$\bar{\bar{\boldsymbol{V}}}=-\bar{\bar{\boldsymbol{Q}}}_{vv}\bar{\bar{\boldsymbol{E}}}$$

式中，

$$\bar{\bar{\boldsymbol{Q}}}_{vv}=\boldsymbol{I}-\bar{\bar{\boldsymbol{A}}}\cdot(\bar{\bar{\boldsymbol{A}}}^{\mathrm{T}}\cdot\bar{\bar{\boldsymbol{A}}})^{-1}\cdot\bar{\bar{\boldsymbol{A}}}^{\mathrm{T}} \tag{4}$$

另一方面

$$\boldsymbol{W}\cdot\boldsymbol{V}=-\boldsymbol{W}\cdot\bar{\boldsymbol{P}}\cdot\boldsymbol{E}$$
$$\bar{\bar{\boldsymbol{V}}}=\boldsymbol{W}\cdot\bar{\boldsymbol{P}}\cdot\boldsymbol{W}^{-1}\cdot\boldsymbol{W}\cdot\boldsymbol{E}$$
$$=-\boldsymbol{W}\cdot\bar{\boldsymbol{P}}\cdot\boldsymbol{W}^{-1}\cdot\bar{\bar{\boldsymbol{E}}}$$

因此，

$$\boldsymbol{Q}_{vv}=\boldsymbol{W}\cdot\bar{\boldsymbol{P}}\cdot\boldsymbol{W}^{-1} \tag{5}$$

$\bar{\bar{\boldsymbol{V}}}$ 和 $\bar{\bar{\boldsymbol{Q}}}_{vv}$ 分别称作“等效余差”和“等效余差协因数阵”。它们具有权矩阵为单位阵的余差和余差协因数阵的全部特性。

## 2.2　矩阵 $\bar{\boldsymbol{P}}$ 的特性

矩阵 $\bar{\boldsymbol{P}}$ 的特性是研究粗差定位经常遇到的问题。矩阵 $\bar{\boldsymbol{P}}$ 是幂等奇异阵，其迹 $\mathrm{tr}(\bar{\boldsymbol{P}})=r$，此处 $r$ 为自由度。

### 2.2.1　权矩阵为单位阵

当权矩阵为单位阵时，$\bar{\boldsymbol{P}}=-\boldsymbol{Q}_{vv}$，见式(2)。当 $\boldsymbol{P}$ 为单位阵时，含以下特性：

(1)主对角元介于[0,1]，即

$$0\leqslant q_{ij}\leqslant 1$$

(2)主对角元满足以下关系式

$$q_{ii}=\sum\nolimits_{1}^{m}q_{ik}^{2}\quad(k=1,2,\cdots,m)$$

式中，$m$ 为观测方程数。

(3)非主对角外元素满足

$$0\leqslant|q_{ij}|\leqslant 0.5\ \text{及}\ 0\leqslant|q_{ij}|\leqslant\sqrt{q_{ij}q_{ij}}$$

### 2.2.2　权矩阵为对角阵

当权矩阵 $\boldsymbol{P}$ 为对角阵时，矩阵 $\bar{\boldsymbol{P}}$ 特性如下：

(1) 主对角元仍介于[0,1]。

由于

$$\boldsymbol{P}=\begin{bmatrix}p_1 & & & & \\ & \ddots & & & \\ & & p_i & & \\ & & & \ddots & \\ & & & & p_m\end{bmatrix},\ \boldsymbol{W}=\begin{bmatrix}\sqrt{p_1} & & & & \\ & \ddots & & & \\ & & \sqrt{p_i} & & \\ & & & \ddots & \\ & & & & \sqrt{p_m}\end{bmatrix}$$

$$\bar{\bar{\boldsymbol{Q}}}_{vv} = \boldsymbol{W} \cdot \bar{\boldsymbol{P}} \cdot \boldsymbol{W}^{-1}$$

所以

$$\bar{\bar{q}}_{ii} = \sqrt{p_i} \cdot \bar{P}_{ii} (\sqrt{P_i})^{-1} = \bar{P}_{ii}$$

因而

$$\bar{P}_{ii} \in (0,1)，即$$

$$0 \leqslant \bar{P}_{ii} \leqslant 1$$

(2)主对角外元素。

由式(5)和式(3)已知

$$\bar{\bar{\boldsymbol{Q}}}_{vv} = \boldsymbol{W} \cdot \bar{\boldsymbol{P}} \cdot \boldsymbol{W}^{-1} = \boldsymbol{I} - \boldsymbol{W} \cdot \boldsymbol{R} \cdot \boldsymbol{W}^{\mathrm{T}}$$

所以

$$\bar{\bar{q}}_{ii} = -\sqrt{q_i} \cdot r_{ii} \cdot \sqrt{p_i}$$

而

$$\bar{\bar{p}}_{ii} = -r_{ii} p_i = \frac{1}{\sqrt{p_j}} \bar{\bar{q}}_{ii} \sqrt{p_i} \quad (p_i \neq 0)$$

但

$$0 \leqslant |\bar{q}_{ji}| \leqslant 0.5 \text{ 和 } 0 \leqslant |\bar{q}_{ii}| \leqslant \sqrt{\bar{p}_{ii} \bar{p}_{ij}}$$

于是

$$0 \leqslant |\bar{p}_{ji}| \leqslant 0.5 \sqrt{\frac{p_i}{p_j}} \quad (p_j \neq 0)$$

和

$$0 \leqslant |\bar{p}_{ij}| \leqslant \sqrt{\bar{p}_{ii} \bar{p}_{ij}} \cdot \sqrt{\frac{P_i}{P_j}} \quad (p_j \neq 0)$$

如果权矩阵的元素 $P_j$ 与 $P_i$ 在量值上相差较大，就会出现 $\bar{P}_{ii}$ 或 $\bar{P}_{ij}$ 的量值超过 1 的现象。矩阵 $\bar{\boldsymbol{P}}$ 主对角外元素量值不是总小于 1 的现象，给增强迭代剔除粗差带来了复杂的问题。

## 3 权矩阵 $\boldsymbol{P}$ 矩阵 $\bar{\boldsymbol{P}}$ 元素间相关变化的基本规律

该规律简称 $\boldsymbol{P} \cdot \bar{\boldsymbol{P}}$ 元素间相关变化基本规律。利用权函数迭代计算过程中，权矩阵不断地在改变。探讨权矩阵元素变化对矩阵 $\bar{\boldsymbol{P}}$ 元素的影响，对进一步认识迭代计算，对增强的作用均有益处。为了简化起见，限定权矩阵为对角阵，并且权矩阵中只有一个元素的量值起变化。变化后的权矩阵 $\dot{\boldsymbol{P}}$ 表示为

$$\dot{\boldsymbol{P}} = \boldsymbol{P} + \Delta \boldsymbol{P} \tag{6}$$

式中，

$$\boldsymbol{P} = \begin{bmatrix} p_1 & & & & \\ & \ddots & & & \\ & & p_i & & \\ & & & \ddots & \\ & & & & p_m \end{bmatrix} \quad \Delta \boldsymbol{P} = \begin{bmatrix} 0 & & & & \\ & \ddots & & & \\ & & \delta p_i & & \\ & & & \ddots & \\ & & & & 0 \end{bmatrix}$$

根据式(3)

$$\overline{\boldsymbol{P}}=\boldsymbol{I}-\boldsymbol{A}(\boldsymbol{A}^{\mathrm{T}}\cdot\boldsymbol{P}\cdot\boldsymbol{A})^{-1}\cdot\boldsymbol{A}^{\mathrm{T}}\cdot\boldsymbol{P}\tag{7}$$

并令

$$\left.\begin{aligned}\boldsymbol{N}&=\boldsymbol{A}^{\mathrm{T}}\cdot\boldsymbol{P}\cdot\boldsymbol{A}\\\boldsymbol{R}&=\boldsymbol{A}\cdot\boldsymbol{N}^{-1}\cdot\boldsymbol{A}^{\mathrm{T}}\\\boldsymbol{T}&=\boldsymbol{R}\cdot\boldsymbol{P}\end{aligned}\right\}$$

代入式(3)后得

$$\overline{\boldsymbol{P}}=\boldsymbol{I}-\boldsymbol{P}\cdot\boldsymbol{P}=\boldsymbol{I}-\boldsymbol{T}\tag{8}$$

矩阵 $\overline{\boldsymbol{P}}$ 的第 $i$ 为

$$\overline{P}_{ii}=\begin{cases}-t_{ii}=-r_{ii}\cdot P_i & j\neq i\\1-t_{ii}=1-r_{ii}\cdot P_i & j=i\end{cases}\tag{9}$$

为了讨论“$\boldsymbol{P}\cdot\overline{\boldsymbol{P}}$ 元素间相关变化基本规律”,笔者假定权矩阵元素 $p_{ii}$ 产生$\delta p_i$ 变化,将式(6)代入式(7)得

$$\dot{\boldsymbol{N}}=\boldsymbol{A}^{\mathrm{T}}\cdot\dot{\boldsymbol{P}}\cdot\boldsymbol{A}=\boldsymbol{N}+\Delta\boldsymbol{N}\tag{10}$$

式中,$\Delta\boldsymbol{N}=\boldsymbol{A}^{\mathrm{T}}\cdot\Delta\boldsymbol{P}\cdot\boldsymbol{A}$

矩阵 $\Delta\boldsymbol{N}$ 的各元为$\boldsymbol{N}$ 相应元的增量,将 $\boldsymbol{N}^{-1}$ 当作 $\dot{\boldsymbol{N}}$ 的逆阵的近似值,并按纽曼级数展开

$$\begin{aligned}\dot{\boldsymbol{N}}^{-1}&=\boldsymbol{N}^{-1}(\boldsymbol{I}+\Delta\boldsymbol{N}\cdot\boldsymbol{N}^{-1})^{-1}\\&=\boldsymbol{N}^{-1}[\boldsymbol{I}-\Delta\boldsymbol{N}\cdot\boldsymbol{N}^{-1}+(\Delta\boldsymbol{N}\cdot\boldsymbol{N}^{-1})^2-(\Delta\boldsymbol{N}\cdot\boldsymbol{N}^{-1})^3+\cdots]\end{aligned}\tag{11}$$

于是有

$$\dot{\boldsymbol{N}}^{-1}=\boldsymbol{R}\cdot\boldsymbol{P}=\boldsymbol{A}\cdot\dot{\boldsymbol{N}}^{-1}\cdot\boldsymbol{A}^{\mathrm{T}}\cdot\boldsymbol{P}$$

将式(11)代入上式得

$$\begin{aligned}\dot{\boldsymbol{T}}&=\boldsymbol{A}\cdot\boldsymbol{N}^{-1}[\boldsymbol{I}-\Delta\boldsymbol{N}\cdot\boldsymbol{N}^{-2}+(\Delta\boldsymbol{N}\cdot\boldsymbol{N}^{-1})^2-(\Delta\boldsymbol{N}\cdot\boldsymbol{N}^{-1})^3+\cdots]\cdot\boldsymbol{A}^{\mathrm{T}}\cdot(\boldsymbol{P}+\Delta\boldsymbol{P})\\&=[\boldsymbol{I}-\boldsymbol{R}\cdot\Delta\boldsymbol{P}+(\boldsymbol{R}\cdot\Delta\boldsymbol{P})^2-(\boldsymbol{R}\cdot\Delta\boldsymbol{P})^3+\cdots]\cdot\boldsymbol{R}\cdot(\boldsymbol{P}\cdot\Delta\boldsymbol{P})\end{aligned}\tag{12}$$

上式舍去高次项的条件是 $\boldsymbol{R}\cdot\Delta\boldsymbol{P}$ 的元素 $r_{ii}\cdot\delta p_{ii}$ 的绝对值小于 1。

因 $\overline{\overline{\boldsymbol{Q}}}_{vv}$ 主对角元满足 $0\leqslant\overline{\overline{q}}_{ii}\leqslant 1$,所以矩阵积 $\boldsymbol{W}\cdot\boldsymbol{R}\cdot\boldsymbol{W}^{\mathrm{T}}$ 也有此性质,因而

$$0\leqslant\sqrt{p_i}\cdot r_{ii}\cdot\sqrt{p_i}=r_{ii}\cdot p_i\leqslant 1$$

只要取 $|\delta p_{ii}|<p_i$,都能满足舍去高次项的条件。对式(12) 舍去$(\boldsymbol{R}\cdot\Delta\boldsymbol{P})^3$ 以上各项得

$$\dot{\boldsymbol{T}}=(\boldsymbol{I}-\boldsymbol{R}\cdot\Delta\boldsymbol{P}+(\boldsymbol{R}\cdot\Delta\boldsymbol{P})^2\cdot\boldsymbol{R}\cdot(\boldsymbol{P}+\Delta\boldsymbol{P}))$$

令 $\Delta\boldsymbol{T}=\dot{\boldsymbol{T}}-\boldsymbol{T}$,或 $\dot{\boldsymbol{T}}=\boldsymbol{T}+\Delta\boldsymbol{T}$, 则有

$$\Delta\boldsymbol{T}=[\boldsymbol{I}-(\boldsymbol{R}\cdot\Delta\boldsymbol{P})+(\boldsymbol{R}\cdot\Delta\boldsymbol{P})^2]\cdot\boldsymbol{R}\cdot(\boldsymbol{P}\cdot\Delta\boldsymbol{P})-\boldsymbol{R}\cdot\boldsymbol{P}$$

整理后得

$$\Delta\boldsymbol{T}=\boldsymbol{R}\cdot\Delta\boldsymbol{P}[(\boldsymbol{R}\cdot\Delta\boldsymbol{P}-\boldsymbol{I})(\boldsymbol{R}\cdot\boldsymbol{P}-\boldsymbol{I})+(\boldsymbol{R}\cdot\Delta\boldsymbol{P})^2]$$

$\Delta\boldsymbol{T}$ 的第 $i$ 列元为

$$\delta t_{ii}=(r_{ii}\cdot\delta p_j-1)[(r_{ii}\cdot P_i-1)(r_{ii}\cdot\delta p_i)^2]\tag{13}$$

令

$$s=(r_{ii}\cdot\delta p_i-1)(r_{ii}\cdot P_i-1)+(r_{ii}\cdot\delta p_i)^2\tag{14}$$

因 $0 \leqslant r_{ii} \cdot P_i \leqslant 1$，且取 $|\delta p_i| < P_i$，故 $|r_{ii} \cdot \delta p_i| < 1$

于是得

$$\mathrm{sign}(s) = +$$

$\dot{\boldsymbol{T}}$ 第 $i$ 元为

$$\dot{t}_{ii} = t_{ii} + \delta t_{ii} = t_{ii} + s \cdot r_{ii} \cdot \delta p_i$$

但

$$\dot{t}_{ii} = t_{ii} + P_i$$

故

$$\dot{t}_{ii} = y_{ii} + (P_i + s \cdot \delta p_i)$$

经过 $\delta p_i$ 变化后计算的矩阵 $\dot{\boldsymbol{T}}$ 为

$$\bar{\boldsymbol{P}} = \boldsymbol{I} - \dot{\boldsymbol{T}}$$

此时矩阵 $\bar{\boldsymbol{P}}$ 第 $i$ 列元为

$$\bar{P}_{ii} = -\bar{t}_{ii} = -r_{ii} \cdot (P_i + s \cdot \delta p_i)$$

$$\bar{P}_{ii} = 1 - \bar{t}_{ii} = -r_{ii} \cdot (P_i + s \cdot \delta p_i)$$

对我们感兴趣的是 $\mathrm{sign}(\delta p_i) = -$ 的情况，也就是权 $P_i$ 缩小时对矩阵 $\bar{\boldsymbol{P}}$ 元素的影响。

$$\bar{P}_{ii} = -r_{ii} \cdot (P_i - s \cdot |\delta p_i|)$$

$$\bar{P}_{ii} = -1 - r_{ii} \cdot P_i + r_{ii} \cdot s \cdot |\delta p_i|$$

综上讨论，当 $P_i$ 的量值减小后，经过迭代平差所得的矩阵 $\bar{\boldsymbol{P}}$ 第行和第 $i$ 列元素变化规律如下：

(1)主对角元 $\bar{P}_{ii}$ 随 $P_i$ 减小而增大。

(2)列主对角外元 $|\bar{P}_{ii}|$ 随 $P_i$ 之减小而减小，减小的幅度 $\sqrt{\dfrac{p_i}{p_j}}$ $(p_j \neq 0)$ 有关。

(3)行主对角外元 $|\bar{P}_{ij}|$ 随 $P_i$ 元减小可能增大，变化幅度与 $\sqrt{p_i/p_j}$ $(p_j \neq 0)$ 有关。

(4)由于 $s \leqslant (\bar{P}_{ii})^2$，且 $0 \leqslant \bar{P}_{ii} \leqslant 1$。故一般情况下，矩阵 $\bar{\boldsymbol{P}}$ 的主元 $\bar{P}_{ii}$ 受 $\delta p_i$ 的量值影响不很敏感。

尽管以上规律只以权矩阵为对角阵，权的变化只有一个。但如果多个权元素变化时，其中某一个或某几个在量值上比较突出，那么以上基本规律仍然可以应用。

## 4　权函数增强迭代的作用

最小二乘法的特点是能将大的误差分配到各观测值余差上，因而抗拒粗差的能力很弱。增强估计的增强(robust)的含义就是增强抗拒粗差的能力。选权迭代的最终结果是在含粗差观测值的余差上明显地表现出粗差的量值。按这样的结果，不难从式(1)中得出，经过迭代之后矩阵 $\bar{\boldsymbol{P}}$ 的主对角元，至少是含粗差观测值对应的主对角元有较大的量值。这就是增强估计的本质表现。目前能达到增大矩阵 $\bar{\boldsymbol{P}}$ 主元的途径有二：一是增加观测值，即增强了自由度 $\gamma$，制约于 $\sum_1^m \bar{P}_{ii} = r$，达到增大矩阵 $\bar{\boldsymbol{P}}$ 主元；二是给某观测值赋予比较小的权，按"$\boldsymbol{P} \cdot \bar{\boldsymbol{P}}$ 元素间相关变化基本规律"要达到增强抗拒粗差的能力，权函数必然地要选择与余差量值呈递增的函数。

如果含粗差观测值 $k$ 余差量值处在较大的行列中(不一定最大)。迭代中,经权函数作用,观测值 $k$ 赋予相对小的权。迭代后矩阵 $\bar{\boldsymbol{P}}_{kk}$ 将增大,于是观测值测值 $K$ 余差量值也随之增大,又由于 $k$ 主外元 $\bar{P}_{jk}$ 量值($j=1,m,j\neq k$)减小而减小了观测值 $K$ 粗差对其他余差的影响。某些不含粗差的观测值也被赋予较小的权。但其所含的误差的量值是正常观测误差所能出现的量值。因而含粗差观测值的余差量值在不断迭代中逐渐突出。直至按权函数关系被赋予很小的权而等效于被剔除。

# 5 增强估计的权函数

笔者曾以观测列只含一个粗差,并且假定粗差是方差很大的母体的子样,应用统计原理及以上提到的"$\boldsymbol{P}\cdot\bar{\boldsymbol{P}}$ 元素间相关变化基本规律"导出了增强迭代权函数的基本式,如下

$$pc(\lambda_i)=\frac{1}{1.5\left(\frac{r}{m}\lambda_i\right)^{2.4}} \tag{15}$$

式中,$\lambda_i=|v_i|/\sigma_0$, $v_i$ 为观测值 $i$ 余差,$\sigma_0$ 为标准差,$pc(\lambda_i)$ 为给观测值赋的权。

为了提高剔除粗差的效能及加快收敛,拟订了如下的权函数序列(观测列等精度),$IT$ 为迭代次数。

$IT=1$ 时

$$PC(\lambda_i)=\begin{cases}1, & \lambda\leqslant\lambda_0 \text{ 且 } q_{ii}\geqslant\frac{r}{3m}\\ \frac{q_{ii}}{1.5\left(\frac{r}{m}\lambda_0\right)^{2.4}}, & \lambda\leqslant\lambda_0 \text{ 且 } q_{ii}<\frac{r}{3m}\\ \frac{q_{ii}}{1.5\left(\frac{r}{m}\lambda_i\right)^{2.4}}, & \text{其他}\end{cases}$$

$IT=2$ 时

$$PC(\lambda_i)=\begin{cases}1, & \lambda_i\leqslant\lambda_0 \text{ 且 } \bar{q}_{ii}\geqslant\frac{r}{3m}\\ \frac{\frac{r}{m}}{1.5IT\left(\frac{r}{m}\lambda_0\right)^{2.4}}, & \lambda_i\leqslant\lambda_0 \text{ 且 } \bar{q}_{ii}<\frac{r}{3m}\\ \frac{p_{ii}}{1.5IT\left(\frac{r}{m}\lambda_i\right)^{2.4}}, & \text{其他}\end{cases}$$

$IT\geqslant 3$ 时

$$PC(\lambda_i)=\begin{cases}1, & \lambda_i \leqslant \lambda_0 \\ \dfrac{\beta_{ii}}{1.5IT\left(\dfrac{r}{m}\lambda_i\right)^{2.4}}, & \text{其他}\end{cases}$$

式中，$\lambda_0=3.6\left(\dfrac{r}{m}\right)^{1.5}\sqrt{IT}$。

$IT \geqslant 4$ 时，取 $IT=4$，$IT$ 从常规平差后算起。

以上权函数适用于权矩阵 $\boldsymbol{P}=\boldsymbol{I}$ 情况，权矩阵非单位阵时可以利用“等效余差”和“等效余差协因数阵”的概念和有关关系式加以转换应用，此处略。

这一权函数序列的拟订，是将权函数迭代看作对含粗差观测值的搜索，$\lambda_0$ 随着迭代序数增大而增大，这意味着对粗差的搜索区越来越小。最后是少数观测值被赋予很小的权情况下的最小二乘解，增强迭代中，第一次迭代十分重要。在 $\lambda_i<\lambda_0$ 的观测值中，如果 $q_{ii}<\dfrac{r}{3m}$（此处 $\dfrac{r}{3m}$ 是经验数据），其相应的观测值可能由于 $q_{ii}$ 小显出余差量值不大。而实际上仍有可能是含粗差者。为了“试探”其是否为含粗差观测值，按“$\boldsymbol{P}\cdot\bar{\boldsymbol{P}}$ 元素间相关变化基本规律”应特地赋予适当小的权，取

$$PC(\lambda_i)=\frac{q_{ii}}{1.5\left(\dfrac{r}{m}\lambda_0\right)^{2.4}}$$

其中，分母中 $\lambda_i$ 被 $\lambda_0$ 取代是为了避免余差量值太小可能导致错误的结果。第二次迭代时，对于 $\lambda_1<\lambda_0$ 且 $\bar{P}_{ii}<\dfrac{r}{3m}$ 的观测值，仍然要赋予小一些的权，取

$$PC(\lambda_i)=\frac{\dfrac{r}{m}}{1.5IT\left(\dfrac{r}{m}\lambda_0\right)^{2.4}}$$

这里，分子采用矩阵 $\bar{\boldsymbol{P}}$ 主对角元的平均值，其原因是经过第一次迭代后，某些主元 $\bar{P}_{ii}$ 的量值之所以可能较小，并不一定是由误差方程式结构决定，也可能受周围的观测值在第一次迭代时被赋予较小权（迭代后相应的主元增大）所影响。因而权表达式中，分子不宜取为 $\bar{P}_{ii}$。

按照以上权函数序列迭代，收敛的结果已经不是某种意义上的 $L_p$ 范数解，它在顾及 $\boldsymbol{Q}_{vv}$ 矩阵主对角元量值相差很大，收敛速度等方面比 $L_p$ 范数解具有更大的灵活性。

## 6 选权迭代剔除粗差实例

以最小二乘法对三次多项式的参数估计为例子。

参数方程：$f(x)=a_0+a_1x+a_2x^2+a_3x^3$

参数真值：$a_0=0, a_1=21, a_2=-10, a_3=1$

取：$x=0,1,2,3,4,5,6,7,8,9$

$f(x)=0,12,10,0,-12,-20,-18,0,40,108$

观测误差：$-1.0,-0.6,1.0,-0.7,0.01,-0.2,-1.0,-0.9,1.5,-0.9$

将 $f(x)$ 值加上观测误差作为平差计算的观测值，实验计算中粗差假定是以该观测值误差的符号为粗测符号，而量值放大到实验规定的数值。然后按本文列出的权函数序列进行迭代计算。经过 3～4 次迭代后，剔除粗差的效能如表 1 所示，第一次平差后的结果如表 2 所示。

**表 1　粗差剔除情况统计**

| 含粗差观测值号 | 含粗差观测值余差间相关系数 | 剔除粗差 $/\sigma_0$ |
|---|---|---|
| 1 或 10 | - | $\geqslant 5$ |
| $i,i+1(1\leqslant i\leqslant 8)$ | 0.360 | $\geqslant 5$ |
| 1,10 | 0.444 | $\geqslant 10$ |
| 1,2(同符号) | 0.893 | $\geqslant 31$ |

**表 2　第一次平差后的 $Q_{vv}$ 矩阵元素**

| | | | | | | | | | |
|---|---|---|---|---|---|---|---|---|---|
| 0.176 | 0.313 | 0.020 | 0.106 | 0.113 | 0.050 | 0.034 | 0.090 | 0.069 | 0.078 |
| | 0.698 | 0.248 | 0.169 | 0.080 | 0.001 | 0.060 | 0.078 | 0.041 | 0.069 |
| | | 0.674 | 0.295 | 0.194 | 0.066 | 0.049 | 0.111 | 0.078 | 0.090 |
| | | | 0.693 | 0.243 | 0.138 | 0.029 | 0.049 | 0.060 | 0.034 |
| | | | | 0.759 | 0.201 | 0.138 | 0.066 | 0.001 | 0.050 |
| | | | | | 0.759 | 0.243 | 0.194 | 0.080 | 0.113 |
| | | | | | | 0.693 | 0.295 | 0.169 | 0.106 |
| | | | | | | | 0.674 | 0.248 | 0.020 |
| | | | | | | | | 0.698 | 0.313 |
| | | | | | | | | | 0.176 |

**表 3　4 次迭代后的 $\bar{P}$ 矩阵元素**

| | | | | | | | | | |
|---|---|---|---|---|---|---|---|---|---|
| 0.97 | 0.01 | 0.62 | 5.68 | 3.77 | 4.73 | 1.07 | 3.15 | 3.87 | 2.96 |
| 0.01 | 0.99 | 0.34 | 3.53 | 1.73 | 2.45 | 0.69 | 1.46 | 1.92 | 1.39 |
| 0.00 | 0.01 | 0.85 | 1.89 | 0.45 | 0.93 | 0.35 | 0.46 | 0.69 | 0.46 |
| 0.00 | 0.00 | 0.04 | 0.18 | 0.22 | 0.04 | 0.08 | 0.01 | 0.05 | 0.02 |
| 0.00 | 0.00 | 0.01 | 0.22 | 0.56 | 0.36 | 0.14 | 0.09 | 0.15 | 0.09 |
| 0.00 | 0.00 | 0.02 | 0.04 | 0.36 | 0.58 | 0.28 | 0.06 | 0.07 | 0.01 |
| 0.00 | 0.00 | 0.01 | 0.08 | 0.14 | 0.28 | 0.67 | 0.29 | 0.15 | 0.10 |
| 0.00 | 0.00 | 0.01 | 0.01 | 0.09 | 0.06 | 0.29 | 0.56 | 0.37 | 0.09 |
| 0.00 | 0.00 | 0.02 | 0.05 | 0.15 | 0.07 | 0.15 | 0.37 | 0.57 | 0.20 |
| 0.00 | 0.00 | 0.01 | 0.02 | 0.09 | 0.01 | 0.10 | 0.09 | 0.20 | 0.08 |

表 3 为第 1,2 观测值含同号粗差，经 4 次迭代后矩阵 $\bar{\boldsymbol{P}}$ 的元素。从中可以看出粗差被剔除后矩阵 $\bar{\boldsymbol{P}}$ 元素的状况：主对角的第 1,2 元增大至接近于 1，其列元素都接近于零，而行元素则有较大的量值，证实了"$\boldsymbol{P}\cdot\bar{\boldsymbol{P}}$ 元素间相关变化基本规律"。表 1 表示的剔除粗差效能优于"数据探测"及 $L_p$ 范数解。尤其是第 1,2 观测值余差间相关系数很大且同号，其他方法或权函数迭代均未能达到剔除 $31\sigma_0$ 粗差的能力。

## 7 小 结

本文着重提出了增强估计的实质是增大矩阵 $\bar{\boldsymbol{P}}$ 的主对角某些元的量值。一切能达到这种效果的措施都具有增强抗拒粗差的作用。由于导出了“$\boldsymbol{P}\cdot\bar{\boldsymbol{P}}$ 元素间相关变化基本规律”，使得矩阵 $\bar{\boldsymbol{P}}$ 的主对角元素有理由引入为增强迭代权函数的变量，尽管在量化上还不严格，但是起到了弥补已有的增强迭代权函数没有顾及矩阵 $\bar{\boldsymbol{P}}$ 主对角元在量值上相差很大时对剔除粗差效能的影响。至今还未圆满解决多粗差定位的理论，但采用适当的权函数迭代计算，能有利于发现粗差，提高平差效率。

### 参考书目

[1] AMER F. Theoretical reliability elementary photogrammetric procedure[J]. ITC Journal, 1981(1).
[2] AMER F. Numerical Analysis I[M]. Enshede:ITC,1974.
[3] 李德仁. 利用选择权迭代法进行粗差定位[J]. 武汉测绘学报,1984(1).
[4] 王任享. 用于自动剔除粗差的权函数[J]. 测绘科技,1984(3).
[5] 王任享. “权”特殊选择的最小二平差[J]. 测绘,1980(2).

# 在利用高差仪记录的情况下，应用“多次权中数”法平差摄影测量网*

王任享

**摘 要**：所提平差方法是将改正数方程式在小区间内（任意相邻的三个摄影点范围）的关系，当作直线函数，从而利用直线内插和权中数的方法来削弱高差仪偶然误差影响。在这小区间内，三个改正数间的关系，主要呈直线函数，另外还有二次曲线函数，以及按偶然误差“二次和”规律累积的改正数。二次曲线因直线内插而产生的误差，采用所谓“抛物补偿”加以解决。按偶然误差“二次和”规律累积的改正数，则大部分也呈直线比例，仅有个别因子不成直线比。这由于直线内插产生的误差无法补救，故只好当作因趋近计算而产生的误差，但它的数值比高差仪误差因趋近而削弱的数值要小，所以趋近的结果，总的精度提高了，根据不同的情况可提高30%～50%。

由于端点是不可能有内插的，因此为了提高其精度，可与相邻三个已知平差值，按二次曲线规律延伸（外插法）。为使外插值误差小些，对外插用的已知数，提出一些特定的要求。但是与本命题其他平差方法一样，端点精度总不如其他点高。

本文在平差中所采用的公式，是简单的直线函数。因此，既可用解析法，又可用图解法。当用于图解法时，则更节省计算时间。

**关键词**：高差仪；空中三角测量；抛物补偿

## 1 引 言

空中三角测量利用高差仪记录的平差方法，国内外文献中，都发表过许多研究的结果。比较常用的有两种方法：一是以最小二乘法为基础的解析法；二是以算数中数为基础的解析法和图解法，如“等权法”和依次取三角形重心的图解法[3]。第一种方法在文献[2]中有比较完善的研究，它是平差中比较严格的方法，但与第二种方法相比，计算上要麻烦些。第二种方法在应用上比较简便，可是在现有的文献中，还难见到对平差的精度估计。因而，很难从精度方面对两种方法做出评定。如果能从理论上证明第二种方法的精度，等于或接近于第一种方法，无疑将提高第二种方法的应用价值。

笔者从相似于文献[2]所用的改正数方程式出发，经过研究，对第二种方法做了以下几点改进与补充：

(1)取中数时不以算数为基础（等权），而采用权中数的“中误差为最小”来确定各次权中数时采用的权比。

* 本文发表于《测绘学报》1964年第3期。

(2)考虑到改正数方程式中含有二次曲线的因素,取中数时将出现“常差”,如不加以考虑,则将使平差的成果中带有系统性的误差,因此可采用“抛物补偿”加以解决。

(3)端点平差值的求出,必须按二次曲线函数外插,才可能提高精度。

(4)从解析分析出发,求得平差的精度估计公式,且和最小二乘法的精度作了比较,证明两种方法平差的精度是接近的。

# 2　本文平差方法的理论依据

## 2.1　平差的理论依据及权比 $Q_1$ 的确定

如果在空中三角构网中求出航高 $H_\varphi$,则有 $H_\varphi = H + u$($H$ 为真航高)。而用高差仪测定的航高(即把第一张像片的航高加上高差仪测定的航高差而得)为 $H_c$,它的误差用 $\delta$ 表示,则有 $H_c = H + \delta$,对于任意像片可列出二者的较差 $r_i$,即 $r_i = H_{ic} - H_{i\varphi} = -u_i + \delta_i$($i = 0,1,2,\cdots,n$ 为像片号数)。用 $R_i$ 表示摄影测量航高的改正数,即 $R_i = -u_i$。于是可得 $r_i = R_i + \delta_i$。

平差的任务是,如何通过已知数 $r_i$ 来求出航高的改正数 $R_i$ 的最或然值。

根据摄影测量理论已知航高的改正数 $R_i$,可利用下式表示

$$R_i = R_0 + ik + \frac{1}{2}i(i-1)\varepsilon + (i-1)\Delta_2 + \cdots + 2\Delta_{i-1} + \Delta_i$$

高差仪的误差可用 $\delta_i = C_0 + iq + s_i$ 表示,这里 $C_0$ 为常量,$q$ 为直线函数的变量,它们均可在用航线首末端的控制点作绝对定向时消除,对本文所提平差法可不必考虑,只有 $s_i$ 是偶然误差,应予以考虑。因此,当高差仪求出的航高差,利用航线首末两端的控制点处理后,则 $\delta_i = s_i$。于是便可得到 $r_i = R_i + s_i$。

各像片的 $r$ 分别为

$$\left.\begin{aligned}
r_0 &= R_0 + s_0 = R_0 + s_0 \\
r_1 &= R_0 + k + s_1 = R_1 + s_1 \\
r_2 &= R_0 + 2k + \varepsilon + \Delta_2 + s_2 = R_2 + s_2 \\
&\vdots \\
r_n &= R_0 + nk + \frac{1}{2}n(n-1)\varepsilon + (n-1)\Delta_2 + \cdots + 2\Delta_{n-1} + \Delta_n + s_n \\
&= R_n + s_n
\end{aligned}\right\} \tag{1}$$

如果直接将 $r_i$ 当作航高的改正数 $R_i$,则含有误差 $s_i$,也就是说不进行平差时,改正数中带有中误差 $m_R = \pm 1.0 m_s$($m_s$ 为高差仪偶然误差的中误差)。如何排除 $r_i$ 中的 $s_i$ 就是平差的任务,当然 $s_i$ 既然是偶然误差,其真值不可能求得,也就是改正数 $R_i$ 的精确值仍不可能求得,但可以通过平差的方法求得其最或然值。平差的途径很多,如应用最小二乘法原理来解算时,便是将式(1)的改正数方程式加以转化后,当作条件方程式,利用条件平差原理求出 $s_i^0$,然后在 $r_i$ 中减去 $s_i^0$,便求得 $R_i$ 的最或然值。其平差精度取决于 $s_i^0$ 的确定精度。本文平差的途径不是通过求 $s_i^0$ 而是设法减小 $s_i$ 的数值来实现的。

首先来看任意三个相邻的 $r$ 之间的关系

$$\left.\begin{aligned}r_{i-1}&=R_0+(i-1)k+\frac{1}{2}\varepsilon(i-1)(i-2)+(i-2)\Delta_2+\cdots+2\Delta_{i-2}+\Delta_{i-1}+s_{i-1}\\r_i&=R_0+ik+\frac{1}{2}\varepsilon i(i-1)+(i-1)\Delta_2+\cdots+3\Delta_{i-2}+2\Delta_{i-1}+\Delta_i+s_i\\r_{i+1}&=R_0+(i+1)k+\frac{1}{2}\varepsilon(i+1)i+i\Delta_2+\cdots+4\Delta_{i-2}+3\Delta_{i-1}+2\Delta_i+\Delta_{i+1}+s_{i+1}\end{aligned}\right\}\tag{2}$$

分析式(2)，可知在这区间内 $R_0$、$k$ 以及按“二次和”累积的偶然的改正数 $\Delta$ 中，除 $\Delta_{i+1}$ 之外，都成直线比。此外还有不成直线比的二次曲线因素 $\varepsilon$ 和独立的偶然误差 $s$。既然以直线因素为主，可以用直线内插法求出 $r_i$ 的内插值 $r_{i内}$，即

$$\left.\begin{aligned}r_{i内}&=\frac{1}{2}(r_{i-1}+r_{i+1})=R_0+ik+\frac{1}{2}\varepsilon i(i-1)+(i-1)\Delta_2+\cdots+\\&\quad\frac{1}{2}\Delta_{i-1}+\frac{1}{2}(s_{i-1}+s_{i+1})+\frac{1}{2}\varepsilon\\&=R_i+\frac{1}{2}\Delta_{i+1}+\frac{1}{2}(s_{i-1}+s_{i+1})+\frac{1}{2}\varepsilon\end{aligned}\right\}\tag{3}$$

比较 $r_i$ 和 $r_{i内}$，可知二者均以 $R_i$ 为主项，前者由 $R_i$ 和偶然误差 $s_i$ 组成，后者可看作由 $R_i$ 和偶然误差 $\frac{1}{2}(\Delta_{i+1}+s_{i-1}+s_{i+1})$ 以及常量 $\frac{1}{2}\varepsilon$ 所组成，如果将二者取权中数，由于偶然误差有相消性，便可提高精度。常量误差 $\frac{1}{2}\varepsilon$ 是由于二次曲线作直线内插而产生的，其解决方法，将在下节讨论。

现在先讨论，将 $r_i$ 和 $r_{i内}$ 取权中数的值 $r'_i$，当作 $R_i$ 的或然值，是否能提高精度，以及取权中数时，按怎样的权比精度为最高等问题。

对第一次取权中数的值 $r'_i$ 称为第一次趋近值为

$$r'_i=\frac{P'r_{i内}+Pr_i}{P'+P}\tag{4}$$

式中，$P'$ 为内插值 $r_{i内}$ 的权，$P$ 为待平差值 $r_i$ 的权，如以 $Q$ 表示 $P'$ 和 $P$ 的比值，即 $P':P=Q$，将有关的数值代入式(4)，可得

$$r'_i=R_i+\frac{\frac{1}{2}Q_1(\Delta_{i+1}+s_{i+1}+s_{i-1})+s_i}{1+Q_1}+\frac{\frac{1}{2}\varepsilon Q_1}{1+Q_1}\tag{4'}$$

式中，$Q_1$ 的下标 1，表示第一次趋近所采用的权比 $Q$。

令

$$\left.\begin{aligned}dR'_{\mathrm{I}}&=\frac{\frac{1}{2}Q_1(\Delta_{i+1}+s_{i+1}+s_{i-1})+s_i}{1+Q_1}\\dR_{\mathrm{II}}&=\frac{\varepsilon Q_1}{2(1+Q)}\end{aligned}\right\}$$

于是可得

$$r'_i = R_i + dR'_{\mathrm{I}} + dR_{\mathrm{II}} \tag{4''}$$

如将 $r'_1$ 当作 $R_{\mathrm{I}}$ 的或然值，则含有误差 $dR'_{\mathrm{I}}$ 和 $dR_{\mathrm{II}}$，$dR_{\mathrm{II}}$ 可通过下节所选述的“抛物补偿”加以改正。

而 $dR'_{\mathrm{I}}$ 就是第一次趋近后的误差，将它化为中误差可得

$$m^2_{R'_{\mathrm{I}}} = \frac{0.25Q_1^2 m_\Delta^2 + 0.5Q_1^2 m_s^2 + m_s^2}{(1+Q_1)^2} \tag{5}$$

式中，$m_\Delta$ 为摄影测量网的中误差。

为使 $m_{R'_{\mathrm{I}}}$ 为最小，以 $Q_1$ 为变量对 $m_{R'_{\mathrm{I}}}$ 求导数，并令其为零，则得

$$Q_1 = \frac{2m_s^2}{0.5m_\Delta^2 + m_s^2} \tag{6}$$

**表 1　中误差统计**

| $m_\Delta^2 : m_s^2$ | 使中误差最小的 $Q_1$ | 按第(2)栏 $Q_1$ 算出的中误差 $m^2_{R_{\mathrm{I}}}$ | 便于计算的 $Q_1$ | 按第(4)栏 $Q_1$ 算出的中误差 $m^2_{R_{\mathrm{I}}}$ |
|---|---|---|---|---|
| (1) | (2) | (3) | (4) | (5) |
| 1∶1 | 4∶3 | $0.428\ m_s^2$ | 1∶1 | $0.438\ m_s^2$ |
| 1∶2 | 2∶1.25 | $0.385\ m_s^2$ | 2∶1 | $0.388\ m_s^2$ |
| 1∶4 | 2∶1.18 | $0.359\ m_s^2$ | 2∶1 | $0.361\ m_s^2$ |
| 1∶6 | 2∶0.08 | $0.351\ m_s^2$ | 2∶1 | $0.315\ m_s^2$ |
| 1∶10 | 2∶1.05 | $0.344\ m_s^2$ | 2∶1 | $0.344\ m_s^2$ |
| 0∶1 | 2∶1 | $0.333\ m_s^2$ | 2∶1 | $0.333\ m_s^2$ |

从式(6)可知，$Q_1$ 随 $m_\Delta^2 : m_s^2$ 的比值而定。按不同的比值计算的 $Q_1$ 值列于表1的第(2)栏中，它的数值虽然能使中误差最小，但为方便计算起见，把它凑整为简单的整数比，列于表中第(4)栏。第(3)栏和第(5)栏中的中误差平方值表明，用这样凑整后的权比取权中数引起中误差增大是很有限的。

表1中的中误差数值都小于±0.1 m，说明趋近后精度是提高了，也就是说这种方法可以达到平差的目的。为了进一步提高精度，可以将第一次趋近值做第二次趋近，同样也可以做更多次的趋近。

## 2.2　第二次趋近权比 $Q_2$ 的确定

$Q_2$ 的确定要分为两种情况。

第一种情况是当第一次趋近时，采用 $Q_1 = 1:1$。

将 $Q_1 = 1:1$ 代入式(4′)，可得

$$r'_i = R_i + \frac{1}{4}\Delta_{i+1} + \frac{1}{4}(s_{i-1} + 2s_i + s_{i+1})$$

式中，$r_i$ 还应有 $dR_{\mathrm{II}}$ 项。解决它的改正问题，将在“抛物补偿”中再讨论。下面讨论时均先暂不考虑它。

第二次趋近值 $r''_i$ 的计算式与式(4)一样，即

$$r''_i = \frac{Q_2 r'_{i内} + r'_i}{1+Q_2},\quad r'_{i内} = \frac{1}{2}(r''_{i-1} + r'_{i+1})$$

$$r''_i = R_i + \frac{1}{8(1+Q_2)}[(4Q_2+2)\Delta_{i+1} + Q_2\Delta_i + Q_2\Delta_{i+2} + Q_2 s_{i-2} + (2Q_2+2)s_{i-1} + (2Q_2+4)s_i + (2Q_2+2)s_{i+1} + Q_2 s_{i+2}] \quad (7)$$

如将 $r''_i$ 当作改正数 $R_i$ 的或然值，则含有误差 $\mathrm{d}R''_{\mathrm{II}}$，其数值为

$$\mathrm{d}R''_{\mathrm{II}} = \frac{1}{8(1+Q_2)}[(4Q_2+2)\Delta_{i+2} + Q_2\Delta_i + Q_2\Delta_{i+2} + Qs_{i-2} + (2Q_2+2)s_{i-1} + (2Q_2+4)s_i + (2Q_2+2)s_{i+1} + Q_2 s_{i+2}]$$

化为中误差

$$m^2_{R''_{\mathrm{II}}} = \frac{1}{8^2(1+Q_2)^2}[(18Q_2^2+16Q_2+4)m^2_\Delta + (14Q_2^2+32Q_2+24)m^2_s] \quad (8)$$

与前述一样用求极值的方法可得

$$Q_2 = \frac{8m^2_s - 4m^2_\Delta}{10m^2_s - 2m^2_\Delta}$$

$Q_1 = 1:1$ 是适用于 $m^2_\Delta : m^2_s = 1:1$，代入上式，可得 $Q_2 = 1:2$。

第二种情形是第一次趋近采用 $Q_1 = 2:1$，它与第一种方法一样可以求得。按 $Q_1 = 2:1$ 趋近后之中误差为

$$mR''^2_{\mathrm{II}} = \frac{1}{8^2(1+Q_2)^2}[(11Q_2^2+12Q_2+4)m^2_\Delta + (8Q_2^2+16Q_2+12)m^2_s] \quad (9)$$

表 2　不同情况下误差统计

| $m^2_\Delta : m^2_s$ | 使中误差最小的 $Q_1$ | $m^2_{R_{\mathrm{II}}}$ | 便于计算的 $Q_2$ | $m^2_{R_{\mathrm{II}}}$ |
|---|---|---|---|---|
| (1) | (2) | (3) | (4) | (5) |
| 1∶1 | 1∶2 | $0.461\ m^2_s$ | 1∶2 | $0.416\ m^2_s$ |
| 1∶2 | 1∶0.8 | $0.343\ m^2_s$ | 1∶1 | $0.344\ m^2_s$ |
| 1∶3 | 2∶1 | $0.309\ m^2_s$ | 2∶1 | $0.309\ m^2_s$ |
| 1∶4 | 3.3∶1 | $0.281\ m^2_s$ | 2∶1 | $0.290\ m^2_s$ |
| 1∶6 | 4.4∶1 | $0.268\ m^2_s$ | 2∶1 | $0.272\ m^2_s$ |
| 1∶10 | 7.2∶1 | $0.248\ m^2_s$ | 2∶1 | $0.250\ m^2_s$ |

使中误差为最小的权比

$$Q_2 = \frac{4m^2_s - 2m^2_\Delta}{5m^2_\Delta}$$

表 2 中第(2)栏是使中误差为最小的权比，第(4)栏是选择作为方便计算用的权比。还列出了第二次趋近后的中误差。

## 2.3　第三次趋近权比 $Q_3$ 的确定

由于第一次和第二次趋近所采用的权比 $Q$ 有好几个数值，所以 $Q_3$ 的确定要分为下面三种情形：

当 $Q_1 = 2:1, Q_2 = 2:1$，适用于 $m^2_\Delta : m^2_s \leqslant 1:3$ 时；

当 $Q_1 = 2:1, Q_2 = 1:1$，适用于 $m^2_\Delta : m^2_s = 1:2$ 时；

当 $Q_1 = 1:1, Q_2 = 1:2$，适用于 $m^2_\Delta : m^2_s = 1:1$ 时。

(1)当分别采用权比 $Q_1=2:1$,$Q_2=2:1$,作第一次趋近之后,可得

$$r''=R_i+\frac{1}{9}(\Delta_i+4\Delta_{i+1}+\Delta_{i+2}+s_{i-2}+2s_{i-1}+3s_i+2s_{i+1}+s_{i+2})$$

与前面的方法一样,$r'''_i=\dfrac{Q_3\cdot r''_{i内}+r''_i}{1+Q_3}=\dfrac{P'\cdot r''_{i内}+Pr_i}{P'+P}$ 做第三次趋近,将第三次趋近值当作改正数之或然值时,所含有的中误差为

$$m^2_{R'''_{\mathrm{II}}}=\frac{1}{18^2(P'+P)^2}[(155P'^2+208P'\cdot P+72P)m^2_\Delta+(58P'^2+128P'\cdot P+76P)m^2_s] \tag{10}$$

或

$$m^2_{R'''_{\mathrm{II}}}=\frac{1}{18^2(1+Q_3)^2}[(155Q^2_3+208Q_3+72)m^2_\Delta+(58Q^2_3+128Q_3+76)m^2_s] \tag{10'}$$

使中误差为最小的权比

$$Q_3:Q_3=\frac{12m^2_s-32m^2_\Delta}{51m^2_s-6m^2_\Delta}$$

按不同的 $m^2_\Delta:m^2_s$ 计算的 $Q_3$ 列于表 3 第(2) 栏中,从第(2) 栏可以看出,当 $m^2_\Delta:m^2_s=1:8.5$ 时,$Q_3=1:0$。这表明,当 $m^2_\Delta:m^2_s=1:8.5$ 时,内插值精度远比原平均值高,故可将内插值当作第三次趋近值。第(3) 栏列出了便于计算的 $Q_3$。

**表 3 $m^2_\Delta:m^2_s$ 不同值计算的 $Q_3$ 统计**

| $m^2_\Delta:m^2_s$ | 中误差最小的 $Q_3$ | 便于计算的 $Q_3$ |
|---|---|---|
| (1) | (2) | (3) |
| 1∶3 | 1∶8 | 1∶8 |
| 1∶4 | 1∶3 | 1∶2 |
| 1∶5 | 1.5∶1 | 1∶1 |
| 1∶6 | 2.5∶1 | 2∶1 |
| 1∶8.5 | 1∶0 | 1∶0 |
| 1∶10 | −10∶1 | 1∶0 |
| 0∶1 | −2∶1 | 1∶0 |

(2)当第一次和第二次分别用 $Q_1=2:1$,$Q_2=1:1$ 做趋近之后,与前面一样可使第三次趋近后中误差为最小权比

$$Q_3=\frac{59m^2_s-208m^2_\Delta}{35m^2_s-107m^2_\Delta}$$

用 $m^2_\Delta:m^2_s=1:2$ 代入上式,可得 $Q_3=-1:6$。这表明内插精度很低,可不必再做第三次趋近。

(3)对于第一次和第二次按 $Q_1=1:1$,$Q_2=1:2$ 做趋近后,同样可知不必再做第三次趋近。

实际工作中做 2~3 次趋近已能到达要求,故不需再继续推求第四次以上的权比。

综合以上对权比 $Q$ 的确定,可以得到表 6 见后文所列,作为各次趋近采用的权比。

应该注意到，第一次趋近，首末端 $r_0$ 和 $r_n$ 不可能有内插值，因此没有第一次趋近值，所以第二次趋近只能在 $r'_1 \to r'_{n-1}$ 范围内进行。同理，第三次趋近只能在 $r'_2 \to r'_{n-2}$ 范围内进行。

# 3 “抛物补偿”及趋近值总的精度估计

## 3.1 “抛物补偿”意义及其分析

按式(4″)可得

$$r'_i = R_i + dR'_{\mathrm{I}} + dR_{\mathrm{II}}$$

式中，$dR'_{\mathrm{I}}$ 问题在前节中已做讨论，故不再考虑，而 $dR_{\mathrm{II}} = \dfrac{\varepsilon Q}{2(1+Q)}$ 项是由于改正数方程式中含有抛物线的性质，当作直线内插时所产生的。它在几何上的现象是，使抛物线的高度降低了 $\dfrac{\varepsilon Q}{2(1+Q)}$ 的数值。如果在 $r'_i$ 中加入改正数 $\delta R_{\mathrm{II}} = \dfrac{\varepsilon Q}{2(1+Q)}$，便又消除这种误差，我们将这种改正称为“抛物补偿”。

“抛物补偿”值 $\delta R_{\mathrm{II}}$ 中只有 ε 是未知数，为求 ε 须先列出航线首末和中央的 $r$ 值

$$r_0 = R_0 + s_0$$

$$r_n = R_0 + nk + \frac{1}{2}\varepsilon n(n-1) + \overbrace{(n-1)\Delta_2 + \cdots + \left(\frac{n}{2}+1\right)\Delta_{n/2} + \cdots + 2\Delta_{n-1} + \Delta_n}^{\text{用}\Delta x_n\text{表示}} + s_n$$

$$r_{n/2} = R_0 + \frac{n}{2}k + \frac{1}{2}\varepsilon \cdot \frac{n}{2}\left(\frac{n}{2}-1\right) + \overbrace{\left(\frac{n}{2}-1\right)\Delta_2 + \cdots + 2\Delta_{(\frac{n}{2}-1)} + \Delta_{n/2}}^{\text{用}\Delta x_{n/2}\text{表示}} + s_{n/2}$$

令

$$h = r_{n/2} - \frac{r_n + r_0}{2} \tag{11}$$

即 $h = -\dfrac{1}{8}\varepsilon n^2 + \left[\Delta x_{n/2} - \dfrac{\Delta x_n}{2} - \dfrac{1}{2}(s_n + s_0 - 2s_{n/2})\right]$，于是得

$$-\varepsilon = \frac{8}{n^2}\cdot h - \left[\frac{8}{n^2}\left(\Delta x_{n/2} - \frac{\Delta x_n}{2}\right) - \frac{4}{n^2}(s_n + s_0 - 2s_{n/2})\right]$$

上式只有 $h$ 是已知值，可以将 $\dfrac{8}{n^2}h$ 当作 $-\varepsilon$ 的近似值。即

$$-\varepsilon \approx 8\frac{h}{n^2} \tag{12}$$

这样确定的 $-\varepsilon$ 含有误差 $d\varepsilon$，其值为

$$d\varepsilon = -\frac{8}{n^2}\left(\Delta x_{n/2} - \frac{\Delta x_n}{2}\right) + \frac{4}{n^2}(s_n + s_0 - 2s_{n/2}) \tag{13}$$

$-\varepsilon$ 的值既已求出，“抛物补偿”值 $\delta R_{\mathrm{II}}$ 也就得以求得。从上节可知，各次趋近计算时未考虑抛物补偿，因此各次趋近之后，则应加补偿值为

$$\left.\begin{aligned}&\text{对于一次趋近点应加补偿值}\\&\delta R'_{\mathrm{II}}=\frac{-\varepsilon\cdot Q_1}{2(1+Q_1)}=\frac{4h\cdot Q_1}{(1+Q_1)\cdot n^2}\\&\text{对于二次趋近点应加补偿值}\\&\delta R''_{\mathrm{II}}=\delta R''_{\mathrm{II}}+\frac{4h\cdot Q_1}{(1+Q_2)\cdot n^2}\\&\text{对于三次趋近点应加补偿值}\\&\delta R''_{\mathrm{II}}=\delta R''_{\mathrm{II}}+\frac{4h\cdot Q_1}{(1+Q_3)\cdot n^2}\\&\text{第三次趋近点应加补偿值}\\&\delta R'''_{\mathrm{II}}=\delta R_{\mathrm{II}}+\frac{4h}{n^2}\end{aligned}\right\}\tag{14}$$

既然确定 ε 有误差，则“抛物补偿”值也跟着有误差。将式(13)的 dε 化为中误差，则为

$$m_\varepsilon^2=\frac{8^2}{n^2}\left(\frac{n^3+2n}{78}m_0^2\right)+\frac{16}{n^4}\cdot 6m_s^2=\frac{4}{3}\cdot\frac{m_\Delta^2}{n}+\frac{8}{3n^2}m_\Delta^2+\frac{96}{n^4}m_s^2$$

上式以首项为主，后两项当基线数 $n$ 增大时，可略而不计。即

$$m_\varepsilon^2=\frac{4}{3n}m_\Delta^2\tag{15}$$

结合式(14)和式(15)不难得到“抛物补偿”的中误差为

$$\left.\begin{aligned}&m_{\delta R'_{\mathrm{II}}}=\left[\frac{1}{3n}\left(\frac{Q_1}{1+Q_1}\right)^2m_\Delta^2\right]^{\frac{1}{2}}\\&m_{\delta R''_{\mathrm{II}}}=\left\{\frac{1}{3n}\left[\frac{Q_1}{1+Q_1}+\left(\frac{Q_2}{1+Q_2}\right)^2\right]m_\Delta^2\right\}^{\frac{1}{2}}\\&m_{\delta R'''_{\mathrm{II}}}=\left(\frac{1}{3n}\left\{\frac{Q_1}{1+Q_1}+\left[\frac{Q_2}{1+Q_2}+\left(\frac{Q_3}{1+Q_3}\right)^2\right]m_\Delta^2\right\}\right)^{\frac{1}{2}}\\&Q_3=1:0,m_{\delta R'''_{\mathrm{II}}}=\left\{\frac{1}{3n}\left[\frac{Q_1}{1+Q_1}+\left(\frac{Q_2}{1+Q_2}+1\right)^2\right]m_\Delta^2\right\}^{\frac{1}{2}}\end{aligned}\right\}\tag{16}$$

从式(16)可知“抛物补偿”的误差，随着基线数 $n$ 的增大而减小，随着趋近次数 $Q$ 值的增大而增大，因此趋近次数过多，对精度并不一定有利。

“抛物补偿”误差的数值虽不大，如 $n=10, Q_1=Q_2=2:1, Q_3=1:2$ 时，$m_{\delta R'_{\mathrm{II}}}=\pm 0.012m_\Delta$，$m_{\delta R''_{\mathrm{II}}}=\pm 0.024m_\Delta$，$m_{\delta R'''_{\mathrm{II}}}=\pm 0.031m_\Delta$ 但是，“抛物补偿”的数值并不小，当基线数和权比与上面的一样时，如 $h=20$ m，按式(14)可得到“抛物补偿”值，$m_{\delta R'''_{\mathrm{II}}}=1.3$ m，如果忽视了 $m_{\delta R_{\mathrm{II}}}$ 的改正，则将使平差的成果中带有“系统性”的误差。

## 3.2　趋近值总的精度估计

用趋近法求得改正数的误差，应包括误差 $dR_i$ 和“抛物补偿”的误差 $d\delta R_{\mathrm{II}}$。即总的中误差

$$m_{R^2}=m_{R_{\mathrm{I}}^2}+m\delta_{R_{\mathrm{II}}^2}$$

(1)当 $m_{\Delta}^2 : m_1^2 = 1:1$ 时的精度公式。

将 $Q_2 = 1:2$ 代入式(18),可得

$$m_{R'''}^2 = 0.115m_{\Delta}^2 + 0.302m_s^2$$

将 $Q_2 = 1:2$ 代入式(16) 可得

$$m_{R'''}^2 = \frac{0.231}{n}m_{\Delta}^2$$

则

$$m_R^2 = 0.417m_s^2 + \frac{0.231}{n}m_s^2 \tag{17}$$

(2)当 $m_{\Delta}^2 : m_1^2 = 1:2$ 时的精度公式。

将 $Q_2 = 1:1$ 代入式(9) 可得

$$m_{R''_{\text{II}}}^2 = 0.187m_{\Delta}^2 + 0.250m_{\Delta}^2$$

将 $Q_1 = 2:1, Q_2 = 1:1$ 代入式(16) 可得

$$m_{R''_{\text{II}}}^2 = \frac{0.453}{n}m_{\Delta}^2$$

则

$$m_R^2 = 0.344m_s^2 + \frac{0.226}{n}m_s^2 \tag{18}$$

(3)当 $m_{\Delta}^2 : m_1^2 = 1:3$ 和 $1:4$ 时的精度公式。

将 $Q_3 = 1:2$ 代入式(10′) 可得

$$m_{R'''_{\text{II}}}^2 = 0.294m_{\Delta}^2 + 0.212m_s^2$$

将 $Q_1 = 2:1, Q_2 = 1:2$ 代入式(16),可得

$$m_{R'''_{\text{II}}}^2 = \frac{0.926}{n}m_{\Delta}^2$$

则

$$m_R^2 = 0.294m_{\Delta}^2 + 0.212m_s^2 \frac{0.926}{n}m_{\Delta}^2 \tag{19}$$

(4)当 $m_{\Delta}^2 : m_1^2 = 1:5$ 时的精度公式。

将 $Q_2 = 1:1$ 代入式(10′) 可得:$Q_1 = Q_2 = 2:1, Q_3 = 1:1$,代入式(16)可得

$$m_R^2 = 0.335m_{\Delta}^2 + 0.201m_s^2 \frac{1.122}{n}m_{\Delta}^2 \tag{20}$$

(5)当 $m_{\Delta}^2 : m_1^2 = 1:6, 1:7, 1:8$ 时的精度公式。

将 $Q_2 = 2:1$ 代入式(10′) 可得

$Q_1 = Q_2 = Q_3 = 2:1$ 代入式(16)可得

$$m_R^2 = 0.372m_{\Delta}^2 + 0.188m_s^2 \frac{1.333}{n}m_{\Delta}^2 \tag{21}$$

(6) $m_{\Delta}^2 : m_s^2 < 1:9$ 时的精度估计公式。

将 $Q_3 = 1:0$,即以 $P' : P = 1:10$,代入式(10)可得

$$m_{R'''_{\text{II}}} = 0.478m_{\Delta}^2 + 0.174m_s^2$$

将 $Q_1=Q_2=2:1$，$Q_3=1:0$ 代入式(16)可得

$$m_{\delta R'''_{\text{II}}}^2=\frac{1.81}{n}m_\Delta^2$$

则

$$m_R^2=0.478m_\Delta^2+0.17m_s^2+\frac{1.81}{n}m_\Delta^2 \tag{22}$$

比较式(22)和式(21) $m_\Delta^2:m_s^2=1:10$，$n=10$ 时，二者数值相差不多，也就是说用 $Q_3=2:1$ 和用 $Q_3=1:0$ 所得的结果，其精度基本相同。只有当 $m_\Delta^2:m_s^2<1:10$ 时，采用 $Q_3=1:0$ 才比较有利。

式(17)至式(22)就是本文平差的精度计算公式。在平差计算中，应尽可能的按 $m_\Delta^2:m_s^2$ 的比值来选择权比 $Q$，如果不管 $m_\Delta^2:m_s^2$ 的数值，而一律采用 $Q_1=Q_2=Q_3=2:1$（相当于等权法）作为趋近计算的权比，平差精度将会下降。例如，实际上 $m_\Delta^2:m_s^2=1:1$，合适的权比应为 $Q_1=1:1$，$Q_2=1:2$，其平差精度为式(17)，即 $m_R=\pm0.336m_s$（设 $n=10$）。如果不按这样的权比，而按 $Q_1=Q_2=Q_3=2:1$ 做趋近，则平差精度为式(21)，而 $m_R=\pm0.756m_s$，致使精度约降低 10%。

# 4　用外插法确定端点的改正值

由于端点不可能有内插值，因而也没有趋近值，为了提高它的度，可用外插法。按二次曲线外插，也可能提高其精度。

## 4.1　外插用的公式

如图 3 中，$r_0$、$r_1$、$r_2$、$r_3$ 认为是在一条抛物线上，根据抛物线的特性不难得出下面的等式

$$r_3=\frac{1}{2}(r_1+r_3)=r-\frac{1}{2}(r_0+r_2)=D$$

则

$$r_0=3r_1-3r_2+r_3 \tag{23}$$

上式即外插用的公式，为使外插值精度提高，经反复分析比较得出，等号右边的 $r$ 值应按如下要求：

(1) $r_1$ 应采用第一次趋近值 $r'_1$。

(2) $r_2$ 应采用第二次趋近值 $r''_2$。

(3) $r_3$ 应采用第一次趋近值和待平差值之中数，即 $\frac{1}{2}(r_3+r'_3)$（如果采用 $r''_3$ 或 $r'''_3$，反而降低精度）。

故

$$r'_{0外}=3r'_1-3r''_2+\frac{1}{2}(r_3+r'_3) \tag{24}$$

## 4.2　外插的精度

### 4.2.1　由于 Δ 和 $s$ 影响的误差

如将相应的 $r'_1$，$r''_2$，$r_3$ 和 $r'_3$ 代入式(24)，便可推算出外插值的误差，只是由于趋近时权

比有几种数值，故 $r'_1$，$r''_2$ 和 $r'_3$ 也有几种形式，因此需要分别如下三种情况来讨论：

（1）对于 $m_\Delta^2 : m_s^2 < 1:3$ 时，$Q_1 = Q_2 = 2:1$，用相应于 $Q_1 = Q_2 = 2:1$ 的 $r$ 值代入式(24)，可得

$$r'_{0外} = R_0 + \frac{1}{6}(-2\Delta_2 - 2\Delta_3 - \Delta_4 + 4s_0 + 2s_1 + s_2 - s_4)$$

以 $r'_{0外}$ 当作改正数 $R_0$ 的或然值，则有误差 $d_1R_0$，即

$$d_1R_0 + \frac{1}{6}(-2\Delta_2 - 2\Delta_3 - \Delta_4 + 4s_0 + 2s_1 + s_2 - s_4)$$

化为中误差为

$$m_{1R_0^2} = 0.250m_0^2 + 0.611m_s^2 \tag{25}$$

（2）对于 $m_\Delta^2 : m_s^2 = 1:2$ 时，$Q_2 = 2:1$，$Q_1 = 2:1$ 同样用相应的 $r$ 值代入式(24)可得

$$r'_{0外} = R_0 + \frac{1}{12}(-3\Delta_2 + 3\Delta_3 + \Delta_4 + 9s_0 + 3s_1 + s_3)$$

$$d_1R_0 = \frac{1}{12}(-3\Delta_2 + 3\Delta_3 + \Delta_4 + 9s_0 + 3s_1 + s_3)$$

$$m_{1R_0^2} = 0.132m_0^2 + 0.632m_s^2 \tag{26}$$

（3）对于 $m_\Delta^2 : m_s^2 = 1:1$ 时，$r'_{0外} = R_0 + \frac{1}{8}(-3\Delta_2 + \Delta_4 + 5s_0 + 6s_1 - 2s_2 - 4s_2 + s_4)$

$$d_1R_0 = \frac{1}{8}(-3\Delta_2 + \Delta_4 + 5s_0 + 6s_1 - 2s_2 - 4s_2 + s_4)$$

$$m_{1R_0^2} = 0.015m_0^2 + 1.281m_s^2$$

从上式可知，外插后精度不但没有提高，反而有所降低，在这种情况下，为了得到精确的端点改正值，应另按 $Q_1 = 2:1$，$Q_2 = 1:1$ 求出 $r'_1$，$r''_2$，$r'_3$ 做外插法，从而可以得到式(26)所示的精度。

#### 4.2.2 由于“抛物补偿”误差影响的误差

外插法得出的改正值，同样还应考虑到 $r'_1$，$r''_2$，$r'_3$ 中做“抛物补偿”时，分别带有“抛物补偿”误差 $d\delta R'_{\text{II}}$，$d\delta R''_{\text{II}}$，$d\delta R'_{\text{II}}$，这些误差均按外插所用函数传播的，参考式(24)不难得出，因“抛物补偿”误差所影响的外插值误差为

$$d_2R_0 = 3d\delta R'_{\text{II}} - 3d\delta R''_{\text{II}} + \frac{1}{2}d\delta R'_{\text{II}} = -\frac{2}{3}\left(\frac{Q_2}{1+Q_2}\right)d\varepsilon + \frac{1}{4}\left(\frac{Q_1}{1+Q_1}\right)d\varepsilon$$

化为中误差

$$m_2R_0^2 = \frac{1}{12n}\left(\frac{Q_1}{1+Q_1} - \frac{\sigma Q_2}{1+Q_2}\right)m_\Delta^2 \tag{27}$$

#### 4.2.3 外插法确定端点改正值的总合误差

总合误差应包括以上所述的两方面误差，即 $m_{R_0^2} = m_{1R_0^2} + m_{2R_0^2}$

对于 $m_0^2 : m_s^2 = 1:1$ 和 $1:2$ 时，$Q_1 = 2:1$，$Q_2 = 1:1$，$m_{1R_0^2}$ 采用式(26)，$m_{2R_0^2}$ 采用式(27)，则可得

$$m_{R_0}^2 = 0.132m_\Delta^2 + 0.623m_s^2 + \frac{0.453}{n}m_\Delta^2 \tag{28}$$

对于 $m_\Delta^2 : m_s^2 < 1:3$ 时，$Q_1 = Q_2 = 2:1$，$m_{1R_0^2}$ 采用式(25)，$m_{2R_0^2}$ 也采用式(27)，可得

$$m_{R_0}^2 = 0.250m_\Delta^2 + 0.611m_s^2 + \frac{0.926}{n}m_\Delta^2 \tag{29}$$

用这种外插法确定端点改正值，根据 $m_\Delta^2 : m_s^2$ 的不同情况，约可提高精度 10%～20%。虽然看来外插精度提高不甚显著，但为了避免端点发生偶然的较大误差，这样做仍是完全必要的。

## 5 本文方法与按最小二乘法平差理论精度的比较

表 4 基线数 $n=10$ 的平差精度比较

| $m_\Delta^2 : m_s^2$ | 本文方法平差的端点中误差 $m_{R_0} = m_{R_{10}}$ | 最小二乘法平差的端点中误差 | 本文方法平差的任意点中误差 $m_{R_i}$ | 最小二乘法平差的任意点中误差 |
|---|---|---|---|---|
| (1) | (2) | (3) | (4) | (5) |
| 1∶1 | $\pm 0.899m_s$ | $\pm 0.894m_s$ | $\pm 0.663m_s$ | $\pm 0.632m_s$ |
| 1∶2 | $\pm 0.848m_s$ | $\pm 0.860m_s$ | $\pm 0.605m_s$ | $\pm 0.583m_s$ |
| 1∶5 | $\pm 0.825m_s$ | $\pm 0.825m_s$ | $\pm 0.538m_s$ | $\pm 0.529m_s$ |
| 1∶10 | $\pm 0.803m_s$ | $\pm 0.800m_s$ | $\pm 0.484m_s$ | $\pm 0.490m_s$ |
| 0∶1 | $\pm 0.782m_s$ | $\pm 0.762m_s$ | $\pm 0.423m_s$ | $\pm 0.469m_s$ |

按本文式(28)、式(29)计算所得的端点中误差列于表 4 第(2)栏的数值是按式(17)至式(22)计算所得的任意点中误差。第(3)栏和第(5)栏的数值是引自文献[2]附表中的数值。从表 4 可知，两种方法平差的理论中误差数值是比较接近的。如果将两种方法平差的理论作比较，可以发现，二者误差的主要项数值是相接近的。因此可以预言两种平差结果的数值是相接近的。在本文第 7 节的例子中对此已予以证实。

## 6 平差步骤与公式汇集

为了便于掌握本文的平差方法，现将平差步骤和应用的公式汇集如下。

### 6.1 平差步骤

(1)按趋近公式以计算法或图解法计算，求出趋近值。

(2)计算“抛物补偿”值。

(3)按二次曲线外插法求出端点的改正数。

### 6.2 应用公式和图解方法

#### 6.2.1 应用公式

(1)待平差值 $r_i = H_{i\varphi} - H_{ic}$。

(2)内插值 $r_{i内}^N = \frac{1}{2}(r_{i-1}^N + r_{i+1}^N)$。

式中，$N$ 为趋近的次数，用[′]表示，并非指数，如第一次趋近值 $r_i'$。

(3)趋近公式 $r_i^N = \frac{r_{i内}^{N-1} Q_N + r_i^{N-1}}{Q_N + 1}$。以第一次趋近为例，不同 $Q$ 的计算公式如下：

$Q=1:1, r_i'=\frac{1}{2}\left[\frac{1}{2}(r_{i-1}+r_{i+1})+r_i\right]$(图解法见图 1(a))

$Q=1:2, r_i'=\frac{1}{3}\left[\frac{1}{2}(r_{i-1}+r_{i+1})+2r_i\right]=r_i+\frac{1}{3}\left[\frac{1}{2}(r_{i-1}+r_{i+1})-r_i\right]$(图解法见图 1(b))

$Q=1:0, r_i'=\frac{1}{2}(r_{i-1}+r_{i+1})$(图解法见图 1(c))

$Q=2:1, r_i'=\frac{1}{2}(r_{i-1}+r_i+r_{i+1})$(图解法见图 2)

以上各式均是简单的直线函数,完全可以用图解法(见图 1 和图 2)。

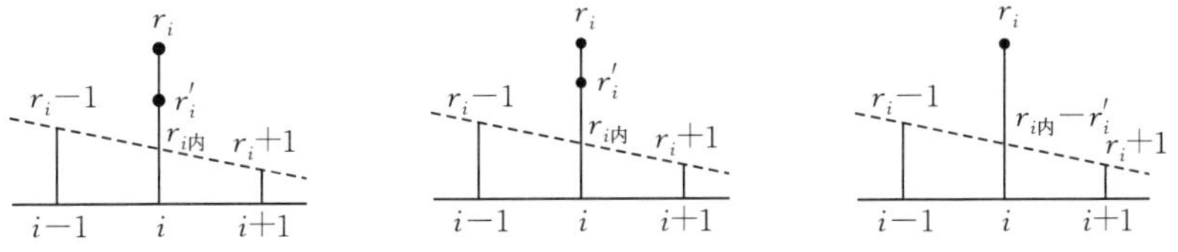


图 1　内插点与待平差值关系 1

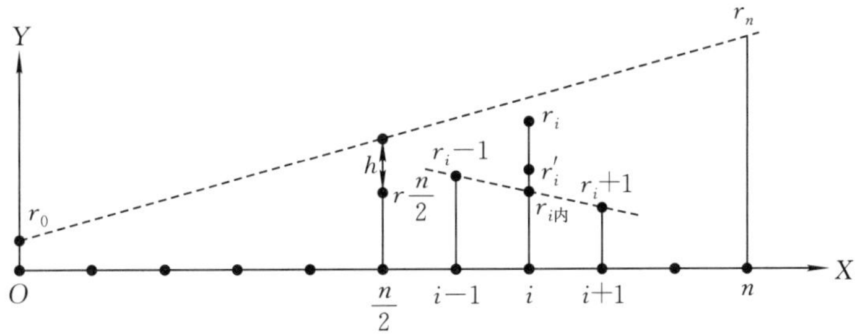

图 2　内插点与待平差值关系 2

### 6.2.2　图解方法

用半透明纸复制出空中三角网的底图,并将主点平均方向当作 $x$ 轴(见图 2),过主点在 $y$ 方向以适当的比例尺,截取相对的 $r_0$ 过 $r_{i-1}$,$r_{i+1}$ 点连一直线(此直线不必画出,可用一直尺的边切着即可,此时直尺边就是该直线),它与过 $r_i$ 点的垂线(此垂线也不必画出,可在透明纸下,放一毫米网格纸,借助网格纸的格线,便可得出此垂线)相交于 $r_{i内}$ 点,将 $\overline{r_ir_{i内}}$ 作 $Q+1$ 等分,趋近点 $r_i'$ 应位于使 $\overline{r_ir_i^1}:\overline{r_ir_{i内}}=Q:1$ 的等分点上(如图 2 为 $Q=2:1$ 的情况)。

### 6.2.3　“抛物补偿”公式

$h=r_{n/2}-\frac{1}{2}(r_n+r_0)$,($h$ 值可在图上量出,见图 2),补偿值可按式(14)求得,为便于计算,将式(14)化成为 $\frac{h}{n^2}$ 变数,并列出如表 5 所示。

如 $Q_1=Q_2=2:1, Q_3=1:1$ 时,$\delta R'_{\text{II}}=2.67\frac{h}{n^2}$,$\delta R''_{\text{II}}=5.33\frac{h}{n^2}$,$\delta R'''_{\text{II}}=7.33\frac{h}{n^2}$。

表 5 补偿值计算统计

| $Q_1$ | $Q_2$ | $Q_3$ | $\delta R'_{\mathrm{II}}$ | $\delta R''_{\mathrm{II}}$ | $\delta R'''_{\mathrm{II}}$ |
|---|---|---|---|---|---|
| 1∶1 | 1∶2 | - | $2.00\dfrac{h}{n^2}$ | $3.33\dfrac{h}{n^2}$ | - |
| 2∶1 | 1∶1 | - | $2.67\dfrac{h}{n^2}$ | $4.67\dfrac{h}{n^2}$ | - |
| 2∶1 | 2∶1 | 1∶1 | $2.67\dfrac{h}{n^2}$ | $5.33\dfrac{h}{n^2}$ | $7.33\dfrac{h}{n^2}$ |
| 2∶1 | 2∶1 | 1∶2 | $2.67\dfrac{h}{n^2}$ | $5.33\dfrac{h}{n^2}$ | $6.67\dfrac{h}{n^2}$ |
| 2∶1 | 2∶1 | 2∶1 | $2.67\dfrac{h}{n^2}$ | $5.33\dfrac{h}{n^2}$ | $8.00\dfrac{h}{n^2}$ |
| 2∶1 | 2∶1 | 1∶0 | $2.67\dfrac{h}{n^2}$ | $5.33\dfrac{h}{n^2}$ | $9.33\dfrac{h}{n^2}$ |

### 6.2.4 端点外插公式

$$r'_0=3r'_1-3r''_2+\frac{1}{2}(r_3+r'_3)$$

$$r'_n=3r'_{n-1}-3r''_{n-2}+\frac{1}{2}(r_{n-3}+r'_{n-3})$$

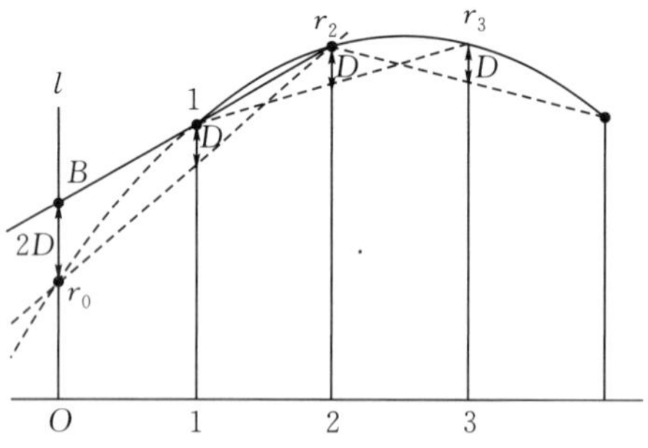

图 3 端点外插

上式也可以用简单的图解法，其方法如下：

参看图 3 用直线连接 $r_1$，$r_2$ 点，并延长之与过 $O$ 点的垂线 $l$ 相交于 $B$ 点，在 $l$ 直线上过 $B$ 点截取一 $2D$ 的距离，便得到端点的外插点 $r_O$，此时图中 $r_1$ 应代表 $r'_1$ 或 $r'_{n-1}$，$r_2$ 代表 $r''_2$ 或 $r''_{n-2}$，$r_3$ 代表 $\frac{1}{2}(r_3+r'_3)$ 或 $\frac{1}{2}(r_{n-3}+r'_{n-3})$。而 $D$ 值的确定方法，是以直线连接 $r_1$，$r_3$ 点，并量取此直线与过 $r_2$ 点的垂线相交点 $r_2$ 点的距离，即为 $D$ 值。

### 6.2.5 权比的选择

按照表 6，根据 $m_\Delta^2 : m_s^2$ 来确定权比 $Q$ 的数，而 $m_\Delta^2 : m_s^2$ 的确定可参考相关文献[2]中所述方法。

# 7 平差实例

## 7.1 解析法平差实例

表 7 为按本文的方法平差的结果，表中第(2) 栏的 $r$ 值，第(8) 栏用最小二乘法求出的平差值，以及表下面所注明的 $m_\Delta$，$m_s$ 等均采自相关文献[2]，第(7) 栏是按本文方法求出的平差值。以第(7) 栏和第(8) 栏相比较可知，两种方法平差的结果是接近的。

## 7.2 图解法平差实例

表 8 第(2)栏的待平差值 $r$，第(4) 栏的 $A_\varphi$(摄影测量高程) 第(6) 栏的 $A''$(按最小二乘法平差的高程)，第(7) 栏的 $A'''$(按文献[5] 方法平差的高程) 等均采自文献[5]。第(3) 栏的改正

数，是按本文的方法得到的，以 $Q_1 = Q_2 = 2:1$ 做两次趋近。图解示例图，如图 4 所示。

比较 $A'$，$A''$，$A'''$ 数值可知，三种方法平差的结果都很接近。

**表 6 平差结果统计**

| $m_\Delta^2 : m_s^2$ | 第一次趋近采用的 $Q_1$ | 第一次趋近采用的 $Q_2$ | 第一次趋近采用的 $Q_3$ |
|---|---|---|---|
| | | | - |
| | 1∶1 | 1∶2 | - |
| 1∶1 | 4∶3 | - | - |
| 1∶2 | 2∶1 | 1∶1 | 1∶8 |
| 1∶3 | 2∶1 | 2∶1 | 1∶2 |
| 1∶4 | 2∶1 | 2∶1 | 1∶2 |
| 1∶5 | 2∶1 | 2∶1 | 1∶1 |
| 1∶6 | 2∶1 | 2∶1 | 2∶1 |
| 1∶7 | 2∶1 | 2∶1 | 2∶1 |
| 1∶8 | 2∶1 | 2∶1 | 2∶1 |
| 1∶9 | 2∶1 | 2∶1 | 2∶1 |
| 1∶10 | 2∶1 | 2∶1 | 2∶1 |
| 0∶1 | 2∶1 | 2∶1 | 1∶0 |
| | | | 1∶0 |

**表 7 平差结果统计**

| 点号 | $r$/m | 第一次趋近 $Q_1 = 2:1$ | 第二次趋近 $Q_2 = 2:1$ | 第一次趋近 $Q_3 = 1:1$ | 抛物补偿[(1)] | 平差值 | 用最小二乘法求出的平差值 | 平差值的较差 |
|---|---|---|---|---|---|---|---|---|
| (1) | (2) | (3) | (4) | (5) | (6) | (7)=(5)+(6) | (8) | (9)=(7)−(8) |
| 0 | 0 | - | - | - | - | +1.62[(2)] | +2.0 | −3.8 |
| 1 | 0 | −1.7 | - | - | −0.20 | −1.90 | −1.5 | −1.40 |
| 2 | −5.1 | −3.97 | −4.51 | - | −0.41 | −4.92 | −5.0 | +0.08 |
| 3 | −6.8 | −11.6 | −7.81 | −7.99 | −0.56 | −8.55 | −8.6 | +0.05 |
| 4 | −11.7 | −16.10 | −11.82 | −11.88 | −0.56 | −12.44 | −12.5 | +0.06 |
| 5 | −16.3 | −20.47 | −16.09 | −15.99 | −0.56 | −16.55 | −16.4 | −0.14 |
| 6 | −20.3 | −23.37 | −19.98 | −19.74 | −0.56 | −20.30 | −20.1 | −0.20 |
| 7 | −24.8 | −24.83 | −22.89 | −22.58 | −0.56 | −23.14 | −23.1 | −0.04 |
| 8 | −26.0 | −24.40 | −24.53 | −24.0 | −0.56 | −24.56 | −24.8 | +0.24 |
| 9 | −23.7 | −22.86 | −22.03 | −23.90 | −0.56 | −24.46 | −24.7 | +0.24 |
| 10 | −23.5 | −244.00 | −23.03 | −22.82 | −0.56 | −23.38 | −23.4 | +0.02 |
| 11 | −21.4 | −21.83 | −21.21 | −21.14 | −0.56 | −21.70 | −21.9 | +0.20 |
| 12 | −20.6 | −18.93 | −19.08 | −19.02 | −0.56 | −19.58 | −19.9 | +0.32 |
| 13 | −14.8 | −16.50 | −16.64 | −16.60 | −0.56 | −17.16 | −16.9 | −0.26 |
| 14 | −14.1 | −14.50 | −14.03 | −13.78 | −0.56 | −14.34 | −14.1 | −0.24 |
| 15 | −14.6 | −11.10 | −10.43 | −10.14 | −0.56 | −10.70 | −10.5 | −0.24 |
| 16 | −4.6 | −5.70 | −4.69 | −5.59 | −0.56 | −6.15 | −6.0 | −0.15 |
| 17 | +2.1 | −0.27 | −0.67 | −0.79 | −0.56 | −1.35 | −1.3 | −0.05 |
| 18 | +1.7 | +3.97 | +3.82 | - | −0.41 | +3.14 | +3.3 | +0.11 |
| 19 | +8.1 | +7.77 | - | - | −0.20 | +7.57 | +8.4 | −0.83 |
| 20 | +13.5 | - | - | - | - | +13.30 | +13.5 | −0.20 |

(1)抛物补偿

$$\frac{h}{n^2}=\frac{1}{20^2}\left(-23-7-\frac{13.5}{2}\right)=0.076$$

$$\delta R'_{\mathrm{II}}=2.67\times(-0.076)=-0.20$$

$$\delta R''_{\mathrm{II}}=2.67\times(-0.076)=-0.20$$

$$\delta R'''_{\mathrm{II}}=2.67\times(-0.076)=-0.20$$

(2)端点外插值

$$r'_{0外}=3\times(-1.9)-3\times(-492)+\frac{1}{2}(-6.8-8.07)=+1.62$$

$$r'_{n外}=3\times(7.57)-3\times(3.41)+\frac{1}{2}(+2.1-0.47)=+13.30$$

$$m_s=\pm1.74\ \mathrm{m}$$

$$m_\Delta^2:m_s^2=1:5$$

$$m_\Delta=\pm0.81$$

平差精度　　$m_{R_0}=m_{R_{20}}=\pm1.43\ \mathrm{m}, m_{R_i}=\pm0.96$

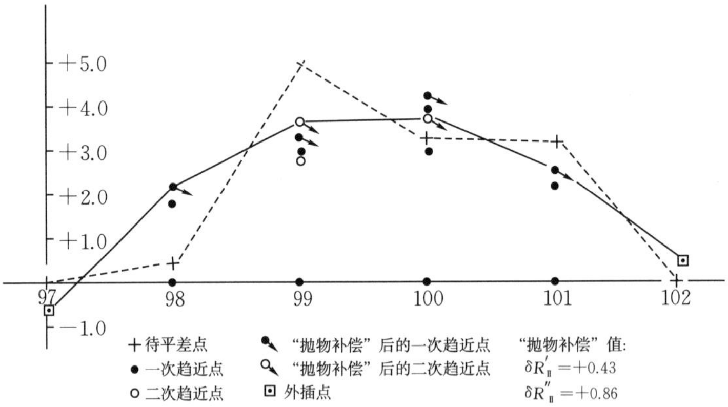


图 4　平差过程迭代

**表 8　平差结果统计**

| 点号 | $r$ | 改正数 | $A_\varphi$ | $A'$ | $A''$ | $A'''$ |
|---|---|---|---|---|---|---|
| (1) | (2) | (3) | (4) | (5)=(3)+(4) | (6) | (7) |
| 97 | 0 | −0.6 | −0.6 | −0.6 | −0.4 | −0.6 |
| 98 | +0.4 | +2.2 | +1.1 | +3.3 | +3.1 | +3.1 |
| 99 | +4.9 | +3.6 | +9.4 | +13.0 | +13.0 | +12.8 |
| 100 | +3.2 | +3.7 | +16.3 | +20.0 | +19.9 | +20.0 |
| 101 | +3.1 | +2.5 | +27.4 | +29.9 | +30.0 | +30.0 |
| 102 | 0 | +0.4 | +28.0 | +28.4 | +28.2 | +28.4 |

# 8　小　结

综上,得出以下结论:

(1)本文所提平差法应用的公式,是简单的直线函数,计算和图解都很简便,因而采用本法可以大大节省平差计算的时间。

(2)平差中应尽量适当地采用表6所列权比。如果固定的选用权比 $Q=2:1$(相当等权法)，将会降低精度(最多可降低10%)。

(3)利用直线函数作为趋近计算公式，应采用“抛物补偿”，否则将出现“系统性”的误差。某些与本文相类似的平差方法中，往往忽视了这一点。

(4)通常控制点都是布设在航线的两端，由于端点改正的误差，可间接地影响其他各点，因此仍有必要采用外插法，它可以提高精度10%～20%。端点精度较低的现象，是本文与其他方法中所共有的问题，最好的办法是相同时间航线两端各延长1～2像对。

(5)按本文方法平差的理论精度与最小二乘法平差的理论精度，基本上相接近。

(6)本文所选平差结果，只求出摄影站高程的改正数，而且，改正数方程式中只考虑到按二次和累计的偶然误差。按相关文献[6]王之卓教授推演的公式来看，还应有一次和累积的偶然误差，如果在改正数方程式中加进一次和偶然误差，对本文平差的方法仍然适用，只不过在权比 $Q$ 与最后的精度估计上要作相应的变化。如果用最小二乘法原理平差时，由于条件方程有些变化，则相关文献[2]中所列的计算用表，也应作相应的变化。但是，自由网平差的最终结果是要求出加密点的高程。一般来看，摄影站高程变形与相应的模型点的变形是一致的，因此可用摄影站的高程改正数，当作相应模型点的改正数，这种观点对于比例尺误差影响的一次和累积的偶然误差来说，是不正确的。按相关文献[6]中式(8)摄站高程误差为

$$Dz_{s_i}=\sum_{k=1}^{k=i}\mathrm{d}B_{zk}+B\sum_{k=1}^{k=i-1}D\varphi k$$

而相应的模型点高程误差为(文献[6]中式(16)、式(17))

$$Dz_{Ai}=-\sum_{k=1}^{k=i}\mathrm{d}B_{zk}+B\sum_{k=1}^{k=i}D\varphi k+\cdots$$

比较以上两式可知，将摄影站的高程改正数，当作相应模型点改正数时，只能消除上式的第二项(即按二次和累积的偶然误差)，而第一项(按一次和累积的误差)在摄影站高程误差和相应的模型点误差中，其表现为数值相等符号相反，故改正的结果反而使误差增大一倍。这一现象作者在文献[7]中曾用几何的方法作过说明。解决问题的方案可以是利用无线电测高仪记录和高差仪记录，联合平差，或是构自由网之后求出的高差仪记录的偶然误差的最或然改正值，对高差仪求出的航高差进行改正，然后再按此航高差，安置元素法进行第二次构网。

(7)本文平差的方法原则上可以用于底点坐标的平差，只不过由于改正数方程式中二次曲线的因素很少，一般可不考虑本文所提的“抛物补偿”问题。

## 参考书目

[1] 作者不详. 航高断面器的实际应用[J]. Photogrammetric Record，1961.

[2] 罗曼诺夫斯基. 论文名不详[J]. 苏军情报，1959(15).

[3] 作者不详. 文章名不详[J].［苏］测量与制图，1962(1).

[4] 斯基里多夫. 航测学[M]. 出版地不详：出版者不详，1959.

[5] 作者不详. 文章名不详[J].［苏］测量与制图，1957(5).

[6] 王之卓. 在全能仪上进行空中三角测量的精度估算[J]. 测绘学报，1963，6(3)：41-60.

[7] 王任享. 多倍仪空中三角测量利用高差仪记录平差试验报告[R]. 北京：北京测绘学会，1962.

# 核线密度仪的设想*

王任享

**摘　要**：提出菱形控制器的单倾斜角纠正机械，使像片可以水平放置的设计思想，可用于构建像片水平放置的机械模拟立体测图仪。利用该原理构思像片水平放置的核线密度仪，在机械构造上作了特殊安排，使得相对定向中没有 $\omega$ 过度改正倍数，有利于作业。

**关键词**：机械模拟测图仪；机械纠正；核线密度仪

## 1　引　言

自动测图课题经过多年研究有很大进展，出现了许多自动测图系统，但是造价都较高昂。加拿大马斯雷提出了核线相关原理，能较经济地解决自动测定高程断面。他的设想是利用适当的模拟测图仪直接测定同名核线上像点的密度，然后，以联机或脱机方式按数字相关原理自动计算高程断面。该值可以作为数字地形模型和微分纠正的输入数值。英国伦敦大学根据这一原理用机械解算的模拟测图仪 CP-1 作核线密度量测试验，认为精度可以满足 1∶1 万或更小比例尺测图要求。由于这种方法使用的设备价格相对来说低一些，对于我国中小单位的使用，颇有可供参考的地方。我国现有的测图仪器，多数不适于作核线密度仪。为此，本文提出了一种核线密度仪的设计思想。

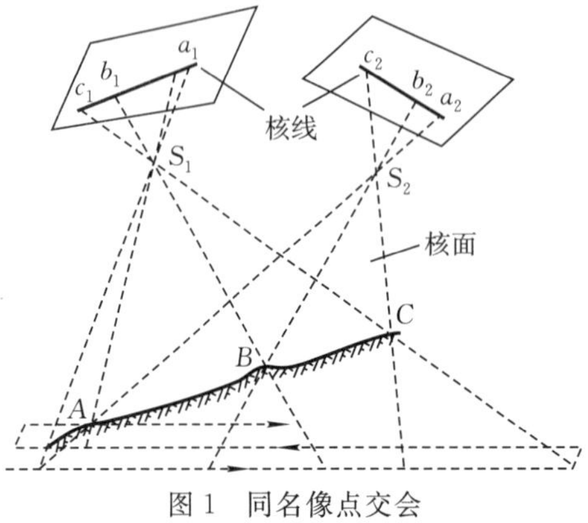


图 1　同名像点交会

## 2　核线相关原理

核线在摄影测量上是一个古老的概念，如图 1 所示，通过已经恢复相对方位的立体像对的基线可以有许多平面，这些平面都称作核面，它与像片的交线即为核线，核面与平行于基线的平面的交线是一组平行线。在核面上的点不管位置如何，它们都成像在同名核线上（如图中的 $A$、$B$、$C$ 各点）。因此，记录同名核线上点的密度，就可以用一维相关自动确定同名像点。用适当的模拟仪器记录核线密度，则只要记录纠正面（平行于基线的某一平面）上的 $X$ 坐标及其相应的两张像片上像点的密度，而 $Y$ 坐标是固定的时序步进，可不必记录，当然，还应记录暂定底点的坐标。将原始记录化算到两片各自的暂定底点为原点的坐标，按以下的统计学的计算确定同名点坐标。

* 本文于 1981 年发表在《军事测绘专辑》(第 7 期)。

令 $x_{\mathrm{I}i}$ 表示左像点的密度；$x_{\mathrm{II}i}$ 表示右像点的密度。计算相关系数

$$r=\frac{\sum_{1}^{n}(x_{\mathrm{I}i}-\bar{x}_{\mathrm{I}})(x_{\mathrm{II}i}-\bar{x}_{\mathrm{II}})}{\sqrt{\sum_{1}^{n}(x_{\mathrm{I}i}-\bar{x}_{\mathrm{I}})^{2}\sum_{1}^{n}(x_{\mathrm{II}i}-\bar{x}_{\mathrm{II}})^{2}}}$$

式中，$\bar{x}_{\mathrm{I}}=\frac{1}{n}\sum_{1}^{n}x_{\mathrm{I}i}$，$\bar{x}_{\mathrm{II}}=\frac{1}{n}\sum_{1}^{n}x_{\mathrm{II}i}$。

利用计算比较相关系数 $r$ 值，在最大时即确定了同名像点。

# 3　核线密度仪

核线密度仪就是完成上述核线相关原始数据记录的仪器。因采用机械模拟仪器比较经济，本节将按机械模拟的办法加以设计。

核线密度仪只要建立基线坐标系的立体模型，改变 $B$ 进行立体照准，从使用着眼，像片水平放置为佳，光学系统简单，测定密度的激光只要一个，左右像片可以共用，且测定设备不必随投影器的倾斜面倾斜。

## 3.1　像的机械纠正

选择 $K_1$、$K_2$、$\varphi_1$、$\omega_2$、$B_\varphi$ 为建立基线坐标系的相对定向元素，致使像片的纠正仅作单倾斜。

像片水平放置的机械纠正结构是从偏心旋转的投影器中导出的。西德摄影测量工作者曾从简化相对定向过程中 $\omega$ 过渡改正倍数出发，得出了偏心旋转投影器。后来该原理被 $D_2$ 系列的仪器用于简化观察光路(不要半角装置)。放弃了对 $\omega$ 过渡改正倍数的简化。我们将从偏心旋投影器的另一途径导出像片水平放置的机械结构。除了简化光学系统外，在一定条件下可以较妥善处理 $\omega$ 过渡正倍数。

如图 2 所示，如果投影器倾斜不是绕通常的 $S$ 点，而是一个适当选择的 $K$ 点旋转。那么，水平放置的像片 $L$ 和倾斜放置的像片 $L'$，对应像点具有极简单的几何关系。设 $K$ 点至 $L$ 和 $L'$ 的距离相等，则对于任意像点均满足 $Ca=Ca'$，$KC$ 为 $L$、$L'$ 交角的平分角线。

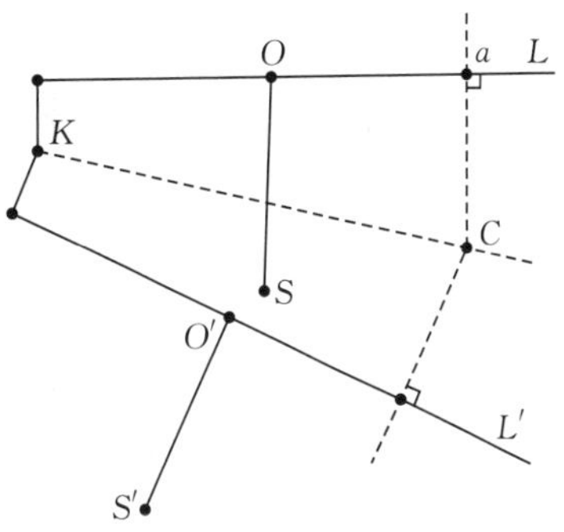

图 2　机械纠正结构

机械模拟结构如图 3 所示，$L'$ 为倾斜的机械像面，$L$ 为水平放置的像面，$S$ 为投影中心，$aa'cc'$ 为等边菱形，在图 3 的机械作用下可以保证 $L$、$L'$ 间相应像点的正确传递。当 $aa'cc'$ 等边菱形的各边长有制造误差时，在 $L$、$L'$ 间在倾斜角的条件下，将产生传递误差，经过推算，大约菱形边长误差为 0.1～0.2 mm，坐标传递误差为 1～2 μm。这种结构在机械制造上也不是很困难。

## 3.2　核线密度仪的结构

图 4 为机械结构原理，$S_1$、$S_2$ 为投影中心。像片和投影影像在投影中心的同一侧，投影影像机械放大率比 1 稍大些，主距安置 70～305 mm，左投影器安置 $\varphi_1$，右投影器安置 $\omega_2$，$X$

滑架可以倾斜 $B_\varphi$ 角，并设有安置 $B$ 和 $BY_2$ 的机构。$A_1$、$A_2$ 为投影像点，改变 $B$ 消除左右视差。

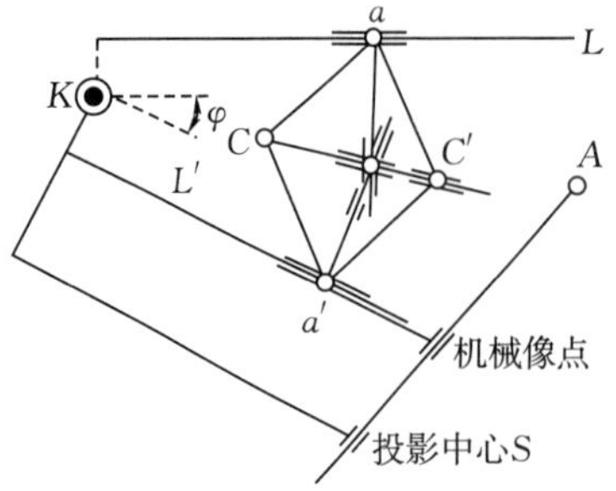


图 3　机械模拟结构

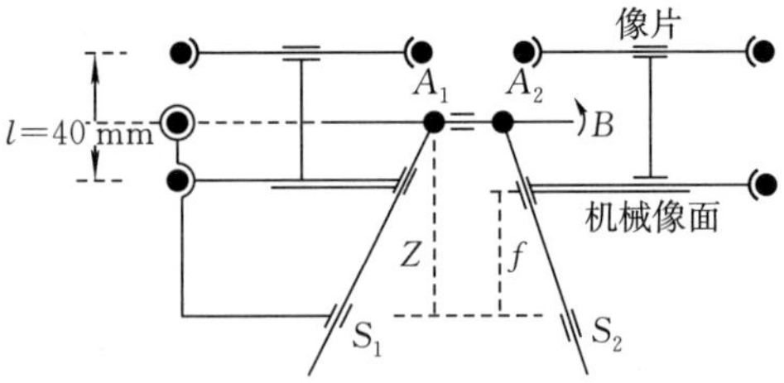


图 4　机械结构原理

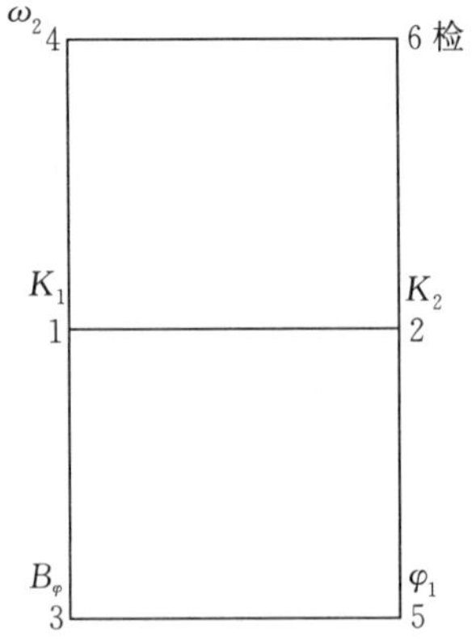


图 5　相对定向点位分布

## 3.3　定　向

定向由人工经验法完成，不过，预先可将解析法求出的定向元素加以安置，$BY_2$ 的零位置等于 $(f+l)\omega_2$，其中 $l$ 为仪器设计的机械常数一般以 $l=4$ mm 为宜。经验法相对定向顺序如图 5 所示。

由于机械设计上作了特殊考虑，由定向元素产生的上下视差与一般仪器不同

$$Q=\frac{X_1Y}{Z}\mathrm{d}\varphi+\frac{Y_1B}{Z}\mathrm{d}B_\phi-\left(Z-\frac{y^2}{Z}\right)\mathrm{d}\omega_2+X_1\mathrm{d}k_2-X_2\mathrm{d}k_1-\frac{Y}{Z}S_Z+S_Y$$

式中，$S_Z$、$S_Y$ 为偏心旋转投影器引起的投影中心附加位移；$S_Z=Y\mathrm{d}\omega_2$，投影器机械值结构上使 $K$ 点到主点距离约等于标准配置点的 $Y$ 坐标，机械约为 100 mm；$S_Y=(f+l)\,\mathrm{d}\omega_2$，仪器结构上使 $Z=f+l$，于是上式化为

$$Q=\frac{X_1Y}{Z}\mathrm{d}\varphi_1+\frac{Y_1B}{Z}\mathrm{d}B_\phi-\frac{2Y^2}{Z}B\omega_2+X_1\mathrm{d}k_2-X_2\mathrm{d}k_1$$

由此可知，由 $\omega_2$ 元素产生的上下视差没有 $f\mathrm{d}\omega$ 项，仅有 $Y^2$ 项。因而没有“$\omega$ 过渡改正倍数”，相对定向可较快完成。

综上所述，在核线密度仪设计中利用偏心旋转投影器的原理，可找到一种严格实现像片水平放置而又不附加安置数的机械纠正结构，同时解决了不需“$\omega$ 过渡改正倍数”问题。

## 3.4　量测记录

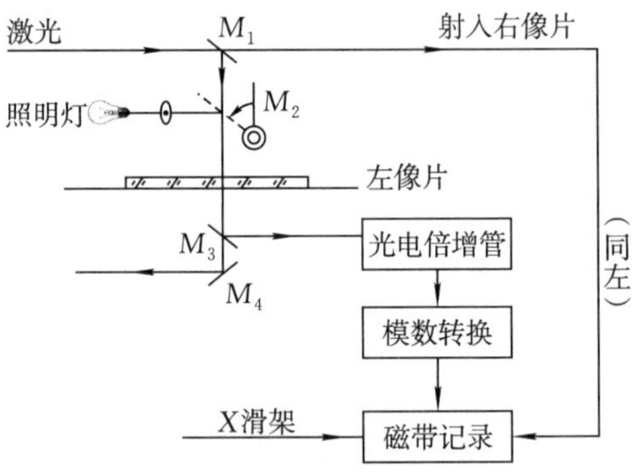


图 6　密度记录原理

密度记录如图 6 所示，采用 0.03～0.04 mm 的激光束为光源，激光管通过 $M_1$ 反射至左像片被光电倍增管接收，经模数转换输入接口。然后记录在磁带上。$M_2$ 为镀银面，透过的光作

为右像片的量测光源。$X$ 滑架自动地沿 $X$ 方向(平行于基线方向)等速扫描,磁带上记录 $X$ 值和左、右像点的密度,一个行程完时步进一个 $Y$ 的重复扫描,记录的数值已是主距为 $f+l$ 的基线坐标系内的纠正的数字像点。一个 230 mm×230 mm 的 60%重叠的立体像对扫描速度为 15 mm/s,核线之间间隔为 2 mm,大约 15 分钟做完扫描记录。

直接记录同名核线密度,可以根据地形情况酌情选取核线之间的距离,大大减少记录的信息量,使得中小型通用计算机可以作数字相关自动测图处理。但是对于具备大型计算机的情况下,则不必考虑直接记录同名核线密度。

## 参考书目

[1] 作者不详. Epipolar—scan correlation[J]. Bendix Technical Jounnal,1972,5(1).

[2] 作者不详. Digtal processing and analysis of image data[J]. Bendix Technical Journal, 1972,5(1).

# Theoretical Capacity and Limitation of Localizing Cross Error by "Robust Adjustment"*

WANG Renxiang

**Abstract**: The basic rules of the increment relationship between the weight matrix $\boldsymbol{P}$ and matrix $\boldsymbol{G}$, where $\boldsymbol{G}=\boldsymbol{Q}_{vv}\cdot\boldsymbol{P}$, are given from which the capacity and some limitation of localizing gross errors by "robust adjustment" can be discussed theoretically. In order to overcome the discussed limitation, a proposal for improving "robust adjustment" is given by author. To show the discussions, an example for calculation the parameters of relative orientation by "robust adjustment" is made.

**Key words**: localizing gross error; capacity; limitation; checking residuals

## 1 Introduction

In recent years, gross errors detection and location is very attractive topic in photogrammetry. More and more photogrammetrists research on robust-least-squares-adjustment (hereafter simplied so-called "Robust adj." ). The method of "Robust adj." is using iterations computed by conventional least-squares-adjustment with weight function. After convergent, the gross error revealed in the corresponding residual will be increased gradually and from the magnitude of the residual taken as evidence of the gross error directly.

A lot of published papers have stated that "Robust adj." is less sensitive against gross errors. Up to now, however, the adjustment is still lacking in estimating the capacity of localizing(or eliminating) gross errors theoretically. From the point-review of localizing "Robust adj." and conventional least squares adjustment. The paper investigates the variational behaviour of matrix $\boldsymbol{G}$, whilst matrix $\boldsymbol{P}$ is variate, which would be as a key for further study the problems about "Robust adj.", such as the capacity of localizing gross error; the limitation of localizing gross errors; further improving the adjustment, etc.

## 2 Variational Rules of Increment Relationship Between Matrix $\boldsymbol{P}$ and Matrix $\boldsymbol{G}$

The relationship between the vector of residual $\boldsymbol{V}$ computed after least squares adjustment and vector of observational error $\boldsymbol{E}$ is given by the formula

* 本文发表于 1988 年的 ISPRS 会议。

$$V = -G, E \tag{1}$$

$$G = Q_{vv} \cdot P$$

where $V$ is the vector of residuals, $E$ is the vector of observational error with distribution $N(0, \delta_0^2)$, $Q_{vv}$ is cofactor matrix of residual, $P$ is weight coefficient matrix of observations. Matrix $G$ can also be expressed as

$$G = I - A(A^T PA)^{-1} A^T P \tag{2}$$

where $A$ is design matrix, $I$ is unite matrix.

Let

$$N = A^T PA \quad T = AN^{-1}A^T \quad T = R \cdot P \tag{3}$$

then

$$G = I - T \tag{4}$$

If weight matrix gets increment $\Delta p$ , then the variated weight matrix $P$ will be

$$\dot{P} = P + \Delta p \tag{5}$$

where

$$P = \begin{bmatrix} p_1 & & & & \\ & \ddots & & & \\ & & p_i & & \\ & & & \ddots & \\ & & & & p_m \end{bmatrix}, \ \Delta p = \sum_{i=1}^{m} \begin{bmatrix} \delta_1 & & & & \\ & \ddots & & & \\ & & \delta_i & & \\ & & & \ddots & \\ & & & & \delta_m \end{bmatrix}, \ \Delta p_i = \begin{bmatrix} 0 & & & & \\ & \ddots & & & \\ & & \delta_i & & \\ & & & \ddots & \\ & & & & 0 \end{bmatrix},$$

$\delta_i$ = increment of $p_i$, $i = 1, m$.

Using weight matrix $\dot{P}$ for least-squares adjustment ,one

$$\dot{T} = \dot{R} \cdot \dot{P} = A \dot{N}^{-1} A^T \dot{P}$$

get where $\dot{N} = A^T \dot{P} A = N + \Delta N$ ,and $\Delta N = A^T \Delta p A$ = increment of matrix $N$ ,$\dot{N}^{-1} = (N + \Delta N)^{-1} = N^{-1}(I + \Delta N \cdot N^{-1})^{-1}$

whereas $N^{-1}$ can be regarded as an approximation of $N^{-1}$, and $\dot{N}^{-1}$ can therefore be expanded in Neumann's series as follows

$$\dot{N}^{-1} = N^{-1}[I - \Delta N \cdot N^{-1} + (\Delta N \cdot N^{-1})^2 - (\Delta N \cdot N^{-1})^3 + \cdots]$$

$$\dot{T} = [I - R \cdot \Delta p + (R \cdot \Delta p)^2 - \cdots] R(P + \Delta p) \tag{6}$$

$$\Delta G = R \cdot P - \dot{T} = \sum_{n=1}^{m} (-1)^n (R \cdot \Delta p)^n \cdot G$$

## 2.1 Variational rules of elements of Matrix $G$, due to increment of one main diagonal element of weight matrix $P$

If matrix $P$ is a diagonal one and only the element $P_i$ get an increment $\delta_i$ , then the increment of matrix $G$ is that

$$\Delta G = -[R \cdot \Delta p_i - (R \cdot \Delta p_i)^2 + \cdots] G \tag{7}$$

From the characteristics of matrix $G$, we know that $0 \leqslant g_{ii} \leqslant 1$, and therefore $0 \leqslant r_{ii} \cdot P_i \leqslant 1$. If we take $|\delta_i| < P_i$ ,then the series of $\Delta G$ will be convergent and the higher-order terms in Eq. (7) can be neglected. By omitting the terms which are higher than

$(\boldsymbol{R}\cdot\Delta\boldsymbol{R})^3$, we obtain

$$\Delta\boldsymbol{G} = -s_i \cdot \boldsymbol{R} \cdot \Delta p_i \cdot \boldsymbol{G} \tag{8}$$

where

$$s_i = 1 - r_{ii} \cdot \delta_i \cdot \operatorname{sign}(s_i) = +$$

and

$$\boldsymbol{R} \cdot \Delta P_i \cdot \boldsymbol{G} = \frac{\delta_i}{P_i}\begin{bmatrix} g_{li}g_{il} & \cdots & g_{li}g_{ik} & \cdots & g_{li}g_{li} & \cdots & g_{li}g_{im} \\ \vdots & & \vdots & & \vdots & & \vdots \\ g_{ki}g_{il} & \cdots & g_{ki}g_{ik} & \cdots & g_{ki}g_{ii} & \cdots & g_{ki}g_{im} \\ \vdots & & \vdots & & \vdots & & \vdots \\ g_{il}(g_{ii}-1) & \cdots & g_{ik}(g_{ii}-1) & \cdots & g_{ik}(g_{ii}-1) & \cdots & g_{im}(g_{ii}-1) \\ \vdots & & \vdots & & \vdots & & \vdots \\ g_{mi}g_{ii} & \cdots & g_{mi}g_{ik} & \cdots & g_{mi}g_{ii} & \cdots & g_{mi}g_{im} \end{bmatrix} \tag{9}$$

Using Eq. (8), Eq. (9)and taking sign( $\delta_i$ )=−, the variational rules of elements of Matrix $\boldsymbol{G}$ in comparison with the original matrix $\boldsymbol{G}$ can be stated as follows:

(1)The $i$ th element of main diagonal will be increased proportional to $g_{ik} \cdot g_{ki}$ while the off-diagonal elements will be reduced, and the increased value just equal to the sum of all the reduced values in absolute

$$\Delta g_{ii} = s_i(g_{ii} - g_{ii}^2)\frac{|\delta_i|}{p_i}, \Delta g_{kk} = -s_i g_{kk} \cdot g_{ik}\frac{|\delta_i|}{p_i} \tag{10,a}$$

According to the characteristics of matrix $\boldsymbol{Q}_{vv}$, we have

$$g_{ii} - g_{ii}^2 = \sum_{k=1}^{m} g_{ik} \cdot g_{ki},\ (k \neq i)$$

and so $\Delta g_{ii} = -\sum_{k=1}^{m} \Delta g_{kk}, (k \neq i)$

(2)The $i$ th row element $g_{ii}$ will be reduced

$$\Delta g_{ji} = -s_i g_{ji} g_{ii}\frac{|\delta_i|}{p_i},\ (i = 1, m, j \neq 1) \tag{10,b}$$

(3)The $i$ th column element will be increased

$$\Delta g_{ij} = s_i \cdot g_{ij}(1 - g_{ii})\frac{|\delta_i|}{p_i},\ (j = 1, m, j \neq i) \tag{10,c}$$

(4) The elements with the exception of mentioned above will be either increased or reduced

$$\Delta g_{kl} = -s_i g_{ki} g_{il}\frac{|\delta_i|}{p_i},\ (l = 1, m, k = 1, m, k \neq 1 \neq i) \tag{10,d}$$

Because sign( $g_{ki}g_{il}$ ) is uncertainty,the Eq. (10,a)to Eq. (10. d) are provided the $p_i \neq 0$.

## 2.2 Mathematical formula of increment of matrix $P$ and $G$ when matrix $P$ is united one ($P = I$)

When all observations are assumed to be of equal weight and correlation free, i. e. $\boldsymbol{P} = \boldsymbol{I}$, then

$$\Delta \boldsymbol{G} = \Delta \boldsymbol{Q}_{vv} = \sum_{n=1}^{\infty} (-1)^n (\boldsymbol{R} \cdot \Delta \boldsymbol{p})^n \cdot \boldsymbol{Q}_{vv}$$

The norm of matrix $\boldsymbol{R} \cdot \Delta \boldsymbol{p}$ is satisfied as $\|\boldsymbol{R} \cdot \Delta \boldsymbol{p}\|_1 \leqslant \|\boldsymbol{R}\|_1 \cdot \|\Delta \boldsymbol{p}\|_1 \leqslant 1$, because where $\boldsymbol{R} = \boldsymbol{I} - \boldsymbol{Q}_{vv}$, $0 \leqslant r_{jj} \leqslant 0.5, (i=1,m, j=1,m, j \neq i)$ and $0 \leqslant r_{ii} \leqslant 1, (i=1,m)$ as well as we take $|\delta_i| < 1, (i=1,m)$ therefore $\|\Delta \boldsymbol{p}\|_1 < 1$, consequently the series of $\Delta \boldsymbol{Q}_{vv}$ must be convergent one and the high-order terms can be neglected. To simplify the subsequent discussions, we take first-order terms of $\Delta \boldsymbol{Q}_{vv}$, then we have

$$\Delta \boldsymbol{Q}_{vv} = -(\boldsymbol{R} \cdot \Delta p_1 \cdot \boldsymbol{Q}_{vv} + \boldsymbol{R} \cdot \Delta p_2 \cdot \boldsymbol{Q}_{vv} + \cdots + \boldsymbol{R} \cdot \Delta p_m \cdot \boldsymbol{Q}_{vv})$$

Using Eq. (9) to above equation yields

$$\left.\begin{aligned}
\Delta q_{ii} &= (q_{ii}^2 - q_{ii})\delta_i + q_{ik}q_{ki}\delta_k + \sum_{j=1}^{m} q_{ji}q_{ij}\delta_j \\
&\vdots \\
\Delta q_{kk} &= (q_{kk}^2 - q_{kk})\delta_k + q_{ki}q_{ik}\delta_i + \sum_{j=1}^{m} q_{jk}q_{kj}\delta_j \\
&\vdots \\
\Delta q_{ik} &= q_{ik}(q_{ii} - 1)\delta_i + q_{ik}q_{kk}\delta_k + \sum_{j=1}^{m} q_{ji}q_{jk}\delta_i \\
&\vdots \\
\Delta q_{ki} &= q_{ki}q_{ii}\delta_i + q_{ki}(q_{kk} - 1)\delta_k + \sum_{j=1}^{m} q_{kj}q_{ji}\delta_i
\end{aligned}\right\} \quad (11)$$

the Eq. (11) are provided that $j \neq i \neq k$.

# 3 Theoretical Capacity of Localizing Gross Error by "Robust Adjustment"

As well known that gross errors can be distributed to every residual of observations which are taken into the adjustment. In general case, it is hardly to recognized the gross error observation from least-squares residuals directly. "Robust adj." is using iterations with weight function in order to make the gross error observations can easily be recognized from Robust residuals. For the purpose, we know that the magnitude of diagonal element of matrix $\boldsymbol{G}$ related to gross error observation must be rather large after iterations. Hence, the functional essentiality of "robust adj." is to increase the magnitude of diagonal elements related to gross error as large as possible.

For discussion of the reliability of adjustment, we assume that only one of observations, i. e. observation ***I*** is with gross error $\nabla_i$, because $0 \leqslant g_{ii} \leqslant 1$, so $g_{ii}$ should be as near as possible to the value 1 after iterations. In order to locate the gross error correctly, the condition $\nabla_{q_{ii}} > 0$ must be satisfied. We should form the condition to discuss how large an interesting problem in recent years.

Considering $\nabla_{q_{ii}} > 0$ and Eq. (11), we have (let sign $(\delta) = -$)

$$(q_{ii} - q_{ii}^2)\,|\delta_i| > \sum_{k=1}^{m} q_{ik}^2\,|\delta_k|, (k \neq i) \tag{12}$$

where $|\delta_j| = 1 - f(v_j)$, $(j = i, m)$;

$f(\bar{v}_j)$ is weight function from "robust adj.", $\bar{v}_j = v_j / \sqrt{q_{jj}}$.

We know that

$$\bar{v}_j = \sqrt{q_{jj}} \cdot \nabla_i + \dot{v}_i$$

where

$$\dot{v}_i = \sum_{k=1}^{m} q_{ik} \cdot \varepsilon_k / \sqrt{q_{ii}}$$

of which standard deviation is $\sqrt{1 - q_{ii}} \cdot \delta_0$, according to the characteristics of normal distribution, the value of $\dot{V}_i$ is able to taken as $\dot{V}_i = \sqrt{1 - q_{ii}} \cdot t \cdot \sigma_0$ associated with probability as

$$pr\{|\dot{V}_i| > \sqrt{1 - q_{ii}} \cdot t \cdot \sigma_0\} = \begin{cases} \dfrac{\alpha}{2}, & t \geqslant 0 \\ 1 - \dfrac{\alpha}{2}, & \text{elsewhere} \end{cases} \tag{13}$$

where

$$t = \sqrt{\chi^2_{a'1}}\ \alpha = \text{significant level and}$$

$$\bar{v}_i = \sqrt{q_{ii}} \cdot \nabla_i \pm \sqrt{1 - q_{ii}} \cdot t \cdot \sigma_0, |\bar{v}_i|_{\min} = \sqrt{1 - q_{ii}} \cdot |\nabla_i| - \sqrt{1 - q_{ii}} \cdot |t| \cdot \sigma_0$$

associated with probability $1 - \frac{\alpha}{2}$. On the other hand, we have

$$\bar{v}_k = [q_{ki} \cdot \nabla_i + \dot{v}_k] / \sqrt{q_{kk}}, \ (k = 1, m, k \neq i)$$

where $\dot{v}_k = \sum_{j=1}^{m} q_{kj} \cdot \varepsilon_j$, which is $N(0, (q_{kk} - q_{ki}^2) \cdot \sigma_0^2)$ and can be taken as $\dot{v}_k = \sqrt{(q_{kk} - q_{ki}^2)}\, t\sigma_0$. Therefore we have $\bar{v}_k = [q_{ki} \cdot \nabla_i \pm \sqrt{(q_{kk} - q_{ki}^2)}\, t\sigma_0] / \sqrt{q_{kk}}$. Most procedures of "robust adj." have been set up a critical value $C(1.0 - 2.0\sigma_0)$, if $|v_j| \leqslant C$, $\delta_j = 0$. Consequently, there are only several percent weights of observation are reduced, of which $|v|$ are greater than $C$ caused by relative large value of $|q_{ki}|$ and /or $|t|$. We take $|v_j/\sigma_0|^{-1}$, $(i = 1, m)$ as weight function for discussion, then we get

$$|\bar{v}_i| > \sqrt{(q_{kk} - q_{ki}^2)\left(\sum_{k=1}^{m} q_{ik}^2 \sqrt{v_k^2}\right)^{-1}} = \sqrt{(q_{kk} - q_{ki}^2)\left[\sum_{k=1}^{m} q_{kk} / (\nabla_i^2 + \Delta_k)\right]^{-1}} \tag{14}$$

where $\Delta_k = \left(\frac{q_{kk}}{q_{ki}^2} - 1\right) t^2 \sigma_0^2$ of which magnitude, in general case, is much smaller as compare with $\nabla_i^2$ in the denominator, and allowable to be placed by a main value $\bar{\Delta}$ for overcome the difficulty of algebraic deduction to which we assume that $\bar{q}_{kk}=\frac{r}{m},\bar{q}_{ki}^2\doteq\frac{q_{ii}}{m}\doteq\frac{r}{m^2},\frac{r}{m}\geqslant 3.5, r=3, \bar{t}=0.7979$ and computed $\bar{\Delta}\doteq 5\sigma_0^2$ where $r=\sum_{k=1}^{m}q_{kk}$ and $\bar{q}_{kk},\bar{q}_{ki}^2,\bar{t}$, is the average value of $q_{kk}, q_{ki}^2, t$ respectively.

Therefore we have

$$|\bar{v}_i|>\sqrt{(q_{ii}-q_{ii}^2)\left[\sum_{k=1}^{m}q_{kk}^2/(\nabla_i^2+5\sigma_0^2)\right]^{-1}}=\sqrt{(q_{ii}-q_{ii}^2)(\nabla_i^2+5\sigma_0^2)/(r-q_{ii})}$$

In order to estimate the capacity of localizing gross error with high probability, we take that

$$|\bar{\nabla}_i|_{\min}>\sqrt{(q_{ii}-q_{ii}^2)(\nabla_i^2+5\sigma_0^2)/(r-q_{ii})}$$

Then

$$\sqrt{q_{ii}}\cdot|\bar{\nabla}_i|-\sqrt{(q_{ii}-q_{ii}^2)(\nabla_i^2+5\sigma_0^2)/(r-q_{ii})}>\sqrt{1-q_{ii}}\cdot|t|\cdot\sigma \tag{15}$$

associated with probability $1-\frac{\alpha}{2}$.

In this paper, the value of $\nabla$ computed with Eq. (15) and associated with probability $1-\frac{\alpha}{2}$ listed in the Table 1 are taken to describe the capacity of localizing gross error.

In "robust adj." observations of which residual is greater than the critical value, have opportunities to be revalued. If the main-diagonal elements related to gross error is increased in first iteration, then the residual will be converged to corrected value. It should be pointed out, however, that the suitability of the capacity of localizing gross error as Table 1 is limited in the observations of which residuals are not heavily correlation.

Table 1 Capacity of localizing gross error

| $\lvert\nabla\rvert(\delta_0)$ \ $t$ / $1-\frac{\alpha}{2}$ / $q_{ii}$ | 1.28 | 1.64 | 1.96 | 3.29 | |
|---|---|---|---|---|---|
| | 90% | 95% | 97.5% | 99.95% | |
| 0.6 | 2.5 | 2.9 | 3.3 | 5.0 | $R=3$ |
| 0.5 | 3.1 | 3.6 | 4.1 | 6.4 | |
| 0.4 | 3.7 | 4.5 | 5.3 | 8.2 | |
| 0.2 | 7.6 | 9.0 | 10.5 | 17.0 | |

## 4 Limitation of localizing gross errors by "robust adjustment"

This problem is concerned with many factors, such as geometris strength of system, redundant number of observations, number of gross errors, magnitude of every gross error and their distribution in the system. It is difficult to deduce a sophisticated error analysis of the limitation in considerations of all the factors mentioned above, we have already known that the most serious factor for localizing gross errors is the correlation of residuals. In this paper, we would restrict the discussions in observation $i$ and observation $k$ of which residuals are heavily correlated.

### 4.1 The variational properties of elements of submatrix $\begin{bmatrix} q_{ii} & q_{ik} \\ q_{ki} & q_{kk} \end{bmatrix}$ in matrix $\boldsymbol{Q}_{vv}$

Assume that $|q_{ik}|=|q_{ki}|>q_{ii}$ or $q_{kk}$, and $q_{ii}$ or $q_{kk}$ is the largest value in absolute of off-diagonal elements $i$ th or $k$ th row respectively. Furthermore, the observation $i$ and/or $k$ is with gross error and with rather large residual after least-squares-adjustment. We would concentrate on the terms related to $\delta_i$ and $\delta_k$ neglect the terms in Eq. (11) for discussion. In any case, for $\delta_i$ and $\delta_k$ there are only two circumstances, i. e. $\delta_i=\delta_k$ or $\delta_i \neq \delta_k$ to be taken in discussion. First takes that $\delta_i=\delta_k=\delta$ and sign ( $\delta$ )$=-$. From Eq. (11), we have

$$\Delta q_{ii} \doteq (q_{ii}-q_{ii}^2-q_{ik}^2)|\delta|, \Delta q_{kk} \doteq (q_{kk}-q_{kk}^2-q_{ki}^2)|\delta| \tag{16}$$

$$\Delta q_{ii} \doteq q_{ii}(1-(q_{ii}+q_{ii}^2))|\delta|, \Delta q_{ki} \doteq q_{ki}(1-(q_{ki}+q_{kk}^2))|\delta| \tag{17}$$

From above, we know that the element of the submatrix will be variated as follows

(1) The two main diagonal elements $q_{ii}, q_{kk}$ will be increased, of which magnitude are not different too much.

(2) The magnitude of off-diagonal elements $q_{ii}, q_{kk}$ increasing or reducing depends on whether $q_{ii}+q_{ii}$ is smaller or greater than 1.

(3) If $|q_{ik}|=|q_{ki}|=q_{ii}=q_{kk}$, the results of iterations with reduced weight must be $|g_{ik}|=|g_{ki}|=|g_{ii}|=g_{kk}\leqslant 0.5$.

Because

$g_{ii}+g_{kk}=q_{ii}+q_{kk}+\Delta q_{ii}+\Delta q_{kk}=2q_{ii}+2(q_{ii}-2q_{ii}^2)|\delta|, (q_{ii}+q_{kk})<1$ and $|\delta|<1$

so

$$g_{ii}+g_{kk}<4(g_{ii}-g_{kk}^2)=1$$

Then we get $|g_{ik}|=|g_{ki}|=|g_{ii}|=g_{kk}\leqslant 0.5$.

(4) The second case, we take that $\delta_i \neq \delta_k$. From Eq. (11), we have the larger weighted increment, the larger the increment will be of related the column elements, and can be learnt from the formula as follows

$$\Delta q_{ik}-\Delta q_{ki} \doteq q_{ik}(|\delta_i|-|\delta_k|)$$

$$\Delta q_{ii}-\Delta q_{kk} \doteq q_{ik}^2(|\delta_i|-|\delta_k|)+(q_{ii}-q_{ii}^2)-(q_{kk}-q_{kk}^2)|\delta_k|$$

The varational properties stated above is not exact true because the discussion is based on the first order of the series of $\Delta\boldsymbol{Q}_{vv}$ whereas it is enough precision for analyzing the limitation of localizing gross errors by "robust adj. ".

## 4.2 Typical Mislocalizing Gross Errors

Under consideration of the conditions, $|q_{ik}| = |q_{ki}| > q_{ii}$ or $q_{kk}$, especially $q_{ii} \doteq q_{kk}$, the gross error whether take place in observation $i$ and/or $k$, revealed in the residual $i$ and residual $k$ is not difference too much. In addition, the residual $i$ and $k$ is still consisted observational errors. As result, the relative size between the least square residual $i$ and residual $k$ is arbitrary at all. With the help of the properties discussed above, it is not certain that the iterations must be converged to the correct value, i. e. robust residual with large magnitude taking as evidence gross error observation is unreliability. There are three typical mistakes of localizing gross errors as follows.

### 4.2.1 Interchanging Gross Error

Assume that observation $i$ is with gross error $\nabla_i$, for localizing gross error correctly, the condition, i. e. $\Delta q_{ii} > |\Delta q_{ki}|$, must be satisfied. Otherwise, the residual $k$ will be greater than the residual $i$ in absolute value, and makes mislocalization of gross error in observation $k$ after iterations. This mistake in gross error location is so-called "interchanging gross error".

### 4.2.2 Distracting Gross Error

So-called "distracting gross error" is that the gross error $\nabla_i$ was distracted to the residual $i$ and residual $k$ after iterations. In the result, gross error location either reduces the capacity or makes mistake. If $\Delta q_{ii} > |\Delta q_{ki}|$, the mislocalizing as 4.2.1 and 4.2.2 will probably be occurred. Nevertheless, after iterations the magnitude of elements of submatrix $\begin{bmatrix} q_{ii} & q_{ik} \\ q_{ki} & q_{kk} \end{bmatrix}$ would necessary be increased. The gross errors, therefore, revealed in residuals will be more prominent in comparison with conventional least-square-adjustment, and the capacity of detecting (not locating) gross errors would, of course, be improved.

### 4.2.3 Hidden Gross Error

If $|\nabla_i| = |\nabla_k|$, $q_{ii} = q_{kk}$, and $\mathrm{sign}(\nabla_i \cdot \nabla_k) \neq \mathrm{sign}(q_{ik})$, the gross errors have small influence on the residuals with the results that there would be hardly any means of detection and locating them. This problem is so-called "hidden gross error".

### 4.2.4 Checking Residuals Program

The typical mislocalizing gross errors mentioned above are impossible to be overcome limited in the conditions, $|\delta_i| < 1, (i = 1, m)$. These problems can only be solved by re-adjustment with weighted zero to observation $i$ and observation $k$ simultaneously, i. e. $\delta_i = \delta_k = -1$ to which we will refer to as "checking residuals program".

Table 2 Experiment in the capacity of localizing gross error

| No. | 1 | 2 | 1 | 2 | 3 | 4 | 5 | 6 | 7 | 8 | 9 | 10 |
|---|---|---|---|---|---|---|---|---|---|---|---|---|
| $\nabla$ | −4 | −0.8 | −1.0 | −9 | 3 | −5 | 5 | −5 | −6 | −3 | 3 | −3 |
| $V$ | 2.3 | −2.3 | −3.4 | 3.4 | −4.3 | 4.0 | −3.8 | 4.5 | 4.0 | 2.4 | −3.3 | 3.2 |
| $\nabla_0$ | 7.2 | | | | 6.2 | | | | 3.8 | | | |

$$Q_{vv}=\begin{bmatrix} \underline{0.37} & \underline{-0.37} & -0.13 & 0.13 & -0.13 & 0.13 & -0.08 & 0.08 & -0.08 & 0.08 \\ -0.37 & 0.37 & 0.13 & -0.13 & 0.13 & -0.13 & 0.08 & -0.08 & 0.08 & -0.08 \\ -0.13 & 0.13 & 0.43 & 0.07 & 0.05 & -0.05 & -0.44 & -0.06 & 0.03 & -0.03 \\ 0.13 & -0.13 & 0.07 & 0.43 & -0.05 & 0.5 & -0.06 & -0.44 & -0.03 & 0.03 \\ -0.13 & 0.13 & 0.05 & -0.05 & 0.43 & 0.07 & 0.03 & -0.03 & -0.44 & -0.06 \\ 0.13 & -0.13 & -0.05 & 0.05 & 0.07 & 0.43 & -0.03 & 0.03 & -0.06 & -0.44 \\ -0.08 & 0.08 & -0.44 & -0.06 & 0.03 & -0.03 & 0.64 & -0.14 & 0.02 & -0.02 \\ 0.08 & -0.08 & -0.06 & -0.44 & -0.03 & 0.03 & -0.14 & 0.64 & -0.02 & 0.02 \\ -0.08 & 0.08 & 0.03 & -0.03 & -0.44 & -0.06 & 0.02 & -0.02 & 0.64 & -0.14 \\ 0.08 & -0.08 & -0.03 & 0.03 & -0.06 & -0.44 & -0.02 & 0.02 & -0.14 & 0.06 \end{bmatrix}$$

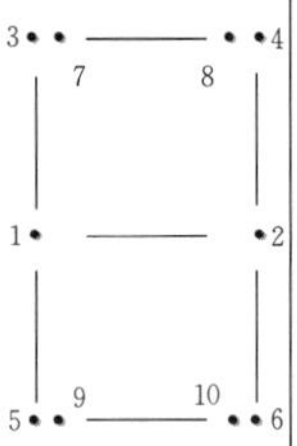


Each adjustment with one gross error

$\nabla_0$ = The smallest gross error can be located associated with probability 99.95%

***I*** = interchanging gross error

***D*** = distracting gross error

***H*** = hidden gross error

***C*** = Gross error located correctly

correlate coefficient $\rho_{1,2}=1$

| Iterating with weight function | | | | | Checking residuals program | | |
|---|---|---|---|---|---|---|---|
| $\nabla_1$ | $\nabla_2$ | $v_1$ | $v_2$ | Gross error location | $v_1$ | $v_2$ | Gross error location |
| 10.0 | −0.06 | −4.7 | 4.7 | ***D*** | −9.2 | −0.3 | ***C*** |
| −1.0 | −10.0 | −3.9 | 3.9 | ***D*** | 2.0 | 9.2 | ***C*** |
| −10.0 | −10.0 | 0.45 | 0.45 | ***H*** | 10.9 | 10.0 | ***C*** |
| −10.0 | 10.0 | 10.3 | −10.3 | ***C*** | 10.2 | −10.5 | ***C*** |

Table 3 Adjustment with three gross errors

| Iterating with weight function | | | | | | | Checking residuals program | | | |
|---|---|---|---|---|---|---|---|---|---|---|
| $\nabla_1$ | $\nabla_2$ | $\nabla_7$ | $v_1$ | $v_2$ | $v_7$ | Gross error location | $v_1$ | $v_2$ | $v_7$ | Gross error location |
| 10.0 | −0.6 | −10.0 | −5.2 | 4.0 | 10.6 | 1,2 ***D*** 7 ***C*** | −9.4 | −0.4 | 10.1 | 1,2,7 ***C*** |
| −1.0 | −10.0 | −10.0 | −3.8 | −3.0 | 10.6 | 1,2 ***D*** 7 ***C*** | 1.1 | 9.0 | 9.4 | 1,2,7 ***C*** |
| −10.0 | −10.0 | −10.0 | 0.1 | −0.1 | 8.1 | 1,2 ***H*** 7 ***C*** | 11.4 | 11.5 | 10.2 | 1,2,7 ***C*** |
| −10.0 | 10.0 | −10.0 | 10.7 | −8.3 | 7.9 | 1,2,7 ***C*** | 10.0 | −10.1 | 8.4 | 1,2,7 ***C*** |

$$Q_{vv}=\begin{bmatrix} 0.\underline{38} & -0.36 & -0.16 & 0.14 & -0.11 & 0.13 & -0.10 & 0.08 & -0.07 & 0.08 \\ -0.\underline{36} & 0.\underline{35} & 0.16 & -0.13 & 0.11 & -0.12 & 0.10 & -0.08 & 0.06 & -0.08 \\ -0.16 & 0.16 & \underline{.45} & 0.06 & 0.05 & -0.06 & \underline{-0.43} & -0.06 & 0.03 & -0.03 \\ 0.14 & -0.13 & 0.06 & 0.43 & -0.04 & 0.5 & -0.07 & -0.44 & -0.02 & 0.03 \\ -0.11 & 0.11 & 0.05 & -0.04 & 0.42 & 0.08 & 0.03 & -0.02 & -0.45 & -0.05 \\ 0.13 & -0.12 & -0.06 & 0.05 & 0.08 & 0.43 & -0.03 & 0.03 & -0.05 & -0.44 \\ -0.10 & 0.10 & -0.43 & -0.07 & 0.03 & -0.03 & 0.\underline{64} & -0.14 & 0.02 & -0.02 \\ 0.08 & -0.08 & -0.06 & -0.44 & -0.02 & 0.03 & -0.14 & 0.63 & -0.01 & 0.02 \\ -0.07 & 0.06 & 0.03 & -0.02 & -0.45 & -0.05 & 0.02 & -0.01 & 0.63 & -0.13 \\ 0.08 & -0.02 & -0.03 & 0.03 & -0.05 & -0.44 & -0.02 & 0.02 & -0.13 & 0.64 \end{bmatrix}$$

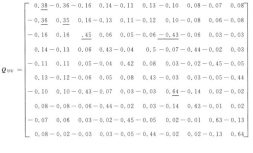

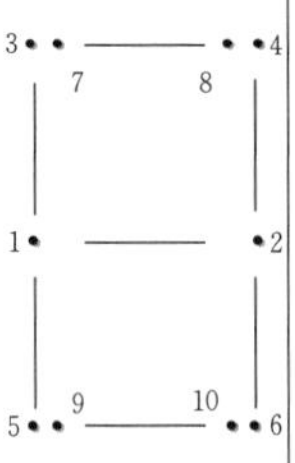


$\rho_{1,2}=0.987$

$\rho_{3,7}=0.801$

Table 4 Adjustment with three gross errors

| Iterating with weight function | | | | | | | | | Checking residuals program | | | | | |
|---|---|---|---|---|---|---|---|---|---|---|---|---|---|---|
| $\nabla_1$ | $\nabla_2$ | $\nabla_5$ | $v_1$ | $v_2$ | $v_5$ | $v_9$ | Gross error location | | $v_1$ | $v_2$ | $v_5$ | $v_9$ | Gross error location | |
| 10.0 | −0.6 | −10.0 | −6.2 | 4.8 | 7.4 | −3.6 | 1,2 ***D*** | 5,9 ***D*** | −10.4 | 0.1 | 6.6 | −4.5 | 1,2 ***C*** | 5,9 ***D*** |
| −1.0 | −10.0 | −10.0 | −4.5 | 3.7 | 7.7 | −3.4 | 1,2 ***D*** | 5,9 ***D*** | 0.9 | 10.5 | 4.1 | −6.4 | 1,2 ***C*** | 5,9 ***D*** |
| −10.0 | −10.0 | −10.0 | 0.3 | −0.3 | 5.8 | −4.0 | 1,2 ***H*** | 5,9 ***D*** | 7.8 | 8.2 | 5.9 | −5.5 | 1,2 ***C*** | 5,9 ***D*** |
| −10.0 | 10.0 | −10.0 | 9.0 | −7.0 | 0.2 | 9.3 | 1,2 ***C*** | 5,9 ***I*** | 7.2 | −8.5 | 2.1 | −8.1 | 1,2 ***C*** | 5,9 ***I*** |

$$Q_{vv}=\begin{bmatrix} \underline{0.40} & -0.\underline{36} & -0.18 & 0.14 & -0.11 & 0.13 & -0.12 & 0.08 & -0.06 & 0.08\\ -0.\underline{36} & 0.\underline{33} & 0.16 & -0.13 & 0.10 & -0.12 & 0.11 & -0.07 & 0.05 & -0.07\\ -0.18 & 0.16 & 0.46 & 0.05 & 0.05 & -0.06 & -0.42 & -0.06 & 0.03 & -0.04\\ 0.14 & -0.13 & 0.05 & 0.43 & -0.04 & 0.5 & -0.07 & -0.44 & -0.02 & 0.03\\ -0.11 & 0.10 & 0.05 & -0.04 & 0.41 & 0.08 & 0.03 & -0.02 & -0.\underline{45} & -0.05\\ 0.13 & -0.12 & -0.06 & 0.05 & 0.08 & 0.42 & -0.04 & 0.02 & -0.05 & -0.44\\ -0.12 & 0.11 & -0.42 & -0.07 & 0.03 & -0.04 & 0.65 & -0.14 & 0.02 & -0.02\\ 0.08 & -0.07 & -0.06 & -0.44 & -0.02 & 0.02 & -0.14 & 0.63 & -0.01 & 0.02\\ -0.06 & 0.05 & 0.03 & -0.02 & -0.\underline{45} & -0.05 & 0.02 & -0.01 & 0.\underline{63} & -0.13\\ 0.08 & -0.07 & -0.04 & 0.03 & -0.05 & -0.44 & -0.02 & 0.02 & -0.13 & 0.63 \end{bmatrix}$$

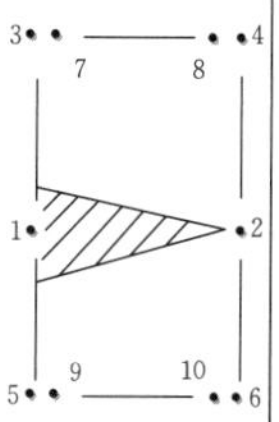


$\rho_{5,9} = 0.885$

$\rho_{1,2} = 0.991$

The observation 5 and 9 have not been weighted zero when run "checking residuals program"

The elements in the submatrix must be as $\begin{bmatrix} g_{ii} & g_{ik} \\ g_{ki} & g_{kk} \end{bmatrix} = \begin{bmatrix} 1 & 0 \\ 0 & 1 \end{bmatrix}$ and residual $i$ and residual $k$ are no longer correlation after run "checking residuals program". For any two observations of which residuals are heavily correlated and one of which residual has large size, weighted zero must be done to them imperatively, when run "checking residuals program".

# 5 Examples of "Robust adjustment"

## 5.1 Simulated Data for Adjustment

Calculating the parameters of relative orientation are taken as an example of "robust adj.". where includes 10 simulated observation (vertical parallax). The observational error vector is $\boldsymbol{E}^{\mathrm{T}}=(-1.0\quad 0.6\quad 1.0\quad -0.7\quad 0.1\quad -0.2\quad -1.0\quad -0.9\quad 1.5\quad 0.9)$, $\sigma_0 = 0.89$. Moreover, the example is especial to lay emphasis on the limitations of localizing gross errors stated above.

## 5.2 Weight Function for the Example Adjustment

The weight function proposed by author has been simplified for this experiment as follows

$$P_k=\begin{cases} 1, & |\overline{v_k}| \leqslant c \\ \dfrac{1}{a \cdot |\overline{v_k}|^{2.4}}, & \text{elsewhere} \end{cases} \tag{18}$$

where $c=2, a=1$ for first and second iteration, $c=3, a=3$ for after iterations

### 5.3 Results of Adjustment

The results of adjustment with weight function as Eq. (18) are listed in Table 2 to Table 4.

### 5.4 Remarks on the Experiments

(1)From Table 2, we know that gross error can be located with theoretical capacity as Table 1, if the residuals are not too heavily correlated. While the correlation coefficient between residual 2 equals 1,i. e. $\rho_{1,2}=1$, residual 1 and residual 2 equals 1, i. e. $\rho_{1,2}=1$, the gross error in observation 2 could not be located correctly.

(2)From Table 2, furthermore, know that mislocalizing as 4. 2. 1,4. 2. 2 and 4. 2. 3 appeared when observation 1 and/or observation 2 with gross error.

(3)From Table 3, we know that the mislocalizing gross error as same as Table 2 appeared. In spite of the residuals between observation 3 and 7 is also heavily correlated, however, the gross error in observation 7 can be located correctly, because $q_{77}>|q_{37}|$.

(4)From Table 4, we know that gross error in observation 5 is mislocalizing because $q_{55}>|q_{59}|$.

(5)From Table 2 to Table 4,we know that mislocalizing gross errors as 4. 2. 1,4. 2. 2 and 4. 2. 3 can only be solved by running "checking residuals program". Besides, Table 4 shows that mislocalizing gross error still happened, because the observation 5 and 9 have not been weighted zero, when run "checking residuals program".

(6)The most dangerous is so-called "hidden gross errors". In this example, gross errors are vanished in the adjusted results and impossible to be detected from the residuals. Fortunately, hidden gross errors are not frequent in practical adjustment.

## 6 Conclusions

The rules of increment relationship between the weight matrix $\boldsymbol{P}$ and matrix $\boldsymbol{G}$ would be a powerful tool to study "robust adj.", by which an approach to estimating the theoretical capacity of localizing gross errors by "robust adj." has been made and some mislocalizing gross errors in practical adjustment can be explained by the discussed limitation of localizing gross errors and overcome by so-called "checking residuals program". Despite the fact that the limitation of localizing gross errors could not be overcome by weight function redacting weight for observations in general way. Nevertheless, the gross errors revealed in the "robust adj." residuals will be larger remark in comparison with least squares residual, and the capacity of detecting (not locating), gross errors will, therefore, be improved. It should be required that all the elements in matrix $\boldsymbol{Q}_{vv}$ have to be calculated for further improving "robust adj.". From the point review of the adjustment with large scale equations, for instance photogrammetric block adj. , the computational effort will be increased appreciably. It is necessary further studies in the limitation of localizing gross errors, from which one could make intelligent programs by which the results of adjustment would possibly be free from the studied limitation.

## 7 Final Remarks

The investigations discussed above are based on the weight matrix $\boldsymbol{P}$ is united one. However it is easy to be extended to that weight matrix $\boldsymbol{P}$ is diagonal or corelational one by helping the concept of so-called equivalent residual and cofactor matrix of equivalent residual. According to the appendix, we have

$$\bar{\bar{\boldsymbol{Q}}} = \boldsymbol{W} \cdot \boldsymbol{G} \cdot \boldsymbol{W}^{-1}, \ \bar{\bar{\boldsymbol{V}}} = \boldsymbol{W} \cdot \boldsymbol{V}$$

where $\boldsymbol{W}^{\mathrm{T}} \cdot \boldsymbol{W} = \boldsymbol{P}$, $\boldsymbol{W}$ is a square no-singular matrix, $\bar{\bar{\boldsymbol{Q}}}$ is cofactor matrix of equivalent residual, $\bar{\bar{\boldsymbol{V}}}$ is equivalent residual.

If $\boldsymbol{P}$ is diagonal matrix the $\bar{\bar{\boldsymbol{Q}}}_{vv}$ and $\bar{\bar{\boldsymbol{V}}}$ can be simplified as follows

$$\bar{\bar{g}}_{ii} = g_{ii}, \bar{\bar{g}}_{ij} = \sqrt{\frac{P_i}{P_j}} \cdot \bar{\bar{\boldsymbol{V}}} = \sqrt{P_i} \cdot v_i \, (i = 1, m; j = 1, m)$$

All the conclusions discussed above in this paper are suitable for $\bar{\bar{\boldsymbol{Q}}}_{vv}$ and $\bar{\bar{\boldsymbol{V}}}$ because $\bar{\bar{\boldsymbol{Q}}}_{vv}$ and $\bar{\bar{\boldsymbol{V}}}$ have the same characteristics as $\boldsymbol{Q}_{vv}$ and $\boldsymbol{V}$ respectively. Where $\boldsymbol{Q}_{vv}$ and $\boldsymbol{V}$ computed with $\boldsymbol{P} = \boldsymbol{I}$.

## Appendix

Matrix $\boldsymbol{P}$ is symmetric positive definite, and always decompose into a product of a square no-singular matrix $\boldsymbol{W}$ and it's transpose, i. e.

$$\boldsymbol{P} = \boldsymbol{W} \cdot \boldsymbol{W}^{\mathrm{T}}$$

The vector in Eq. (1) Eq. (2) multiplied by matrix $\boldsymbol{W}$ from left side, we get

$$\boldsymbol{W} \cdot \boldsymbol{V} = -\{\boldsymbol{I} - \boldsymbol{W} \cdot \boldsymbol{A}[(\boldsymbol{W} \cdot \boldsymbol{A})^{\mathrm{T}}(\boldsymbol{W} \cdot \boldsymbol{A})]^{-1}\}(\boldsymbol{W} \cdot \boldsymbol{A})^{\mathrm{T}}(\boldsymbol{W} \cdot \boldsymbol{E}) \qquad (A,1)$$

let

$$\bar{\bar{\boldsymbol{V}}} = \boldsymbol{W} \cdot \boldsymbol{V}, \ \bar{\bar{\boldsymbol{A}}} = \boldsymbol{W} \cdot \boldsymbol{A}, \ \bar{\bar{\boldsymbol{E}}} = \boldsymbol{W} \cdot \boldsymbol{E} \qquad (A,2)$$

we have

$$\bar{\bar{\boldsymbol{V}}} = -\bar{\bar{\boldsymbol{Q}}}_{vv} \cdot \boldsymbol{E} \qquad (A,3)$$

where

$$\bar{\bar{\boldsymbol{Q}}}_{vv} = \boldsymbol{I} - \bar{\bar{\boldsymbol{A}}}(\bar{\bar{\boldsymbol{A}}}^{\mathrm{T}} \cdot \bar{\bar{\boldsymbol{A}}})^{-1} \cdot \bar{\bar{\boldsymbol{A}}}^{\mathrm{T}} \qquad (A,4)$$

$$\boldsymbol{Q}_{EE} = \boldsymbol{W} \cdot \boldsymbol{P}^{-1} \cdot \boldsymbol{W}^{\mathrm{T}} = \boldsymbol{W} \cdot \boldsymbol{W}^{-1}(\boldsymbol{W}^{\mathrm{T}})^{-1} \cdot \boldsymbol{W}^{\mathrm{T}} = \boldsymbol{I}$$

Furthermore , one get

$$\bar{\bar{\boldsymbol{V}}} = -\boldsymbol{W} \cdot \boldsymbol{G} \cdot \boldsymbol{W}^{-1} \cdot \bar{\bar{\boldsymbol{E}}} \qquad (A,5)$$

$$\bar{\bar{\boldsymbol{Q}}}_{vv} = \boldsymbol{W} \cdot \boldsymbol{G} \cdot \boldsymbol{W}^{-1} \qquad (A,6)$$

where $\bar{\bar{\boldsymbol{Q}}}_{vv}$ and $\bar{\bar{\boldsymbol{V}}}$ is referred to "equivalent residual" and "cofactor matrix of equivalent residual" respectively. It goes without saying that $\bar{\bar{\boldsymbol{Q}}}_{vv}$ and $\bar{\bar{\boldsymbol{V}}}$ have exactly the same characteristics as $\boldsymbol{V}$ and $\boldsymbol{Q}_{vv}$ respectively, where $\overline{\overline{\boldsymbol{Q}}}_{vv}$ and $\overline{\overline{\boldsymbol{V}}}$ are computed after least squares adjustment with $\boldsymbol{P} = \boldsymbol{I}$. Some problems of adjustment about observations with weight matrix containing unequally accurate and correlated elements can solved by so-called "equivalent residual" and "cofactor matrix of equivalent residual".

## References

[1] AMER F. Theoretional reliability of elementary photogrammetric procedure[J]. ITC Journal, 1981(3).

[2] STEFANOVIC P. Blunders and least squares[J]. ITC Journal, 1978(1): 122-154.

[3] WANG Renxiang. Studies on weight function for robust iterations[J]. Acta Geodetica et Cartographica Sinica, 1986, 15(2): 13-23.

[4] WENER H. Autonatc gross error detection by robust estimates[C]// ISPRS. Proceedings of the XVth ISPRS Congress: Technical Commission II 3B on Instrumentation for Data Reduction and Analysis, June 17-29, 1984, Rio de Janeiro, Brazil. Hanover, Germany: University of Hanover: 1101- 1108.

# Effects of Parameters of Weight Function for the Iterated Weighted Least Squares Method*

WANG Renxiang

**Abstract**: After the analysis of the relationship between the weight function parameters of negative power function type and the capability of localizing gross errors, it is pointed out that it is necessary to handle separately the basic variable for calculation weight and the statistical quantity for statistical tests. The so-called enlarged residual is used as basic variable of the weight function for the first two iterations, while after two iterations it is better to choose the residual for that. The"standardized residual" is always used as the statistical quantity. The power value of weight functions is taken from $-2.5$ to $-4.0$.
**Key words**: least squares method; minimum function; localizing gross error

## 1 Introduction

Researches conducted by many statisticians show that large amount of observations usually contain $5\% \sim 10\%$ gross errors. So they consider the observations as obeying a heaving tailed normal distribution. In order to make M-estimation (maximum likelihood estimation) suitable to these non-pure normally-distributed observations, many statisticians use the least-norm method (Lq-estimation) to modify M-estimation with appropriate weight function, so as to achieve the purpose of M-estimation. The norm is generally defined as $1 \leqslant q < 2$. In the study of robust estimation for recent years, some photogrammetrists do not take an Lq-estimation as their goal, instead, they aim at improving the capabilities of localizing gross error. Besides power function and exponential function, they also use hyperbolic as weight function. In the weight function, residual is replaced by"standardizing residual"as its basic variable. The power of the basic variable of weight function also exceeds the interval of $1 \leqslant q < 2$. This method is acceptably called "the iterated weighted least squares method".

The selection of parameters of weight function is an important factor in the iteration for localizing gross errors. This paper will analyze the advantages and disadvantages of the respective values adopted for parameters of weight function in view of increasing the capability of localizing gross errors.

---

* 本文发表于《测绘学报》1989 年第 1 期。

## 2 Influence Function and Weight Function of Least Norm Estimation

The least norm method uses the following function

$$\rho(V) = |V|^q$$

where $V$ is the residual vector.

The solution the equation is fairly complicated, but it can be approached by applying the appropriately-selected weight function $P(V_j)$ in an iterative process according to the least squares method. So the minimum function can be expressed as

$$\sum_{j=1}^{m} \rho(V_j) = \sum_{j=1}^{m} P(V_j) \cdot V_j^2$$

where $m$ is the number of observations.

The basic variable of the iterative-approximation solution is the residual which is not a simple random variable to which particular attention should be given in the analyses.

Huber argues that the influence function is in direct proportion to the first derivative of minimum function, while weight function is the second derivative of the minimum function. The influence function is

$$\varphi(V_j) = \mathrm{sign}(V_j) \cdot q \cdot |V_j|^{(q-1)} \tag{1}$$

The following weight function is given for discussion in this paper

$$P_j = \begin{cases} 1, & |V_j| \leqslant a \cdot \sigma_0 \\ \left(\dfrac{\sigma_0}{|V_j|}\right)^z, & \text{elsewhere} \end{cases} \tag{2}$$

where $Z$ is the power of basic variable of weight function $= 2 - q$, $a$ is the critical value for statistical tests, $\sigma_0$ is standard deviation of observations.

Using this weight function for the iterated weighted least squares solution means that the minimum function is

$$\sum_{j=1}^{m} \rho(V_j) = \begin{cases} \sum\limits_{1}^{m_1} V_j^2, & |V_j| \leqslant a \cdot \sigma_0 \\ \sum\limits_{m_1+1}^{m} |V_j|^q, & \text{elsewhere} \end{cases}$$

where $m_1$ is the number of residuals of which the absolute value is less than $a \cdot \sigma_0$.

As mentioned above, statisticians take $q$ in the interval of $1 \leqslant q < 2$ as the parameter of least norm estimation. In the photogrammetric adjustment, some scholars take the value of $q$ in a larger interval. When $q < 1$, it cannot be defined as the norm in its usual sense, and it is called the "quasi norm". We will take $q$ in an even larger interval and compare their capabilities of localizing gross errors.

Firstly, we may use Hample's five bound conditions about robust influence curve for discussing the influence function with different $q$. For convenience, we take

$$\varphi(V_j)=\text{sign}(q)\cdot|V_j|^{q-1}$$

and illustrate it in Fig. 1, which gives only the case of $\text{sign}(V_j)=+$. As is shown in Fig. 1, the influence curves with $q=-0.5\sim-2.0$ ($z=2.5\sim4.0$) better satisfy the conditions of robust bound. It appears that the iterations using weight function of which parameter $z=2.5\sim4.0$ may get more effective robust estimation. It is shown in some papers that localizing gross errors by iteration with $z>2$ is superior in capability to the iteration with $z<2$. However, all the comparisons are based on experimentation. The results may be limited by the applied data. In the following, we would discuss by a different way how to get suitable value of $z$ for weight function.

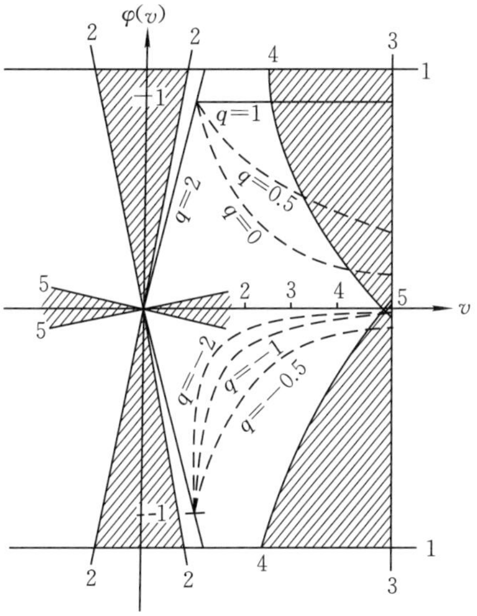


Fig. 1 Influence curve is better located in the white area

## 3 Relationship between the Capability of Localizing Gross Error and Weight Function Parameters

We would, from the point of view of improving the capability of localizing gross error, discuss the parameters of weight function. As is known, in localizing gross errors by the iterated weight least squares method, one only concerns how to sufficiently reveal the magnitude of gross errors on their residual after convergence. The present author points out in literature [3] that the essence of iteration is to increase the magnitude of main-diagonal elements of gross error observation in matrix $\boldsymbol{Q}_{vv}$. It is certain that once iteration is converged and gross errors are sufficiently related in their residuals, the main-diagonal elements of gross error observation in matrix $\boldsymbol{Q}_{vv}$ (now it should be matrix $\boldsymbol{G}$) must be increased to or near to 1. We restrict our studies to observations with one gross error only, i. e. it is assumed that observation $i$ contains gross error $\nabla_i$. To make sure that during iteration the main-diagonal elements of observation $i$ in matrix $\boldsymbol{Q}_{vv}$ are increased, the following condition is given in literature[5]

$$|\delta p_i| > \frac{1}{q_{ii} - q_{ii}^2} \sum_{k=1}^{m} q_{ik}^2 \cdot |\delta p_K|, \ (k \neq i) \tag{3}$$

where $\delta p_i$ is the weight increment of gross error observation $i$, $\delta p_k$ is the weight increment of other observations, $q_{ik}$ is the element of matrix $\boldsymbol{Q}_{vv}$

$$\delta p_j = 1 - p_j, \ (j = 1, m)$$

The following symbols will be used in the subsequent discussion.

$r = \sum_{j=1}^{m} q_{jj}$ donates the degree of freedom.

$\boldsymbol{V} = -\boldsymbol{G} \cdot \boldsymbol{E}$ is the residual vector of observations.

$$\boldsymbol{G} = \boldsymbol{Q}_{vv} \cdot \boldsymbol{P} \tag{4}$$

where $\boldsymbol{P}$ is the weight matrix of observation, $\boldsymbol{E}$ is the observation error vector.

Eq. (3) is expanded by Neumann's series and takes first order terms according to the mathematical formula of increments of matrix $\boldsymbol{P}$ and matrix $\boldsymbol{G}$ [5]. When $\delta p_i (j = 1, m)$ is smaller than 1 in most cases or even close to a few cases, it is still suitable to the analysis of gross error localization, unless there are a great number of gross errors contained in the observation vector and many weight increments of observation are equal to or close to 1. However this special case of gross error localizing is beyond the scope of this discussion.

### 3.1 About parameter $a$

Inserting $P_j = \left(\frac{\sigma_0}{V_j}\right)^z$ in Eq. (3), we get

$$\bar{V}_i > \left\{ \frac{(q_{ii} - q_{ii}^2)}{\sum_{k=m_1+1}^{m-m_1} q_{ik}^2 \left(\frac{\sigma_0}{\bar{V}_k}\right)^Z + \sum_{l=1}^{m} q_{il}^2} \right\}^{\frac{1}{Z}}, \quad (k \neq 1, l \neq i) \tag{5}$$

It is assumed in the Eq. (5) there are $m_1$ observations of which absolute values are smaller than $a \cdot \sigma_0$. When value a is large, the value of $m_1$ is large too and, generally, the value $\sum_{i=1}^{m_1} q_{il}^2$ is also large. Then the $\bar{V}_i$ that meets the need of Eq. (5) should be small, so that smaller gross error can be located. It should be noted, however, that the bigger value $a$ is, the greater will be the possibility that the observations containing gross error is brought into next iteration. The popular values of $a$ are taken about are l. 5 ~ 2. 0. Especially during iterations of the first several times, the value of $a$ should not be taken too big.

### 3.2 About parameter $Z$

For the convenience of deduction, we assume that a small value is taken for the critical value, so that all the $\bar{V}_j$ are larger than $a \cdot \sigma_0$, i. e.

$m_1 = 0$, Eq. (5) now becomes

$$\bar{V}_i > \left[ (q_{ii} - q_{ii}^2) \left( \sum_{k=1}^{m} q_{ik}^2 \cdot \left( \frac{\sigma_0}{\bar{V}_k} \right)^Z \right)^{-1} \right]^{\frac{1}{Z}}, \quad (k \neq i) \tag{6}$$

The parameter $z$ is chosen with the purpose of getting the value in the right-hand side of Eq. (6) as small as possible, so as to be able to localize smaller errors.

From Eq. (4), we get

$$\bar{V}_k = \frac{|V_k|}{\sqrt{q_{kk}}} = \frac{q_{ki} \cdot \nabla_i + \sum_{j=1}^{m} q_{kj} \cdot \varepsilon_j}{\sqrt{q_{kk}}}, (j \neq i) \tag{7}$$

where $q_{ki}, q_{kj}$ and $\nabla_i$ are changed in value with applied data of adjustment. To simplify the discussion, we take $\nabla_i$ as a constant. As for $q_{ki}, q_{kj}$, there are the characteristics of $\boldsymbol{Q}_{vv}$ matrix that can be cited. However, $\varepsilon_j (j = 1, m, j \neq i)$ is a random sample that arises from a distribution $N(0, \sigma_0^2)$. Hence $\sum_{j=1}^{m_1} q_{kj} \cdot \varepsilon_j$ is the linear combination of observation errors subject to $N(0, (q_{kk} - q_{ki}^2)\sigma_0^2)$ distribution, and randomly arisen value is $\sqrt{(q_{kk} - q_{ki}^2)}\sigma_0 \cdot t$ to which the association probability is

$$Pr\left\{ \left| \sum_{j=1}^{m} q_{kj} \cdot \varepsilon_j \right| > \sqrt{q_{kk} - q_{ki}^2} \cdot \sigma_0 \cdot \mathrm{t} \right\} = \begin{cases} \frac{\alpha}{2}, & t \geqslant 0 \\ 1 - \frac{\alpha}{2}, & \text{elsewhere} \end{cases}$$

where $t = \sqrt{\chi^2_{\alpha'1}}$, $\alpha$ is the significant level.

Then $\bar{V}_k$ can be expressed as

$$\bar{V}_k = \frac{q_{ki} \cdot \nabla_i + \sqrt{q_{kk} - q_{ki}^2} \cdot \sigma_0 \cdot t}{\sqrt{q_{kk}}} \tag{8}$$

We will discuss the effect of parameter $z$ to the right-hand side of Eq. (6) into two steps. Firstly, let $z = 2u$ and insert Eq. (8) into Eq. (6), we have

$$\bar{V}_i > \left[ (q_{ii} - q_{ii}^2) \left( \sum_{k=1}^{m} \frac{q_{kk}^u \cdot q_{ik}^{2(1-u)}}{(\nabla_i^2 + \Delta_k^2)^u} \right)^{-1} \right]^{\frac{1}{2u}}, \quad (k \neq i) \tag{9}$$

where $\Delta_k^2 = \frac{q_{kk} \cdot q_{ik}^2}{q_{ik}^2} \cdot {\sigma_0}^2 \cdot t^2$.

Here $\Delta_k^2$ is taken as an invariable quantity, and is replaced by the average value $\Delta^2$. Then we have

$$\bar{V}_i > \left( \sum_{k=1}^{m} \frac{q_{ii} - q_{ii}^2}{q_{ik}^{2(1-u)} \cdot q_{kk}^u} \right)^{\frac{1}{2u}} \cdot \sqrt{\nabla_i^2 + \Delta^2} \tag{10}$$

The elements $q_{kk}$, $q_{ik}^2$ can be expressed as $q_{kk} = q_d + \Delta q_{kk}$, $q_{ik}^2 = q_0^2 + \Delta q_{ik}$; which satisfy $\sum_{k=1}^{m_1} \Delta q_{kk} = 0$, $\sum_{k=1}^{m_1} \Delta q_{ik} = 0, (k \neq 1)$; where $q_d, q_0^2$ are respectively the average values of $q_{kk}, q_{ik}^2$.

According to the characteristics of matrix $\boldsymbol{Q}_{vv}$, we have

$$q_d = \frac{\sum_{k=1}^{m} q_{kk}}{m-1} = \frac{r - q_{ii}}{m-1}, \quad q_0^2 = \frac{\sum_{k=1}^{m} q_{ik}^2}{m-1} = \frac{q_{ii} - q_{ii}^2}{m-1}$$

It is assumed that $|\Delta q_{kk}| < q_d$, $|\Delta q_{ik}| < q_0^2$ (when carrying out power expansion in series about $q_d + \Delta q_{kk}$ and $q_0^2 + \Delta q_{ik}$, we take the second term), and inserting the above relationships into Eq. (10), we have

$$\bar{V}_i > \sqrt{\frac{q_{ii} - q_{ii}^2}{r - q_{ii}}} \left[ 1 - B \cdot (m-1) \left( \frac{\sum_{k=1}^{m} \Delta q_{kk}^2}{(r - q_{ii})^2} + \frac{\sum_{k=1}^{m} \Delta q_{ik}^2}{(q_{ii} - q_{ii}^2)^2} \right) \right] \sqrt{\nabla_i^2 + \Delta^2} \tag{11}$$

and

$$B = \frac{z-2}{8} \tag{12}$$

**Tab. 1 Value of $B$ computed with different $Z$ values**

| Z | 1 | 2 | 2.5 | 3 | 4 |
|---|---|---|---|---|---|
| B | $-\frac{1}{8}$ | 0 | $\frac{0.5}{8}$ | $\frac{1}{8}$ | $\frac{2}{8}$ |

The value of $B$ computed with different $Z$ values are listed in Tab. 1. From Eq. (11), Eq. (12) and Tab. 1, we know that with the increase of $|\Delta q_{kk}|$ and $|\Delta q_{kk}|$, and when a big value is taken for parameter $z$, then the capability of localizing gross errors is improved. It is even better to take 2.5～4.0 than 1.0～2.0 as $Z$ value, which agrees with the conclusion obtained from the discussion of the influence curves. From Eq. (12) it can be seen that the percentage of improving the capability of gross error localizing is in direct proportion to the value of $Z$. When some of the magnitudes in the $|\Delta q_{kk}|$ or $|\Delta q_{ik}|$ are larger than their average value, all the data except $Z=2$ are no longer correct in Tab. 1, because the expansion in series of $q_d + \Delta q_{kk}$ and $q_0^2 + \Delta q_{ik}$ is not convergent. But it is certain that the trend becomes more evident in which the capability of localizing gross errors is improved when a larger value is taken for $Z$.

Secondly, we take value $\sqrt{q_{kk} - q_{ki}^2} \cdot \sigma_0 \cdot t$ in Eq. (8) as a random variable. Eq. (8) can be expressed as

$$\bar{V}_k = \frac{q_{ki} \cdot \nabla_i + \text{sign}(t) \sqrt{q_{kk} - q_{ki}^2} \cdot \sigma_0 \cdot t}{\sqrt{q_{kk}}}$$

We make

$$\bar{V}_k = \frac{q_{ki} \cdot \nabla_i}{\sqrt{q_{kk} - \text{sign}(t) \cdot \Delta \ddot{q}_{kk}}}$$

By comparing the above two formulas, we obtain

$$\Delta \ddot{q}_{kk} = \frac{q_{kk} - q_{ki}^2}{q_{ki}^2} \cdot \frac{t^2 \sigma_0^2}{\nabla_i^2}$$

where $\Delta\ddot{q}_{kk}$ has the similar function discussed above as $\Delta q_{kk}$ , it is particularly evident that the capability of localizing gross errors is improved when value of $Z$ become larger.

## 3.3 About the basic variable of weight function

Most of the statisticians who have succeeded in realizing robust M-estimation by weight function iterations take residual $V_i(j = 1, m)$ as the basic variable of weight function so that iteration is converged in some least norm estimation approximately, and the residuals are used as statistical quantity for statistical tests. However the residuals are not a simple sample but arise from their population with their own variance. Hence there is a lack of rigidity in the theory of statistical tests by unique standard critical value $a \cdot \sigma_0$. Concerning the irrigorous tests some photogrammetrists replace the residuals with standardized residuals so as to carry out rigorous statistical tests. Up to now in practical adjustment with robust estimation, one is used to taking the same value for both calculation weight and statistical tests. We consider that weight calculation and statistical tests are two different functions. Hence we set the weight function as follows so as to have a further discussion on this problem

$$p_j = \begin{cases} 1, & \bar{\bar{V}} < a \\ \dfrac{1}{\bar{V}_j^2}, & \text{elsewhere} \end{cases}$$

where

$\bar{V}_j = \dfrac{|V_j|}{S_1 \cdot \sigma_0}$ is so-called "enlarged residual", $\bar{\bar{V}}_j = \dfrac{|V_j|}{S_2 \cdot \sigma_0}$ is "standardized residual",

$S_1 = \sqrt{g_{jj}}$ is "enlarging factor ", $S_2 = \sqrt{\sum_{k=1}^{m} g_{jk}^2}$ is "standardizing fator ", $g_{jj}$ and $g_{jk}$ are the corresponding elements taken from the matrix $\boldsymbol{G} = \boldsymbol{Q}_{vv}\boldsymbol{P}$.

### 3.3.1 About statistical quantity $\bar{\bar{V}}_j$

Obviously, it is reasonable that during iteration, residuals are transferred into " standardized residuals"as statistical quantity for rigorous tests. When observations do not contain any gross error, $V_j$ is

$$V_j = -\sum_{k=1}^{m} g_{jk} \cdot \varepsilon_k$$

of which variance is $\sqrt{\sum_{k=1}^{m} g_{jk}^2 \delta_0}$ , therefore, the standardizing factor defined in this paper is

$$S_2 = \sqrt{\sum_{k=1}^{m} g_{jk}^2}$$

During the first iteration, residual is computed by least squares method with $P = 1$.

Hence $\boldsymbol{G} = \boldsymbol{Q}_{vv}\boldsymbol{P}$ and $S_2 = \sqrt{\sum_{k=1}^{m} q_{jk}^2} = \sqrt{q_{jj}}$

In this way $S_1 = S_2$. But after the first iteration, the weight matrix is no longer unit one, the standardizing factor should be computed with the off-diagonal elements of matrix $\boldsymbol{G}$, this is

$$S_2 = \sqrt{\sum_{k=1}^{m} g_{jk}^2} \neq S_1 = \sqrt{g_{jj}} = \sqrt{\sum_{k=1}^{m} g_{jk} \cdot g_{kj}}, g_{jk} \neq g_{kj}$$

It is well known that $0 \leqslant g_{jj} \leqslant 1$, so $S_2$ always plays a part of enlarging residuals. However the value of $S_2 = \sqrt{\sum_{k=1}^{m} g_{jk}^2}$ may possibly be larger than literature[3], and in this case, it will be a disadvantage to localizing gross errors if $S_2$ is still seen equally as $S_1$.

As discussed above, it is beneficial to improving the capability of localizing gross errors by taking a larger value $z$ for iteration, however, the probability of eliminating good observations increased incidentally. Because the good observation is vested with a small weight when it also has a rather large residual, and therefore its row elements in matrix $\boldsymbol{G}$ are increased, and so is the magnitude of residual. By using the standardizing factor discussed above, the probability of eliminating good observation is restrained to certain extent.

To obtain $S_2$, all the elements of matrix $\boldsymbol{G}$ have to be calculated. From the point of view of adjustment with large scale . equations, for instance, aerial triangulation block adjustment, the computational effort must be increased appreciately.

### 3.3.2 About the basic variable $\bar{V}_j$ for calculating weight

The purpose of enlarging factor $S_1$ is to enlarge the residual magnitude, and attempt to increase the capability of localizing gross errors. As the residuals of observations, containing gross errors or not, are may all be enlarged in some different degrees, we have to discuss in what cases enlarged residual is beneficial to localizing gross errors. We now take $Z = 2$ and the first iteration as example, replace $\bar{V}_j$ in Eq. (6) with $V_j$ and have

$$|V_i| > \left\{(q_{ii} - q_{ii}^2)\left[\sum_{k=1}^{m} q_{ik}^2 \cdot \left(\frac{\sigma_0}{|V_k|}\right)^2\right]^{-1}\right\}^{\frac{1}{2}} \tag{13}$$

By using a method similar to the previous one, we have

$$|V_i| > \sqrt{\frac{1}{m-1}} \cdot \sqrt{(q_{ii} - q_{ii}^2)(\nabla_i^2 + \Delta^2)} \tag{14}$$

On the other hand, the case of using enlarged residual can be expressed as follows from Eq. (11) and Tab . 1

$$\bar{V}_i > \sqrt{\frac{q_{ii} - q_{ii}^2}{r - q_{ii}}} \cdot \sqrt{(\nabla_i^2 + \Delta^2)}$$

for comparison, inserting $\bar{V}_i = |V_i| / \sqrt{q_{ii}}$ into the above equation, we get

$$|V_i| > \sqrt{\frac{q_{ii}}{r - q_{ii}}} \cdot \sqrt{(q_{ii} - q_{ii}^2)(\nabla_i^2 + \Delta^2)} \tag{15}$$

Again with $q_{ii} = C \cdot \frac{r}{m}$ taken into the first radical of the right-hand side of the equation, we get

$$|V_i| > \sqrt{\frac{c}{m-1}} \cdot \sqrt{(q_{ii} - q_{ii}^2)(\nabla_i^2 + \Delta^2)} \tag{16}$$

By comparison of Eq. (14) with Eq. (16), we know that when $C < 1$, i. e. the main-diagonal element $q_{ii}$ is smaller than the average value of main-diagonal elements in matrix $\boldsymbol{Q}_{vv}$, the capability of localizing gross errors can be improved by using enlarged residuals. Therefore, in general cases, the residuals have to be enlarged only in the first and second iteration. After several iterations, the magnitude of main-diagonal elements of gross error observation may be increased by weighted smaller value. The enlarging factor will not necessarily be used in subsequent iterations.

## 4 Proposed Weight Function

Based on the above discussions, we propose that the following weight function will be used for the iterated weight least squares adjustment.

$$P_j = \begin{cases} 1, & \bar{\bar{V}}_j \leqslant \begin{cases} 2.0, \text{for first and second iteration} \\ 3.3, \text{for after second iterations} \end{cases} \\ \dfrac{1}{\bar{V}_j^{Z_1}}, & \bar{\bar{V}}_j > 2.0, \text{for first and second iteration} \\ \dfrac{1}{|\bar{\bar{V}}_j|^{Z_2}}, & \bar{\bar{V}}_j > 3.3, \text{for after second iterations} \\ 0, & \bar{\bar{V}}_j > 3.3, \text{for last iteration} \end{cases}$$

where $\bar{V}_j = \frac{|V_j|}{\sigma_0 \cdot S_1}$, $\bar{\bar{V}}_j = \frac{|V_j|}{\sigma_0 \cdot S_2}$, $S_1 = \sqrt{g_{jj}}$, $S_2 = \sqrt{\sum_{k=1}^{m} g_{jk}^2}$, $Z_1 = 2.5$, $Z_2 = 3.0 \sim 4.0$.

The characteristics of the above weight function are as follows:

(1) The statistical quantity used in statistical tests is separated from the basic variable used in calculating weight.

(2) Parameter $a$ and $z$ increase with the increasing number of iteration.

(3) Parameter $z$ is taken value of 2.5 and enlarged residuals are taken to calculating weight for first and second iteration. After second iteration, value $z$ may be taken in the interval of 3.0~4.0 and residuals are taken to calculate weight.

(4) The iteration should come back into the least squares solution with observations containing gross errors eliminated.

## 5 Conclusion

With the relation formula between the increment of matrix $\boldsymbol{G}$ and matrix $\boldsymbol{P}$ in[5] as a tool, paper makes it possible to use the analytical method to study the effect of parameters of negative power type weight function to the capability of localizing gross errors. We have only used the first order term of the expanded series about mathematical formula of increments of matrix $\boldsymbol{G}$ and matrix $\boldsymbol{P}$, and assumed that observations contained only one gross error. Therefore there may be difference between the results and actual adjustments. Nevertheless, the trend of choosing better value of parameters had been obtained from the analytical point of view, although the views obtained from this paper have to be substantiated and perfected in the practical adjustment in the future gradually.

## References

[1] WANG Zhizhuo. Principle of Photogrammetry[M]. Beijing: Surveying and Mapping Press, 1990.

[2] WENER H. Autonatc gross error detection by robust estimates[C]// ISPRS. Proceedings of the XVth ISPRS Congress: Technical Commission II 3B on Instrumentation for Data Reduction and Analysis, June 17-29, 1984, Rio de Janeiro, Brazil. Hanover, Germany: University of Hanover: 1101-1108.

[3] WANG Renxiang. Studies on weight function for robust iterations[J]. Acta Geodetica et Cartographica Sinica, 1986, 15(2) : 91-101.

[4] GONG Xunping. Experiment and discussion on the method of blunder location[J]. Development of Surveying and mapping Technology, 1987(1).

[5] WANG Renxiang. Theoretical capacity and limitation of localizing grass errors by robust adjustment [C]//ISPRS. Proceedings of the XVIth ISPRS Congress: Technical Commission III on Mathematical Analysis of Data, July 1-10, 1988, Kyoto, Japan. Kyoto: ISPRS.

# Gross Errors Location by Two Step Iterations Method*

WANG Renxiang

**Abstrict**: In consideration of the capability and reliability about localizing gross errors are decreased by correlation of residuals seriously. From the strategical point view, the iterated weight least squares method is developed to so-called "two step iterations method". In the first step of iterations, the observational weight is calculated by selected weight function in an usual way. In the second step, we start with statistical test and analysis of residual correlation. Based on convergence in the first step, the obtain possible gross error observation(s) has to be weighted zero. Then the second step iteration is performed. After that, gross errors localization can be done by rigorous statistical test according to the standardized residuals and referring the magnitude of so-called "weighted zero residual". The capability and reliability of localizing gross errors are improved by two step iterations method.

The paper gives some examples with simulated data for comparison of the results about gross errors location by different step iterations methods.
**Key words**: gross error location; standardized residual; weighted zero residual; $\boldsymbol{Q}_{vv}$ matrix.

## 1 Introduction

Gross errors localizing by iterated weight least squares method has been investigated for a long time. One of the key problems of this method is to select weight function. There are many weight functions proposed by different authors in present applications. Every weight function has its own properties. Among these functions, the types of function, the parameters and the statistical quantities as well as the critical values are somewhat different to each other. However a common property is that the function is an inverse measure of residual in absolute. Therefore the magnitude of main diagonal element relating the observation with rather large residual in absolute in $\boldsymbol{Q}_{vv} \cdot \boldsymbol{P}$ matrix will be increased. After iteration with the weight function and will be capable of localizing gross errors[1].

The author pointed out that gross errors localization is unreliable by iteration with

* 本文发表于 1992 年的 ISPRS 会议。

weight function, when some residuals are of strong correlation[2]. The paper as proposed an idea so-called "Two step iteration method" in order to improve the capability and reliability about localizing gross errors.

## 2 Two Step Iterations Method

The two step iterations method is proposed based on the properties of so-called "weighted zero residual "[2] and the "checking correlation of residual program"[3]. From the strategical point of review, the iterated weight least squares method has been contrived in two step iterations. The first step is to perform least squares iterations with weight function until convergence. The second step is to analysis the correlation of residuals in which the standardized value is larger than the critical value. Because of the first step iterated convergence, the searching areas of gross error observations are limited in the observations in which the standardized residual is of large or strong correlation with another large standardized residual.

### 2.1 First Step Iteration

In a general way, all the weight functions used in iterated least squares method robust estimate method can be taken in the first step iterations. However the present author emphasizes that standardized residuals have to be used in every iteration at least in the last one for statistical test. Therefore $\boldsymbol{Q}_{vv}\cdot\boldsymbol{P}$ matrix should be calculated in every iterations. The papers[4-5] have given the fast recursive algorithm for computation of $\boldsymbol{Q}_{vv}\cdot\boldsymbol{P}$ matrix. The time consuming for calculating $\boldsymbol{Q}_{vv}\cdot\boldsymbol{P}$ matrix have been overcome. As an experiment in this paper, the author gives a weight function modified from[6] and used in this step iterations as follows

$$p_i=\begin{cases}1, & \lambda_i \text{ or } \overline{\lambda_i}\leqslant c\\ 1/\lambda^a, & \dot{\lambda}_i>c \text{ for } 1,2 \text{ iteration}\\ 1/\lambda^b, & \overline{\lambda_i}>c \text{ after } 2 \text{ iterations}\end{cases}$$

where

$$\lambda_i=\begin{cases}\dfrac{|V_i|}{\sigma_0}, & \dfrac{|V_i|}{\sigma_0}>\overline{\lambda_i}\\ \overline{\lambda_i}, & \text{elsewhere}\end{cases}$$

here, $\dot{\lambda}=\dfrac{|V_i|}{\sigma_0 K_1}$ is enlarged residual, $\overline{\lambda}_i=\dfrac{|V_i|}{\sigma_0 K_2}$ is standardized residual, $K_1=\sqrt{g_{ii}}$ is enlarged factor, $K_1=\sqrt{\sum\limits_{j=1}^{m} g_{ii}^2}$ is standardized factor, $c=2.0$, $a=2.5$, $b=3.0\sim4.0$.

### 2.2 Second Step Iteration

In the first step, the mistakes of localizing gross errors are from two major circumstances. The first is the gross error that cannot be detected by statistical test with the standard critical value, because the magnitude of main diagonal element related to gross error observation in $\boldsymbol{Q}_{vv} \cdot \boldsymbol{P}$ matrix and correspondent to the main component coefficient of the standardized residual *MCCV*[2] are too small. It is impossible to overcome by any iteration method determined by the design matrix. The second, gross error revealed in the standardized residual is dispersed by the correlation coefficient of residuals and make wrong decision with statistical test. This problem can possibly be overcome by disassembling the correlation of residuals. The properties of weighted zero residual [2] as follows plays important part in this discussion.

(1) Gross error can be revealed in its weighted zero residual completely.

(2) After iteration, any two observations are weighted zero, the correlation coefficient of the two observational residual must be zero, i. e. the two residuals are no longer correlated.

(3) For any two observations where residuals are of strong correlation and weighted zero. The value of main component coefficient of the standardized residuals will be decreased evidently.

In the second step, the observation(s) weighted zero will be decided according to the comprehensive decision which include the analysed correlation of residuals, statistical test using standardized residuals and referred weighted zero residuals.

## 2.3 Program for the Second Step Iteration

### 2.3.1 Type A observation

After the first step iteration, the observation where standardized residual is larger than the critical value which is 2. 5 in this paper would be a possible gross error observation and called Type A observation. The correlation coefficient of residuals will be calculated and make analysis as follows

$$\rho_{i,k} = \frac{q_{i,k}}{\sqrt{q_{ii} q_{kk}}}, \quad (k = 1, m;\ k \neq i)$$

where $i$ is the number of the type A observation, $k$ is the number of another observation.

For Type A observations,

(1) If $\rho_{i,k} > 0.7$, record $\rho_{i,k}$ and $k$.

(2) If $\rho_{i,k} < 0.7$, then the observation $i$ to be decided as contained gross error and always weighted zero in sequential iterations.

### 2.3.2 Type B observation

Type B observation is determined by two factors. The first is the frequency of correlation coefficient of which value is larger than 0. 7. The second is the magnitude of correlation coefficient.

### 2.3.3 Assigning Zero Weight to the Pair observation of Type A and Type B

It is allowable that more one pair observation of Type A and Type B to be assigned zero weight in an iteration, if the redundant number of the adjustment system is large enough.

### 2.3.4 Transferring the Weighted Zero Residuals to the Standardized Residuals

We have to transfer weighted zero residual to standardized residual, calculate the main component coefficient of the standardized residuals as well as make statistical test. In consideration of the properties of weighted zero residual, we take 1.5 as the critical value in the experiment, when the main component coefficient is smaller than 0.5.

## 2.4 Factors About Comprehensive Decisions

There are five factors have to be considered in the comprehensive decisions:

(1)Whether the standardized residual is larger than the critical value.

(2)Checking the correlation of residuals.

(3) Checking the magnitude of the main component coefficient of standardized residuals.

(4)Checking the magnitude of the weighted zero residual.

(5)If necessary, one has to refer to the data about the previous iterations.

# 3 Examples About Gross Error Location by The Two Step Iterations Method

We take the calculation of photo relative orientation parameters with simulated data as a example for the discussions.

Design matrix is

$$
\begin{bmatrix}
0.0 & 0.0 & 1.0 & 0.0 & -1.0 \\
0.0 & 0.0 & 1.0 & -1.0 & 0.0 \\
0.0 & -1.0 & 2.0 & 0.0 & -1.0 \\
-1.0 & 0.0 & 2.0 & -1.0 & 0.0 \\
0.0 & 1.0 & 2.0 & 0.0 & -1.0 \\
1.0 & 0.0 & 2.0 & -1.0 & 0.0 \\
-0.8 & -0.2 & 2.0 & -0.8 & -1.0 \\
0.0 & 0.8 & 1.64 & 0.0 & -1.0 \\
-0.4 & -0.16 & 1.04 & -0.2 & -0.8 \\
0.16 & 0.04 & 1.04 & -0.8 & -0.2
\end{bmatrix}
$$

$Q_{vv} \cdot P$ matrix($p = I$) is

$$
\begin{bmatrix}
0.64 & -0.13 & -0.15 & 0.11 & -0.06 & 0.16 & 0.06 & -0.16 & 0.31 & -0.16 \\
 & 0.60 & 0.18 & -0.12 & 0.13 & -0.12 & -0.06 & 0.03 & -0.17 & -0.34 \\
 & & 0.17 & 0.02 & 0.06 & -0.13 & -0.15 & 0.06 & -0.16 & 0.11 \\
 & & & 0.43 & -0.06 & 0.07 & -0.45 & 0.01 & 0.05 & -0.03 \\
 & & & & 0.41 & -0.10 & -0.04 & -0.45 & 0.03 & 0.07 \\
 & & & & & 0.13 & 0.03 & 0.02 & 0.11 & -0.15 \\
 & & \text{symmetry} & & & & 0.61 & 0.01 & 0.01 & 0.01 \\
 & & & & & & & 0.62 & -0.08 & -0.02 \\
 & & & & & & & & 0.71 & -0.18 \\
 & & & & & & & & & 0.70
\end{bmatrix}
$$

The simulated observational error vector of vector of vertical parallax is

$$E = (-0.87 \quad -0.39 \quad 1.5 \quad -0.51 \quad 0.44 \quad 0.08 \quad -0.87 \quad -0.75 \quad 2.11 \quad -0.75)$$

## 3.1 Capacity of Gross Error Location by First Step Iterations

It is assumed that the observations contain only one gross error and use the weight function proposed by the present author. After five times of iterations, the minimum if gross error which can be located by first step iterations is listed in Table 1.

Table 1 Minimum Located Gross Error

| Point | 1 | 2 | 3 | 4 | 5 | 6 | 7 | 8 | 9 | 10 |
|---|---|---|---|---|---|---|---|---|---|---|
| (+) | 5 | 4 | 12 | 8 | 4 | 11 | $3 < \nabla_{17} < 23$<br>$\nabla_{17} > 36$ | 5 | 4 | 4 |
| (−) | −4 | −5 | −9 | −5 | −5 | −17 | 4 | −6 | −4 | −4 |
| $q_{ii}$ | 0.64 | 0.60 | 0.17 | 0.43 | 0.41 | 0.13 | 0.61 | 0.62 | 0.71 | 0.70 |

The condition of this adjustment system is pretty good for gross error location, because the average value of main diagonal elements of $Q_{vv} \cdot P$ matrix is equal to 0.5. The main diagonal elements of $Q_{vv} \cdot P$ matrix related to observation 1,2,8,9 and 10 are rather big and small gross error can be located correctly. However the main component coefficient of $Q_{vv} \cdot P$ matrix related to observation 6 is relatively small and only large gross error can be located. In observation 7 and 4, residuals are of strong correlation( $p_{4,7} = 0.88$), both observation 7 and observation 4 are decided as containing gross error. When point 7 contain gross error in the interval of $24\sigma \sim 35\sigma$ .

## 3.2 Comparison of the Capability of the Two Step Iterations

Table 2 gives an example only observation 4 contained gross error which cannot be located by first step but can be by second one.

Table 2 One Gross Error Location by Two Step Iterations Method

| Point | | | 1 | 2 | 3 | 4 | 5 | 6 | 7 | 8 | 9 | 10 | Noted in comprehensive decision |
|---|---|---|---|---|---|---|---|---|---|---|---|---|---|
| First step | $it=6$ | $\bar{\boldsymbol{V}}$ | • | • | • | 5.1 | • | • | 5.1 | • | 2.5 | • | error vector= $\boldsymbol{E}$ |
| | | $\boldsymbol{V}$ | • | • | • | 7.7 | • | • | −6.5 | • | 3.0 | • | gross error $\nabla_4=7$ |
| | | $\rho_{4,i}$ | • | • | • | • | • | • | 0.9 | • | • | • | point 4,7 and 9 decided |
| | | $\rho_{9,i}$ | • | • | • | • | • | • | • | • | • | • | as type A observation |
| | | $MCCV$ | • | • | • | 0.65 | • | • | 0.78 | • | 0.84 | • | |
| Second step | $it=1$ | $\bar{\boldsymbol{V}}$ | • | • | • | 1.2 | • | • | 1.2 | • | 2.3 | • | point 4,7, 9 weighted zero |
| | | $\boldsymbol{V}$ | • | • | • | 4.1 | • | • | −3.4 | • | 2.7 | • | point 9 with good observation |
| | | $MCCV$ | • | • | • | 0.29 | • | • | 0.35 | • | 0.82 | • | point 4,7, need further detection |
| | $it=2$ | $\bar{\boldsymbol{V}}$ | • | • | • | 1.7 | • | • | 0.8 | • | 2.3 | • | point 4,7 weighted zero |
| | | $\boldsymbol{V}$ | • | • | • | 5.8 | • | • | −2.1 | • | 2.7 | • | point 7 with good observation |
| | | $MCCV$ | • | • | • | 0.30 | • | • | 0.35 | • | 0.82 | • | point 4 need further detection |
| | $it=3$ | $\bar{\boldsymbol{V}}$ | • | • | • | 5.3 | • | • | 0.8 | • | 2.1 | • | point 4 weighted zero |
| | | $\boldsymbol{V}$ | • | • | • | 8.1 | • | • | −2.0 | • | 2.4 | • | gross error complete |
| | | $MCCV$ | • | • | • | 0.65 | • | • | 0.35 | • | 0.82 | • | reveal in the residual |

Noted symbol in Table 2 and Table 4:

$it$ is sequent number of the iteration, when $it=1$, taking $\boldsymbol{P}=\boldsymbol{I}$; $\bar{\boldsymbol{V}}$ is standardized residual; $\dot{\boldsymbol{V}}$ is weighted zero residual; $\rho$ is correlation coefficient of residuals; $MCCV$ is main component coefficient of $\boldsymbol{v}$ ; • means the value is small nothing for decisions.

Noted in the comprehensive decisions:

(1) The first step iterations, $it=6$

(2) The second step iterations, when $MCCV \geqslant 0.5$, take critical value = 2.5; when $0.5 \geqslant MCCV > 0.3$, take critical value = 1.5.

Table 3 gives examples about the differences of capacity of localizing two gross errors by two step iterations method. In comparison with the first step iterations, some mistakes decided in first step can be corrected in second one.

Table 3 Comparison of The Capacity of Located Gross Errors by Two Methods

| Correlation coefficient | Two gross errors located by two steps | Two gross errors located by first steps |
|---|---|---|
| $\rho_{5.8}=0.88$ | $\nabla_5=6, \nabla_6=-6$ | point 5 correct<br>point 8,9 wrong |
| $\rho_{4.7}=0.88$ | $\nabla_4=-12, \nabla_7=-12$ | point 7 correct<br>point 4,1 wrong |
| $\rho_{1.6}=0.55$ | $\nabla_1=-15, \nabla_6=15$ | point 1 correct<br>point 6,9 wrong |
| $\rho_{1.8}=0.25$ | $\nabla_1=-8, \nabla_8=-8$ | point 1 correct<br>point 8,5,9 wrong |
| $\rho_{4.10}=-0.25$ | $\nabla_1=-5, \nabla_{10}=-5$ | point 5,10 correct |

## 3.3 Example about Gross Errors Location by Two Step Iterations Method

We give a brief note on Table 4 about gross errors localization.

Table 4 Gross Errors Location by Two Step Iterations Method

| Point | | | 1 | 2 | 3 | 4 | 5 | 6 | 7 | 8 | 9 | 10 | Noted in comprehensive decision |
|---|---|---|---|---|---|---|---|---|---|---|---|---|---|
| First step | $it=6$ | $\bar{\mathbf{V}}$ | • | • | • | • | 8.1 | • | • | • | 2.4 | • | observational error vector= $\boldsymbol{E}$<br>gross error $\nabla_5=6, \nabla_8=-6$<br>point 5 as type A observation<br>point 8 as type B observation<br>point 5,8 strong correlation<br>point 9 with good observation |
| | | $\mathbf{V}$ | • | • | • | • | 12.5 | • | • | • | 2.8 | • | |
| | | $\rho_{5,i}$ | • | • | • | • | • | • | • | • | • | • | |
| | | $\rho_{9,i}$ | • | • | • | • | • | 0.8 | • | 3.0 | • | • | |
| | | | • | • | • | • | • | • | • | • | • | • | |
| Second step | $it=1$ | $\bar{\mathbf{V}}$ | • | • | • | • | 2.4 | • | • | 1.6 | • | • | point 5,8 weighted zero<br>point 5,8 contained gross error |
| | | $\dot{\mathbf{V}}$ | • | • | • | • | 8.0 | • | • | −4.4 | • | • | |
| | | *MCCV* | • | • | • | • | 0.30 | • | • | 0.37 | • | • | |
| First step | $it=1$ | $\bar{\mathbf{V}}$ | 3.9 | 2.9 | 3.6 | • | 2.7 | 3.4 | 2.7 | • | • | • | observational error vector= $\boldsymbol{E}$<br>gross error $\nabla_5=6$, $\nabla_8=-6$<br>point 5 as type A observation |
| | | $\dot{\mathbf{V}}$ | −4.8 | 3.7 | 8.4 | • | 4.1 | 8.9 | −3.4 | • | • | • | |
| | $it=1$ | $\bar{\mathbf{V}}$ | 3.7 | • | • | • | 2.2 | • | 2.3 | • | • | • | After five iterations only point 1 as type A observation<br>point 5,7 near type A observation<br>residual of point 4 is strong correlation with point 1,7<br>point 4 as type B observation |
| | | $\dot{\mathbf{V}}$ | −4.6 | • | • | • | 3.3 | 8.9 | −3.0 | • | • | • | |
| | | $\rho_{1,i}$ | • | • | • | 0.9 | • | 0.9 | • | • | • | • | |
| | | $\rho_{7,i}$ | • | • | 0.7 | 3.0 | • | • | • | • | • | • | |
| First step | $it=1$ | $\bar{\mathbf{V}}$ | 1.9 | • | • | 1.1 | 1.3 | • | 1.7 | • | • | • | point 1,4,5,7 weighted zero<br>point 4,7 need further detection |
| | | $\dot{\mathbf{V}}$ | 3.1 | • | • | −5.4 | 2.4 | • | −7.0 | • | • | • | |
| | | *MCCV* | 0.6 | • | • | 0.2 | 0.55 | • | 0.24 | • | • | • | |
| | $it=1$ | $\bar{\mathbf{V}}$ | • | • | • | 3.9 | • | • | 4.7 | • | • | • | point 4,7 weighted zero<br>point 4,7 contained gross error |
| | | $\dot{\mathbf{V}}$ | • | • | • | −13.0 | • | • | −13.0 | • | • | • | |
| | | *MCCV* | • | • | • | 0.30 | • | • | 0.35 | • | • | • | |

From Table 3 and Table 4, we find that when weighted zero is assigned a pair observation on which residuals are of strong correlation after iteration, the correlation of residuals have been disppated and have made convenient condition for decision of gross errors localization, because the magnitude of main component coefficient of standardized residual is decrease. Comparison of the observations in which residuals are not correlated shows that the capability of localizing gross errors would decrease even if the critical value is 1.5 instead of 2.5.

# 4 Conclusions

Gross error location, especially for more one gross error, is a problem that has not been completely solved in adjustment. From the strategic point review, to develop the iterated weighted least squares method to two step iterations method is a powerful way to improve the capability and reliability for gross errors location. After the first step iterations, the searching gross error observations are in a comparatively limited area.

The experiment proved that the second step iteration plays an important part in correcting the mistakes of decision about gross error observation(s) in the first step iterations. In the second step, the decisions about gross error observation (s) are concerned with the magnitude of standardized residuals and weighted zero residuals, the correlation of residuals as well as the main component of standardized residual *MCCV*. When the value of *MCCV* is very small, the comprehensive decisions will be particular difficult. One has to further investigate in gross errors location in order to get more knowledge about comprehensive decisions.

Comparison of the observations in which residuals are not correlated shows that the capability of localizing gross errors would decrease even if the critical value is 1.5 instead of 2.5.

## References

[1] WANG Renxiang. Studies on weight function for robust iterations[J]. Acta Geodetica et Cartographica Sinica, 1986, 15(2): 91-101.

[2] WANG Renxiang. Theoretical capacity and limitation of localizing grass errors by robust adjustment [C]//ISPRS. Proceedings of the XVIth ISPRS Congress: Technical Commission III on Mathematical Analysis of Data, July 1-10, 1988, Kyoto, Japan. Kyoto: ISPRS.

[3] WANG Renxiang. Mathematical analysis About $\boldsymbol{Q}_{vv} \cdot \boldsymbol{P}$ Matrix[C]// FRITZ L W, LUCAS F J. Proceedings of the XVIIth ISPRS Congress: Technical Commission III on Mathematical Analysis of Data, August 2-14, 1992, Washington, D.C., USA. Washington, D.C.: ISPRS.

[4] SHAN Jie. A fast recursive algorithm for repeated computation of the reliability matrix $\boldsymbol{Q}_{vv} \cdot \boldsymbol{P}$ [J]. Acta Geodetica et Cartogaphica Sinica, 1988, 17(4): 239-227.

[5] WANG Renxiang. Effects of parameters of weight function for the iterated weighted least squares adjustment[J]. Acta Geodetica et Cartographica Sinica(Special issue of similar on the Wang Zhizhuo's academic thinking), 1989(1): 86-96.

# Mathematical Analysis About $Q_{vv} \cdot P$ Matrix*

WANG Renxiang

**Abstrict:** The increment of $Q_{vv} \cdot P$ matrix due to the variation of weight matrix $P$ can be expanded by using Neumann's series and obtained both approximate and rigorous expressions, which can be appllicated in discussing the problems about the capability and the reliability of gross errors location. The paper emphasizes in discussing the properties of co-called, weighted zero residual, and the fast recursive algorithm for calculating $Q_{vv} \cdot P$ matrix and its limitations. Several examples with simulated data have been computed for the discussions.

**Key words:** $Q_{vv} \cdot P$ matrix; standardized residual; gross error location; weighted zero residual

## 1 Introduction

Up to now, there are many weight functions used for localizing gross error by iterated weight least squares method and robust estimation, There is no unitized theory used. However the characteristics of matrix $Q_{vv} \cdot P$ and the variability of the relationship between $Q_{vv} \cdot P$ and weight matrix $P$ can be used for discussing the problems of localizing gross errors in a general way.

The paper is based on the papers[1-2] and makes further development. The results would be benefited for the investigation of gross errors localization.

## 2 Relationship Between $Q_{vv} \cdot P$ Matrix and Increment of Matrix $P$

### 2.1 Expanded $Q_{vv} \cdot P$ Matrix

According to least squares method, the residuals of observation will be

$$V = -G \cdot E \tag{1}$$

$$G = Q_{vv} \cdot P = I - A \cdot (A^{T}PA)^{-1} \cdot A^{T} \cdot P \tag{2}$$

where $A$ is the design matrix, $Q_{vv}$ is the cofactor matrix of residuals, $P$ is the weight matrix, $E$ is the vector of observational errors.

Let $N = A^{T}PA, R = AN^{-1}A, U = R \cdot P$, then

$$G = I - U \tag{3}$$

* 本文发表于1992年的ISPRS会议。

to simplify, we take matrix $\boldsymbol{P}$ is a diagonal one, i. e.

$$\boldsymbol{P}=\text{diag}\{p_1,\cdots,p_i,\cdots,p_m\}$$

If $\Delta\boldsymbol{P}$ is the increment of $\boldsymbol{P}$, i. e. $\boldsymbol{p}=\boldsymbol{P}+\Delta\boldsymbol{P}$

where

$$\Delta\boldsymbol{P}=\text{diag}\{\delta p_1\cdots\delta p_i\cdots\delta p_m\}=\sum_{i=1}^{m}\Delta p_i$$

$$\Delta p_i=\text{diag}\{0,\cdots,\delta p_i,\cdots,0\}$$

here, $\delta p_i$ is the increment of $p_i$.

According to the least squares method we get

$$\dot{\boldsymbol{G}}=\boldsymbol{I}-\dot{\boldsymbol{U}},\dot{\boldsymbol{U}}=\dot{\boldsymbol{R}}\cdot\dot{\boldsymbol{P}}=\boldsymbol{A}\dot{\boldsymbol{N}}^{-1}\boldsymbol{A}^{\mathrm{T}}\cdot\dot{\boldsymbol{P}},\dot{\boldsymbol{N}}=\boldsymbol{A}^{\mathrm{T}}\dot{\boldsymbol{P}}\boldsymbol{A}=\boldsymbol{N}+\Delta\boldsymbol{N},\Delta\boldsymbol{N}=\boldsymbol{A}^{\mathrm{T}}\Delta\boldsymbol{P}\boldsymbol{A}$$

here, $\boldsymbol{N}^{-1}$ can be expanded by using Neumann's series and obtained

$$\Delta\boldsymbol{G}=\sum_{m=1}^{\infty}(-1)^m(\boldsymbol{R}\cdot\Delta\boldsymbol{P})^m\cdot\boldsymbol{G} \tag{4}$$

$$\dot{\boldsymbol{G}}=\boldsymbol{G}+\Delta\boldsymbol{G} \tag{5}$$

## 2.2 Increment of $\boldsymbol{Q}_{vv}\cdot\boldsymbol{P}$ as Weight Matrix $\boldsymbol{P}$ only $p$ changes with $\delta p_i$

As $p_i$ gets an increment $\delta p_i$, the increment of $\boldsymbol{Q}_{vv}\cdot\boldsymbol{P}$ matrix will be

$$\Delta\boldsymbol{G}=\frac{\delta p_i}{p_i}\left\{1+(g_{ii}-1)\frac{\delta p_i}{p_i}+\cdots+\left[(g_{ii}-1)\left(\frac{\delta p_i}{p_i}\right)\right]^m+\cdots\right\}\Delta\boldsymbol{R}_i\cdot\boldsymbol{G}$$

the equation above can be compressed as

$$\Delta\boldsymbol{G}=\mathrm{S}_i\cdot\Delta\boldsymbol{R}_i\cdot\boldsymbol{G}$$

where

$$\mathrm{S}_i=\frac{\delta p_i}{p_i}\left[1-(g_{ii}-1)\frac{\delta p_i}{p_i}\right]^{-1} \tag{6}$$

$$\Delta\boldsymbol{R}_i=\begin{bmatrix} & g_{ii} & \\ & \vdots & \\ \varphi & (g_{ii}-1) & \varphi \\ & \vdots & \\ & g_{ii} & \end{bmatrix}$$

then

$$\boldsymbol{G}=\boldsymbol{T}_i\cdot\boldsymbol{G}$$

$$\text{where } \boldsymbol{T}_i=\begin{bmatrix} 1 & \cdot & \cdot & 0 & \cdot & \cdot & \mathrm{S}_i\cdot g_{ii} \\ \vdots & \vdots & \vdots & \vdots & \vdots & \vdots & \vdots \\ 0 & \cdot & \cdot & & & & 1+\mathrm{S}_i(g_{ii}-1) \\ \vdots & \vdots & \vdots & \vdots & \vdots & \vdots & \vdots \\ 0 & \cdot & \cdot & 0 & \cdot & \cdot & \mathrm{S}_i\cdot g_{mi} \end{bmatrix}$$

Eq. (6) is a rigorous expression for the changed $\boldsymbol{Q}_{vv}\cdot\boldsymbol{P}$ matrix and provides that the denominator of $\mathrm{S}_i$ is not equal to zero, i. e.

$$p_i[1-(g_{ii}-1)]\frac{\delta p_i}{p_i}\neq 0$$

## 2.3 Approximate Expressions of $Q_{vv} \cdot P$ Matrix

Excluding the height order of Eq. (4), we get

$$\dot{G}=G-R\begin{bmatrix}\delta p_1 & & & & \varphi\\ & \ddots & & & \\ & & \delta p_i & & \\ & & & \ddots & \\ \varphi & & & & \delta p_m\end{bmatrix}\cdot G \tag{7}$$

using $S_i$ instead of $\delta p_i (i=1, m)$ in Eq. (7), we have

$$\dot{G}=G-R\begin{bmatrix}S_1 & & & & \varphi\\ & \ddots & & & \\ & & S_i & & \\ & & & \ddots & \\ \varphi & & & & S_m\end{bmatrix}\cdot G \tag{8,a}$$

Eq. (8,a) can also be expressed as

$$\dot{G}=G+\begin{bmatrix}(g_{ii}-1)\overline{S}_1 & \cdots & g_{ii}\cdot\overline{S}_i & \cdots & g_{im}\cdot\overline{S}_m\\ \vdots & & \vdots & & \vdots\\ g_{i1}\cdot\overline{S}_1 & \cdots & (g_{ii}-1)\overline{S}_i & \cdots & g_{im}\cdot\overline{S}_m\\ \vdots & & \vdots & & \vdots\\ g_{m1}\cdot\overline{S}_1 & \cdots & g_{mi}\cdot\overline{S}_i & \cdots & (g_{mm}-1)\cdot\overline{S}_m\end{bmatrix} \tag{8,b}$$

where $\overline{S}_i=S_i\cdot p_i$.

Eq. (8, a) or Eq. (8, b) is of more precision than Eq. (7). However all the approximate equations are only used for analysis and discussions about gross error location rather than for calculation of value of $Q_{vv}\cdot P$ matrix.

Eq. (7) and Eq. (8) satisfy the condition $\mathrm{tr}(G)=r$, where $r$ is the redundant number because the main diagonal element of Eq. (8,b) is

$$\Delta g_{ii}=(g_{ii}-1)\cdot g_{ii}\cdot\overline{S}_i+\sum_{k=1}^{m}g_{ik}\cdot g_{ki}\cdot S_k,\quad (k\neq i)$$

$$\mathrm{tr}(\Delta G)=\sum_{i=1}^{m}(g_{ii}-1)\cdot\overline{S}_i+\sum_{i=1}^{m}\sum_{k=1}^{m}g_{ik}\cdot g_{ki}\cdot S_i,\quad (k\neq i)$$

Matrix $Q_{vv}\cdot P$ is a singular idempotent matrix from which we get

$$g_{ii}=\sum_{i=1}^{m}g_{ik}\cdot g_{ki}, g_{ii}-g_{ii}^2=\sum_{i=1}^{m}g_{ik}\cdot g_{ki},\quad (k\neq i)$$

$$\sum_{1}^{m}(g_{ii}-1)\cdot g_{ii}\cdot\overline{S}_i=-\sum_{i=1}^{m}\sum_{k=1}^{m}g_{ik}\cdot g_{ki},\quad (k\neq i)$$

so $$\mathrm{tr}(\Delta G)=0 \text{ and } \mathrm{tr}(G)=r$$

The expanded expressions of matrix $\boldsymbol{Q}_{vv} \cdot \boldsymbol{P}$ are very useful tools for the discussion of localizing gross errors. The present author gave the results of capability of localizing gross errors about iterated weight least squares method[2] and gave the conclusion about the power value of negative power function that taken 2.5～4.0 is better than 1.0～2.0 in literature[3] by using the first order expression of matrix $\boldsymbol{Q}_{vv} \cdot \boldsymbol{P}$. In this paper, we will further extend the applications about the expanded $\boldsymbol{Q}_{vv} \cdot \boldsymbol{P}$ matrix.

## 3 Calculating $\boldsymbol{Q}_{vv} \cdot \boldsymbol{P}$ Matrix by Using Fast Recursive Algorithm

As iterated weight least squares is performed, $\boldsymbol{Q}_{vv} \cdot \boldsymbol{P}$ matrix will be changed with changing weight matrix $\boldsymbol{P}$. It is time consuming for calculating $\boldsymbol{Q}_{vv} \cdot \boldsymbol{P}$ matrix according to the Eq. (2), when the normal equation with large dimension. If matrix $\boldsymbol{Q}_{vv} \cdot \boldsymbol{P}$ is computed in first iteration, then the sequential iterated $\boldsymbol{Q}_{vv} \cdot \boldsymbol{P}$ matrix can be calculated by using Eq. (6) and get

$$\boldsymbol{G}^{m} = \prod_{k=1}^{m} \boldsymbol{T}_{i}^{k} \cdot \boldsymbol{G}^{0} \tag{9}$$

where, $m$, $k$ is up foot-note, denoting the number of repeated computation, $i$ is the number of row and column of changing diagonal element of weight matrix $\boldsymbol{P}$

$$\boldsymbol{G}^{0} = \boldsymbol{I} - \boldsymbol{A}(\boldsymbol{A}^{\mathrm{T}}\boldsymbol{P}\boldsymbol{A})^{-1}\boldsymbol{A}^{\mathrm{T}} \cdot \boldsymbol{P}$$

where $\boldsymbol{P}$ is the initial weight matrix, $\boldsymbol{G}^{m}$ =computed $\boldsymbol{Q}_{vv} \cdot \boldsymbol{P}$ according to the fast recursive algorithm with changed weight matrix

$$\boldsymbol{T}_{i}^{k} = \begin{bmatrix} 1 & 0 & S_{i}g_{ii}^{k-1} & 0 & 0 \\ \vdots & \vdots & \vdots & \vdots & \vdots \\ 0 & \cdots & 1+S_{i}(g_{ii}^{k-1}-1) & \cdots & 0 \\ \vdots & \vdots & \vdots & \vdots & \vdots \\ 0 & 0 & S_{i}g_{mi}^{k-1} & 0 & 1 \end{bmatrix} \tag{10}$$

If all the elements of matrix $\boldsymbol{P}$ have got their own increment, calculate with the fast recursive algorithm according to $k = i$, otherwise, if some elements of matrix $\boldsymbol{P}$ nothing changed, then the calculating will have to jump over the order.

$\boldsymbol{Q}_{vv} \cdot \boldsymbol{P}$ matrix calculated from the normal equation with large dimension by Eq. (9) is faster than by Eq. (2), because after the first iteration, there is no invert matrix in the computation.

## 4 Properties of Weight Zero Residual

For localizing gross errors, in some robust estimate or iterated least squares method, at least the last iteration is always weighted zero value (or near zero) to the observation of which residual is rather large value in absolute. In this paper, we defined the residual computed with weighted zero residual and symbolize $\dot{V}_{i}$ (Stefanovic, called swep residual)[4]. It is necessary to investigate the properties of weighted zero residual for further discussion about gross errors localization.

Assuming that $\boldsymbol{P} = \boldsymbol{I}$. Firstly, we assign zero weight to observation $i$, i. e. $\delta p_i = -1$ and $S_i = -1/g_{ii}$. According to Eq. (9) we have

$$\boldsymbol{G}^1 = \boldsymbol{T}_i^1 \cdot \boldsymbol{G}^0$$

Using Eq. (9) and Eq. (10), we get

$$g_{ij}^1 = \frac{q_{ij}}{q_{ii}},\ g_{ii}^1 = 1,\ (j = 1,\ m)$$

From above, we know that all the elements of $i$ th column are enlarged by a factor of $1/g_{ii}$. If only observation $i$ is assigned zero weight then its weighted zero residual $\dot{V}_i$ can be calculated from $V_i$ directly, i. e.

$$\dot{V}_i = V_i / q_{ii} \tag{11}$$

On the other hand, the elements of $k$ th column will be

$$g_{kj}^1 = q_{kj} - q_{ki} \cdot q_{ij} / q_{ii},\ (k = 1,\ m,\ k \neq i)$$

using

$$\rho_{ik} = q_{ik} / \sqrt{q_{ii} \cdot q_{kk}} = q_{ki} / \sqrt{q_{ii} q_{kk}}$$

then

$$g_{kk}^i = q_{kk} - \rho_{i,k}^2 \cdot q_{kk} = (1 - \rho_{i,k}) q_{kk}$$

Let $\rho_{ik} = 0.7$, $g_{ii} = g_{jj} = 0.5$, we get $g_{ik}^1 = 0.7$, $g_{kk}^1 = 0.25$.

In this case, if gross error $\nabla_k$ is included in observation $k$ then to compare the magnitude of residuals, the observation $i$ will be larger than the observation $k$. So, when correlation coefficient of residuals is big. The gross errors localizing is not reliable, if the absolute value of residual is used as statistical equality.

Secondly, we further assign zero weight to observation $k$, i. e. $\delta p_k = -1, S_k = -1/g_{kk}^1$ then we get

$$\dot{\boldsymbol{G}} = \boldsymbol{G}^2 = \boldsymbol{T}_k^2 \cdot \boldsymbol{T}_i^1 \cdot \boldsymbol{G}^0 = \boldsymbol{T}_k^2 \cdot \boldsymbol{G}^1$$

according to Eq. (9) and Eq. (10), we have

$$\dot{g}_{ij} = (q_{ij} \cdot q_{kk} - q_{kj} \cdot q_{ik}) / (q_{ii} \cdot q_{kk} - q_{ki} \cdot q_{ik})$$

$$\dot{g}_{kj} = (q_{kj} \cdot q_{ii} - q_{ij} \cdot q_{ki}) / (q_{ii} \cdot q_{kk} - q_{ki} \cdot q_{ik})$$

$$\dot{g}_{ii} = 1,\ \dot{g}_{kk} = 1,\ \dot{g}_{jk} = 0 \quad \dot{g}_{kj} = 0$$

Now there is no longer correlation between weighted zero residuals $\dot{V}_i$ and $\dot{V}_k$. In the same way, we obtain

$$\dot{g}_{ij} = (q_{ij} \cdot q_{kk} - q_{kj} \cdot \rho_{ik} \sqrt{q_{ij} \cdot q_{kk}}) / (1 - \rho_{i,k}^2) g_{ij} \cdot q_{kk} \tag{12}$$

$$\dot{g}_{kj} = (q_{kj} \cdot q_{ii} - q_{ij} \cdot \rho_{i,k} \sqrt{q_{ii} \cdot q_{kk}}) / (1 - \rho_{i,k}^2) g_{ii} \cdot q_{kk}$$

in the following, we take two conditions for further discussions.

## 4.1 Let $\rho_{i,k} = 0$

If $\rho_{i,k} = 0$, then

$$\dot{g}_{ij} = q_{ij} / q_{ii} \text{ , } \dot{g}_{kj} = q_{ij} / q_{kk}$$

Therefore weighted zero residuals can be computed by

$$\dot{V}_i = V_i / q_{ii} \text{, } \dot{V}_k = V_k / q_{kk}$$

Assuming observation $i$ with a gross error $\nabla_i$ ,then

$$\dot{V}_i = \nabla_i + \sum_1^m g_{ij} \cdot \varepsilon j / g_{ii} \text{, } (j = 1, m, j \neq i)$$

Gross error $\nabla_i$ is reveal completely in its weighted zero residual. It must be noted that when $q_{ii}$ is very small, the components related no-gross error observations are enlarged evidently in $\dot{q}_{ii}$ . It is possible that $\dot{V}_i$ will have a big magnitude even the observation do not have any gross error. Therefore one using standardized residual (symbolized $\overline{V}_i$ ) as statistical equality to do rigorous statistical test for each iteration is quite reasonable.

## 4.2 Let $\rho_{i,k} > 0.7$

We take $\rho > 0.7$ as the critical value of correlation of residuals and we symbolized $MCCV_i$ as the main component coefficient of standardized residual is as follows

$$MCCV_i = g_{ii} \sqrt{\sum_{j=1}^m g_{ij}^2} \quad MCCV_k = g_{kk} \sqrt{\sum_{j=1}^m g_{kj}^2} \tag{13}$$

when $p \geqslant 0.7$, the denominator of Eq. (12) will be very small and some value of ($\dot{g}_{ij}$, $\dot{g}_{kj}$ $(j = 1, m, j \neq i, k \neq i)$) would be enlarged evidently. Because of residual $i$ and residual $k$ are strong correlation. Usually, there are several elements of $i$ th and $k$ th column of $\boldsymbol{Q}_{vv} \cdot \boldsymbol{P}$ matrix satisfied that $q_{ij} = - q_{kj}$ . But $\dot{g}_{ii}$ ,$\dot{g}_{kk}$ , is still equal 1. 0. After the residuals have been standardized, one would find that the magnitude of $MCCV_i$ or $MCCV_k$ will be decreased, as compared with the magnitude computed by using $\rho = 0$, and the capability and the reliability of gross errors localizing would be decreased as well.

From the discussions above, we give some conclusions about weighted zero residual as follows:

(1) Gross error can be revealed in its weighted zero residual completely. Generally speaking, the observation contained gross error , its weighted zero residual is of rather large magnitude.

(2) Weighted zero residual is not suitable as statistical quantity for statistical test. It is necessary to be transformed to standardized residual in order to get rigorous statistical test.

(3) The maximum value of main component coefficient of standardized residual $MCCV_i$ is $\sqrt{q_{ii}}$ of which magnitude is determined by design matrix. It is impossible to enlarge its value by the way of iteration weighting any small value to the observation.

(4) If any two observations are assigned zero weight, after iteration, the correlation coefficient of the two observational residuals must be zero.

(5) For any two observations in which residuals are strong correlation and weighted

zero, the value of main component coefficient of the standardized residuals will be decreased evidently.

The correlation of residuals is an important factor to make mistakes of localizing gross errors. It is difficult to overcome this mistakes by the way of improving the iterational weight function. It is better from the statistical point view to investigate gross errors localization by helping the property of weighted zero residual.

## 5 Calculation Examples

We take the calculation of photo relative orientation parameters with simulated data for example.

Design matrix $\boldsymbol{A}$ is

$$\begin{bmatrix} 0.0 & 0.0 & 1.0 & 0.0 & -1.0 \\ 0.0 & 0.0 & 1.0 & -1.0 & 0.0 \\ 0.0 & -1.0 & 2.0 & 0.0 & -1.0 \\ -1.0 & 0.0 & 2.0 & -1.0 & 0.0 \\ 0.0 & 1.0 & 2.0 & 0.0 & -1.0 \\ 1.0 & 0.0 & 2.0 & -1.0 & 0.0 \\ -0.8 & -0.2 & 2.0 & -0.8 & -0.2 \\ 0.0 & 0.8 & 1.64 & 0.0 & -1.0 \\ 0.04 & -0.16 & 1.04 & -0.2 & -0.8 \\ 0.16 & 0.04 & 1.04 & -0.8 & -0.2 \end{bmatrix}$$

Design matrix $\boldsymbol{B}$ is

$$\begin{bmatrix} 0.0 & 0.0 & -1.0 & 0.0 & -1.0 \\ 0.0 & 0.0 & -1.0 & -1.0 & 0.0 \\ 0.0 & -1.0 & -2.0 & 0.0 & -1.0 \\ -1.0 & 0.0 & -2.0 & -1.0 & 0.0 \\ 0.0 & 1.0 & -2.0 & 0.0 & -1.0 \\ 1.0 & 0.0 & -2.0 & -1.0 & 0.0 \\ -0.2 & -0.8 & -2.0 & -0.2 & -0.8 \\ -0.8 & -0.2 & -2.0 & -0.8 & -0.2 \\ -0.2 & 0.8 & -2.0 & -0.2 & -0.8 \\ 0.8 & 0.2 & -2.0 & -0.8 & -0.2 \end{bmatrix}$$

The vector of simulated observational errors of vertical parallax is

$$\boldsymbol{E} = (-0.87 \quad -0.39 \quad 1.5 \quad -0.51 \quad 0.44 \quad 0.08 \quad -0.87 \quad -0.75 \quad 2.11 \quad -0.75)$$

### 5.1 Calculating $Q_{vv} \cdot P$ Matrix by Fast Recursive Algorithm

First we take design matrix $\boldsymbol{A}$ and $\boldsymbol{P} = \boldsymbol{I}$, according to Eq. (2) to compute $\boldsymbol{G}$, then using

$$\boldsymbol{P} = (0.9 \quad 0.2 \quad 0.7 \quad 0.4 \quad 0.5 \quad 0.5 \quad 0.6 \quad 0.3 \quad 0.8 \quad 0)$$

According to Eq. (2) and Eq. (9) to compute **G** respectively. The discrepancy of the elements of matrix **G** computed in the two ways is very small and the average of the absolute value of the discrepancy is equal to $0.917\times10^{-15}$. Design matrix **B** is computed in the same way with good results. However there are two cases in which the mistake will be made by using fast recursive algorithm.

#### 5.1.1 Example 1

First we take design matrix **B** and $P = I$ computed matrix **G** with Eq. (2). The elements of first and second column of matrix **G** is

$$q_{1i} = (0.37 \quad -0.37 \quad -0.13 \quad 0.13 \quad -0.13 \quad 0.13 \quad -0.08 \quad 0.08 \quad -0.08 \quad 0.08)$$

$$g_{2i} = (0.37 \quad -0.37 \quad -0.13 \quad 0.13 \quad -0.13 \quad 0.13 \quad -0.08 \quad 0.08 \quad -0.08 \quad 0.08)$$

Because the correlation coefficient of residual between observation 1 and 2 is equal to 1.0, the donominator of $S_2$ will be equal to zero and the computed results will be wrong after by the fast recursive algorithm with weight matrix $P = \text{diag}(0,0,1,1,1,1,1,1,1,1)$ and Eq. (9).

#### 5.1.2 Example 2

First we taking matrix **B** and weight matrix $P = \text{diag}(1,1,0,1,1,1,1,1,1,1)$ and computed **G** with Eq. (2). Then use weight matrix $P = \text{diag}(0.9, 0.2, 0.7, 4, 0.5, 0.5, 0.6, 0.3, 0.8, 0)$ according to the fast recursive algorithm, because the denominator of $S_3$ equal to zero, the computed **G** is also wrong.

The above results give the examples of limitation by the fast recursive algorithm for calculating $Q_{vv} \cdot P$ matrix. The first example can not be overcome by any way except changing the design matrix. However the second one can be treated in an approximate way, for instance, one takes $p = 0.01$ instead of $p = 0$, the computed results will be correct.

### 5.2 Weighted Zero Residual

#### 5.2.1 Main Component Coefficient of Standardized Residual

We take matrix **A** and $P = I$, and any two observations with zero weight and calculated $MCCV_i$ in Table 1.

Table 1 Main Component Coefficient of And Standardized Residual

| point | $P = 1$ | $p_{2,3} = 0.56$<br>$p_2 = P_3 = 0$ | $p_{5,8} = 0.88$<br>$p_5 = P_8 = 0$ | $p_{4,7} = 0.88$<br>$p_4 = P_7 = 0$ | $p_{4,10} = -0.05$<br>$p_4 = P_{10} = 0$ | $p_{6,9} = 0.36$<br>$p_6 = P_9 = 0$ |
|---|---|---|---|---|---|---|
| 1 | 0.80 | | | | | |
| 2 | 0.77 | 0.64 | | | | |
| 3 | 0.41 | 0.34 | | | | |
| 4 | 0.65 | | | 0.30 | | |
| 5 | 0.64 | | 0.30 | | 0.65 | |
| 6 | 0.36 | | | | | 0.33 |
| 7 | 0.78 | | | 0.35 | | |
| 8 | 0.79 | | 0.30 | | | |
| 9 | 0.84 | | | | 0.83 | 0.78 |
| 10 | 0.84 | | | | | |

From Table 1, one may find that when correlation coefficient residuals are increased the main component coefficient of standardized residual will be decreased.

### 5.2.2 Weighted Zero Residual and Standardized Residual When Observations without Gross Error

We take design matrix $\boldsymbol{A}$, error vector $\boldsymbol{E}$, and different weight matrix $\boldsymbol{P}$ and calculated results listed in Table 2.

Table 2 Weighted Zero Residual and Standardized Residual

| Point | Example 1 | | | | Example 1 | | | |
|---|---|---|---|---|---|---|---|---|
| | $\bar{v}$ | $\dot{v}$ | $\varepsilon$ | $p$ | $\bar{v}$ | $\dot{v}$ | $\varepsilon$ | $p$ |
| 1 | 1.0 | −1.7 | −0.87 | 1 | 1.7 | −2.7 | −0.87 | 1 |
| 2 | 0.9 | −1.8 | −0.39 | 1 | 1.6 | 3.6 | −0.39 | 1 |
| 3 | 2.1 | −16.9 | 1.5 | 0 | 1.0 | −7.8 | 1.5 | 0 |
| 4 | 2.1 | −17.0 | −0.51 | 0 | 1.0 | 2.6 | −0.51 | 0 |
| 5 | 0.2 | −0.4 | −0.44 | 1 | 0.7 | 1.4 | 0.44 | 1 |
| 6 | 0.7 | −6.6 | 0.08 | 1 | 1.0 | −9.8 | 0.08 | 0 |
| 7 | 2.2 | −17.1 | −0.87 | 0 | 2.1 | −16.4 | −0.87 | 1 |
| 8 | 0.3 | 0.4 | −0.75 | 1 | 0.2 | −0.4 | −0.75 | 1 |
| 9 | 1.0 | 2.1 | 2.11 | 1 | 2.1 | 3.1 | 2.11 | 1 |
| 10 | 0.8 | 0.8 | −0.75 | 1 | 1.9 | −1.9 | −0.25 | 1 |

From Table 2, we find that even observations do not contain any gross error, the magnitude of some weighted zero residual is still large. However the magnitude of standardized residual always is not too large. Therefore if using weighted zero residual as statistical quantity may be possible to get wrong decision about localizing gross errors.

## 6 Conclusions

The approximate expressions of $Q_{vv} \cdot P$ matrix are power tools for discussion of gross errors localization. The fast recursive algorithm for calculating $Q_{vv} \cdot P$ matrix would be a very helpful tool for statistical test in every iteration. However one should be careful about the limitation of the fast recursive algorithm in practical adjustment.

From the analysis of the properties about correlation of residuals and weighted zero residual, we not only have to further improve the weight function but also have to from the strategical point review investigate about gross errors location.

### References

[1] WANG Renxiang. Studies on weight function for robust iterations[J]. Acta Geodetica et Cartographica Sinica, 1986, 15(2): 91-101.

[2] WANG Renxiang. Theoretical capacity and limitation of localizing grass errors by robust adjustment [C]//ISPRS. Proceedings of the XVIth ISPRS Congress: Technical Commission III on Mathematical Analysis of Data, July 1-10, 1988, Kyoto, Japan. Kyoto: ISPRS.

[3] WANG Renxiang. Effects of parameters of weight function for the iterated weighted least squares adjustment[J]. Acta Geodetica et Cartographica Sinica(Special issue of similar on the Wang Zhizhuo's academic thinking):1989(1):86-96.

[4] STEFANOVIC P. Error treatment on photogrammetric digital techniques[J]. ITC Journal, 1985(2) : 93-95.

# Principle of "Profile Guided Approach(PGA)" and Image Matching*

WANG Renxiang

**Abstract:** A principle that can be used to directly generate raster DEM by images matching in ground coordinate system is described. DEM rotation and interpolation are not necessary. The approximate $z$ value of points obtained images matching on a profile, which can be used to estimate an improved approximate $z$ value for the node point during the iterative matching. The profile defined in this paper is the cross section of the model surface and the vertical plane that contain the left (or right) project center and the node point. The idea about matching with orthorectified or warped images by Dr. T. Schenk is applied to the global window shaping in generation DEM program. However, the approach from matched true model point to the node point is done by using the principle of PGA. So in this program, for every level of the image pyramid, iteratively refining the orthoimages is not required even in our experiments, and the preliminary results are presented.

The area-based image matching has already been widely used in some mapping productions. However, from the point of view of reliability, it is necessary to use a more robust approach for the area-based image matching. A successful ways to use orthoimages for matching[1]. By this method, the matching is carried out on the object space, and the matching becomes easier because the scale and the shear differences as well as the searching space are small, and the shift is primarily in the $x$- direction. In this method, if matching the left orthoimage of a DEM node point in the right one, then the elevation can be obtained by computing at this point that usually fall between the DEM nodes, if DEM is not exact the corresponding true surface. To find the "true" elevation at the DEM node, the computed elevation must be approximately transformed at the DEM node, and the matching procedure and the transformed elevation must be repeated[2]. Another approach[3] is to interpolate the elevation at the DEM node from the arbitrarily distributed corrected neighbors. An excellent method to find the elevation at the DEM nodes is to use the principle of PGA during the matching, which is used as one of the matching strategies for the experimental matching in this paper.

**Key words:** image matching; DEM; profile guided approach

* 本文发表于 1996 年的 ISPRS 会议。

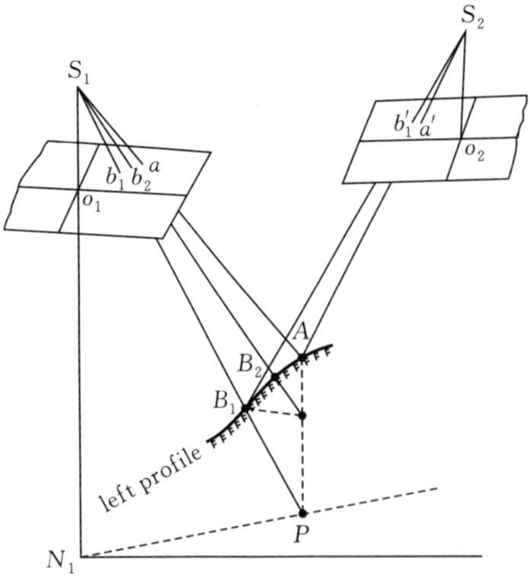


Fig. 1 Principle of PGA

## 1 Principle of PGA

The concept of PGA is very simple. In Fig. 1 the point $A$ ($X_A$, $Y_A$, $Z_A$) and the point $P$ ($X_A$, $Y_A$, $Z_P$) are located in a vertical line, where $Z_P$ is used as an approximate value for $Z_A$. Now at first we can define a plane containing the vertical line at ($Z_A$, $Y_A$) location and the project center of the left photo. Then we can get a cross section of ground surface and the plane, i. e. so called "Left profile"(in the same way, we can get the "right profile", however discussion in this paper only "Left profiles" are used). The ray $S_1A$ is coincided with the ray $S_1B_1$. Therefore, the coordinates of left photo of the point $B_1$ can be computed from the coordinate of the point $P$ ($X_A$, $Y_A$, $Z_P$), while the right photo coordinates of the point $B_1$ may be obtained by images matching. Moreover, model coordinates $XB_1$, $YB_1$, $ZB_1$ of the point $B_1$ can be computed by spatial intersection.

According to the sign (+/−) of the terrain slop $\theta$ at the point $A$ in the profile, we will discuss two scenarios below. At first we define the sign of the terrain slop $\theta$ at the point $A$ in the profile as below; if the angle $\theta$ from the level to the ground surface is counter-clockwise, the sign of $\theta$ is "+"; otherwise, it is "−"(see Fig. 2).

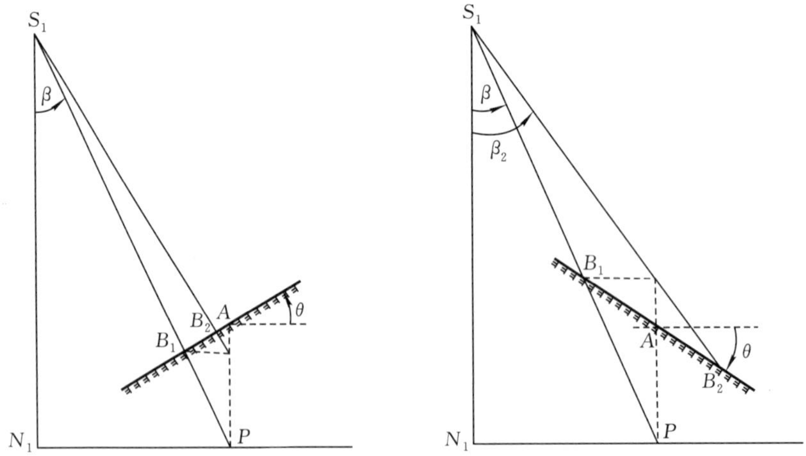


(a) sign($\theta$)= "+" (b) sign($\theta$)= "−"

Fig. 2 Sign(+/−)of the terrain slope $\theta$

### 1.1 For sign ($\theta$) ="+"

When the sign ($\theta$) ="+" at the point $A$, the relationship between the elevation of the point $A$, the point $P$ and the point $B_1$ will satisfy the following equations

$$\frac{Z_A - Z_{B_1}}{Z_A - Z_P} = \frac{\tan\beta \cdot \tan\theta}{1 + \tan\beta \cdot \tan\theta} \tag{1}$$

We take $\theta = \beta = 30°$, then

$$\frac{Z_A - Z_{B_1}}{Z_A - Z_P} = \frac{1}{6}$$

Therefore, if we take $Z_{B_1}$ as a new approximate of $Z_A$ for further iterations, $Z_{B_1}$ will be approached to $Z_A$ very quickly.

## 1.2 For sign ($\theta$) = "–"

When the sign ($\theta$) = "–", we have

$$\frac{Z_A - Z_{B_1}}{Z_A - Z_P} = \frac{-\tan|\theta| \cdot \tan\beta}{1 - \tan|\theta| \cdot \tan\beta} \tag{2}$$

Now, We also take $|\theta| = \beta = 30°$, then

$$\frac{Z_A - Z_{B_1}}{Z_A - Z_P} = \frac{1}{3}$$

where the meaning of sign "–" in Eq. (2) is that the elevation of the point $B_1$ may approach to the point $A$ but it may also approach to somewhere overhead or below. If we take $Z_{B_1}$ as a new approximation of $Z_A$ for further iterations as the case 2. 1, we will get a point $B_2$. In general, the point $B_2$ will be approached to the point $A$ as well, but its convergences is slower as compared with that in case 2. 1, and the elevation of the points $B_i (i = 1, \cdots)$ may be higher or lower when compared with the elevation of the point $A$ recurrently. Sometimes, the iterations are not convergent. Now let us discuss some details.

After two iterations, we have

$$\frac{Z_A - Z_{B_2}}{Z_A - Z_P} = \frac{\tan|\theta| \cdot \tan\beta \cdot \tan|\theta| \cdot \tan\beta_2}{(1 - \tan|\theta| \cdot \tan\beta) \cdot (1 - \tan\beta_2)} \tag{3,a}$$

For discussed easier, we assuming that $\beta = \beta_2$, then the Eq. (3) can be simplified as follows

$$\frac{Z_A - Z_{B_2}}{Z_A - Z_P} = \frac{(\tan|\theta| \cdot \tan\beta)^2}{(1 - \tan|\theta| \cdot \tan\beta)^2} \tag{3,b}$$

If ($Z_A - Z_{B_2} < Z_A - Z_P$), the iterations will be convergent.

If ($Z_A - Z_{B_2} \geqslant Z_A - Z_P$), the iterations will be not convergent.

When $Z_A - Z_{B_2} \geqslant Z_A - Z_P$, we obtain

$$\tan|\theta| = 0.5 \times \cot\beta \tag{4}$$

And the limited value of $\theta$ for iterative convergent are calculated listed in the Table 1.

Table 1 Limited value of $\theta$

| $\beta/(°)$ | $\theta/(°)$ |
|---|---|
| 10 | −71 |
| 30 | −41 |
| 45 | −26 |

From the computed data of Table 1 , We know that when sign ($\theta$) = "−", the approaching procedure like the case of sign ($\theta$) ="+" have to be rejected. A reasonable way is to interpolate the elevation of the point $A$ by the point $B_1$ and $B_2$ (Eq. (5)) which are obtained by image matching in the iterative sequence and lain on a profile.

The new elevation of point $A$ can be calculated as follows

$$Z_A = Z_{B_2} + \frac{Z_{B_2} - Z_{B_1}}{L_1 - L_2} \cdot L_2 \tag{5}$$

where $L_i = \sqrt{\mathrm{d}Xi + \mathrm{d}Y_i} \cdot \mathrm{sign}(L_i), (i = 1,2)$

$$\mathrm{d}X_i = X_A - X_{B_i}$$

$$\mathrm{d}Y_i = \begin{cases} Y_A - Y_{B_i}, Y_A > Y_{N_i} \\ Y_A - Y_{B_i}, Y_{N_i} > Y_A \end{cases}$$

$Y_{N_i}$ is the coordinate of the left nadir point.

As to the sign of the slope angle at point $A$, they can be determined as follows. If sign ($L_1$) =sign ($L_2$), then sign ($\theta$) ="+"; otherwise sign ($\theta$) ="−".

In general the principle of PGA can be used in any area-based image matching in order to obtain the elevation at the predefined point directly.

## 2 Area-based Matching with Orthorectified Images and Principle of PGA

Fig. 3 depicts a stereopair after absolution orientation. The true surface is approximated by the DEM. The orthorectified images of left and right are rectified by original images with respect to the DEM. Let $P$ be a node point on the DEM. Since the DEM is not the true surface, an error d$h$ exists between DEM node point $P$ and the true surface point $A$. If we take the position in the left orthorectified images of point $P$ as a center to form an object window. We know that the gray level of window center do not correspond to the true surface point $A$ but to the point $B_1$. The conjugate image of point $B_1$ in the right orthorectified image will be obtained by image matching. Therefore the coordinates of the point $B_1$ on the true surface can be computed by intersecting with the project centers $S_1$ and $S_2$, and the DEM. Since the computed coordinates of point $B_1$ is based on the object space matching, it is more accurate and more robust than one in the original DEM. Readers can refer to $T$. Schenk et al [1] for a detailed description.

Unfortunately, for the node point $P$ on DEM, the point obtained by matching is not the corresponding node point $A$ but the point $B_1$ on the true surface, which usually falls

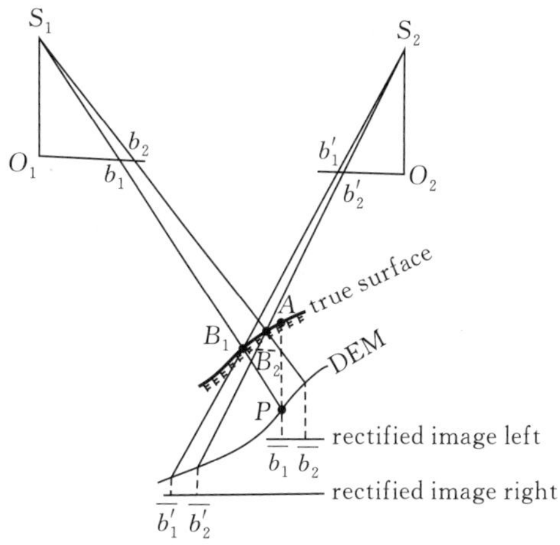

Fig. 3 Principle of matching with orthoimages

between the DEM nodes. Now we would like to concentrate on the question of how the true surface points obtained by the matching with orthoimages can be approached to the node point by using the principle of PGA. By comparing Fig. 1 and Fig. 3, we can know that the point $B_1$ is just on the profile containing the node point $A$ defined by the principle of PGA. According to the principle of PGA, we can take the elevation of point $B_1$ as an improved approximation $Z$ for the node point $A$ to make iteratively matching for obtaining point $B_2$ on the true surface as well. Then the elevation of the node point $A$ can be computed by the principle of PGA. The procedure of image matching for $B_2$ is almost the same as that for the $B_1$, except that the coordinates of $B_2$ on the left orthorectified image have to be computed in iterative manner because the elevation of point $B_2$ on DEM should be computed in an iterative procedure.

# 3 Images Matching Procedure

The procedure of computing an improved DEM is achieved by the following steps.

## 3.1 Computing Orthorectified Images

Generation of the orthorectified stereo images is according to the point wise using the model coordinates and collinearity equations. The gray value of orthorectified image is resampled by bilinear interpolation from the original images.

## 3.2 Computing The Position of Point $B_1$

(1) Match orthorectified images. We take the coordinates of point $P$ in the left orthorectified images as center of object window. If right image is matched against the left one, then we obtain the coordinates of the right orthorectified images of point $B_1$.

(2) Transfer the coordinates of orthorectified image of point $B_1$ to the corresponding coordinates of vertical photography and associated with DEM.

(3) Compute position of point $B_1$ as spatial intersertion with the coordinated of vertical photography of point $B_1$ and project centers $S_1$, $S_2$.

## 3.3 Computing The Position of Point $B_2$

The procedure of computing the position of point $B_2$ is almost same as 3. 2. except that the coordinates of point $B_2$ on the left orthorectified images have to be computed as iterative manner as follows.

At beginning we take $Z_{B_2} = Z_{B_1}$ as initial approximate elevation of point $B_2$.

(1) Using $X_A$, $Y_A$, $Z_{B_1}$ compute the left coordinates of vertical photography of point $B_2$.

(2) Using the coordinates of the left vertical photography of point $B_2$ and $ZB_2$ compute approximate coordinate $XB_1$ and $YB_2$.

(3) Interpolate new $ZB_2$ from the DEM with $XB_2$ and $YB_2$.

(4) Repeat (2)to(3) until the changes in $ZB_2$ is within a preset tolerance.

(5) Compute the coordinates of left orthorectified images of point $B_2$ using $XB_2$, $YB_2$, $ZB_2$ and ground sample distance (*GSD*) of the orthoimages.

### 3.4 Computing the improved elevation of node point $A$

The improved elevation of node point $A$ can be taken $ZA = ZB_2$ or computed with Eq. (5) according to the principle of PGA.

## 4 DEM Generation Program

The strategy for image matching from coarse to fine is employed in the program. The correlation matching is based on the maximization of the cross correlation coefficient. When matching with the full resolution images the correlation coefficient has to be computed more than five times for polynomial interpolation in order to find the maximum correlation with subpixel accuracy.

Because the pair orthoimages are nearly identical, approximate one dimension searching can be used in the correlation process. For the pyramid level 0, we take a horizontal plane with the average terrain elevation as the initial DEM. After computation of a level of the pyramid has been finished, DEM must be filtered, smoothed and interpolated to the final grid interval. And then calculating can be turned to the next level of the pyramid.

## 5 Description of Tests

### 5.1 Test Images

The original stereophotographs taken with a wide angle air survey camera have a scale of about 1 : 30 000. They were digitized with a 100 $\mu$m spot size and consequently, each pixel has a ground sample distance about 3m. Each image of the stereopair has a size of about 2 300×2 300 pixels. In the test area, the elevation range from 10 m to 480 m above the sea level.

### 5.2 Hierarchical Procedure

The original digitized stereo images were reduced in size by 1/8, 1/4, 1/2 using simple pixel averaging. The DEM was used to generate orthorectified images of both the left and right mats of the stereo images pyramid. The ground sample distance of the orthoimages for full resolution is 3 m. Correlation on the orthorectified images was performed using a 11 × 11 pixels window and $x$ -"pull in" ranges of 20 pixels for the pyramid level 0 and 7 pixels for others. Because the photography with relatively small difference in the elevations of the project, centers $y$ -"pull in" of 1-pixel was used successfully in the correlation process.

### 5.3 Generation a DEM

For test images, a grid interval 15 m was chosen. Therefore, in each pyramid level, there were 3 × 3 node points included in an object window. Then a well global shaped images by rectifying the images pyramid with respect to the current DEM could be possibly provided. For the pyramid level 0, all of the node points were assigned an elevation about 200 m as the initial values. The program is divided into two steps. The first step from the pyramid levels 0～3 was programed in the photogrammetric systems. The second one with the DEM obtained by the first step is programmed in the pyramid level 4 and in the ground system. Finally, we obtained a final DEM with 69 345(201 × 345) nodes points.

Using the final version of DEM, new orthophoto pairs were created and inspected in 3-D to validate that the obtained DEM was quite good and to confirm that no mismatch was found in the terrain imagery, except in a few occluded areas.

The screen of the terminal provided visual stereomodel. Operator carried out stereomeasuring at a grid interval of 120 m and then we obtained 1 144(26×44) elevations of node point for checking the result of matching. The root-mean-square of the elevation differences between the elevation by images matching and those by operator is $m_h = 1.4$ m (0.28 pixel). And the statistical data are shown in Table 2.

Table 2 Statistics data for the elevation differences between obtained by images matching and by operator pointing

| $m_h$ /m<br>$m_h$ /pixel | $0 \leqslant m_h < 2.5$<br>$0 \leqslant m_h < 0.5$ | $2.5 \leqslant m_h < 5.0$<br>$0.5 \leqslant m_h < 1.0$ | $5.0 \leqslant m_h < 10.0$<br>$1.0 \leqslant m_h < 2.0$ | $m_h$<br>/(m/pixel) | max<br>/m | check<br>points |
|---|---|---|---|---|---|---|
| points | 1049 | 92 | 3 | 1.4 | 9 | 1 144 |
| rate/(%) | 91.7 | 8.0 | 0.3 | 0.28 | | |

## 6 Conclusions

The presented matching scheme, which combines orthorectified images matching and the principle of PGA, has been proved successful for the digital aerial photos. The iteratively refining the orthoimages in any pyramid level is not necessary. The final DEM can be obtained in ground system directly, and moreover, DEM rotation is not required.

Because matching is using orthoimages, the program running in the images with full resolution can be extended for semi-automated editing DEM[4], which can be acquired by any other method of images matching. Of course, the iteratively refining the orthoimages are not necessary too.

## References

[1] SCHENK A, LI J-C, TOTH C K. 1990. Hierarchical approach to reconstruction surfaces by using iteratively rectified imagery[M]// ISPRS. Proceedings of the International Society for Photogrammetry and Remote Sensing Symposium. Washington D C, USA: ISPRS: 464-470.

[2] NORVELLE F R. 1992. Stereo correlation: window shaping and DEM corrections [J]. Photogrammetric Engineering and Remote Sensing, 58(1): 111-115.

[3] BALTSAVIAS E P. 1993. Integration ortho-images in GIS[M]//CLARK B P, DOUGLAS A, FOLEY B L, et al. Proceedings of Society of Photo-optical Instrumentation Engineers: Volume 1943: State-of-the-art mapping. Washington DC, USA: SPIE: 314-326.

[4] NORVELLE F R. 1992. Using iterative orthophoto refinements to correct digital elevation models (DEM's)[C]//ASPRS. Proceedings of ASPRS/ACSM/RT 92 International Conference, Washington D C, USA, August 3-8, 1992. Washington D C, USA: ASPRS, ACSM: 151-155.

# 回忆王之卓先生点滴事例*

王任享

王先生是我国测绘界最受敬仰的老师，我虽系军测学生，但与先生交往给我留下深刻的印象。他不但学术造诣深，是我国摄影测量界的泰斗，而且为人的人品、道德都是我们的楷模。本文将我与王先生交往的点滴事例，留给测绘界同仁共同怀念。

## 一 爱护学生不分学校

1973年我回归总参测绘研究所工作，知道王先生在武汉水利学院教英语，怀着不安的心情到水院见到王先生。我先作自我介绍，并谈起大学时听过老师讲述九点法相对定向精度，使我知道原来教科书上的东西是可以更改的，破除了教科书内容不可变更的观念；在我毕业设计后期看到王先生在《武汉测量与制图学报》上发表有关偶然误差二次和系统累积现象的文章，正好解答了我在空中三角测量实验中出现的要用三次多项式代替抛物扭曲改正现象。进而谈到我也是被“测绘大解散”解散出去的，在不搞测绘的情况下搞了个平面型模拟测图仪方案，十分粗糙，难以拿出，还是请先生指教。王先生接过资料翻了翻后说，在这样条件下还搞研究，难得难得，我们三天后仍在此阶梯教室相见。阶梯教室又一次会面时，王先生说：“让我对你设计思路讲一讲，看理解得是否正确。”我点头后他才说他的意见，并鼓励我一定要将它实现。没有想到王先生学问这么高的人，对一个资历平平学生的事如此谦和，使我对先生的人品之高尚终生难忘。之后我时时带些外文图书、杂志供先生参看。王先生教英语，简直浪费，多么可惜，要能教我航测多好！这算是我这个军测学生拜王先生为师的开端，之后的岁月有拜访、有通信，每一次写信，先生必定回信，这些信至今我均珍藏。

在王先生那里没有计较军测学生和武测学生的“属性”之别，他真的把我当作他的学生，1988年在日本京都开ISPRS会议，休息时，王先生对我说：“院里要给我祝寿，并出专刊，希望你将粗差定位问题写个论文。”我说感谢老师厚爱，但武测对此事只通知本校毕业生，我的文章参与可能不妥。王先生说：“此事我回去处理，你做好准备。”之后不久王先生来信说，“此间学校拟在今年底前编印一册学报专集，说是纪念我的寿辰，我的那篇《近期我国摄影测量科学研究进展》也是其中之一，咱们在京都会间谈过，我很希望你也参加一篇学术论文（例如粗差定位），学校将会去函你处邀稿，届时希勿谦辞，可惜集稿的日期太紧迫了——1988年8月”（此处日期系先生给我写信的日期，后同）。从那以后好像武测已修改了规定，我常常被邀参加学术活动。在庆祝王先生90寿辰时作了更宽的

* 此文刊登于《第21届ISPRS大会科普宣传文集》。

规定，邀请许多海内外学者，有一个台湾的学者问我："你是不是王教授教的学生呢？"我告诉他说："我是"。

## 二 谦虚爱才

### （一）关于"全数字化自动测图"获奖

王先生是我国数字摄影测量的开拓者，在全数字化自动测图获奖后，一次与我通信中写到："至于我们那个'全数字化自动测图'获奖，对我来说实在受之有愧，因为这个课题的主要成就其中的'数字相关'部分我个人并未参加具体的研究，贡献属于张祖勋同志和他所领导下的一批中青年教师，我已在我校最近的领奖会上加以说明。"（1994年4月）王先生爱护学生之情感人至深。

### （二）关于《论空间交会的不定性》学报稿件审稿问题

1991年有一同志（由于审稿不公开作者名字，至今我也不知道是谁）投稿《测绘学报》，认为王先生《摄影测量原理》一书中"用圆柱面说明空间交会的不定性问题"的结论是不适宜的，编辑部要我审稿，我对稿件有关的算法作了分析，也作了一些计算，说明是作者对"不定性"问题的理解不准确而产生的，故不同意发表，并建议编辑部将我的意见让王先生过目。之后王先生来信说："……你的意见很好，特别是那说明趋近运算规律的具体算例很说明问题。我从另一个角度对那篇论文写了些意见，现在把意见复写给你，请你看看有否不妥之处，你点了头我才放心……"（1991年10月）这段话深刻表现了王先生为人谦虚谨慎。

王先生在信中对该论文的有关问题作了两方面详细分析，指出该论文的论点出自于作者对不定性问题是指"在那个位置上根本没有确定解"的问题理解不正确而产生的，但他还是不否定该文的发表，在给《测绘学报》回信中写到："这篇论文对空间后方交会的不定性问题做了一些有益的推导，可供同行参考，更希望早日看到论文中所提到的论文作者的另一篇《一般闭合解》的文章，受益将会更大一些。为了开展百家争鸣，我同意把这篇论文在学报上发表，但是在发表之前是否把上述的意见转告论文作者作为参考。"我对论文作者在十分经典的问题上的探索精神颇为欣赏，但还是做出不刊出意见。相比之下，王先生对年轻人要宽宏大量得多，其度量之大凸显其学者风范，令人钦佩。

## 三 一生关心摄影测量学的发展

王先生一生为摄影测量事业的发展倾注全力，给我们留下许多宝贵的精神财富。在他高龄之际还念念不忘摄影测量学的发展，1994年给我写信时谈到："现在我们从事摄测的人，很少做摄测的经典性工作了，言必遥感或GIS或计算机视觉。今后应该怎样安排咱们的专业或学科值得研究。"1996年为我的学术论文选集作序，其中更进一步写到："……可以概括地说：在1960年以前，称为'摄影测量'学科，而在1960年以后，应该与新兴的遥感技术和地理信息系统（GIS）技术综合到一起，改称为通过图像获取（广义的获取）地学信息的一门学科，实际上遥感技术就是摄影测量的发展，地理信息系统的基础数据库是数字化摄影测量的必然成果。按照这种意义起一名字叫作‘影像信息工程’(iconic informatics)也可以考虑，有的单位已经正式改用类似的名称了。但总的来说，对这种名称方面的问题到现在还缺乏统一的共识。从事摄影测量学科的科学工作者，一方面要注意前沿发展，也就是所谓‘影像信息工程’方面发展的新课题，另一方面也要保存摄影测量学数百年的遗产，加以充分利用和做出有益的补充。”

我长期以来坚持从事卫星三线阵CCD影像光束法空中三角测量研究，也得益于王先生的这些教导。第21届ISPRS大会秘书处来函征文，有感于我国首次举办该会议，这是我国摄影测量界期盼已久的盛事，我想王先生若知此喜讯定含笑九泉。本文着重引录王先生亲手写信的一些段落，鉴于王先生已作古多年，将先生当年的话留下来，不失为我测绘界的宝贵财产。此乃写本文的目的，至于文中提及有关本人的情况，只是为方便同仁们从引录的王先生信中内容领悟先生的人品与风范而已。

2007年11月

# 我的导师王任享*

王建荣

## 一　在炮火声中成长

1933年10月14日，我的老师王任享出生在福建省福州市长乐县(现长乐市)的一个务农之家。尽管世代稼穑，但开明的父母还是选择送年幼的他接受新式的学堂教育，长辈们期望不大，也就希望孩子长大后能写写算算，有点见识。据老师本人回忆：上学的地方原本是座孔庙，大堂里有孔子的塑像，院子里还有石碑。学校开设的课程除了国学、修身、算术、英语之外，还有美术、体操和书法。但老师聪慧，学习自觉，功课不错，深受先生喜欢，跟小伙伴们也打成一片。除了上学，周末放学回家还得帮着家里放牛、割草，农忙时还要下地干活。现在看来，小时候的劳动经历既锻炼了体魄，又培养了吃苦耐劳的拼搏精神。

可以说，老师的童年是在旧中国炮火交加的动荡岁月中度过的。20世纪40年代，长乐两度被日本军队侵占，他被迫从学校辍学，在家读私塾。两年时间里，他系统学习了《三字经》《百家姓》《千字文》等传统蒙学经典，对孔子、孟子的仁爱、忠信、礼让的思想有了接触，逐步建立了修身立人的基本观念。

1945年，美国在日本的广岛和长崎投下了两颗原子弹，日本很快就无条件投降了。听到这个消息，老师十分兴奋，心里暗暗下定决心：原子弹真厉害，要好好读书，长大当科学家，发展科学，看哪一个强盗还敢踏进我们的国家。

1948年2月，老师从吴航小学(现长师附小)毕业，进入福建省立福州中学(现福州一中)。他天资聪颖，课业成绩很优秀，业余时间，则喜欢待在校图书馆里翻阅讲述科学家、发明家故事的科普画册。他至今仍能向我们这些晚辈回忆起一篇从《科学画报》上看来的小故事：一位化学家利用乙炔的特性发明了尼龙，使得纺织品的面貌焕然一新，极大改变了人类生活。他也是在那时再次顿悟：原来科学家的力量这么强大，能使整个国家、整个人类世界发生天翻地覆的变化。

高中毕业后，老师被军委测绘学院录取，学习航空摄影测量。课本中那些靠人眼观察便能有立体视觉的立体摄影像片，吸引了他，让他开始爱上了摄影测量。大学毕业后，他先被分配到总参测绘局航测队当作业员；1961年5月，又调入总参测绘研究所工作；1980年2月—1982年2月，在荷兰的航空航天测量与地球科学学院(ITC)进修；1985年7月—1989年7月，担任总参测绘研究所所长；1997年12月，当选中国工程院院士。

## 二　初展科研创造能力

20世纪60年代，中国仪器工业水平低，航测内业多倍投影测图仪上的一个投影器的进

---

* 本文根据提交《二十世纪中国知名科学家学术成就概览》的《王任享院士传记》改写。

口价格将近1万元人民币。60年代中期,中国自己仿型号研制多倍投影测图仪,老师参加了相关工作,但一心想研发属于我们国家自己的立体测图仪,提出了以菱形控制器为基础、像片水平放置的机械型立体测图仪设计思想,可惜“文化大革命”冲击,研制仪器的思想付之东流。

随着国际形势的变化,老师开始努力自学英语,直至能够顺利阅读专业文献。通过阅读英国学者的“等权法”和苏联学者的“重心法”用于解算附加外方位元素的空中三角测量平差问题,在手摇机械计算机条件下,发现这种方法比最小二乘法解算简单多了。他提出了“多次权中数法”,除了同样计算简单外,还考虑了摄影测量观测值与附加外方位元素观测值之间权的关系。1964年,该文章发表于《测绘学报》,刊出后受到国外读者的重视。1965年,东德学者在一次学术讲座中提出希望得到这篇论文,后中国测绘学会赠送当年全套《测绘学报》给德方。

1966年,研究所利用雷姆雷达辅助航空摄影测量,雷达数据用于航空摄影测量的空中三角测量平差研究,老师发现雷达测距观测值随机误差较大,且偶然误差值比较分散,一些粗差严重影响平差精度,就提出了将平差得到的余差绝对值倒数当作权回代作进一步最小二乘计算,取得很好结果,随即以《权特殊选择的最小二乘法平差》发表。

1980年,老师在荷兰学习期间看到丹麦学者利用以余差绝对值为变量的递减函数进行迭代计算,称为“丹麦法”。后来国内学术界称这一类计算剔除粗差为“选权迭代法”。他下决心要搞清楚:为什么以低的权赋于含粗差观测值迭代计算,结果往往该观测值的余差绝对值会越来越大(即粗差被正确定位),但有时也有相反结果。经研究发现这其中的难点在于余差与观测值间有明确的数学表达式,即$\boldsymbol{V}=-\boldsymbol{Q}_{vv}\cdot\boldsymbol{P}\cdot\boldsymbol{E}$,此处,$\boldsymbol{V}$为余差向量,$\boldsymbol{E}$为误差向量,$\boldsymbol{P}$为权矩阵,$\boldsymbol{Q}_{vv}$为可靠性矩阵。但$\boldsymbol{Q}_{vv}$和$\boldsymbol{P}$都是随具体平差问题而异的,只是$\boldsymbol{Q}_{vv}\cdot\boldsymbol{P}$积矩阵有一些不依平差问题而异的普遍特性。仅依靠这些特性,还不足以说明选权迭代的数学现象。经进一步探讨发现,$\boldsymbol{Q}_{vv}\cdot\boldsymbol{P}$矩阵可以用纽曼级数展开,于是从$\boldsymbol{Q}_{vv}\cdot\boldsymbol{P}$矩阵与$\boldsymbol{P}$矩阵变化的相关规律,可以得出当余差间相关性不强时,“选权迭代”可以正确定位误差,余差间有大相关时,粗差定位可能有误。

## 三　涉足卫星摄影测量

“文化大革命”期间,测绘研究所解散,老师被下放“五七干校”劳动,直到1973年才回归测绘研究队伍。他原先计划总结过去的学术研究成果,好好干一场,哪知命运驱使,组织安排他走上了卫星摄影测量之路。十几年前,老师曾像看小说似地阅读过一些关于美国为登月进行的卫星摄影测量的材料,做梦也想不到中国也要搞卫星摄影测量。这是从航空摄影测量向卫星摄影测量的跃进,可以解决测绘人员无法到达地区的立体测绘地形、地貌及地形图难题。但当时大家连卫星像片都没有见过,这一课题的困难可想而知。

现代科学技术条件下,一些学术技术问题纵然可以由个人探讨,创造性地加以解决,然而现代工程,尤其是重大工程,则需要集体的共同攻坚。如何应用中国当时的科技力量,结合摄影测量发展,综合地解决卫星摄影测量难题,是研究人员面临的严峻挑战。当时课题组的成员资历都不深,面对国家交给的科研重担,都有一种强烈的责任感。这个团结协作的群体,迎难而上,毫不畏惧,充分发挥了集体智慧与个人的创造性。

老师利用自己在雷达摄影测量中积累的经验，主要负责工程策划、顶层设计中的一些关键项目。当时的中国航空相机尚靠进口，要研制卫星相机谈何容易。凭借自己研究立体测图仪中积累的光学知识，为减轻研制卫星大幅面像片难度，他提出“摄影测量已开始从模拟向解析发展，高效能航空摄影机无畸变不是绝对必要条件，卫星大幅面相机可以绕过现代高效能航空相机的高分辨率—无畸变—标准像幅的指标，采用高分辨率—允许放宽畸变—摄影测量解析改正畸变—扩大航向像幅的路子”，这一思路被卫星相机研制部门接受，使得卫星项目得以顺利立项。第一代返回式卫星成功发射，并达到了工程指标，实现了人不能到达地区的立体测绘的目标。这一成果，虽然从局部技术看，与国外还有一定的差距，但具有创新性的卫星摄影测量的总体方案总体水平已达到了国际先进水平，使中国成为继欧空局之后第四个有返回式摄影测量卫星的国家，卫星摄影测量跻身于世界先进国家行列。该卫星摄影测量成果获国家科技进步一等奖。

## 四 突破三线阵CCD影像光束法平差技术

返回式摄影测量卫星由于卫星飞行时间有限，有一项最主要的缺点：卫片影像时效性差。老师很早就开始关注国际上数字传输型摄影测量卫星的发展动态。1980年，当他尚在荷兰学习时，就曾参加在德国汉堡召开的国际摄影测量会议。在与美国展台人员交谈中，得知Stereosat的设计思路已经落后，最新的思路是Mapsat方案。之后ITC的S. A. Hempenius教授从美国ITEK公司取得Mapsat的论证报告。对这一报告加以仔细研究后，老师认定三线阵CCD相机是发展的方向。但Mapsat要实现无地面控制摄影测量，对卫星姿态变化率要求非常高，达到$10^{-6}$(°)/s。按当时中国空间技术水平，仅这一条在相当长时间内都不可能达到。他根据摄影测量平差的经验设想，如果能利用三线阵CCD影像做光束法平差，就有可能像返回式卫星那样，放宽对卫星姿态变化率极高的要求，实现无地面控制点的摄影测量。他在进修中给自己增加这方面的研究，于1981年下半年写出了《线性阵列影像空中三角测量可能性》一文(只是初稿)，受到指导教授F. Amer教授的好评。

自此，老师开始了传输型摄影测量学术研究的漫长路途。显而易见，20世纪80年代，中国空间技术离发展传输型摄影测量卫星还有很大距离，他对自己能在有生工作之年实现这一目标并不抱奢望。但从学术角度和祖国利益出发，尽早起步研究、积累相关知识是必要的。他认为这个命题很有生命力，即使自己不能解决，所做的工作也会帮助后来人的研发。

从荷兰学习回国后，老师于1985年接连发表两篇有关线性阵列影像摄影测量处理文章，该论文被在德国学习的张森林博士带给其指导教师，德国学者看了说：“没想到中国学者这么早就开始了这方面研究，其理念与老师们不谋而合。”可惜，1985年7月之后，组织又任命老师为总参测绘研究所所长。任职期间，行政事务繁多，无力从事研究工作，当时研究所计算机设备也不能胜任这一命题的计算，他只能无奈地将这一命题的实验研究工作暂时封存。

1989年7月，老师退出领导岗位，改为文职。脱离科研第一线近五个年头，他内心其实十分彷徨：摄影测量已从解析迈向数字，国外进修的资本大都已过时，自己连计算机上的图形都不会使用，Fortran语言要换代为从未见过的C语言，今后该如何面对前沿科研工作？再过几年就退休，是安闲度日还是继续拼搏？顽强的钻研性格驱使老师毅然决定要在退休前补上错失的时间,加紧在计算机技术方面建立数字摄影测量实验工作站。

于是,一位即将甲子之年的老科学家像青年人一样焕发创业激情,埋头苦干,从C语言和计算机图形学开始学习。两年之后,功夫不负有心人,数字摄影测量方面的各种功能多已实现。兴奋之余,老师给恩师王之卓教授写信报告:我闯过了数字摄影测量这一关,重新有资格进行摄影测量前沿的研究。

大约1990年,老师以返回式卫星摄影测量的后续研究工作为基础,开始策划传输型摄影测量卫星的先期工程。

当时全球1∶5万比例尺地形图覆盖不到50%,一些大国从事无地面控制点条件下的传输型摄影测量卫星旨在测制全球1∶5万比例尺地形图。这种比例尺成图的卫星摄影测量技术上最大难点在于高程精度要优于6 m ($1\sigma$),技术上可行的途径有三种:

(1)星载GPS+2″级星敏感器测定姿态角+卫星姿态变化率$10^{-6}$(°)/s,即美国1980年Mapsat方案和1990年OIS方案,二者都因姿态变化率要求太高而未立项研制。

(2)星载GPS+0.5″级星敏感器测定姿态角,卫星姿态变化率可以放宽,工程技术可以实现,但很长时间以来星敏感器姿态测定精度达不到0.5″(2008年美国已有,但对外禁售)。

(3)研究三线阵CCD影像光束法平差技术,可降低对星敏感器姿态测定精度及卫星姿态变化率的要求,工程实现难度相对低,开展无地面控制点摄影测量卫星比较现实。德国的MOMS工程,开辟了这方面研究的先河。

中国无地面控制点摄影测量卫星需要排除两方面制约因素,一是要尽力降低卫星平台姿态变化率;二是要克服测定姿态角精度受星敏感器禁售的影响。要采取各种措施,使摄影测量成果达到国际标准,这就需要创造性的劳动,走自己的路。老师启封三线阵CCD影像光束法平差资料,利用自己建立的数字摄影测量工作站进行实验研究,将光束法平差定名为“等效框幅像片”(EFP)光束法平差。

## 五　抗争病魔　心系“天绘一号”

2006年“天绘一号”卫星立项,老师担任工程副总师,主要协同负责卫星工程立项前后及卫星发射成功后的摄影测量处理工作。

始于20世纪80年代初期的MOMS工程,德国摄影测量学者对三线阵CCD影像光束法平差做了开创性研究,发明了定向片法光束法平差。初期估计可以大大降低对卫星姿态变化率的要求(MOMS在美国航天飞机上做实验),摄影测量处理中,可以不要地面控制点。但1996年与俄罗斯的和平号空间站合作的MOMS-2P工程实践得出不尽如人意的结果,利用三线阵CCD影像及星载测姿数据,“定向片”法计算的航线模型有系统变形,要求数排地面控制点或50 m精度的数字高程模型(DEM)参与才能获得5 m精度DEM的工程目标,并明确表达不要提倡无地面控制点卫星测图。

这一结论出来后,原本被国际上认为前景很好的三线阵CCD相机用于无地面控制点的摄影测量研究逐渐消失。新的研究结果给老师很大的震撼,起初他还对自己的EFP法抱有希望,因为虽然与定向片法计算目标一样,但计算用的数学模型并不相同,特别在平差系统中还增加了对相邻外方位元素二阶差分等于零的平滑约束条件。但模拟计算表明航线模型同样有呈波浪变化的系统误差。

是不是三线阵CCD影像无地面控制点卫星摄影测量已走投无路呢？老师反复、系统地研究德国学者有关论文，发现德国学者将平差精度不好的原因归咎于卫星航线影像宽高(宽为CCD线阵长，高为卫星飞行高度)比太小所致。根据多年的模拟计算经验，他质疑这个结论，以大宽高比模拟数据进行计算，误差状况依然如故，因而这一命题仍然有发展空间。

一开始，不管怎么变换方法，反复计算，命题均无突破，2003年3月，老师终于想出了一个"笨"办法，即模拟计算中用真正的框幅影像坐标取代等效框幅像坐标，可喜地发现模型系统误差消除了。逐一排去真框幅影像坐标，代以等效框幅坐标，正视线阵两侧连接点框幅像点不应排除，于是构思了三线阵CCD加上四个小面阵CCD混合配置，称为LMCCD相机。LMCCD影像EFP光束法平差可以得到无系统误差的航线模型，这为三线阵CCD影像进行无地面控制点卫星摄影测量带来希望。凭借该条件，2006年"天绘一号"卫星顺利立项研制。

LMCCD影像EFP平差最适用于月球及火星等无云星球的摄影测量，因为EFP光束法和定向片法共同有一个弱点：即航线首末一条基线范围(卫星对地摄影情况下约200多千米)都属于两线交会，与三线交会相比，基高比(摄影基线与轨道高之比)差，高程精度低一倍，这对于高程精度十分吃紧的无地面控制点摄影测量来说，十分不利。德国学者主张，平差后只保留三线交会区成果，两线交会区成果舍去。对地球摄影而言，由于受云的影响，长航线无云覆盖，极为困难，因而对地球摄影测量中LMCCD影像EFP光束法平差主要用于相机几何参数在轨地面标定，因地面标定的数学模型来自框幅相机原理，EFP影像符合这一要求。对地球卫星摄影测量而言，适用于立体测绘的应该是全三线交会或只有前、后两线阵交会的立体影像，一些摄影测量卫星如Mapsat、OIS以及日本的ALOS都是依赖卫星姿态变化率很小或星敏感器测姿精度很高，只利用三线阵CCD相机的前、后视影像直接前方交会，不必做光束法平差，正视影像仅用于生成正射影像。所以摄影测量界从来没有人研究过二(三)线阵影像光束法平差。

"天绘一号"卫星受制于国外限制销售政策，只能配置测姿性能相对低的星敏感器，因而二(三)线阵交会光束法平差是避不开的命题，这一命题难点在于航线首末端都是三线交会或只有前、后视线阵交会，那么参与平差的外方位元素要增加离开地面段首末各一条基线(约200 km)之外的外方位元素参与计算，平差的几何条件极差，如此条件的光束法平差是否有解，又是一个没人碰过的难题。老师知道，"天绘一号"影像应用绕不过这一命题。很长时间里，他也只是默默地盘算着这个命题，理不出头绪。

2008年12月，意外突然降临，老师被诊断出前列腺癌，必须入院接受手术治疗。一面是猝不及防的病症，一面是刻不容缓的科研工作，他只好尽可能利用点滴时间，抱着笔记本电脑在病床上进行计算研究。经过数周的钻研，手术前，研究有了突破，创造了EFP窄窗口纠正光束法平差。这一平差方法可以消除上下视差，但误差反而更大了，老师只得先将研究成果打包编号为"301"(纪念这段在301医院的病床岁月)存在笔记本中，待手术后再继续。

康复出院后再打开电脑，他突然想到何不将平差后的误差用图形形式可视化，观察误差分布情况，可视化一出来，看到误差虽然增大了，但变换为以系统误差为主要特征的误差。凭多年处理平差问题经验，老师松了口气：问题可以解决了，这也将是一个重要的创新。也正是"天绘一号"的机缘，老师招收我为博士研究生，进行该命题的研究。老师对博士论文中创新点有较高要求，必须具有原创性，因而一直未亲自指导研究生。

“天绘一号”卫星因国外限售政策只能配置测姿性能相对低的星敏感器，所出现的角方位元素含有较大的高频误差和低频误差以及卫星摄影中偏流角改正存在的理论上的不严格性，造成同一地面点的前、正、后视影像三线不交于一点等接二连三的种种问题，都需要科研人员逐一排查解决。老师经常对我们这些年轻同志说：“有问题，不用怕，科研问题不限于八小时内，要经常考虑着，再难的问题总有路可走。”经过多年的技术积累和创新，“天绘一号”卫星无地面控制点摄影测量成果终于达到了国际同等级摄影测量卫星的工程目标。

## 六 助阵“嫦娥一号”

老师在行业内有口皆碑，2003 年 3 月，西安光机所担任“嫦娥一号”卫星相机研制的同志就闻声而来，有事相求。原来，他们研制的相机视场角不大，为提高高程精度，打算采用两台相机做交向摄影，但两台相机太重，工程总体只允许一台相机，希望能帮助出出主意。在了解其相机参数及工程要求等内容后，老师提议：只要用一个相机，取其面阵 CCD 的左、中、右三个线阵（称前视、正视、后视）构成三线阵 CCD 相机，按推扫式摄影，所得结果可以满足工程要求，且其中正视线阵摄取的影像属正射观察影像（orthographic view），在卫星飞行方向属于正射投影，线阵方向才是中心投影，因宽度较小，投影变形不大，其影像完全可以拼接成平面影像图使用（后来发布的全月影像图按此生产）。探月工程很快接受了这个建议，并要求做测量、制图评估。

欧阳自远院士另要求：“王院士，你能否在收到月球影像后两天内拿出演示性的测绘成果，我好向领导汇报。”凭借多年的技术研究和工程实践经验，老师当即答应。嫦娥工程关系着中华民族声誉，不能有闪失，鉴于探月工程有关人员对三线阵 CCD 影像摄影测量处理不熟悉，更应做全面细致研究。他全力以赴地建立了“嫦娥一号”立体影像几何反演的程序包，并做了充分的模拟计算和各种预案处理。2007 年 11 月 21 日晚上，收到第一条月球影像后，当晚就完成了一条包含 6 条基线约 360 km 长的地区的立体影像几何反演产品，包括 EFP 法光束法平差的像点坐标自动量测和平差计算，利用影像匹配自动采集 DEM，利用 DEM 生成正射影像和等高线。

老师将过去研究的数字摄影测量实验系统发挥得淋漓尽致，在场的领导和同仁看了十分兴奋。探月工程应用系统总体部在 2007 年 11 月给老师的荣誉证书中写到：“……您为绕月探测工程地面应用系统成功取得第一幅月面图像的工程任务做出了重要贡献，祖国感谢您，人民感谢您！”老师后来说，其实，这么重的感谢过誉了，他个人只是作为中华民族一份子，尽了自己的一点点力量而已。

回顾老师的研究生涯，为中国卫星摄影测量奋斗近 40 年，支撑他刻苦不懈、攻坚克难的信念是那种老辈科学家从旧社会经历而来，要为中华之崛起而奋斗的民族使命感：中国是大国，中国应该运用其无地面控制点的摄影测量卫星为发展中国制图有所贡献。中国的空间技术与发达国家相比还有一定距离，重要进口器件又受外国禁售政策影响，这就要靠我们的智慧，靠我们的创造性劳动加以补偿，实现别国能做到的我们也能。

作为一名工程院院士，受组织委任，老师连续在多个国家级工程项目中，负责工程策划、顶层设计、工程专业实施，以及专业相关的学术命题探讨，但对于评功评奖，他均主动让出。

他对“什么是科技创新精神，如何实现科技创新”深有心得：“创新，是个时髦语，但其实创新是靠创造性劳动得来的，创造性劳动的动力不是功、利、名誉、地位，而是对科学的执著与求实，当无路可走时，另辟蹊径很艰辛。成功，只是无数次失败中的一次而已。”

## 参考书目

[1] 蒋滨建. 2009. 测经量纬揽明月[M]. 福州：福建人民出版社.
[2] 葛能全. 1998. 中国工程院院士自述[M]. 上海：上海教育出版社.

# 后 记

笔者于1953年高考进入军委测绘学院，当上解放军，又是大学生，格外高兴。“锻炼身体、为祖国健康地工作50年”是当时大学生的豪语。1958年毕业，在航测队工作三年之后到研究所从事测绘科研工作。在此后颇长的岁月里主要从事无地面控制点的卫星摄影测量工程技术研究，从学术层面讲是致力于摄影测量网的平差、粗差定位及选权迭代定位粗差权函数的理论研究。基于我国航天技术硬件水平及重要器件进口又受外国禁售政策影响的现实，要想实现工程技术目标，摄影测量网光束法平差就必须有自己的风格和创造性。

笔者经历了四个成功的无地面控制点卫星摄影测量工程，尽了点微薄的贡献，应该感谢局、所历任领导给予这些机遇，在此特别要向老所长于德川禀报，您在1973年交代我“一定要好好完成卫星摄影定位任务”的期望，现在可以给出个初步答卷，我是尽力了。值本人80岁生日之际以此论文集回报关心、支持、鼓励我的领导和我的同仁。

长期以来，笔者陆续发表了一些学术论文，初期的文章以现在眼光看似有些幼稚、可笑，但那是自己风格形成的开始，经过长期的磨炼，现已基本成熟，至目前还有一些文章未发表，特收录于此。

笔者是延长专家，至1996年延长工作已到期，准备退休，故作为对自己工作的总结，挑选了已发表的30余篇论文，在当时研究所领导的支持下，编辑成学术论文集出版。后经林宗坚教授向王之卓先生汇报，请他为论文集作序，王先生欣然同意并亲自为论文集撰写了序言。王先生是测绘界最受崇敬的长者，为了缅怀先生，本书仍然采用王先生的手迹为序。同时，总参测绘导航局薛贵江局长为本书作序。测绘研究所领导多次关注本书的策划及进展情况，我的学生胡莘研究员和王建荣博士全力于论文的收集、编排，测绘出版社的吴芸编辑耐心、细致编审，在此一并致以诚挚的谢意。为方便读者阅读，本书不是按时序排列，而是按内容归类整理的。

本书之所以称《乾舆岁月》，是取自《易经》中的描述，借以表达笔者55年工作历程：“乾”为天，“舆”为车，天车可比作卫星；“舆”又是大地，制作舆地图；“乾舆”可比作卫星测绘。

也许是生物钟给笔者开了个玩笑：2008年正当“健康地工作50年”之豪语兑现、高兴之余，2009年健康却出了问题，幸好发现及时并得到了根治。相随几十年的老伴王庆琳精心护理又多方鼓励，很快恢复了健康。至今可以说已经健康地为祖国工作了55年。愿以“老车不倒尚可推”对党的教育，祖国的培养报以感激之情。

王任享

2013年9月23日